高等职业教育系列教材

S7-200 SMART PLC 原理及应用

主　编　田淑珍
参　编　徐昕皓　张菲菲　张洪星　王延忠

机 械 工 业 出 版 社

本书作为高等院校“可编程控制器（PLC）”课程的教材，充分体现了高等职业教育培养技能型人才的教学特色。

本书共分 7 章，第 1、2 章介绍 S7-200 SMART PLC 的基本知识、结构和编程软件的使用及实训；第 3、4 章介绍 S7-200 SMART PLC 的基本指令及应用；第 5 章介绍 S7-200 SMART PLC 的特殊功能指令及指令向导的应用，常用指令后都配有例题、实训，由浅入深，循序渐进；第 6 章通过综合实例和实训介绍 S7-200 SMART PLC 应用系统的设计，旨在提高读者的应用技能；第 7 章介绍 S7-200 SMART PLC 的通信与网络，重点介绍 PPI 通信、NETR/NETW 指令及指令向导的应用，并配有实训。每章后都有习题，既可用于课堂教学及书面练习，也可供上机实际操作。

本书适合作为高等职业院校自动化类等相关专业的教材，也可供 S7-200 SMART PLC 用户参考，同时可作为 PLC 相关工程技术人员的自学用书。

本书配有电子资源，包括微课视频、电子课件、习题解答、源程序和参考资料等，需要的教师可登录 www.cmpedu.com 免费注册，审核通过后下载，或联系编辑索取（微信：13261377872，电话：010-88379739）。

图书在版编目（CIP）数据

S7-200 SMART PLC 原理及应用 / 田淑珍主编. —北京：机械工业出版社，2024.2

高等职业教育系列教材

ISBN 978-7-111-74553-2

Ⅰ. ①S… Ⅱ. ①田… Ⅲ. ①PLC 技术-高等职业教育-教材
Ⅳ. ①TM571.61

中国国家版本馆 CIP 数据核字（2024）第 017279 号

机械工业出版社（北京市百万庄大街 22 号　邮政编码 100037）

策划编辑：李文轶　　责任编辑：李文轶　杨晓花

责任校对：王小童　张昕妍　　责任印制：郜　敏

中煤（北京）印务有限公司印刷

2024 年 6 月第 1 版第 1 次印刷

184mm×260mm・15.5 印张・399 千字

标准书号：ISBN 978-7-111-74553-2

定价：59.90 元

电话服务	网络服务
客服电话：010-88361066	机　工　官　网：www.cmpbook.com
010-88379833	机　工　官　博：weibo.com/cmp1952
010-68326294	金　　书　　网：www.golden-book.com
封底无防伪标均为盗版	机工教育服务网：www.cmpedu.com

Preface
前　言

党的二十大报告提出，要加快建设制造强国。实现制造强国，智能制造是必经之路。在新一轮产业变革中，PLC 技术作为自动化技术与新兴信息技术深度融合的关键技术，在工业自动化领域中的地位愈发重要。

由于可编程控制器是从事自动控制、机电一体化、智能制造等专业工作的技术人员不可缺少的重要技能。因此许多高等职业院校已将其作为一门主要的实用性专业课。

西门子公司的可编程控制器在我国的应用市场中占有一定的份额，其推出的 S7-200 SMART 系列 PLC 和 S7-1200 系列 PLC 是 S7-200 小型 PLC 的替代产品。S7-200 SMART 系列 PLC 主要针对国内市场，可无缝对接 SMART LINE 操作屏和 SINAMICS V20 变频器，满足客户对人机界面、控制和传动的小型自动化系统解决方案的需求。S7-200 SMART 系列 PLC 和 S7-200 系列 PLC 一样使用 Micro/WIN 平台，程序结构也和 S7-200 一样，但其性能和实用性增强很多。以前 S7-200 系列 PLC 被许多院校作为教学用机，现在已经开始更新。S7-1200 系列 PLC 使用西门子大中型 PLC 的博途平台，程序采用模块化结构，更适合大中型自动化项目。而 S7-200 SMART 系列 PLC 基于 S7-200 系列 PLC 开发，在国内市场得到了广泛应用。对于初学者来说，S7-200 SMART 系列 PLC 更容易入门，在熟练理解应用 S7-200 SMART 系列 PLC 的基础上学习 S7-1200 系列 PLC 是一种循序渐进的方法。所以本书选用 S7-200 SMART 系列 PLC 作为讲解对象。

本书是以培养综合型、技能型兼顾应用型人才为目标的“讲、练、用”结合的教材，在理论够用的基础上，突出实训环节，力图做到便于教学，突出高等职业教育的特点。本书根据现代电气控制的特点和需求，强化了 PID（比例-积分-微分）、高速计数器、运动和通信指令及其指令向导的应用。

本书重点介绍了 S7-200 SMART 系列 PLC 的组成、原理、指令和应用，详细介绍了 PLC 的编程方法，并列举了大量应用实例。为了突出职业教育的特点，常用指令后都配有例题、实训，通过综合实例和实训，介绍 PLC 应用系统的设计，提高读者的应用技能。本书在编排形式上，讲练结合、工学结合，淡化了理论和实践的界限；在内容安排上，精练理论，突出实用技能，确保基本概念准确、基本原理简单易懂，并以有趣实用的例子和“看得见、摸得着”的实训介绍了 S7-200 SMART 系列 PLC 的编程和调试，简单实用，并进一步通过综合实训和应用，让读者学会应用 PLC 实现一定的控制任务，提高读者的应用技能。即使没有 S7-200 系列 PLC 基础也可以轻松掌握 S7-200 SMART 系列 PLC

的编程及应用。

本书既可供少学时（如 40~50 学时）教学使用，也可供多学时（如 70~80 学时）教学使用。少学时教学时，可以将第 1~5 章作为重点进行详细介绍，如果有条件可多安排一些实训，对第 6、7 章可有选择地讲解并安排实训，让读者完成一定的控制任务。

第 2 章是关于 PLC 编程软件的介绍，可以根据教学内容和实训内容的需要合理安排，最好是“现用现讲，用多少讲多少”，如果结合指令应用的实训一起讲，通过上机练习，教学效果会更好。

本书是机械工业出版社组织出版的“高等职业教育系列教材”之一，由田淑珍担任主编，徐昕皓、张菲菲、张洪星、王延忠参与编写。

由于编者水平有限，书中错漏在所难免，恳请广大读者批评指正。

编　者

目 录

第1章 S7-200 SMART系列PLC基础

本章要点

1）PLC的基本组成及各部分的作用。

2）PLC的工作原理及主要技术指标。

3）PLC的分类及应用。

4）S7-200 SMART PLC的外形、端子及接线。

5）S7-200 SMART系列PLC的存储区、地址分配及编址寻址方式。

6）PLC的安装及配线。

1.1 PLC概述

PLC是自动化技术的重要组成部分。1969年，美国数字设备公司（DEC）研制出了世界上第一台PLC，并将其应用于通用汽车公司的生产线上，称其为可编程逻辑控制器（Programmable Logic Controller，PLC），目的是取代继电器，以实现逻辑判断、计时、计数等顺序控制功能。

PLC不仅仅具有逻辑判断功能，还具有数据处理、PID调节和数据通信功能，因此称为Programmable Controller，简称PC更合适。但为了与个人计算机（Personal Computer）的简称PC相区别，一般仍将其简称为PLC。

现在PLC已经广泛应用于各种机械设备和生产过程自动化控制系统。PLC的功能不断增强，在单机控制、柔性制造和大型工业网络控制系统中扮演重要角色，是工业系统的支柱设备之一。

1.1.1 PLC的基本组成

PLC主要由CPU、存储器、基本I/O接口电路、外设接口、编程装置、电源等组成，如图1-1所示。编程装置将用户程序送入PLC，在PLC运行状态下，输入单元接收外部元件发出的输入信号，PLC执行程序，并根据程序运行后的结果，由输出单元驱动外部设备。

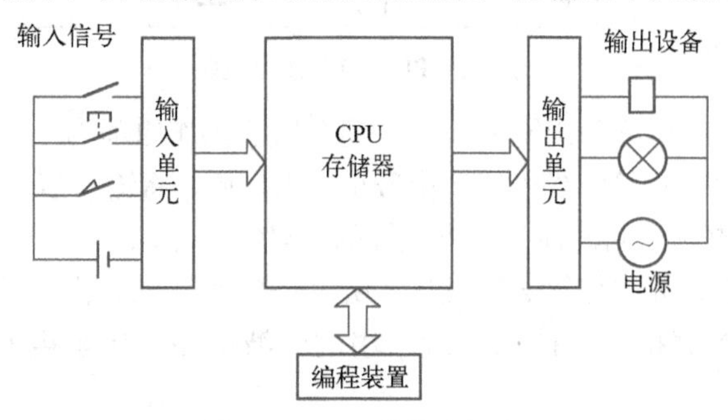

图1-1 PLC的基本组成

1．CPU 单元

CPU 是 PLC 的控制中枢。简单地说，CPU 的功能就是读输入、执行程序、写输出。

2．存储器

PLC 的存储器由只读存储器（ROM）、随机存储器（RAM）和可电擦写的存储器（EEPROM）三大部分构成，主要用于存放系统程序、用户程序及工作数据。

ROM 用以存放系统程序，PLC 在生产过程中将系统程序固化在 ROM 中，用户是不可改变的。用户程序和中间运算数据存放在 RAM 中，RAM 是一种高密度、低功耗、价格低廉的半导体存储器，可用锂电池作为备用电源。RAM 存储的内容是易失的，掉电后内容丢失；当系统掉电时，用户程序可以保存在 EEPROM 或由高能电池支持的 RAM 中。EEPROM 兼有 ROM 的非易失性和 RAM 的随机存取优点，用来存放需要长期保存的重要数据。

目前 PLC 多采用可随机读写的快闪存储器（Flash）作为用户程序存储器，它不需要后备电池，断电后数据不会丢失。

3．I/O 单元及 I/O 扩展接口

PLC 内部输入电路的作用是将 PLC 外部电路（如行程开关、按钮、传感器等）提供的符合 PLC 输入电路要求的电压信号，通过光电耦合电路送至 PLC 内部电路。输入电路通常以光电隔离和阻容滤波的方式提高抗干扰能力，输入响应时间一般为 0.1～15ms。根据输入信号形式的不同，可分为模拟量 I/O 单元、数字量 I/O 单元两大类。根据输入单元形式的不同，可分为基本 I/O 单元、扩展 I/O 单元两大类。PLC 内部输出电路的作用是将输出映像寄存器的结果通过输出接口电路驱动外部的负载（如接触器线圈、电磁阀、指示灯等）。

1.1.1-1 输入接口电路

1.1.1-2 输出接口电路

（1）I/O 单元（输入/输出接口电路）

1）输入接口电路。由于生产过程中使用的各种开关、按钮、传感器等输入元器件直接接在 PLC 输入接口电路上，为防止由于触点抖动或干扰脉冲引起错误的输入信号，输入接口电路必须有很强的抗干扰能力。

如图 1-2 所示，输入接口电路提高抗干扰能力的方法主要有：

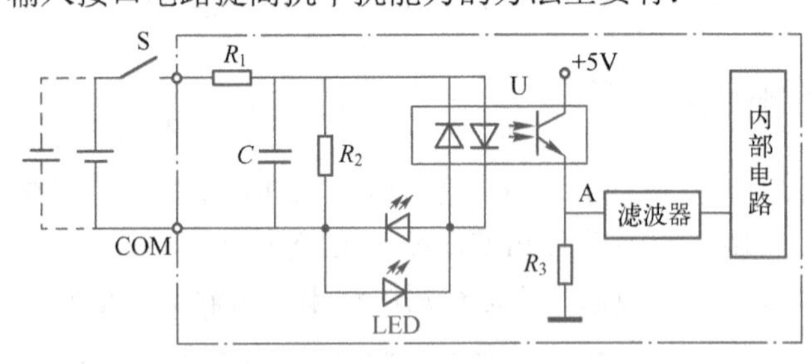

图 1-2 PLC 输入接口电路

① 利用光电耦合器提高抗干扰能力。光电耦合器的工作原理为：发光二极管在有驱动电流流过时导通发光，光电晶体管接收到光线，由截止变为导通，将输入信号送入 PLC 内部。光电耦合器中的发光二极管是电流驱动器件，要有足够的能量才能驱动。而干扰信号虽然有的电压值很高，但能量较小，不能使发光二极管导通发光，所以不会进入 PLC 内部，从而实现了光电隔离。

② 利用滤波电路提高抗干扰能力。最常用的滤波电路是电阻电容滤波，如图 1-2 中的 R_1、C。

图 1-2 中，S 为输入开关，当 S 闭合时，LED 点亮，显示输入开关 S 处于接通状态。光电

耦合器导通，将高电平经滤波器送到 PLC 内部电路中。当 CPU 在循环的输入阶段锁入该信号时，将该输入点对应的映像寄存器状态置 1；当 S 断开时，则对应的映像寄存器状态置 0。

根据常用输入电路电压类型及电路形式的不同，可以分为干接点式、直流输入式和交流输入式。输入电路的电源可由外部提供，有的也可由 PLC 内部提供。

2）输出接口电路。根据驱动负载元件的不同可将输出接口电路分为以下三种。

① 小型继电器输出形式，如图 1-3 所示。这种输出形式既可驱动交流负载，又可驱动直流负载。驱动负载的能力在 2A 左右。它的优点是适用电压范围比较宽，导通电压降小，承受瞬时过电压和过电流的能力强；缺点是动作速度较慢，动作次数（寿命）有一定的限制。建议在输出量变化不频繁时优先选用该电路，该电路不能用于高速脉冲的输出。

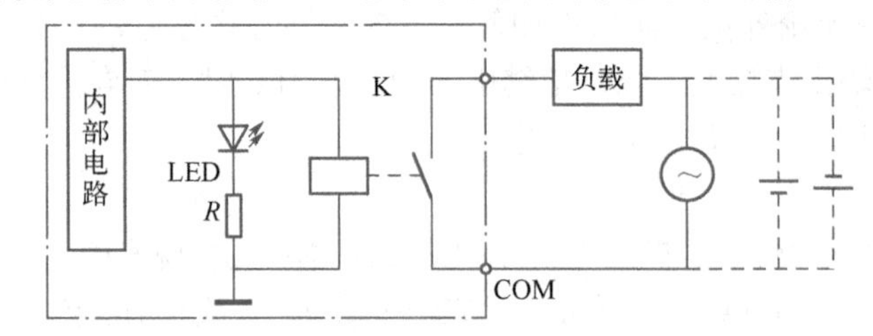

图 1-3　小型继电器输出形式接口电路

图 1-3 所示电路工作原理为：当内部电路的状态为 1 时，继电器 K 的线圈通电，产生电磁吸力，触点闭合，则负载得电，同时点亮 LED，表示该路输出点有输出。当内部电路的状态为 0 时，继电器 K 的线圈无电流流过，触点断开，则负载断电，同时 LED 熄灭，表示该路输出点无输出。

② 大功率晶体管或场效应晶体管输出形式，如图 1-4 所示。这种输出形式只可驱动直流负载。驱动负载的能力每一个输出点约为零点几安。它的优点是可靠性强，执行速度快，寿命长；缺点是过载能力差。在直流供电、输出量变化快的场合适合选用该电路。

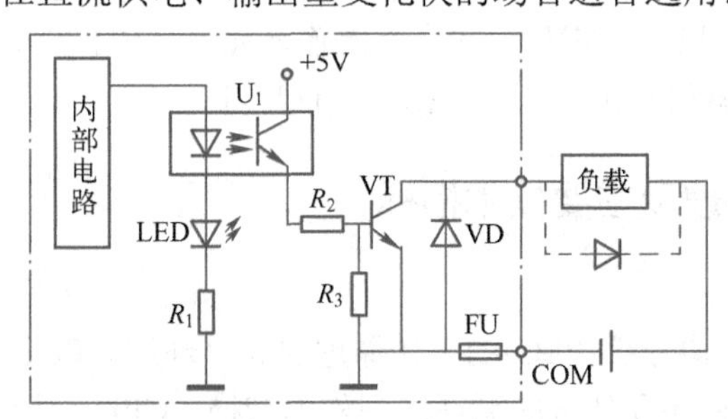

图 1-4　大功率晶体管或场效应晶体管输出形式接口电路

图 1-4 所示电路工作原理为：当内部电路的状态为 1 时，光电耦合器 U_1 导通，使大功率晶体管 VT 饱和导通，负载得电，同时点亮 LED，表示该路输出点有输出。当内部电路的状态为 0 时，光电耦合器 U_1 断开，大功率晶体管 VT 截止，则负载失电，LED 熄灭，表示该路输出点无输出。VD 为保护二极管，可防止负载电压极性接反或高电压、交流电压损坏晶体管。FU 的作用是防止负载短路时损坏 PLC。当负载为电感性负载时，VT 关断会产生较高的反电动势，所以必须给负载并联续流二极管，为其提供放电回路，避免 VT 承受过电压。

③ 双向晶闸管输出形式，如图 1-5 所示。这种输出形式适合驱动交流负载。由于双向晶闸管和大功率晶体管同属于半导体材料器件，所以其优缺点与大功率晶体管或场效应晶体管输出形式相似，适合用于交流供电、输出量变化快的场合。这种输出接口电路驱动负载的能力为 1A 左右。

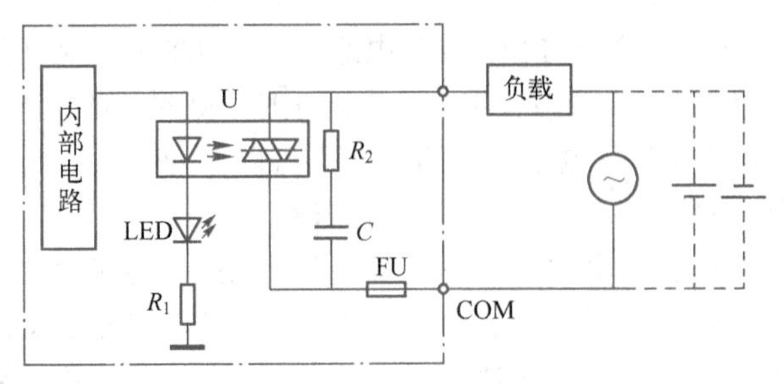

图 1-5 双向晶闸管输出形式接口电路

图 1-5 电路工作原理为：当内部电路的状态为 1 时，发光二极管导通发光，相当于双向晶闸管施加了触发信号，无论外接电源极性如何，双向晶闸管均导通，负载得电，同时输出指示灯 LED 点亮，表示该输出点接通；当内部继电器的状态为 0 时，双向晶闸管施加了触发信号，双向晶闸管关断，此时 LED 不亮，负载失电。

（2）I/O 扩展接口

PLC 利用 I/O 扩展接口使 I/O 扩展单元与 PLC 的基本单元实现连接，当基本 I/O 单元的输入/输出点数不够使用时，可以用 I/O 扩展单元来扩充开关量 I/O 点数和增加模拟量的 I/O 端子。

4．外设接口

外设接口电路用于连接编程器、文本显示器、触摸屏、变频器等，并能通过外设接口组成 PLC 的控制网络。PLC 通过 PC/PPI 电缆或使用 MPI 卡由 RS485 接口与计算机连接，可以实现编程、监控、联网等功能。目前有些 PLC（如 S7-200 SMART 系列 PLC）还可以使用以太网端口外部设备连接通信。

5．电源

电源单元的作用是把外部电源（220V 交流电源）转换成内部工作电压。外部连接的电源通过 PLC 内部配有的一个专用开关式稳压电源，将交流/直流供电电源转化为 PLC 内部电路需要的工作电源（直流 5V、±12V、24V），并为外部输入元件（如接近开关）提供 24V 直流电源（仅供输入端点使用），而驱动 PLC 负载的电源由用户提供。

1.1.2 PLC 的工作原理及主要技术指标

1．PLC 的工作原理

结合 PLC 的组成和结构分析 PLC 的工作原理更容易理解。PLC 采用周期循环扫描的方式工作，CPU 连续执行用户程序和任务的循环序列称为扫描。CPU 对用户程序的执行过程是 CPU 的循环扫描，采用周期性地集中采样、集中输出方式来完成。

一个扫描周期主要可分为：

1）读输入阶段。每次扫描周期的开始，先读取输入点的当前值，然后写到输入映像寄存器区域。在之后的用户程序执行过程中，CPU 访问输入映像寄存器区域，而并非读取输入端口的状态，输入信号的变化并不会影响输入映像寄存器的状态，通常要求输入信号有足够的脉冲宽度，才能被响应。

2）执行程序阶段。用户程序执行阶段，PLC 按照梯形图的顺序自左而右、自上而下地逐行扫描，在这一阶段 CPU 从用户程序的第一条指令开始执行直到最后一条指令结束，程序运行结果放入输出映像寄存器区域。在此阶段，允许对数字量 I/O 指令和不设置数字滤波的模拟量 I/O 指令进行处理，在扫描周期的各个部分，均可对中断事件进行响应。

3）处理通信请求阶段。扫描周期的信息处理阶段，CPU 处理从通信端口接收到的信息。

4）执行 CPU 自诊断测试阶段。在此阶段 CPU 检查 PLC 的硬件、用户程序存储器和所有 I/O 模块的状态。

5）写输出阶段。每个扫描周期的结尾，CPU 把存在输出映像寄存器中的数据输出给数字量输出端点（写入输出锁存器中），更新输出状态。然后 PLC 进入下一个循环周期，重新执行输入采样阶段，周而复始。

如果程序中使用了中断，中断事件出现，立即执行中断程序，中断程序可以在扫描周期的任意点被执行。

如果程序中使用了立即 I/O 指令，可以直接存取 I/O 点。用立即 I/O 指令读输入点值时，相应的输入映像寄存器的值未被修改；用立即 I/O 指令写输出点值时，相应的输出映像寄存器的值被修改。

2．PLC 的主要技术指标

PLC 的种类很多，用户可以根据控制系统的具体要求选择不同技术指标的 PLC。PLC 的技术指标主要有以下几个方面：

1）输入/输出点数。PLC 的 I/O 点数指外部输入、输出端子数量的总和。它是描述 PLC 大小的一个重要参数。

2）存储容量。PLC 的存储器由系统程序存储器、用户程序存储器和数据存储器三部分组成。PLC 的存储容量通常指用户程序存储器和数据存储器容量之和，表征系统提供给用户的可用资源，是系统性能的一项重要技术指标。

3）扫描速度。PLC 采用循环扫描的方式工作，完成 1 次扫描所需的时间称为扫描周期。影响扫描速度的主要因素有用户程序的长度和 PLC 产品的类型。PLC 中 CPU 的类型、机器字长等直接影响 PLC 的运算精度和运行速度。

4）指令系统。指令系统是指 PLC 所有指令的总和。PLC 的编程指令越多，软件功能就越强，但掌握应用也相对较复杂。用户应根据实际控制要求选择合适指令功能的 PLC。

5）通信功能。通信有 PLC 之间的通信和 PLC 与其他设备之间的通信。通信主要涉及通信模块、通信接口、通信协议和通信指令等内容。PLC 的组网和通信能力也已成为 PLC 产品水平的重要衡量指标之一。

1.1.3　PLC 的分类、应用

1．PLC 的分类

（1）按 I/O 点数和功能分类

PLC 用于对外部设备的控制，外部信号的输入、PLC 运算结果的输出都要通过 PLC 输入/输出端子来进行接线，输入/输出端子的数目之和称为 PLC 的输入/输出点数，简称 I/O 点数。

按 I/O 点数的多少可将 PLC 分成小型、中型和大型 PLC。

小型 PLC 的 I/O 点数小于 256，以开关量控制为主，具有体积小、价格低的优点，可用于开关量的控制、定时/计数的控制、顺序控制及少量模拟量的控制场合，代替继电器-接触器控制在单机或小规模生产过程中使用。

中型 PLC 的 I/O 点数为 256～1024，功能比较丰富，兼有开关量和模拟量的控制能力，适用于较复杂系统的逻辑控制和闭环过程的控制。

大型 PLC 的 I/O 点数在 1024 以上，用于大规模过程控制、集散式控制和工厂自动化网络。

（2）按结构形式分类

PLC 按结构形式可分为整体式 PLC 和模块式 PLC 两大类。

整体式 PLC 是将 CPU、存储器、I/O 部件等组成部分集中于一体，安装在印制电路板（PCB）上，并连同电源一起装在一个机壳内，形成一个整体，通常称为主机或基本单元。整体式结构的 PLC 具有结构紧凑、体积小、重量轻、价格低的优点。一般小型或超小型 PLC 多采用这种结构。

模块式 PLC 是把各个组成部分做成独立的模块，如 CPU 模块、输入模块、输出模块、电源模块等。各模块做成插件式，组装在一个具有标准尺寸并带有若干插槽的机架内。模块式结构的 PLC 配置灵活，装配和维修方便，易于扩展。一般大中型 PLC 都采用这种结构。

2．PLC 的应用

目前，PLC 已经广泛地应用于各个工业部门。随着其性能价格比的不断提高，应用范围还在不断扩大，主要有以下几个方面：

（1）逻辑控制

PLC 具有与、或、非等逻辑运算的能力，可以实现逻辑运算，用触点和电路的串、并联，代替继电器进行组合逻辑控制、定时控制与顺序逻辑控制。数字量逻辑控制可以用于单台设备，也可以用于自动化生产线，其应用领域最为普及，广泛应用于微电子、家电行业。

（2）运动控制

PLC 使用专用的运动控制模块，或灵活运用指令，使运动控制与顺序控制功能有机地结合在一起。随着变频器、电动机起动器的普遍使用，PLC 可以与变频器结合，运动控制功能更为强大，并广泛地用于各种机械，如金属切削机床、装配机械、机器人、电梯等场合。

（3）过程控制

PLC 可以接收温度、压力、流量等连续变化的模拟量，通过模拟量 I/O 模块，实现模拟量和数字量之间的 A/D 转换和 D/A 转换，并对被控模拟量实行闭环 PID（比例-积分-微分）控制。现代大中型 PLC 一般都有 PID 闭环控制功能，此功能已经广泛地应用于工业生产、加热炉、锅炉等设备，以及轻工、化工、机械、冶金、电力、建材等行业。

（4）数据处理

PLC 具有数学运算、数据传送、转换、排序和查表、位操作等功能，可以完成数据的采集、分析和处理。这些数据可以是运算的中间参考值，也可以通过通信功能传送到别的智能装置，或者将它们保存、打印。数据处理一般用于大型控制系统，如无人柔性制造系统，也可以用于过程控制系统，如造纸、冶金、食品工业中的一些大型控制系统。

（5）构建网络控制

PLC 的通信包括主机与远程 I/O 之间的通信、多台 PLC 之间的通信、PLC 和其他智能控制设备（如计算机、变频器）之间的通信。PLC 与其他智能控制设备一起，可以组成集中管理、分散控制的分布式控制系统。

1.2 S7-200 SMART 系列 PLC 的结构

1.2.1 S7-200 SMART 系列 PLC 概述

1.2.1 S7-200 SMART 系列 PLC 概述

S7-200 SMART 系列 PLC 是西门子公司经过深入市场调研，为我国客户量身定制的一款高性价比小型 PLC 产品。S7-200 SMART 系列 PLC 的推出是为了替代 S7-200 系列 PLC。它同

S7-200 系列 PLC 一样使用 Micro/WIN 编程平台，但在性能和实用性方面增强很多，特别是在通信及运动控制方面，如增加了支持开放式协议的以太网接口，满足了通信速度和工业互联方面的需求，主机本体可以扩展一个信号板，可以增加一个 RS485 或 RS232 接口，标准型 SMART 有 3 路 100kHz 的高速脉冲输出，结合西门子 SINAMICS 驱动产品及 SIMATIC 人机界面产品，实现了以 S7-200 SMART 系列 PLC 为核心的小型自动化解决方案。

S7-200 SMART 系列 PLC 具有以下特点：

1）提供不同类型、I/O 点数丰富的 CPU 模块，单体 I/O 点数最高可达 60 点，可满足大部分小型自动化设备的控制需求。另外，CPU 模块配备标准型和经济型供用户选择，对于不同的应用需求，产品配置更加灵活，最大限度地控制成本。

2）信号板设计可扩展通信端口、数字量通道、模拟量通道。在不额外占用电气控制柜空间的前提下，信号板扩展能更加贴合用户的实际配置，提升产品的利用率，同时降低用户的扩展成本。

3）配备西门子专用高速处理器芯片，基本指令执行时间可达 0.15μs，在同级别小型 PLC 中遥遥领先。

4）CPU 标配的以太网接口，支持 PROFINET、TCP、UDP、Modbus TCP 等多种工业以太网通信协议，并支持 Web 服务器功能。通过此接口还可与其他 PLC、触摸屏、变频器、伺服驱动器、上位机等联网通信。利用一根普通的网线即可将程序下载到 PLC 中，省去了专用编程电缆，经济快捷。

5）CPU 模块本体最多集成 3 路高速脉冲输出，频率高达 100kHz，支持 PWM/PTO 输出方式以及多种运动模式，轻松驱动伺服驱动器。CPU 集成的 PROFINET 接口，可以连接多台伺服驱动器，配以方便易用的 SINAMICS 运动库指令，快速实现设备调速、定位等运动控制功能。

6）集成的 Micro SD 卡插槽，可实现远程维护程序的功能。使用市面上通用的 Micro SD 卡轻松更新程序、恢复出厂设置、升级固件。

7）编程软件功能强大，融入了新颖的带状菜单、全移动式界面窗口等更多的人性化功能。

8）S7-200 SMART 系列 PLC、SIMATIC SMART LINE 触摸屏、SINAMICS V20 变频器和 SINAMICS V90 伺服驱动系统完美整合，为代工厂（OEM）客户带来高性价比的小型自动化解决方案，满足客户对于人机交互、控制、驱动等功能的全方位需求。

1.2.2　S7-200 SMART CPU 模块技术规范

S7-200 SMART 系列 PLC 主要由 CPU 模块、扩展模块和信号板组成。

CPU 模块将微处理器、集成电源、输入电路和输出电路组合到一个结构紧凑的外壳中，形成功能强大的微型 PLC。

1.2.2
S7-200 SMART
CPU 的型号

1. S7-200 SMART CPU 的型号

S7-200 SMART CPU 系列包括 14 种 CPU 型号（SR20、SR30、SR40、SR60、ST20、ST30、ST40、ST60、CR20、CR40、CR60、CR30s、CR40s、CR60s），分为紧凑型和标准型。紧凑型 CPU 模块不可以进行模块的扩展、不支持以太网接口和信号板、没有模拟量处理功能，但价格低廉。标准型 CPU 模块功能强大，是主流产品，用来替代 S7-200 系列 CPU。

CPU 标识的第一个字母表示类型，即紧凑型（C）或标准型（S）；第二个字母表示交流电源/继电器输出（R）或直流电源/直流晶体管输出（T）；数字表示 CPU 模块数字量 I/O 点数；I/O 点数后的小写字符“s”（仅限串行端口）表示新的紧凑型号。CPU 具有不同型号，它们提供了多种特征和功能，用户可针对不同的应用选择使用。

下面主要介绍标准型 CPU 的技术规范，见表 1-1。其中 SR 是继电器输出型，ST 是直流晶体管输出型。

表 1-1　标准型 CPU 的技术规范

特性	CPU SR20，CPU ST20	CPU SR30，CPU ST30	CPU SR40，CPU ST40	CPU SR60，CPU ST60
尺寸（宽×高×深）	90mm×100mm×81mm	110mm×100mm×81mm	125mm×100mm×81mm	175mm×100mm×81mm
用户程序存储器	12KB	18KB	24KB	30KB
用户数据存储器	8KB	12KB	16KB	20KB
数字量 I/O 点数	12 DI/ 8 DQ	18 DI/ 12 DQ	24 DI/ 16 DQ	36 DI/24 DQ
过程映像大小	256 位输入（I）/ 256 位输出（Q）			
模拟映像	56 个字输入（AI）/56 个字的输出（AQ）			
扩展模块	最多 6 个			
信号板	1			
高速计数器（共 6 个） 单相	4 个 200kHz，2 个 30kHz	5 个 200kHz，1 个 30kHz	4 个 200kHz，2 个 30kHz	4 个 200kHz，2 个 30kHz
高速计数器（共 6 个） A/B 相	2 个 100kHz，2 个 20kHz	3 个 100kHz，1 个 20kHz	2 个 100kHz，2 个 20kHz	2 个 100kHz，2 个 20kHz
100kHz 脉冲输出	2 个（CPU ST20）	3 个（CPU ST30）	3 个（CPU ST40）	3 个（CPU ST60）
PID 回路	8			
实时时钟，可保持 7 天	有			
脉冲捕捉输入点数	12 个	12 个	14 个	14 个
通信端口数量	2～4			
循环中断	共 2 个，分辨力为 1ms			
沿中断	4 个上升沿和 4 个下降沿（使用可选信号板时，各 6 个）			
传感器电源	电压范围：DC 20.4～28.8V；额定输出电流（最大）：300mA（短路保护）			

2．SR/ST CPU 模块的特点及技术规范

SR/ST CPU 模块具备 20I/O、30I/O、40I/O、60I/O 四种配置，具有以下特点：

1）集成高速处理器芯片，位指令执行时间可达 0.15μs，实数数学运算执行时间可达 3.6μs。

2）通过信号板可扩展通信端口、模拟量通道、数字量通道和时钟保持功能。

3）SR/ST CPU 模块本体集成 PROFINET 接口和 RS485 串口，支持 PROFINET 接口下载程序。

4）支持 PROFINET、TCP、Modbus TCP、UDP、Modbus RTU、USS、PROFIBUS-DP 等通信。

5）本体最多集成 3 路 100kHz 高速脉冲输出和最多 6 路 200kHz 高速脉冲输入。

6）通过 PROFINET 网络可以连接 PLC、伺服驱动器，变频器等 PN（集成 PROFINET 接口）设备。

7）支持通用 Micro SD 卡下载程序、更新 PLC 固件和恢复出厂设置。

8）SR/ST CPU 模块支持 Web 服务器功能。

1.2.3　S7-200 SMART CPU 模块的外形、端子及接线

1．S7-200 SMART CPU 模块的外形结构

S7-200 SMART CPU 模块的外形结构如图 1-6 所示，其输入、输出、CPU、电源模块均装设在一个 CPU 模块的基本单元机壳内，是典型的整体式结构，安装便捷、支持导轨式和螺钉式安装。

底部端子是输出量接线端子和为传感器提供的 24V 直流电源端子。顶部端子是输入端子和外部给 PLC 供电的电源接线端子。模块的输入/输出端子可拆卸。

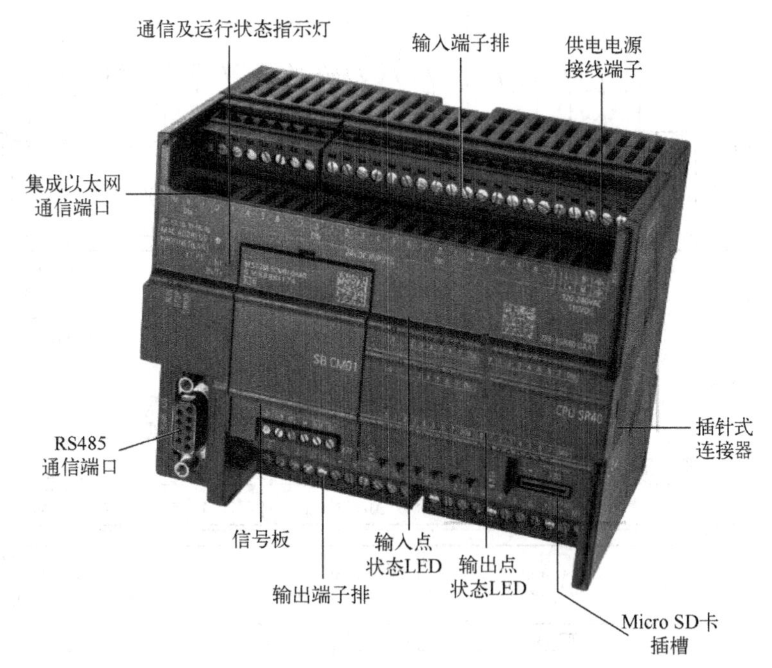

图 1-6　S7-200 SMART CPU 模块外形结构

1.2.3-1
S7-200 SMART
CPU 模块的结构

1.2.3-2
S7-200 SMART
CPU 模块的端
子及接线

当系统需要扩展时，通过插针式连接器，将需要的扩展模块与 CPU 模块连接，插针式连接使模块连接更加紧密。S7-200 SMART 系列 PLC 配有许多扩展模块，如数字量 I/O 扩展模块、模拟量 I/O 扩展模块、热电偶模块、通信模块等，用户可以根据需要选用，使 PLC 的功能更强大。

S7-200 SMART SR/ST CPU 模块本体集成 1 个 PROFINET 接口和 1 个 RS485 接口，通过扩展 CM01 信号板或者 EM DP01 模块，其通信端口数量最多可增至 4 个，可满足小型自动化设备与触摸屏、变频器、伺服驱动器及第三方设备通信的需求。主要通信模式包括以下几种：

1）以太网通信。SR/ST CPU 集成的 PROFINET 接口支持多种协议，程序下载、设备组网更加方便，可以高效连接各种设备。

2）PROFIBUS 通信。使用 EM DP01 扩展模块可以将 S7-200 SMART SR/ST CPU 作为 PROFIBUS-DP 从站连接到 PROFIBUS 通信网络。

3）串口通信。S7-200 SMART CPU 模块均集成 1 个 RS485 接口，可以与变频器、触摸屏等第三方设备通信。如果需要额外的串口，可通过扩展 CM01 信号板来实现，信号板支持 RS232/RS485 自由转换。

4）与上位机的通信。通过 PC Access SMART，操作人员可以轻松通过上位机读取 S7-200 SMART 的数据，从而实现设备监控或者进行数据存档管理。

信号板扩展实现精确化配置，同时不占用电控柜空间。

采用西门子专用高速芯片，基本指令执行时间可达 0.15μs。

配备超级电容，掉电情况下，依然能保证时钟正常工作。

通用 Micro SD 卡，支持程序下载和 PLC 固件更新。使用 Micro SD 卡能实现快速、批量下载 PLC 程序。制作好的源程序卡可通过快递发给终端用户。当客户现场提出各种紧急需求时，将卡中的源文件通过 Email 直接发至现场，客户接收后将源文件复制到 Micro SD 卡中即可使用。

2．S7-200 SMART CPU 模块的端子及接线

S7-200 SMART CPU SR40/ST40 模块的端子及接线如图 1-7 所示。其他型号可查阅相关手册。

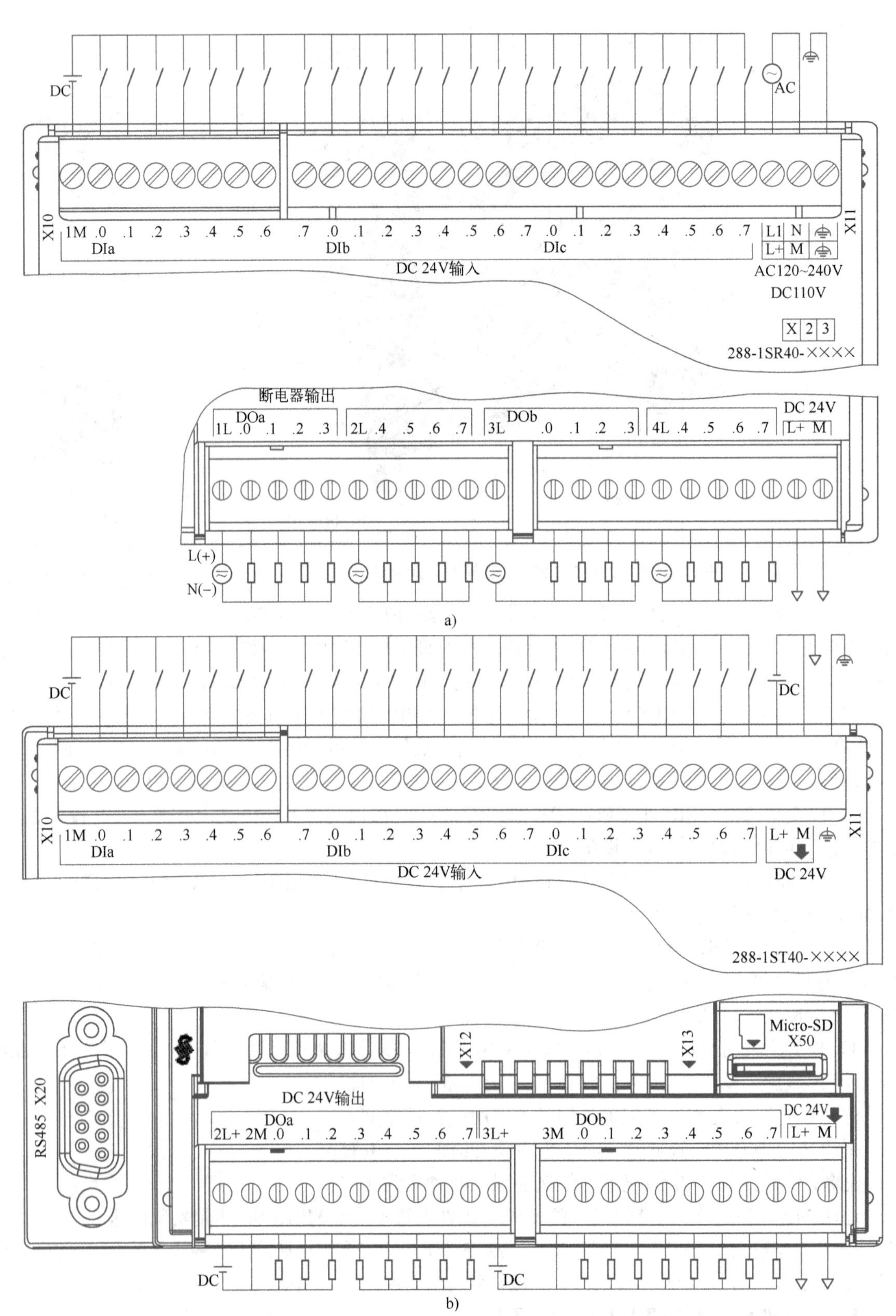

图 1-7 S7-200 SMART CPU 模块的端子及接线

a) CPU SR40 AC/DC/继电器 b) CPU ST40 DC/DC/DC

1）本机输入端子。CPU SR40/ST40 的本机分别有 24 个输入端子（起始地址 I0.0，按 8 进制编址），采用双向光电耦合器，24V 直流，极性可任意选择，系统设置 1M 为输入端子的公共端，所有输入点用同一个 24V 直流电源供电。24V 直流电源供电可以是外部提供，也可以用 CPU 模块提供的 DC 24V 传感器电源。电流从输入端子流入称为漏型输入，电流从输入端子流出称为源型输入。CPU SR40/ST40 模块本机输入端子的技术指标见表 1-2。

表 1-2　CPU SR40/ST40 模块本机输入端子的技术指标

技术指标	CPU SR40 AC/DC/继电器	CPU ST40 DC/DC/DC
输入类型	漏型/源型（IEC 1 类漏型）	漏型/源型（IEC 1 类漏型，I0.0～I0.3 除外）
额定电压/额定电流	DC 24V，4mA	
允许的连续电压	最大 DC 30V	
浪涌电压	DC 35V，持续 0.5s	
逻辑 1 信号（最小）	2.5mA、DC 15V	I0.0～I0.3：8mA 时 DC 4V 其他输入点：2.5mA 时 DC 15V
逻辑 0 信号（最大）	1mA、DC 5V	I0.0～I0.3：1mA 时 DC 1V 其他输入点：1mA 时 DC 5V
光电隔离（现场侧与逻辑侧）	AC 500V，持续 1min	
输入滤波时间	I0.0～I1.5，每个通道可单独选择 0.2、0.4、0.8、1.6、3.2、6.4 和 12.8（μs 或 ms） I1.6 以上的输入点，每个通道可单独选择 0、6.4、12.8（ms）	
电缆长度（最大值）	屏蔽电缆：正常输入为 500m；HSC 输入为 50m 非屏蔽电缆：正常输入为 300m	I0.0～I0.3：屏蔽电缆，正常（低速）输入为 500m；HSC（高速）输入为 50m

2）本机输出端子。CPU SR40/ST40 模块本机输出端子的技术指标见表 1-3。CPU SR40/ST40 的本机共有 16 个输出端子（起始地址 Q0.0，按 8 进制编址），CPU SR40 采用继电器输出电路，所以既可以选用直流电为负载供电，也可以选用交流电为负载供电。数字量输出分为 4 组，每组的公共端为本组的电源供给端，Q0.0～Q0.3 共用 1L，Q0.4～Q0.7 共用 2L，Q1.0～Q1.3 共用 3L，Q1.4～Q1.7 共用 4L，各组之间可接入不同电压等级、不同电压性质的负载电源。CPU ST40 的本机共有 16 个输出端子（起始地址 Q0.0，按 8 进制编址），采用 MOSFET 场效应晶体管输出电路，所以只能用直流电为负载供电。输出端将数字量输出分为两组，每组有直流电源及公共端（2L+、2M 和 3L+、3M），可接入不同电压等级的负载电源。

表 1-3　CPU SR40/ST40 模块本机输出端子的技术指标

技术指标	CPU SR40 AC/DC/继电器	CPU ST40 DC/DC/DC
输出类型	继电器触点	固态-MOSFET 场效应晶体管源型
额定电压/额定电流	DC 24V 或 AC 220V	DC 24V
允许的连续电压	DC 5～30V 或 AC 5～250V	DC 20.4～28.8V
最大电流时的逻辑 1 信号		最小 DC 20V
具有 10kΩ 负载时的逻辑 0 信号		最大 DC 0.1V
每点的额定电流（最大）	2A	0.5A
每个公共端的额定电流（最大）	10A	6A
灯负载	DC 30W/AC 200W	5W
通态电阻	新设备最大为 0.2Ω	最大 0.6Ω
浪涌电流	触点闭合时为 7A	8A，最长持续 100ms
绝缘电阻	新设备最小为 100MΩ	

（续）

技术指标	CPU SR40 AC/DC/继电器	CPU ST40 DC/DC/DC
开关延迟	最长 10ms	Qa.0～Qa.3：断开到接通最长为 1.0μs，接通到断开最长为 3.0μs Qa.4～Qb.7：断开到接通最长为 50μs，接通到断开最长为 200μs
继电器最大开关频率	1Hz	
电缆长度（最大值）	屏蔽电缆：500m；非屏蔽电缆：150m	屏蔽电缆：500m；非屏蔽电缆：150m

3）给 PLC 供电的电源端子。L1 和 N 是给 PLC 的交流供电电源端子。L1 接电源相线，N 接电源中性线，标有⏚的端子接保护接地线（PE）。

4）直流 24V 传感器电源输出。PLC 对外提供的 24V 直流电源端子，L+和 M 分别是 CPU 模块提供的 DC 24V 电源的正极和负极，可以作为输入电路的电源。传感器电源的电压范围为 DC 20.4～28.8V，最大额定输出电流为 300mA（带短路保护）。

1.2.4 信号板与扩展模块

为更好地满足应用需求，S7-200 SMART 系列 PLC 包括诸多信号板、扩展模块和通信模块。可将这些扩展模块与标准 CPU 型号（SR20、ST20、SR30、ST30、SR40、ST40、SR60 或 ST60）搭配使用，为 CPU 增加功能。

1. 信号板

S7-200 SMART 系列 PLC 有五种信号板，其型号和主要技术指标见表 1-4。

表 1-4 信号板的型号和主要技术指标

型号	主要技术指标
数字量输入/输出信号板 SB DT04	DC 24V 输入 2 点，漏型（IEC 1 类漏型）；DC 24V 输出 2 点，固态-MOSFET（源型）
模拟量输入信号板 SB AE01	模拟量输入 1 点。输入范围：±10V、±5V、±2.5V 或 0～20mA。分辨率：电压为 11 位+符号位；电流为 11 位。满量程范围（数据字）：-27648～27648
模拟量输出信号板 SB AQ01	模拟量输出 1 点。输出量程：电压±10V，电流 0～20mA。分辨率：电压为 11 位+符号位；电流为 11 位。满量程范围（数据字）：-27648～27648
电池信号板 SB BA01	电池类型：CR1025 纽扣电池。保持时间：大约 1 年。电池电压低会使 SB BA01 面板上的 LED 呈红色常亮状态，诊断报警/或电量不足时数字量 I7.0=1
RS485/232 信号板 SB CM01	可扩展 RS485/RS232 接口

2. 扩展模块

（1）数字量输入/输出扩展模块（EM）

当需要本机集成的数字量输入/输出点外更多的数字量输入/输出时，可选用数字量扩展模块。用户选择具有不同 I/O 点数的数字量扩展模块，可以满足实际的应用要求，同时节约不必要的投资费用。

S7-200 SMART 系列 PLC 目前总共可以提供三大类共 10 种数字量输入/输出扩展模块，见表 1-5。

表 1-5 数字量输入/输出扩展模块

类型	型号	输入点数	输出点数
输入扩展模块	EM DE08	8 点直流输入	
	EM DE16	16 点直流输入	
输出扩展模块	EM DT08		8 点晶体管型输出

（续）

类型	型号	输入点数	输出点数
输出扩展模块	EM DR08		8 点继电器型输出
	EM QT16		16 点晶体管型输出
	EM QR16		16 点继电器型输出
输入/输出扩展模块	EM DT16	8 点直流输入	8 点晶体管型输出
	EM DR16	8 点直流输入	8 点继电器输出
	EM DT32	16 点直流输入	16 点晶体管型输出
	EM DR32	16 点直流输入	16 点继电器输出

（2）模拟量输入/输出扩展模块（EM）

模拟量输入/输出扩展模块提供了模拟量输入/输出的功能。在工业控制中，被控对象常常是模拟量，如温度、压力、流量等。PLC 内部执行的是数字量，模拟量扩展模块可以将 PLC 外部的模拟量转换为数字量送入 PLC 内，经 PLC 处理后，再由模拟量扩展模块将 PLC 输出的数字量转换为模拟量送给控制对象。模拟量输入/输出扩展模块的优点如下：

1）最佳适应性。模拟量输入/输出扩展模块适用于复杂的控制场合，可直接与传感器和执行器相连，如直接与 Pt100 热电阻相连。

2）灵活性。当实际应用变化时，PLC 可以相应地进行扩展，并可以非常容易地调整用户程序。

模拟量输入/输出扩展模块的数据见表 1-6。模拟量输入模块和电流变送器（传感器）的接线如图 1-8 所示。EM AM03 和 EM AM06 的接线图如图 1-9 所示。

表 1-6　模拟量输入/输出扩展模块的数据

模块	EM AE04	EM AE08	EM AQ02	EM AQ04	AM03	AM06
点数	4 路量输入	8 路输入	2 路输出	4 路输出	2 路输入/1 路输出	4 路输入/2 路输出

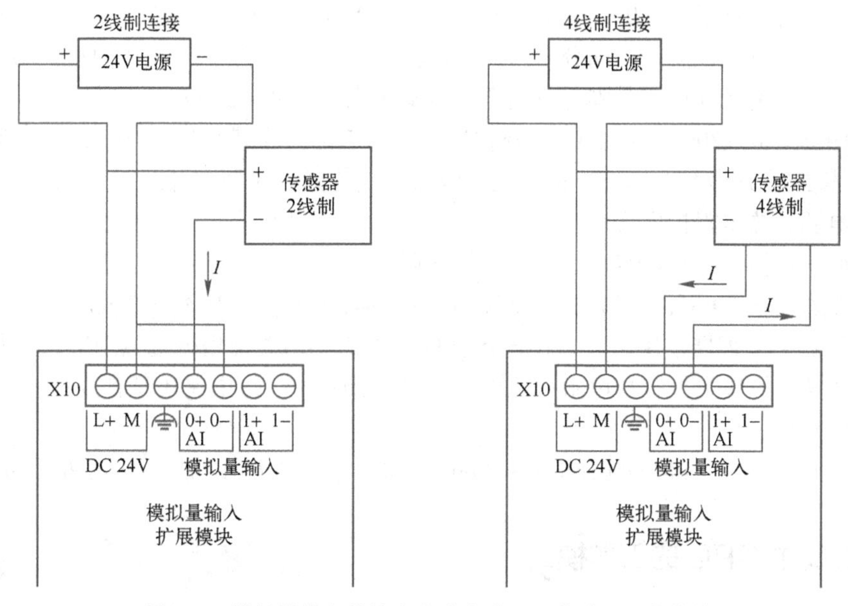

图 1-8　模拟量输入模块和电流变送器（传感器）的接线

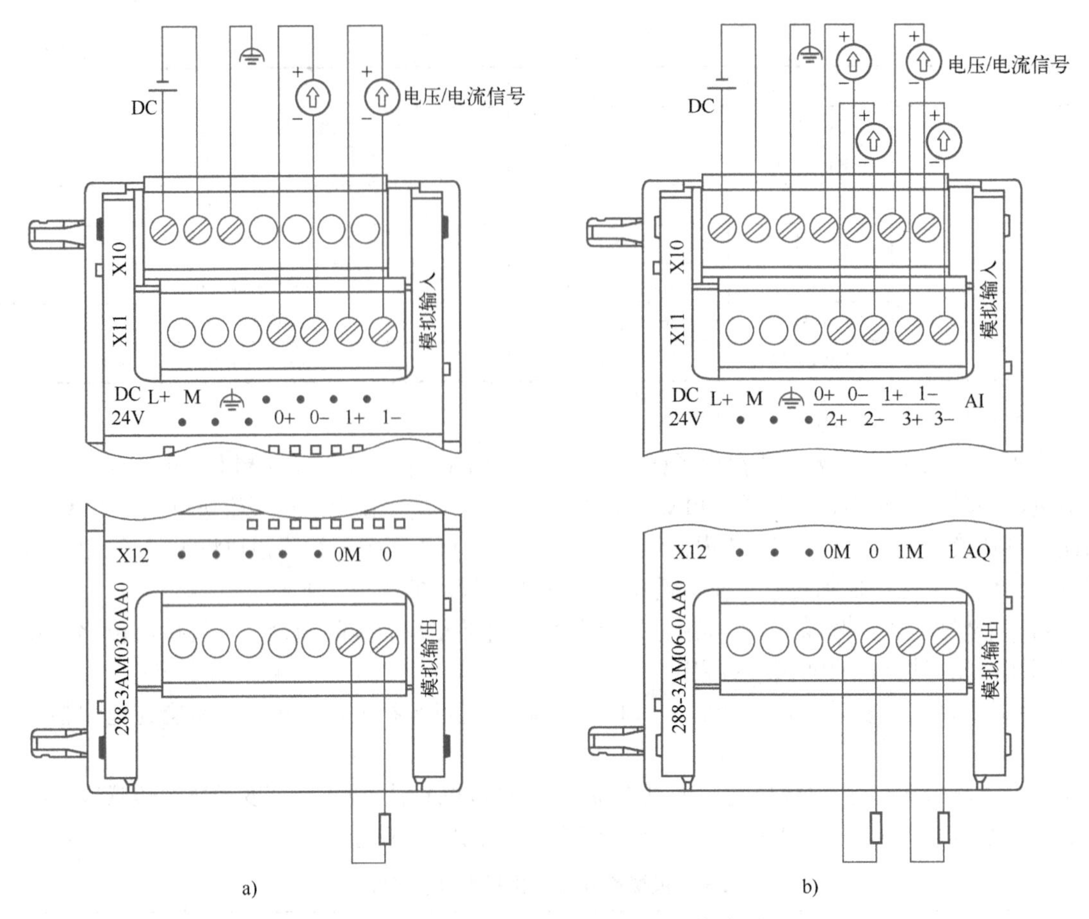

图 1-9　EM AM03 和 EM AM06 的接线图

a) EM AM03（2 路模拟量输入/1 路模拟量输出）　b) EM AM06（4 路模拟量输入/2 路模拟量输出）

模拟量输入有 4 种量程（0～20mA、±10V、±5V 和±2.5V），2 点为一组。电压模式的分辨率为 12 位+符号位，电流模式的分辨率为 12 位。单极性满量程输入范围对应的数字量输出为 0～27648。双极性满量程输入范围对应的数字量输出为-27648～27648。

模拟量输出有 0～20mA 和±10V 两种量程，对应的数字量分别为 0～27648 和-27648～27648。电压模式的分辨率为 12 位+符号位，电流模式的分辨率为 12 位。

（3）热电偶、热电阻扩展模块

热电偶输入模块：EM AT04，具有 4 路热电偶。

热电阻输入模块：EM AR02，具有 2 路输入；EM AR04，具有 4 路输入。

热电阻和热电偶扩展模块可以直接连接到模块上而不需要使用变送器对其进行标准电流或电压信号的转换。模块上具有热电阻和热电偶型号选择开关，热电偶还具有冷端补偿功能。

（4）通信模块

PROFIBUS DP 模块：EM DP01 可以 S7-200 SMART 系列 PLC 作为从站接入 PROFIBUS 网络。

1.2.5　PLC 中 CPU 的工作模式

CPU 有两种工作模式，即 STOP 模式和 RUN 模式。CPU 正面的状态 LED 指示当前工作模式。在 STOP 模式下，CPU 不执行任何程序，而用户可以下载程序块。在 RUN 模式下，CPU 会执行相关程序；但用户仍可下载程序块。

将 CPU 置于 RUN 模式的方法是在 PLC 菜单功能区或程序编辑器工具栏中单击“运行”（RUN）按钮，并单击“确认”（OK）更改 CPU 的工作模式。

将 CPU 置于 STOP 模式的方法是单击“停止”（STOP）按钮，并确认有关将 CPU 置于 STOP 模式的提示。也可在程序中插入 STOP 指令，将 CPU 置于 STOP 模式。

1.3 S7-200 SMART 系列 PLC 的存储区

1.3.1 数据存储类型

1．数据的长度

在计算机中使用的都是二进制数，其最基本的存储单位是位（bit），8 位二进制数组成 1 个字节（Byte），其中的第 0 位为最低位（LSB），第 7 位为最高位（MSB）。两个字节（16 位）组成 1 个字（Word），两个字（32 位）组成 1 个双字（Double Word），如图 1-10 所示。位、字节、字和双字占用的连续位数称为长度。

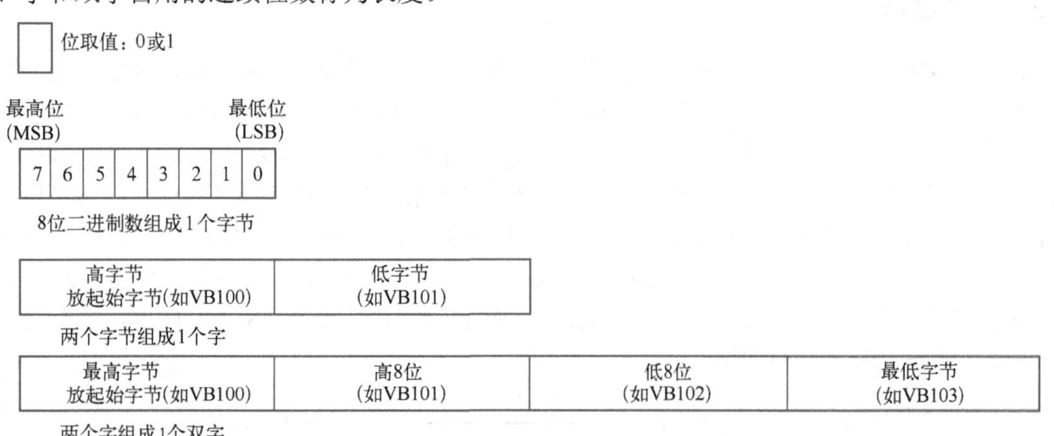

图 1-10　位、字节、字和双字

二进制数的位只有 0 和 1 两种取值，开关量（或数字量）也只有两种不同的状态，如触点的断开和接通、线圈的失电和得电等。在 S7-200 SMART 系列 PLC 梯形图中，可用位描述开关量的状态，如果该位为 1 则表示对应的线圈为得电状态，触点为转换状态（常开触点闭合、常闭触点断开）；如果该位为 0，则表示对应线圈、触点的状态与前者相反。

当数据长度为字或双字时，起始字节均放在高位上。

2．数据类型及数据范围

S7-200 SMART 系列 PLC 的数据类型可以是字符串、布尔型（0 或 1）、整数型和实数型（浮点数）。布尔型数据指字节型无符号整数；整数型数据包括 16 位符号整数（INT）和 32 位符号整数（DINT）。实数型数据采用 32 位单精度数表示。数据类型、长度及数据范围见表 1-7。

表 1-7 数据类型、长度及数据范围

数据的长度、类型	无符号整数范围		符号整数范围	
	十进制	十六进制	十进制	十六进制
字节 B（8 位）	0～255	0～FF	-128～127	80～7F
字 W（16 位）	0～65535	0～FFFF	-32768～32767	8000～7FFF
双字 D（32 位）	0～4294967295	0～FFFFFFFF	-2147483648～2147483647	80000000～7FFFFFFF
位（BOOL）	0、1			
实数	$\pm 1.175495\times10^{-38}\sim\pm 3.402823\times10^{38}$			
字符串	每个字符串以字节形式存储，最大长度为 255 个字节，第 1 个字节中定义该字符串的长度			

3. 常数

S7-200 SMART 系列 PLC 的许多指令中常会使用常数。常数的数据长度可以是字节、字和双字。CPU 以二进制的形式存储常数，常数可以用二进制、十进制、十六进制、ASCII 码或实数等多种形式表示，格式如下：

十进制常数：1234；十六进制常数：16#3AC6；二进制常数：2#1010 0001 1110 0000 ASCII 码：‘ABCD’；字符串：“Show”；实数（浮点数）：1.175495E-38（正数），-1.175495E-38（负数）

1.3.2 编址方式

PLC 的编址就是对 PLC 的内部存储区按功能进行编码，以便程序执行时可以唯一地识别每个元件。PLC 内部在数据存储区为每一种元件分配一个存储区域，并用字母作为区域标志符，同时表示元件的类型。如数字量输入写入输入映像寄存器（区标志符为 I），数字量输出写入输出映像寄存器（区标志符为 Q），模拟量输入写入模拟量输入映像寄存器（区标志符为 AI），模拟量输出写入模拟量输出映像寄存器（区标志符为 AQ）。除了输入输出外，PLC 还有其他功能的存储区，V 表示变量存储器；M 表示内部标志位存储器；SM 表示特殊标志位存储器；L 表示局部存储器；T 表示定时器；C 表示计数器；HC 表示高速计数器；S 表示顺序控制存储器；AC 表示累加器。如图 1-11 所示。

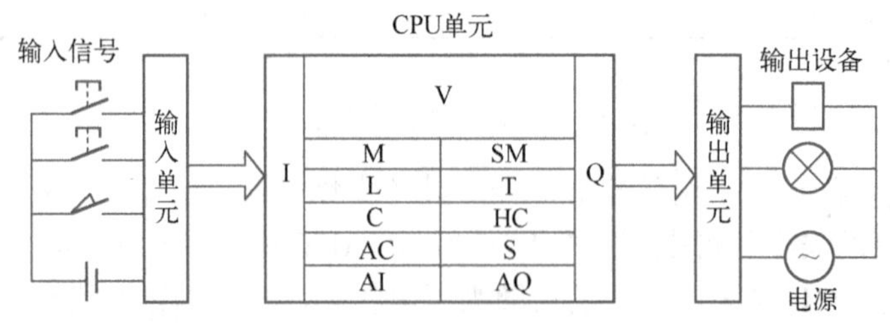

图 1-11 PLC 的内部存储区

掌握各存储区的功能和使用方法是编程的基础。下面将介绍存储区的编址方式。

编址的单位可以是位、字节、字、双字，那么编址方式也可以分为位、字节、字、双字编址。

（1）位编址

位编址的指定方式为（区域标志）字节号.位号，如 I0.0、Q0.0、I1.2。

（2）字节编址

字节编址的指定方式为（区域标志）B（字节号），如 IB0 表示由 I0.0～I0.7 这 8 位组成的字节。

（3）字编址

字编址的指定方式为（区域标志）W（起始字节号），且最高有效字节为起始字节。如 VW0 表示由 VB0 和 VB1 这 2 个字节组成的字。

（4）双字编址

双字编址的指定方式为（区域标志）D（起始字节号），且最高有效字节为起始字节。如 VD0 表示由 VB0～VB3 这 4 个字节组成的双字。

1.3.3 寻址方式

1. 直接寻址

直接寻址是在指令中直接使用区域标志和地址编号，直接到指定的区域读取或写入数据。有按位、字节、字、双字的寻址方式，如图 1-12 所示。

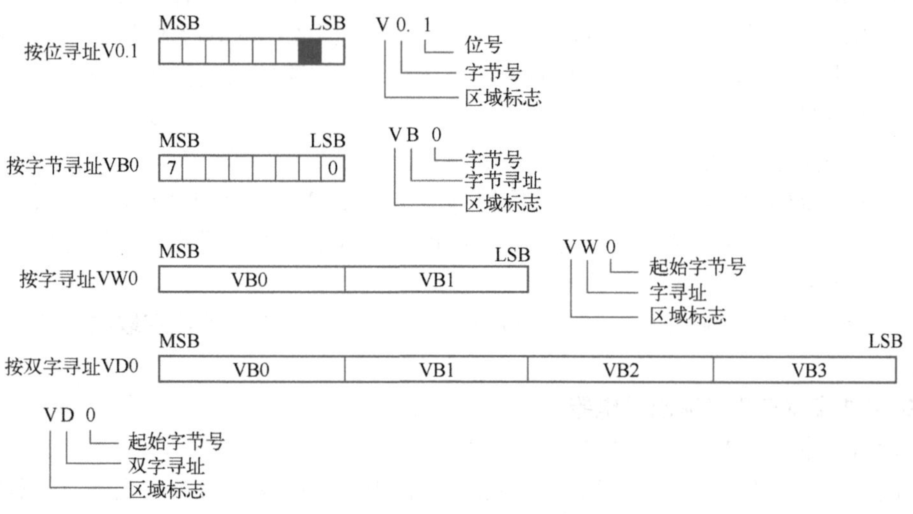

图 1-12　按位、字节、字、双字的寻址方式

2. 间接寻址

间接寻址时操作数并不提供直接数据位置，而是通过使用地址指针来存取存储器中的数据。在 S7-200 SMART 系列 PLC 中，允许使用指针对 I、Q、M、V、S、T、C（仅当前值）存储区进行间接寻址。

1）使用间接寻址前，要先创建一指向该位置的指针。指针为双字（32 位），存放的是另一存储器的地址，只能用 V、L 或累加器（AC）作为指针。生成指针时，要使用双字传送指令（MOVD），将数据所在单元的内存地址送入指针，双字传送指令的输入操作数开始处加“&”符号，表示某存储器的地址，而不是存储器内部的值。指令输出操作数是指针地址。如 MOVD &VB200，AC1 指令就是将 VB200 的地址送入累加器 AC1 中。

2）指针建立好后，利用指针存取数据。在使用地址指针存取数据的指令中，操作数前加“*”号表示该操作数为地址指针。如 MOVW　*AC1　AC0 指令中，MOVW 表示字传送指令，指令将 AC1 中的内容为起始地址的一个字长的数据（即 VB200、VB201 内部数据）送入 AC0 内，如图 1-13 所示。

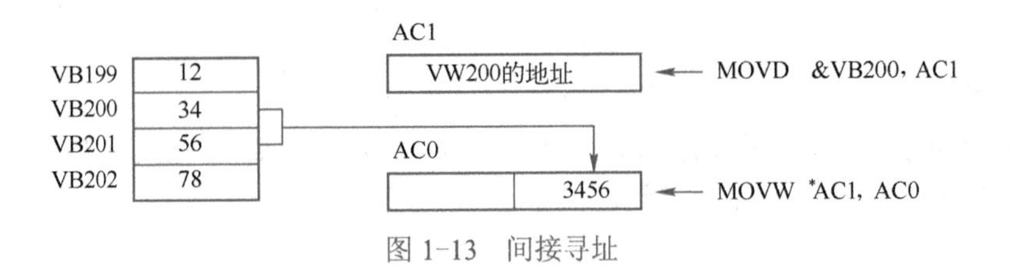

图 1-13 间接寻址

1.3.4 存储区的功能及地址分配

1. 输入映像寄存器（输入继电器）

（1）输入映像寄存器的工作原理

在每次扫描周期的开始，CPU 对 PLC 的实际输入端进行采样，并将采样值写入输入映像寄存器中。当外部开关信号闭合，将“1”写入对应的输入映像寄存器的位，在程序中其对应的常开触点闭合、常闭触点断开。由于存储单元可以无限次地读取，所以有无数对常开、常闭触点供编程时使用。编程时应注意，输入映像寄存器的值只能由外部的输入信号来改写，不能在程序内部用指令来驱动，因此，在用户编制的梯形图中只应出现输入映像寄存器的触点，而不应出现输入映像寄存器的线圈。

（2）输入映像寄存器的地址分配

S7-200 SMART CPU 输入映像寄存器区域有 256 位共 32 个字节的存储单元。系统对输入映像寄存器是以字节（8 位）为单位进行地址分配的。输入映像寄存器可以按位进行操作，每一位对应一个数字量的输入点。

输入映像寄存器可采用位、字节、字或双字来存取。输入继电器位存取的地址编号范围为 I0.0～I31.7。

2. 输出映像寄存器（输出继电器）

（1）输出映像寄存器的工作原理

在每次扫描周期的结尾，CPU 用输出映像寄存器中的数值驱动 PLC 输出点上的负载。输出映像寄存器的通断状态只能在程序内部用指令驱动。

（2）输出映像寄存器的地址分配

S7-200 SMART 系列 PLC 输出映像寄存器区域有 256 位共 32 个字节的存储单元。系统对输出映像寄存器也是以字节（8 位）为单位进行地址分配的。输出映像寄存器可以按位进行操作，每一位对应一个数字量的输出点。输出继电器可采用位、字节、字或双字来存取。输出继电器位存取的地址编号范围为 Q0.0～Q31.7。

以上介绍的输入映像寄存器、输出映像寄存器和输入、输出设备是有联系的，因而它们是 PLC 与外部联系的窗口。下面所介绍的存储器则是与外部设备没有联系的。它们既不能用来接收输入信号，也不能用来驱动外部负载，只是在编程时使用。

3. 变量存储器

变量存储器（V）主要用于存储变量，可以存放数据运算的中间运算结果或设置参数。在进行数据处理时，变量存储器会被经常使用。变量存储器可以是位寻址，也可按字节、字、双字为单位寻址，其字节存取的编号范围根据 CPU 的型号有所不同，CPU ST/SR20 为 VB0～VB8191，CPU ST/SR30 为 VB0～VB12287，CPU ST/SR20 为 VB0～VB8191，CPU ST/SR40 为 VB0～VB16838，CPU ST/SR60 为 VB0～VB20497。

4．内部标志位存储器

内部标志位存储器（M）用来保存中间操作状态和控制信息。内部标志位存储器在 PLC 中没有输入/输出端与之对应，其线圈的通断状态只能在程序内部用指令驱动，其触点不能直接驱动外部负载，只能在程序内部驱动输出继电器的线圈，再用输出继电器的触点去驱动外部负载。

内部标志位存储器可采用位、字节、字或双字来存取。内部标志位存储器有 256 位，位存取的地址编号范围为 M0.0～M31.7，共 32 个字节。

5．特殊标志位存储器

PLC 中还有若干特殊标志位存储器（SM）。特殊标志位存储器提供大量的状态和控制功能，用来在 CPU 和用户程序之间交换信息，特殊标志位存储器能以位、字节、字或双字来存取，SM 的位地址编号范围为 SM0.0～SM2047.7。SMB0～SMB29、SMB480～SMB515、SMB1000～SMB1699 及 SMB1800～SMB1999 为 S7-200 SMART 系列 PLC 的只读特殊存储器。

常用的特殊存储器的用途如下：

SM0.0：运行监视。SM0.0 始终为 1 状态。当 PLC 运行时，可以利用其触点驱动输出继电器，在外部显示程序是否处于运行状态。

SM0.1：初始化脉冲。每当 PLC 的程序开始运行时，SM0.1 线圈接通一个扫描周期，因此 SM0.1 的触点常用于调用初始化程序等。

SM0.3：开机进入 RUN 工作模式时，接通一个扫描周期，可用在启动操作之前，给设备提前预热。

SM0.4、SM0.5：占空比为 50%的时钟脉冲。当 PLC 处于运行状态时，SM0.4 产生周期为 1min 的时钟脉冲，SM0.5 产生周期为 1s 的时钟脉冲。若将时钟脉冲信号送入计数器作为计数信号，可起到定时器的作用。

SM0.6：扫描周期时钟。接通扫描一个周期，断开一个周期，然后再接通扫描一个周期，循环交替。

SM0.7：指令执行状态位，适用于具有实时时钟的 CPU 型号。如果实时时钟设备的时间在上电时复位或丢失，则 CPU 将该位设置为 1，并持续一个扫描周期。程序可将该位用作错误存储器位或用来调用特殊启动序列。

SM1.0：零标志位。运算结果=0 时，该位置 1。

SM1.1：溢出标志位。结果溢出或非法值时，该位置 1。

SM1.2：负数标志位。运算结果为负数时，该位置 1。

SM1.3：被 0 除标志位。

其他特殊存储器的用途可查阅相关手册。

6．局部变量存储器

局部变量存储器（L）用来存放局部变量，局部变量存储器和变量存储器十分相似，主要区别在于全局变量是全局有效，即同一个变量可以被任何程序（主程序、子程序和中断程序）访问。而局部变量只是局部有效，即变量只和特定的程序相关联。局部变量存储器也可以作为地址指针。

S7-200 SMART 系列 PLC 有 64 个字节的局部变量存储器，其中 60 个字节可以作为暂时存储器，或给子程序传递参数。后 4 个字节作为系统的保留字节。PLC 在运行时，根据需要动态地分配局部变量存储器，在执行主程序时，64 个字节的局部变量存储器分配给主程序，当调用子程序或出现中断时，局部变量存储器分配给子程序或中断程序。

局部存储器可以按位、字节、字、双字直接寻址，其位存取的地址编号范围为 L0.0～L63.7。

7. 定时器

PLC 所提供的定时器（T）作用相当于继电器控制系统中的时间继电器。每个定时器可提供无数对常开和常闭触点供编程使用。其设定时间由程序设置。

每个定时器有一个 16 位的当前值寄存器，用于存储定时器累计的时基增量值（1～32767），另有一个状态位表示定时器的状态。若当前值寄存器累计的时基增量值大于或等于设定值，定时器的状态位被置 1，该定时器的常开触点闭合。

定时器的定时精度分别为 1ms、10ms 和 100ms 三种，CPU ST/SR20、ST/SR30、ST/SR40、ST/SR60 的定时器地址编号范围为 T0～T255，它们的分辨率、定时范围并不相同，用户应根据所用 CPU 型号及时基正确选用定时器的编号。

8. 计数器

计数器（C）用于累计计数输入端接收到的由断开到接通的脉冲个数。计数器可提供无数对常开和常闭触点供编程使用，其设定值由程序赋予。

计数器的结构与定时器基本相同，每个计数器有一个 16 位的当前值寄存器用于存储计数器累计的脉冲数，另有一个状态位表示计数器的状态，若当前值寄存器累计的脉冲数大于或等于设定值，计数器的状态位被置 1，该计数器的常开触点闭合。CPU ST/SR20、ST/SR30、ST/SR40、ST/SR60 计数器的地址编号范围为 C0～C255。

9. 高速计数器

一般计数器的计数频率受扫描周期的影响不能太高，而高速计数器（HC）可用来累计比 CPU 的扫描速度更快的事件。高速计数器的当前值是一个双字长（32 位）的整数，且为只读值。

高速计数器的地址编号范围根据 CPU 的型号有所不同，CPU ST/SR20、ST/SR30、ST/SR40、ST/SR60 各有 6 个高速计数器，编号范围为 HC0～HC5。

10. 累加器

累加器（AC）是用来暂存数据的寄存器，它可以用来存放运算数据、中间数据和结果。CPU 提供了 4 个 32 位的累加器，其地址编号范围为 AC0～AC3。累加器的可用长度为 32 位，可采用字节、字、双字的存取方式，按字节、字只能存取累加器的低 8 位或低 16 位，双字可以存取累加器全部的 32 位。

11. 顺序控制继电器（状态元件）

顺序控制继电器（S）是使用步进顺序控制指令编程时的重要状态元件，通常与步进指令一起用以实现顺序功能流程图的编程。可以按位、字节、字或双字访问顺序控制继电器。

顺序控制继电器有 256 位，地址编号范围为 S0.0～S31.7。

12. 模拟量输入/输出映像寄存器（AI/AQ）

S7-200 SMART 系列 PLC 的模拟量输入电路是将外部输入的模拟量信号转换成一个字长的数字量存入模拟量输入映像寄存器区域，区域标志符为 AI。

在 PLC 内的数字量字长为 16 位，即 2 个字节，故其地址均以偶数表示，如 AIW0、AIW2、…；AQW0、AQW2、…。

对模拟量输入/输出是以 2 个字（W）为单位分配地址，每路模拟量输入/输出占用 1 个字（2 个字节）。如有 3 路模拟量输入，需分配 4 个字（AIW0、AIW2、AIW4、AIW6），其中没有被使用的字 AIW6 不可被占用或分配给后续模块。如果有 1 路模拟量输出，需分配 2 个字（AQW0、AQW2），其中没有被使用的字 AQW2 不可被占用或分配给后续模块。

模拟量输入/输出的地址编号范围根据 CPU 型号的不同有所不同，CPU ST/SR20、ST/SR30、ST/SR40、ST/SR60 有 56AI/56AQ。

表 1-8 为硬件组态及 I/O 起始地址，包括基本 I/O、信号板和扩展模块（最多 6 个）。

表 1-8　硬件组态及 I/O 起始地址

基本 I/O		信号板	扩展模块 0	扩展模块 1	扩展模块 2	扩展模块 3	扩展模块 4	扩展模块 5
I0.0	Q0.0	I7.0 Q7.0 AIW12 AQW16	I8.0 Q8.0 AIW16 AQW16	I12.0 Q12.0 AIW32 AQW32	I16.0 Q16.0 AIW48 AQW48	I20.0 Q20.0 AIW64 AQW64	I24.0 Q24.0 AIW80 AQW80	I28.0 Q28.0 AIW96 AQW16

1.4　PLC 的安装与配线

1．S7-200 SMART 系列 PLC 设备安装准则

S7-200 SMART 系列 PLC 可采用水平或垂直方式安装在面板或标准 DIN 导轨上，安装时应遵守以下准则。

1）将 S7-200 SMART 系列 PLC 设备与热源、高压和电气噪声隔离开。

作为布置系统中各种设备的基本规则，必须将产生高压和电气噪声的设备（如变频器）与 PLC 等低压设备隔离开。

布局时，电子型设备安装在控制柜中温度较低的区域内。少暴露在高温环境中可延长所有电子设备的使用寿命。

布线时，应避免将低压信号线和通信电缆铺设在具有交流电源线和高能量快速开关直流线的槽中。

2）留出足够的间隙以便冷却和接线。

S7-200 SMART 系列 PLC 设备设计成通过自然对流冷却。为保证适当冷却，必须在设备上方和下方留出至少 25mm 的间隙。此外，模块前端与机柜内壁间至少应留出 25mm 的深度。

规划 PLC 的布局时，应留出足够的空间以方便进行接线和通信电缆连接。

3）安装或拆卸设备前，切断 PLC 电源。

2．S7-200 SMART 系列 PLC 设备接线准则

在进行接地或接线之前，应切断该设备及所有相关设备的电源。PLC 的配线主要包括电源接线、接地、I/O 接线及对扩展单元的接线等。

PLC 的工作电源有 120V/230V 单相交流电源和 24V 直流电源。系统的大多数干扰往往通过电源进入 PLC，在干扰强或可靠性要求高的场合，动力部分、控制部分、PLC 自身电源及 I/O 回路的电源应分开配线，用带屏蔽层的隔离变压器给 PLC 供电。隔离变压器的一次侧最好接 380V，这样可以避免接地电流的干扰。输入用的外接直流电源最好采用稳压电源，因为整流滤波电源有较大的纹波，容易引起误动作。

（1）接地准则

将 PLC 和相关设备的所有公共端和接地连接在同一个点接地。该接地点应直接与系统的接地相连。

所有接地线尽量要短（一般不超过 20m），且应使用 2mm^2 或 14 AWG（美国线规）的电线连接到独立接地点上（也称一点接地）。

（2）接线准则

1）用一个隔离开关作为 S7-200 SMART CPU 电源、所有输入电路和所有输出电路的供电电源开关，并用过电流保护（如熔断器或断路器）来限制电源线中的故障电流。各输出电路中安装熔断器或其他限流装置，可能遭受雷电冲击的线路应安装合适的浪涌抑制设备。

2）将 I/O 线、通信电缆、交流线及电流大、变化迅速的直流线分隔开铺设在不同的线槽中。如需在一个线槽中布线时，必须使用屏蔽电缆。交流线与直流线、输入线与输出线应分别使用不同的电缆；数字量和模拟量 I/O 应分开走线，传送模拟量 I/O 线应使用屏蔽线，且屏蔽层应一端接地。

中性线或公共导线与带电导线或载有信号的导线应成对铺设、成对布线，使用的电线应尽可能短，线径满足允许电流的要求。

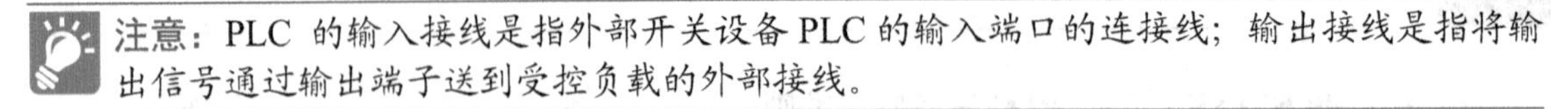
注意：PLC 的输入接线是指外部开关设备 PLC 的输入端口的连接线；输出接线是指将输出信号通过输出端子送到受控负载的外部接线。

3）使用屏蔽线防止电气噪声。通常，在 S7-200 SMART CPU 端将屏蔽层接地可获得最佳效果。将连接到 S7-200 SMART CPU 通信连接器外壳的通信电缆屏蔽层接地，可使用与电缆屏蔽层咬合的连接器接地，或是将通信电缆的屏蔽层单独接地。使用夹板或环绕屏蔽层的铜条将其他电缆屏蔽层接地，这样可增大连接接地点的表面积。

4）由外部电源供电的输入电路进行接线时，应在该电路中安装过电流保护装置。S7-200 SMART CPU 的 24V 直流传感器电源具有短路保护功能，由直流传感器电源供电的电路不需要外部保护。

5）S7-200 SMART CPU 模块接线端子具有可拆卸连接器，方便用户接线。应确保连接器固定牢靠且导线已牢固地安装到连接器中，防止连接松动。

1.5 习题

1. PLC 的基本组成有哪些？
2. 输入接口电路有哪几种形式？输出接口电路有哪几种形式？各有何特点？
3. PLC 的工作原理是什么？工作过程分哪几个阶段？
4. S7-200 SMART 系列 PLC 有哪些编址方式？
5. S7-200 SMART 系列 PLC 有哪些寻址方式？
6. S7-200 SMART 系列 PLC 有哪几种工作模式？改变工作模式的方法有几种？
7. S7-200 SMART 系列 PLC 有哪些存储区，它们的作用是什么？
8. S7-200 SMART 系列 PLC 的累加器有几个？其长度是多少？
9. S7-200 SMART 系列 PLC 的数据类型有几种？各类型数据的数据长度是多少？
10. SM0.0、SM0.1、SM0.4、SM0.5 各有什么作用？
11. 常见的扩展模块有几类？扩展模块的具体作用是什么？
12. S7-200 SMART 系列 PLC 的信号板有几种？简述其功能。

第 2 章 STEP7-Micro/WIN SMART 编程软件介绍及应用

本章要点

1）S7-200 SMART 系列 PLC 编程软件的通信设置及窗口组件。

2）S7-200 SMART 系列 PLC 编程软件的主要编程功能。

3）程序的调试与监控。

2.1 编程软件概述

STEP7-Micro/WIN S7-200 SMART 界面美观友好、结构紧凑、组态灵活且具有功能强大的指令集，可以进行远程的编程、数据传输以及数据诊断，给用户创造了一个非常好的编程环境。

首先将其英文操作界面转换成中文操作界面，方法是：打开 STEP7-Micro/WIN SMART 编程软件，在菜单栏中选择“Tools”→“Options”→“General”，在语言选择栏中选择“Chinese Simplified”，单击“OK”按钮，关闭软件，然后重新打开，系统即为中文操作界面。

2.1.1 通信设置

2.1.1-1 STEP7-Micro/WIN SMART 通信连接的建立

1. 通信连接的建立

（1）基础条件

STEP7-Micro/WIN SMART 编程软件已正确安装到 PC 设备；编程电缆为以太网电缆（普通的网线也可以）。

注意：单对单通信不需要交换机，如果网络中存在两台以上设备则需要交换机。

（2）硬件连接

将 CPU 模块上端以太网接口（如图 2-1 所示①）插入以太网电缆，同时，将电缆插到 PC 的网口。

（3）建立 STEP7-Micro/WIN SMART 与 CPU 的连接

1）打开 STEP7-Micro/WIN SMART 编程软件，单击 “通信”按钮或双击项目树“通信”图标，如图 2-2 所示。

图 2-1　CPU 以太网接口

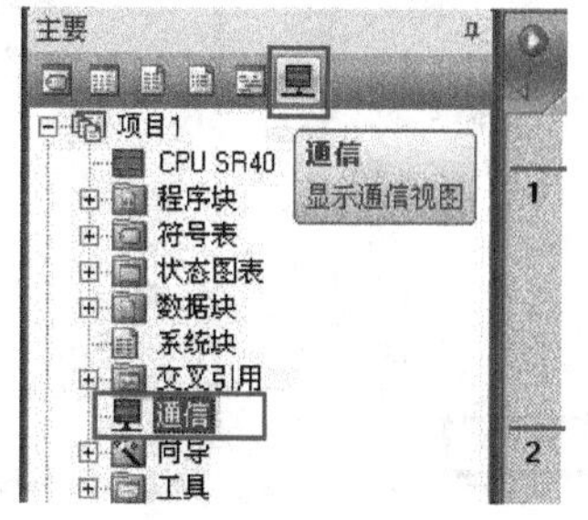

图 2-2　“通信”按钮

2）打开“通信”对话框，进行如下设置操作：单击“网络接口卡”，在下拉列表框中选择 PC 的网卡；单击“查找 CPU”后，会自动刷新并找到实际的 CPU；选择需要连接的 CPU 的 IP 地址；单击“确定”按钮，建立连接，如图 2-3 所示。

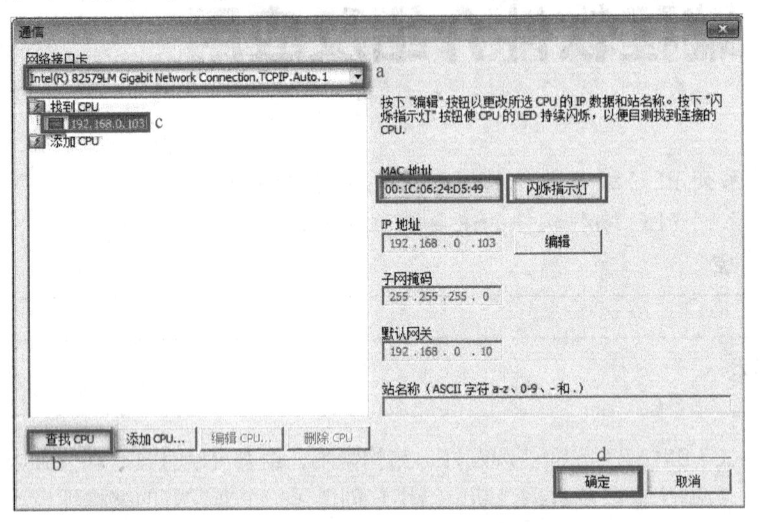

图 2-3　STEP7-Micro/WIN SMART 与 CPU 的连接设置

注意：

① 同时只能选择一个 CPU 与 STEP7-Micro/WIN SMART 进行通信。

② 如果网络中存在 2 台以上设备，单击图 2-3 中“闪烁指示灯”按钮，CPU 上的 RUN、STOP 和 ERROR 灯会轮流闪亮，以此来辨识该 CPU。

③ 找到想要连接的 CPU 后，可以通过单击“闪烁停止”完成设置。也可以通过“MAC 地址”来确定网络中的 CPU，MAC 物理地址在 CPU 上“LINK”指示灯的上方。

2. 设置 PC 的 IP 地址

1）在任务栏右下角单击“网络”图标，再单击“打开网络和共享中心”，如图 2-4 所示。

2）在如图 2-5 所示界面中，双击“本地连接”，打开“本地连接 状态”对话框。

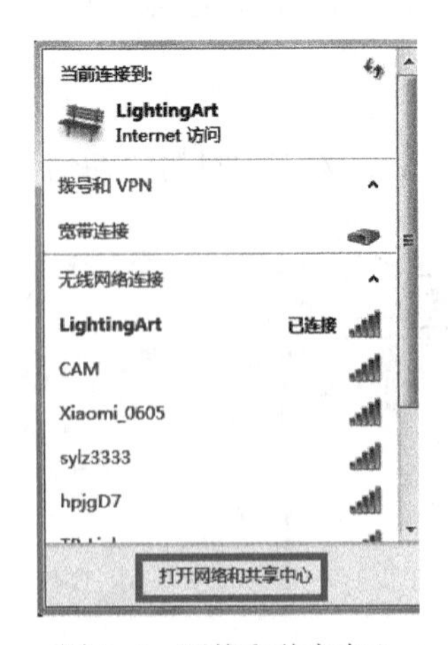

图 2-4　网络和共享中心

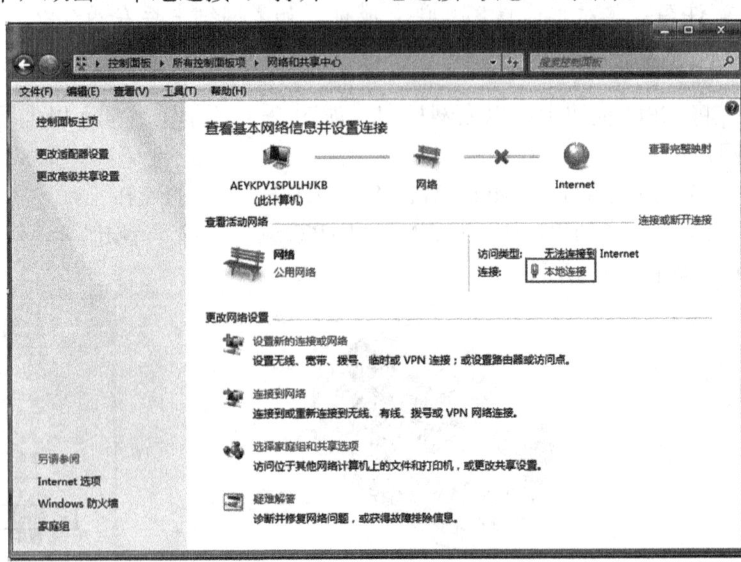

图 2-5　本地连接

3）单击“属性”按钮，打开“本地连接 属性”对话框；在“此连接使用下列项目”列表框中，滑动右侧滚动条，找到“Internet 协议（TCP/IP）”并选中该项，单击“属性”按钮，打开“Internet 协议（TCP/IP）属性”对话框。“本地连接 属性”对话框如图 2-6 所示。

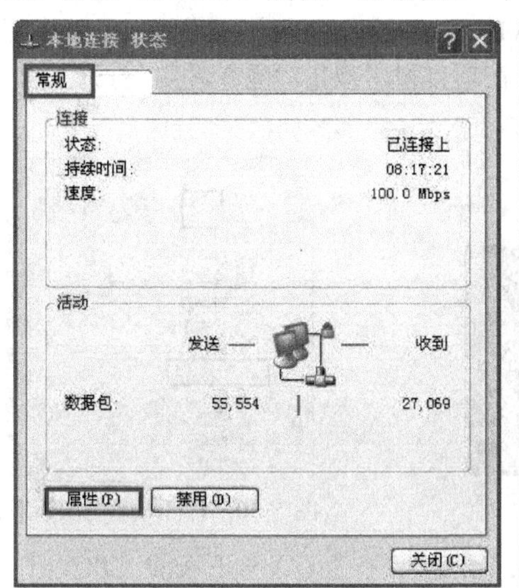

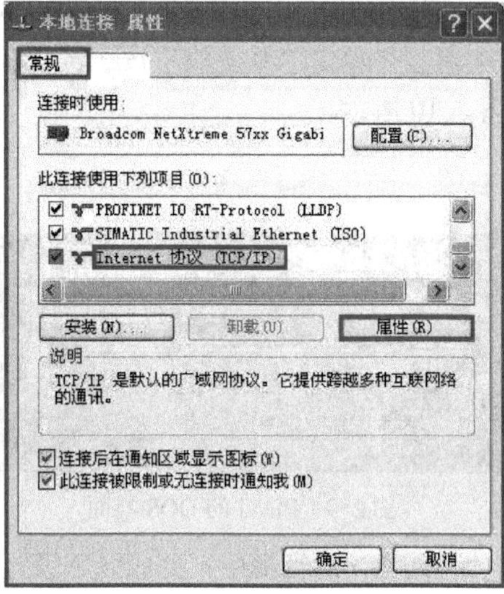

图 2-6 “本地连接 属性”对话框

4）在图 2-7“Internet 协议（TCP/IP） 属性”对话框中，选择“使用下面的 IP 地址”前面的单选按钮，然后进行如下操作：

① 输入编程设备的 IP 地址（必须与 CPU 在同一个网段）。

② 输入编程设备的子网掩码（必须与 CPU 一致）。

③ 输入默认网关（必须是编程设备所在网段中的 IP 地址）。

④ 单击“确定”按钮，完成设置。

5）可以用 PING 命令诊断网络链接是否成功，方法如下：

① 打开 Win7 运行界面，输入“cmd”命令，如图 2-8 所示。

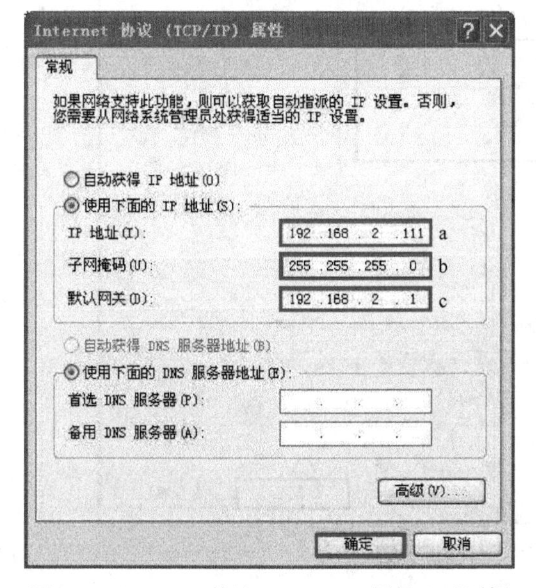

图 2-7 “Internet 协议（TCP/IP）属性”对话框

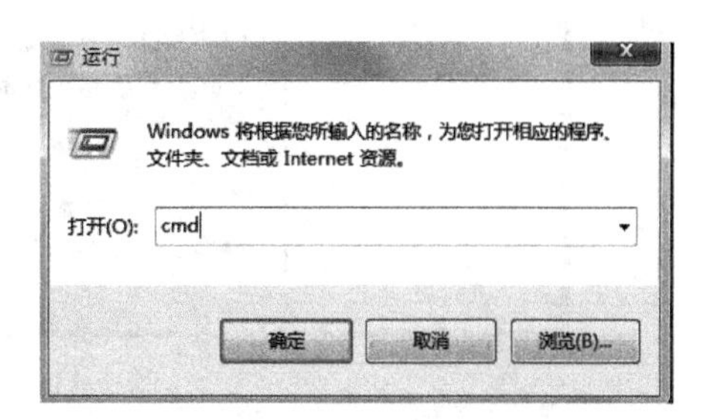

图 2-8 Win7 运行界面

② 单击“确定”按钮，进入如图 2-9 所示 PING 的 DOS 界面。出现如下信息说明本地 PC 和远程 CPU 已建立网络连接。

3. 设置 CPU 的 IP 地址（非必选项）

修改 CPU 的 IP 地址，要在 STEP7-Micro/WIN SMART 的系统块中设置，具体步骤如下：

1）在工具栏中单击“系统块”按钮，或者在项目树中双击“系统块”，打开“系统块”对话框，如图 2-10 所示。

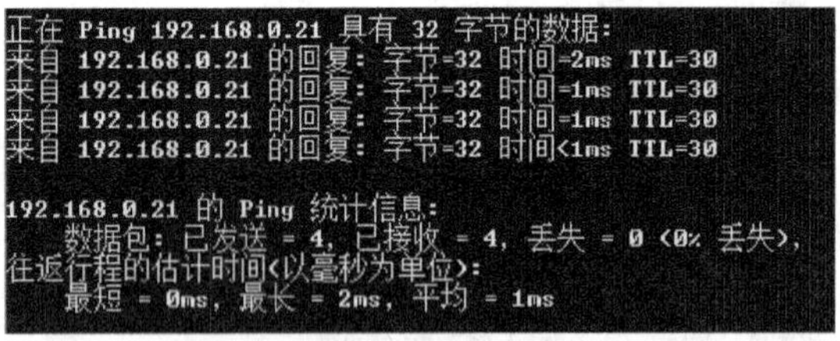

正在 Ping 192.168.0.21 具有 32 字节的数据:
来自 192.168.0.21 的回复: 字节=32 时间=2ms TTL=30
来自 192.168.0.21 的回复: 字节=32 时间=1ms TTL=30
来自 192.168.0.21 的回复: 字节=32 时间=1ms TTL=30
来自 192.168.0.21 的回复: 字节=32 时间<1ms TTL=30
192.168.0.21 的 Ping 统计信息:
数据包: 已发送 = 4, 已接收 = 4, 丢失 = 0 (0% 丢失),
往返行程的估计时间(以毫秒为单位):
最短 = 0ms, 最长 = 2ms, 平均 = 1ms

图 2-9 PING 的 DOS 界面

主要
项目1
CPU
系统块
显示系统块视图
程序
符号表
状态图表
数据块
系统块
交叉引用
通信
向导
工具
1
2

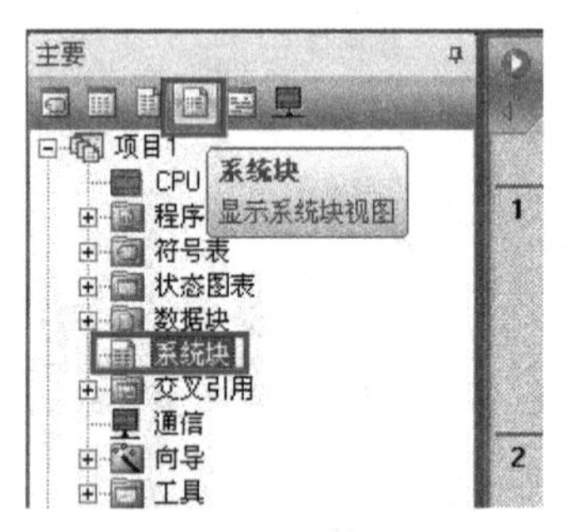

图 2-10 打开“系统块”对话框

2）在“系统块”对话框中，完成以下设置：要连接的 CPU（与下载的 CPU 相同）；勾选“通信”选项；对以太网端口进行设置，勾选“IP 地址数据固定为下面的值，不能通过其他方式更改”；完成 IP 地址、子网掩码和默认网关设置；单击“确定”按钮，完成设置，如图 2-11 所示。

系统块
模块
输入
输出
订货号
CPU
CPU SR40 (AC/DC/Relay)
I0.0
Q0.0
6ES7 288-1SR40-0AA0
SB
EM 0
EM 1
EM 2
EM 3
通信
数字量输入
数字量输出
保持范围
安全
启动
以太网端口
IP 地址数据固定为下面的值，不能通过其他方式更改
IP 地址：192 . 168 . 2 . 55
子网掩码：255 . 255 . 255 . 0
默认网关：198 . 168 . 2 . 1
站名称：
背景时间
选择通信背景时间 (5 - 50%)
10
RS485 端口
通过 RS485 端口设置可调整 HMI 用来通信的通信参数。
地址：2
波特率：9.6 kbps
确定
取消

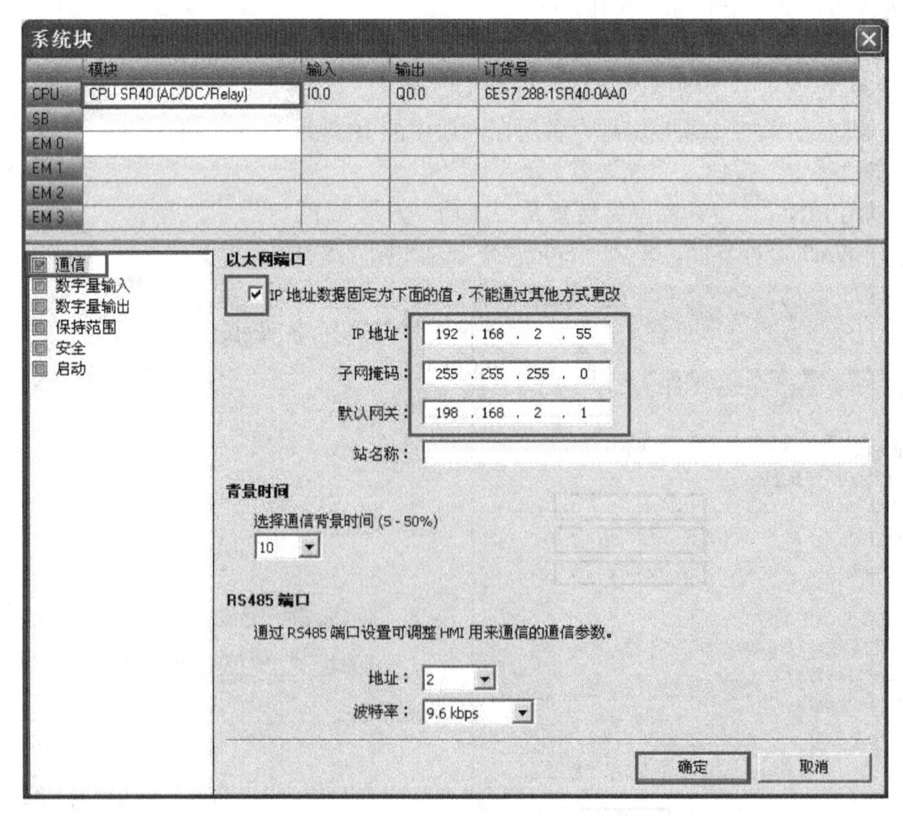

图 2-11 “系统块”对话框设置

注意：因为系统块是用户创建的项目组成部分，所以只有将系统块下载至 CPU 后，IP 地址修改才能够生效。

4．总结

1）S7-200 SMART 系列 PLC 是 S7-200 系列 PLC 的替代产品，S7-200 系列 PLC 的程序可以移植到 S7-200 SMART 系列 PLC，同时 S7-200 SMART CPU 集成了以太网的 PN 接口，与西门子的产品能完美融合，应用前景将更为广泛。

2）S7-200 SMART CPU 与 PC 的通信设置，是一个工控人熟悉 PLC 产品迈出的第一步。

3）用户在完成通信设置（第一步）后，对新项目程序进行通信连接时，需要按以上方法重新设置。

2.1.2　窗口组件

2.1.2
编程软件的介绍

STEP7-Micro/WIN SMART 用户界面如图 2-12 所示。每个编辑窗口均可按所选择的方式停放或浮动以及排列在屏幕上。可单独显示每个窗口，也可合并多个窗口，然后从单独选项卡访问各窗口。

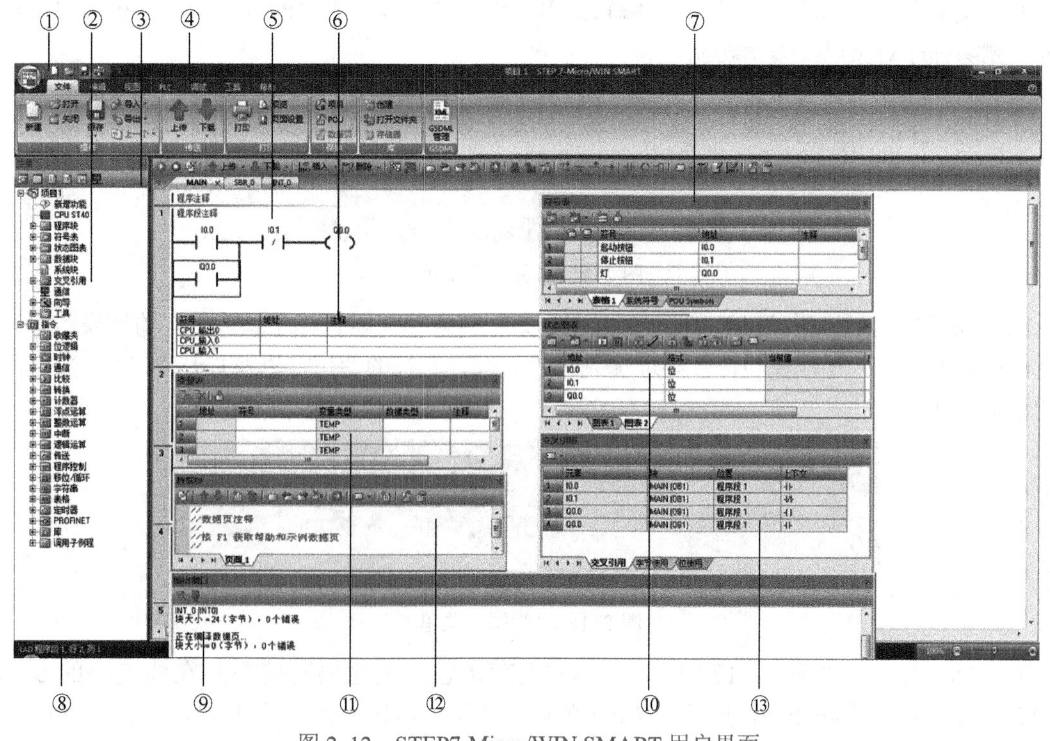

图 2-12　STEP7-Micro/WIN SMART 用户界面

STEP7-Micro/WIN SMART 软件由以下几个重要部分组成：①快速访问工具栏；②项目树；③导航栏；④菜单；⑤程序编辑器；⑥符号信息表；⑦符号表；⑧状态栏；⑨输出窗口；⑩状态图表；⑪变量表；⑫数据块；⑬交叉引用。

1．菜单

STEP7-Micro/WIN SMART 软件下拉菜单的结构为桌面平铺式，如图 2-13 所示。根据功能类别分为文件、编辑、视图、PLC、调试、工具和帮助，共 7 组。

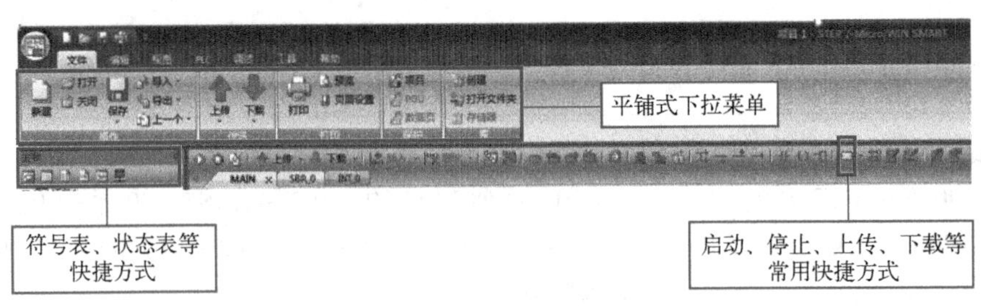

图 2-13　桌面平铺式下拉菜单

1）“文件”菜单如图 2-14 所示。“文件”菜单主要包含对项目整体的编辑操作，以及上传、下载、打印、保存和对库文件的操作。

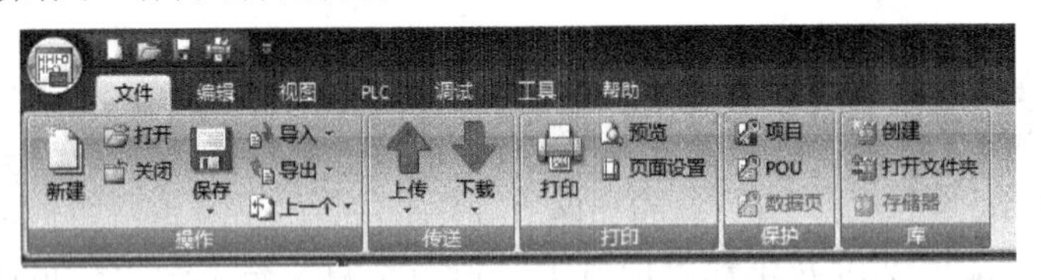

图 2-14　“文件”菜单

2）“编辑”菜单如图 2-15 所示。编辑菜单主要包含对项目程序的修改功能，包括剪贴板、插入、删除程序对象以及搜索功能。

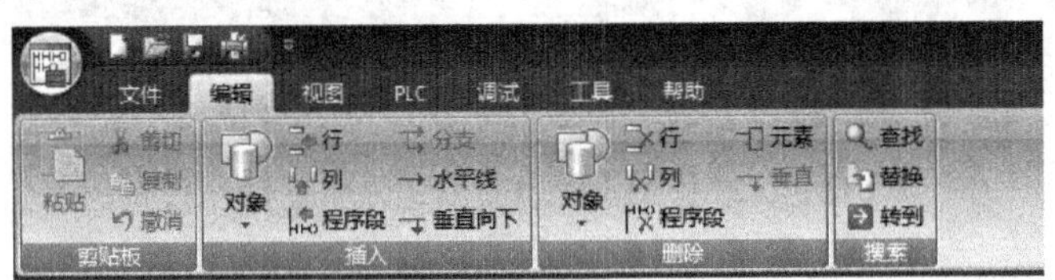

图 2-15　“编辑”菜单

3）“视图”菜单如图 2-16 所示。“视图”菜单包含的功能有程序编辑语言的切换、不同组件之间的切换显示、符号表和符号寻址优先级的修改、书签的使用，以及打开 POU 和数据页属性的快捷方式。

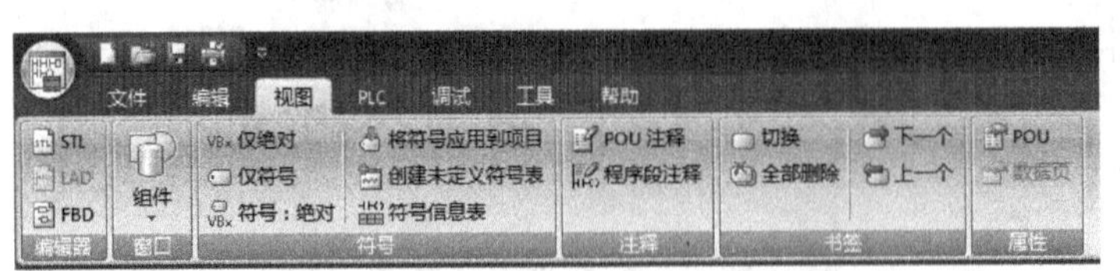

图 2-16　“视图”菜单

4）“PLC”菜单如图 2-17 所示。“PLC”菜单包含的主要功能是对在线连接的 S7-200 SMART CPU 的操作和控制，如控制 CPU 的运行状态、编译和传送项目文件、清除 CPU 中的项目文件、比较离线和在线的项目程序、读取 PLC 信息以及修改 CPU 的实时时钟。

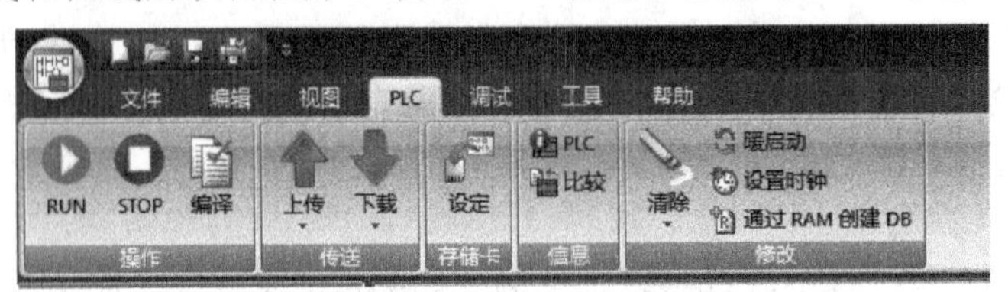

图 2-17　“PLC”菜单

5）“调试”菜单如图 2-18 所示。“调试”菜单的主要功能是在线连接 CPU 后，对 CPU 中的数据进行读/写和强制对程序运行状态进行监控。这里的“执行单次”和“执行多次”的扫描功能是指 CPU 从停止状态开始执行一个扫描周期或者多个扫描周期后自动进入停止状态，常用于对程序的单步或多步调试。

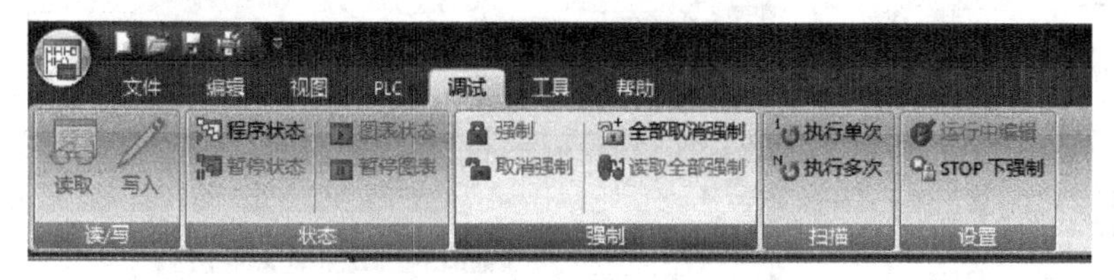

图 2-18 “调试”菜单

6）“工具”菜单如图 2-19 所示，“工具”菜单主要包含向导和相关工具的快捷打开方式，以及 STEP7-Micro/WIN SMART 软件的选项。

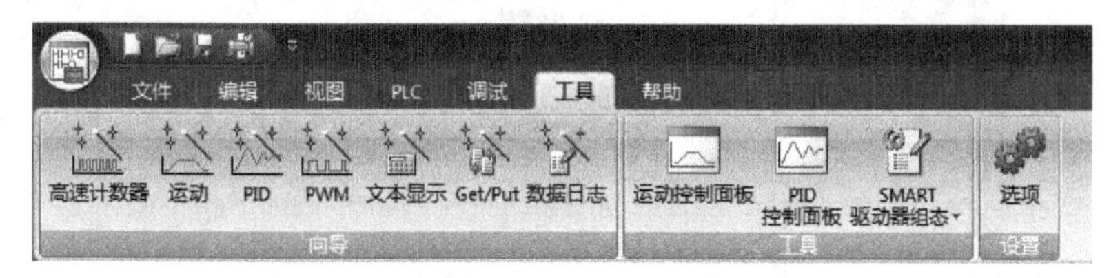

图 2-19 “工具”菜单

7）“帮助”菜单如图 2-20 所示。“帮助”菜单包含软件自带帮助文件的快捷打开方式和西门子支持网站的超级链接以及当前的软件版本。

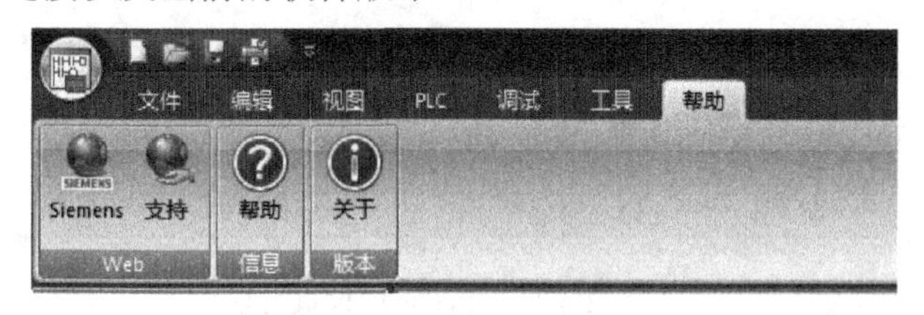

图 2-20 “帮助”菜单

2. 新建、打开、保存项目文件

可以通过下面三种方法来新建、打开和保存项目文件：

1）打开“文件”菜单，选择“新建”“打开”或“保存”命令。

2）单击菜单栏右侧的快捷按钮。

3）使用快捷键“新建”〈Ctrl+N〉、“打开”〈Ctrl+O〉和“保存”〈Ctrl+S〉。

3. 系统块

S7-200 SMART CPU、信号板和扩展模块需要的所有硬件组态都在系统块中配置。双击项目树中的 CPU 图标，或者选择“视图”→“组件”→“系统块”，打开“系统块”对话框，如图 2-21 所示。

4. 设置 CPU 时钟

在正式使用 S7-200 SMART CPU 之前，用户通常需要将它的出厂默认时间修改为实时的日期和时间。通过 STEP7-Micro/WIN SMART 软件，可以将计算机的时间设定到 CPU 中，具体的操作步骤如图 2-22 所示。

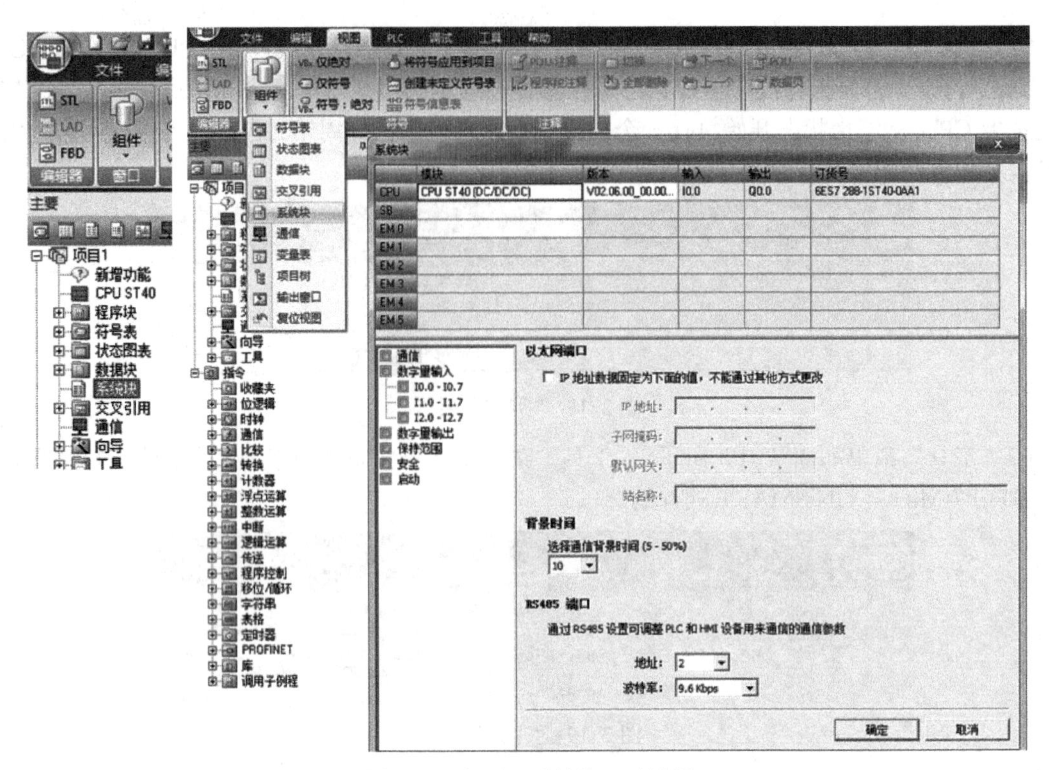

图 2-21　打开“系统块”对话框

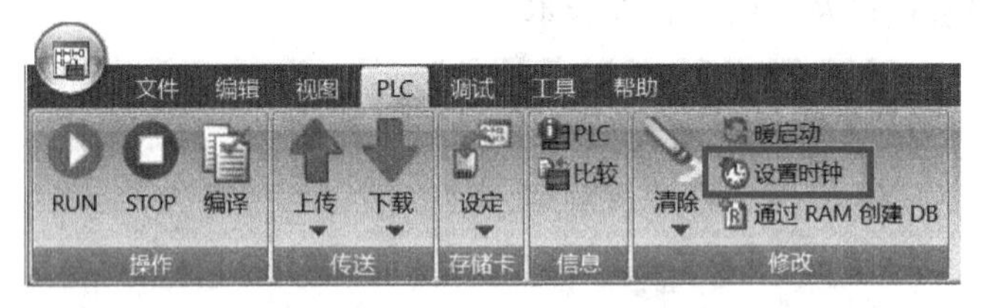

图 2-22　CPU 时钟设置

1）选择“PLC”→“修改”→“设置时钟”命令。

2）连接 PLC。如果目前 STEP7-Micro/WIN SMART 软件与 S7-200 SMART CPU 尚未建立连接，则“通信”对话框会被自动打开，用户单击“查找 CPU”按钮以连接 CPU。

2.2 主要编程功能

2.2.1 梯形图程序的输入

2.2.1
梯形图程序的
输入

STEP7-Micro/WIN SMART 支持三种编程方式：LAD（梯形图）、FBD（功能块图）、STL（语句表）。其中 LAD（梯形图）是最常用的编程方式。

LAD 程序编辑器以图形方式显示程序，与电气接线图类似。LAD 程序仿真来自电源的能流，通过一系列的逻辑输入条件，决定是否启用逻辑输出。

LAD 程序包括已通电的左侧电源导轨，闭合触点允许能量通过它们流到下一元件，而断开的触点则阻止能量的流动。逻辑分成不同的程序段。程序根据指示执行，每次执行一个程序段，顺序为从左至右，然后从顶部至底部，如图 2-23 所示。

各种指令通过图形符号表示，包括三个基本形式：

1）触点表示逻辑输入条件，如开关、按钮或内部条件。

2）线圈通常表示逻辑输出结果，如指示灯、电动机启动器、干预继电器或内部输出条件。

3）方框表示其他指令，如定时器、计数器或数学指令。

图 2-23　LAD 程序示例

1．切换程序编辑器

启动编程软件后自动创建一个新项目，并默认打开 LAD（梯形图）程序编辑器，单击“视图”菜单/编辑器功能区，可以选择 STL、LAD 或 FBD 编辑器。打开“工具”→“选项”→“程序编辑器”，可以更改所有新项目的默认编辑器，如图 2-24 所示。

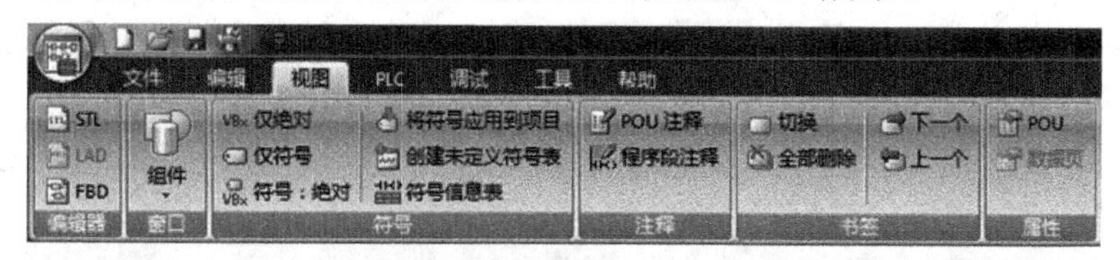

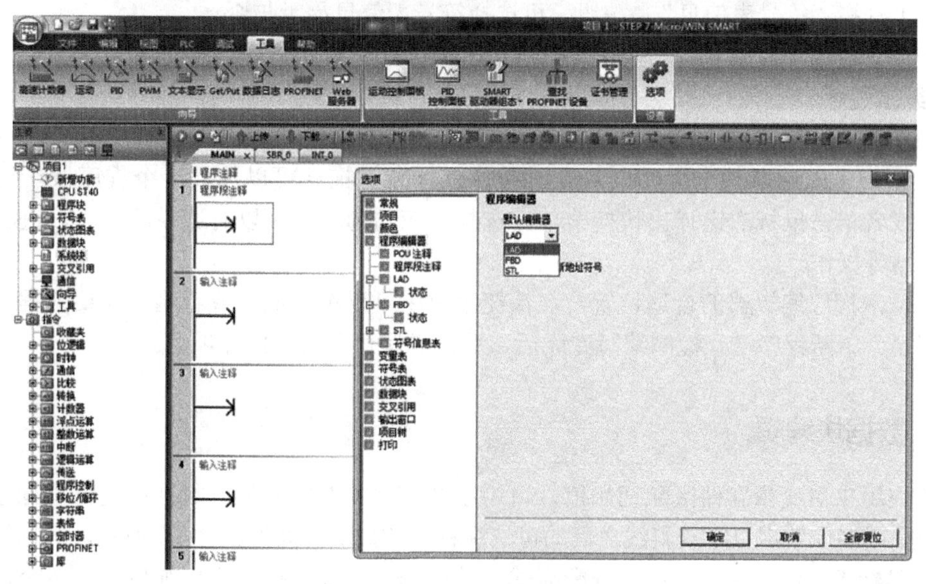

图 2-24　切换程序编辑器

2．输入 LAD 程序

输入和编辑程序时经常用到“编辑”菜单和工具栏“程序编辑器”按钮。输入指令的几种常用方法如下：

1）从指令树中选择要插入的指令，按住鼠标左键将其拖动到程序段中的合适位置时释放鼠标，相应的指令就添加到了程序中。

2）单击选中合适位置，出现一个选择框，在指令树中双击需要的指令插入到程序中。

3）单击选中合适位置，单击工具栏“通用指令”按钮（或者使用功能键 F4 表示触点，F6 表示线圈，F9 表示指令盒），在下拉列表中选择指令输入单击（或者按回车键），如图 2-25 所示。

当编程指令出现在指定位置后，再单击编程元件符号的??.?，输入操作数。红色字样显示语法出错，当把不合法的地址或符号改变为合法值时，红色字样消失。若数值下面出现红色的波浪线，表示输入的操作数超出范围或与指令的类型不匹配。

将鼠标光标停留在指令上，则自动显示指令功能和所需参数类型。

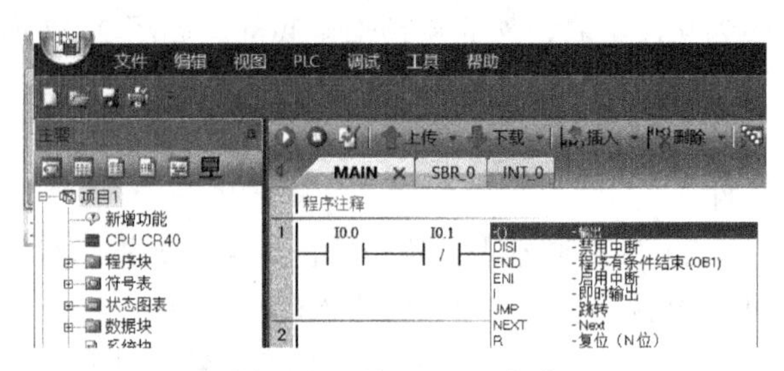

图 2-25　输入 LAD 程序

在“工具”→“选项”→“常规”→“寻址”的下拉列表框中选择显示操作数的形式为“仅地址”“仅符号”或者“符号和地址”。

单击 LAD 指令工具栏“插入分支”“向下垂直线〈Ctrl+向下键〉”、“向上垂直线〈Ctrl+向上键〉”和“水平线〈Ctrl+向右键〉”按钮，可以在程序段元素之间绘制线。

利用“编辑”菜单或者工具栏按钮，可以在所需位置插入程序段、行和列。以上指令输入方法适用于所有指令。

必要时输入 POU 注释、程序注释，可加强程序的可读性。单击工具栏“POU 注释”按钮、“程序段注释”按钮，可选择注释显示与否。

单击工具栏“符号表信息”按钮，可选择符号表信息显示与否。

单击工具栏“POU 保护”按钮，在对话框中可以对 POU 设置密码保护。

3. 编辑程序

STEP7-Micro/WIN SMART 支持复制、粘贴、查找、替换等操作。用鼠标单击程序编辑器的母线左侧，可以选取整个程序段，此时按住鼠标左键拖动可以选取多个程序段。通过“编辑”菜单或者单击鼠标右键弹出快捷菜单，选择相应的选项，可以对选中的程序段进行整体的复制、粘贴等操作。

右键单击程序编辑器的合适位置，在快捷菜单中可以选择插入或者删除需要的程序元素，包括子程序、中断程序等。程序编写完成后，单击“保存”按钮保存项目。

2.2.2 数据块编辑

数据块用来对变量存储区赋初始值，可用字节、字或双字赋值。数据块的典型行包括起始地址、一个或多个数据以及双斜线之后的可选注释。数据块界面如图 2-26 所示。数据块的第一行必须分配显式地址，后续行可以分配显式地址或隐式地址。在单个地址后输入多个数据或者输入只包含数据的行时，编译器会自动进行隐性地址分配，编译器会根据前面的地址或者所标识的长度，如字节、字、双字来指定适当数量的 V 存储区。

1. 地址分配规则

在输入地址时省略尺寸规格，只输入 V，编译器会自动根据起始地址和数据所需的存储长度指定适当的 V 存储区进行分配，这样就可以混合分配不同长度的数据。单击导航栏“数据块”按钮，打开“数据块”窗口也就是数据块编辑器，数据块编辑器是一个自由格式的文本编辑器，直接在窗口内输入地址和数据即可。输入完一行以后直接按回车键，数据块编辑器会自动格式化行，如对齐地址列、数据和注释，将 V 存储区地址大写。

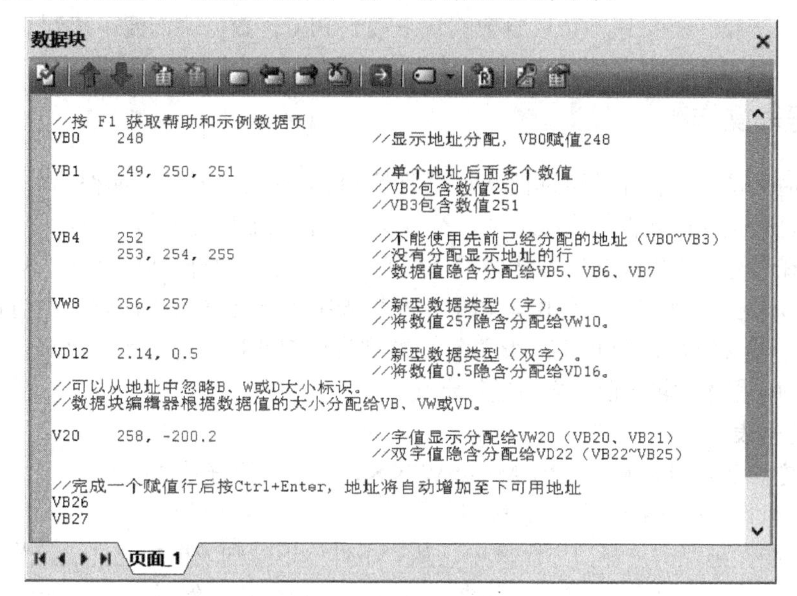

图 2-26　数据块界面

2．数据块编辑器

在输入过程中如果发生错误，立即会在左侧显示红色的“×”号。完成一个赋值行后按 Ctrl+Enter 键，地址会自动增加到下一个可用地址。鼠标右键单击地址处，在弹出的菜单中选择“选择符号”，如图 2-27 所示，可以通过符号名称输入地址。单击“切换寻址”按钮切换符号名称和绝对地址的显示。单击“数据页保护”按钮可以对数据页设置密码保护。与普通文本编辑器类似，复制、剪切、粘贴、删除等操作同样适用于数据块编辑器。在 S7-200 SMART 系列 PLC 程序中数据块支持分页，通过工具栏按钮可以插入或删除数据页。

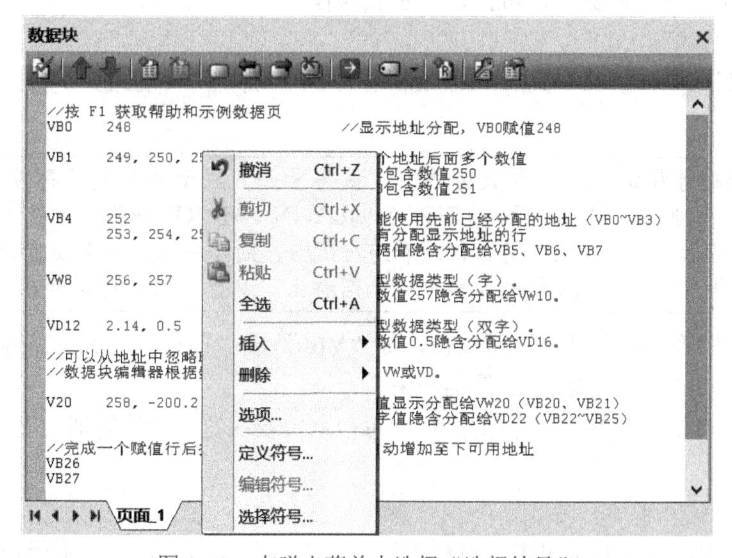

图 2-27　在弹出菜单中选择“选择符号”

3．数据块下载

数据块编辑完成后单击“保存”按钮。编辑并保存后就可以将数据块编译下载到 PLC。注意：S7-200 SMART 系列 PLC 程序的数据块是下载到 CPU 的 EEPROM 中，PLC 掉电后数据不会丢失。单击“下载”按钮，可以将数据块下载到 PLC，数据块需要下载到 PLC 才起作用。

2.2.3 符号表操作

2.2.3
符号表操作

实际编程时为了增加程序的可读性，常用带有实际含义的符号作为编程元件代号，而不是直接使用元件的直接地址。符号表可为存储器地址或常量指定的符号名称。在符号表中定义的符号适用于全局变量。已定义的符号可在程序的所有程序组织单元（POU）中使用。如果在变量表中指定变量名称，则该变量适用于局部范围。它仅适用于定义时所在的 POU。此类符号被称为局部变量，与适用于全局范围的符号有区别。符号可在创建程序逻辑之前或之后进行定义。

1. 打开符号表

使用以下方法之一可打开 STEP7-Micro/WIN SMART 中的符号表：

1）单击导航栏中的“符号表”按钮。

2）在“视图”菜单的“窗口”区域中，从“组件”下拉列表框中选择“符号表”。

3）在项目树中打开“符号表”文件夹，选择一个表名称；然后按下“Enter”按钮或者双击符号表名称。

2. 系统符号表

还可以在项目中使用系统符号表中的符号。预定义的系统符号表提供了常用的 PLC 特殊存储器地址的访问。如果项目的系统符号表丢失，可以按以下步骤插入：

1）在项目树中右键单击“符号表”。

2）从快捷菜单中选择“插入”→“系统符号表”命令。

3. 在符号表中分配符号

将符号分配给地址或常数值，可按以下步骤操作：

1）打开“符号表”。

2）在“符号”列中键入符号名，如“Input1”。符号名可包含的最大字符数为 23 个单字节字符。

说明：在为符号指定地址或常数值之前，该符号一直显示为未定义符号（绿色波浪下划线）。在完成“地址”列分配后，STEP7-Micro/WIN SMART 将移除绿色波浪下划线。如果已选择同时显示项目操作数的符号视图和绝对视图，则程序编辑器中较长的符号名将以波浪号（~）截断。可将鼠标光标放在被截断的名称上，以查看在工具提示中显示的全名。

3）在“地址”列中键入地址或常数值，如“VB0”或“123”。注意：在为符号分配字符串常量时，需要用双引号将该字符串常量括起来。

4）也可以键入最长为 79 个字符的注释。可根据需要在符号表编辑器中调整列宽。

4. 添加表

可用以下方法建立多个符号表：

1）在指令树中用鼠标右键单击“符号表”文件夹，在弹出菜单命令中选择“插入符号表”命令。

2）打开“符号表”窗口，通过“添加表”按钮，可以在项目中插入一个符号表、系统符号表、I/O 映射表，或者在当前符号表中插入新一行。

5．删除表

打开“符号表”窗口，通过“删除表”按钮，可以删除一个符号表或者当前符号表中的一行。

6．创建未定义符号表

在程序中直接输入符号名，单击“视图”→“创建未定义符号表”会自动创建一个表格，包含所有未命名的符号。在“地址”处填入符号对应的地址即可。

7．将符号表应用到项目

在符号表中做了任何修改后，可以通过“视图”→“将符号表应用到项目”将最新的符号表信息更新到整个项目中。

8．插入附加行

使用以下方法之一可在符号表中插入附加行：

1）右键单击符号表中的单元格，选择“上下文”→“插入”→“行”。STEP7-Micro/WIN SMART 将新行插入到当前位置上方。

2）在“编辑”菜单功能区的“插入”区域中，选择“行”。STEP7-Micro/WIN SMART 将新行插入到符号表中光标所在位置上方。

3）要在符号表底部插入新行，可将光标放在最后一行的任意一个单元格中，然后按↓键。

9．对符号表排序

可以基于“符号”或“地址”列按字母升序或降序对符号表进行排序。在“地址”列中，数字常量排在字符串常量之上，字符串常量又排在地址之上。要对列进行排序，可单击“符号”或“地址”列标题来按相应的值进行排序。要颠倒排序顺序，可再次单击该列。STEP7-Micro/WIN SMART 在排序的列旁边显示一个向上或向下箭头，用于指示排序选择。

2.3 程序的下载、上传

如果已经成功地在运行 STEP7-Micro/WIN SMART 的 PC 和 PLC 之间建立了通信，就可以将编译好的程序下载至该 PLC。在 Micro/WIN SMART 中，单击工具栏“上传”按钮或“下载”按钮，打开“上传”或“下载”对话框。

1．将 CPU 的程序上传至 PC

“上传”对话框如图 2-28 所示。选择需要上传的块，单击“上传”按钮完成程序的上传。在“上传”对话框中完成以下设置：

1）勾选需要上传的块类型，一般全选。

2）如果勾选“成功后关闭对话框”，则程序上传成功后将自动关闭对话框，否则要手动关闭对话框。

2．将 PC 的程序下载到 CPU

1）打开“下载”对话框，如图 2-29 所示。选择需要下载的块（如果进行了系统块的设置，则必须下载系统块才能完成 IP 地址修改），单击“下载”按钮进行下载。

2）单击“下载”按钮，如果 CPU 在运行状态，STEP7-Micro/WIN SMART 会弹出提示对话框，提示将 CPU 切换到 STOP 模式。

3）单击“是”，则完成下载，并自动关闭对话框。

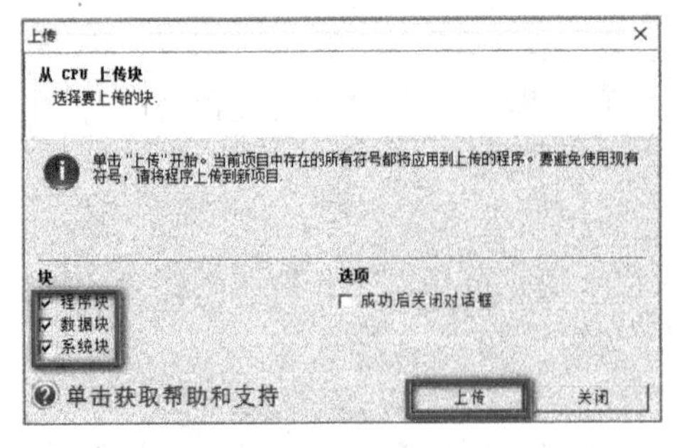

图 2-28 “上传”对话框

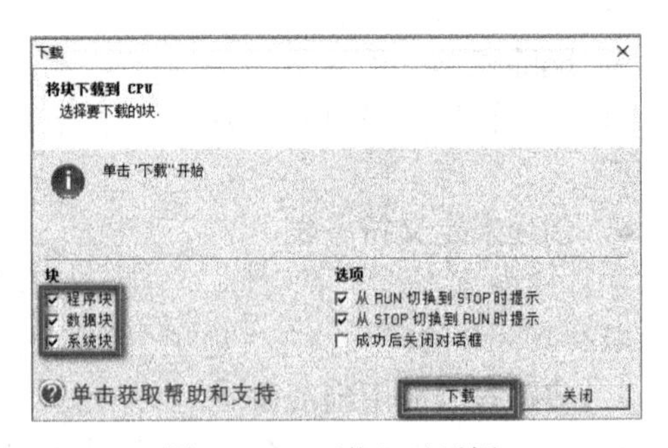

图 2-29 “下载”对话框

4）下载成功后，下载界面会显示“下载已成功完成”。单击“关闭”按钮关闭对话框，完成下载。如果用户在完成通信设置后打开一个新的项目文件再进行下载操作，会要求用户重新进行通信连接设置。

2.4 程序的调试与监控

2.4.1 选择工作模式

CPU 有 STOP 和 RUN 两种工作模式。CPU 正面的状态 LED 指示当前工作模式。在 STOP 模式下，CPU 不执行任何程序，而用户可以下载程序块。在 RUN 模式下，CPU 会执行相关程序，用户仍可下载程序块。

1）将 CPU 置于 RUN 模式。用户单击“PLC”菜单，在“操作”功能区中单击“RUN”按钮或者单击程序编辑器界面上方工具栏中的“RUN”按钮，提示时，单击“确认”按钮，即可将 CPU 转换为运行状态。

2）将 CPU 置于 STOP 模式。用户单击“PLC”菜单，在“操作”功能区中单击“STOP”按钮或者单击程序编辑器界面上方工具栏中的“STOP”按钮，提示时，单击“确认”按钮，即可将 CPU 转换为停止状态。

也可在程序中使用 STOP 指令，将 CPU 置于 STOP 模式。

2.4.2 程序状态显示

1. 显示程序编辑器中的状态

要在程序编辑器中在线监控当前数据值和 I/O 状态，需单击程序编辑器工具栏中的“程序状态”按钮，或单击“调试”菜单/状态功能区中的程序状态按钮。在梯形图语言环境中，蓝色的实线表示能流导通，灰色的实线表示能流中断。在执行程序过程中，在线监控可以显示所有逻辑运算的结果。

单击程序编辑器工具栏中的“暂停状态”按钮，或单击“调试”菜单/状态功能区中的暂停状态按钮，暂停或恢复程序状态采集。

2. 执行状态颜色指示

在梯形图语言环境中，蓝色的实线表示能流导通，灰色的实线表示能流中断。方框指令在指令通电且无错成功执行时标有颜色。绿色定时器和计数器表示定时器和计数器包含有效数据，红色表示指令执行时发生错误。

从“工具”菜单/设置功能区的“选项”设置中选择“颜色”选项卡，可自定义颜色选项。一般使用默认值。

LAD、FBD 和 STL 程序编辑器在扫描周期的执行程序阶段随着每条指令的执行，显示操作数的值并指示能流状态。执行状态能够显示中间数据值，它们可能因执行后续程序指令而被覆盖。所有显示的 PLC 数据值都是从一个程序扫描周期中采集的。

如图 2-30 所示为 LAD 程序编辑器中的程序状态示例。程序编辑器在扫描周期的执行程序阶段随着每条指令的执行显示操作数的值并指示能流状态。

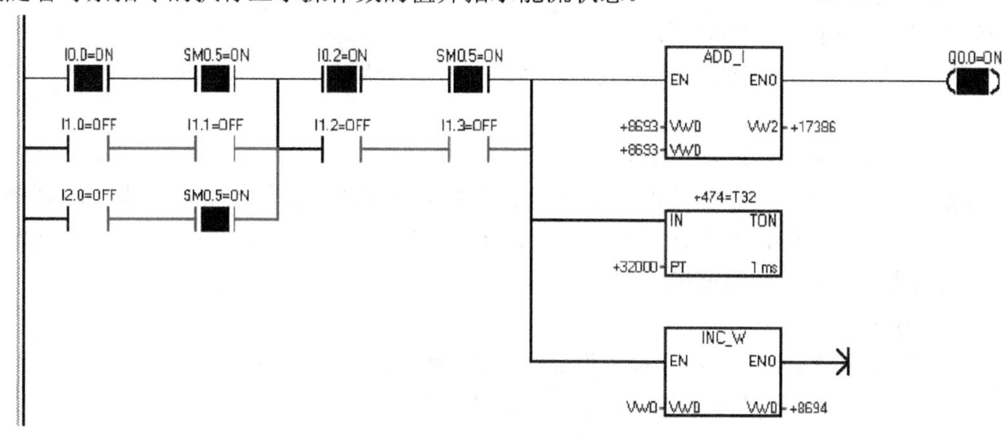

图 2-30 LAD 程序编辑器中的程序状态示例

2.4.3 状态图表显示

状态图表如图 2-31 所示。在状态图表中，可以输入地址或已定义的符号名称，通过显示当前值来监视或修改程序输入、输出或变量的状态。通过给状态图表的新值赋值，还可强制或更改过程变量的值。可以创建多个状态图表，以查看程序不同部分中的操作数。

状态图表

	地址	格式	当前值	新值
1	I0.0	位		
2	VW0	有符号		
3	T37	位		
4	T38	有符号		
5		有符号		

图表 1　图表 2

图 2-31 状态图表

1. 创建新状态图表

在图表状态和程序状态处于关闭状态时，可以用以下方法创建新的状态图表。

1）在项目树中，右键单击“状态图表”文件夹，选择“插入”→“图表”命令。

2）在“编辑”菜单的“插入”功能区中，单击“对象”下方的下拉箭头，在下拉菜单中选择“图表”。

3）从状态图表编辑器的下方“状态图表”选项卡或从现有状态图表中的任何位置，右键单击，从弹出的菜单命令中选择“插入”→“图表”命令。

4）在状态图表工具栏中单击“插入” 按钮。

成功插入新的状态图表后，新图表将显示在项目树中的“状态图表”文件夹下，在“状态图表”窗口底部显示新选项卡。

2．打开状态图表

如果状态图表编辑器并未打开，可从项目树、导航栏或从“视图”菜单的“窗口”区域中的“组件”下拉列表框中打开现有状态图表。

如果状态图表编辑器已打开，可以单击编辑器中的“状态图表”选项卡，打开状态图表。

3．构建状态图表

构建状态图表的操作步骤如下：

1）在“地址”字段中为每个需要的值输入地址（或符号名）。符号名必须是已在符号表中定义的名称。

2）在“格式”列中的下拉列表框中（位、有符号、无符号、十六进制、二进制、ASCII）选择操作数的有效格式。可以将定时器和计数器值显示为位或字。如果将定时器或计数器值显示为位，则会显示指令的输出状态（0 或 1）。如果将定时器或计数器值显示为字（符号整数），则会显示定时器或计数器的当前值。

3）插入附加行。

① 单击状态图表工具栏中的“插入” 按钮右侧三角，选择“行”。

② 在“编辑”菜单的“插入”功能区，单击“行”按钮。

③ 右键单击状态图表中的单元格，弹出快捷菜单，选择“插入”→“行”。

新行被插入在状态图表中光标当前位置的上方。也可将光标放在最后一行的最后一个单元格中，然后按向下箭头键，在状态图表的底部插入一行。

4．通过一段程序代码构建状态图表

在程序编辑器中高亮显示所选的程序段，单击右键，然后从快捷菜单中选择“创建状态图表”。新图表针对可以采集状态的选择区域中的每个唯一操作数包含一个条目。STEP7-Micro/WIN SMART 为图表指定默认名称，在状态图表编辑器中最后一个选项卡之后添加此图表，如图 2-32 所示。

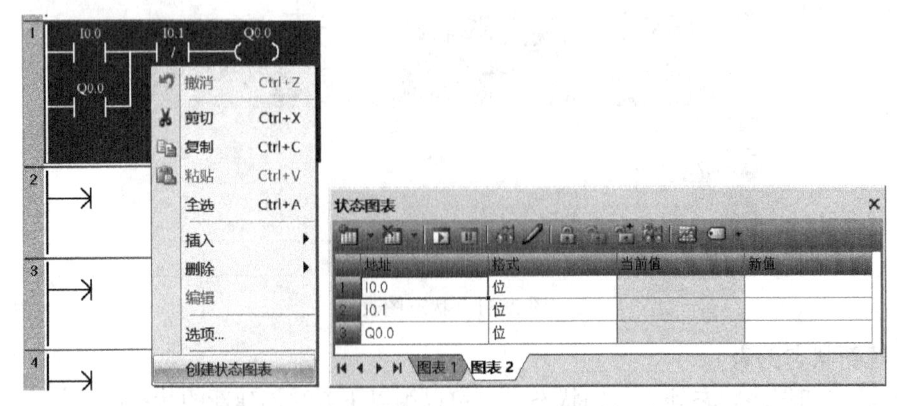

图 2-32 程序代码构建状态图表

通过程序编辑器创建图表时需注意，每次选择“创建状态图表”只能添加前 150 个地址。一个项目最多可存储 32 个状态图表。

5．从符号表复制符号到状态图表

可以从符号表复制地址或符号名称，然后将其粘贴到状态图表中，更快地构建状态图表。

2.5 编程软件使用实训

1. 实训目的

1）认识 S7-200 SMART 系列 PLC 及其与 PC 的通信。

2）练习使用 STEP7-Micro/WIN SMART 编程软件。

3）学会程序的输入和编辑方法。

4）初步了解程序调试的方法。

2. 内容及指导

1）PLC 认识。记录所使用的 PLC 的型号，输入/输出点数，观察主机面板的结构以及 PLC 和 PC 之间的连接。

2）开机（打开 PC 和 PLC）并新建一个项目。在菜单栏单击“文件”→“新建”或用新建项目快捷按钮新建一个项目。

3）检查 PLC 和运行 STEP7-Micro/WIN SMART 的 PC 连线后，设置与读取 PLC 的型号。

4）输入、编辑如图 2-33 所示梯形图，并转换成语句表指令。

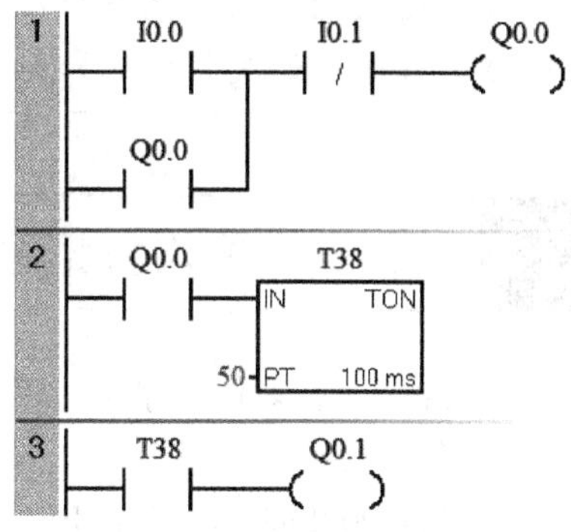

图 2-33　梯形图程序

5）给梯形图加程序注释、程序段注释。

6）编译程序，并观察编译结果，若提示错误则修改，直到编译成功。

7）将程序下载到 PLC。下载之前，PLC 必须处于 STOP 工作模式。如果 PLC 没有在 STOP 工作模式，单击工具栏中的“停止”按钮，将 PLC 置于 STOP 模式。

8）选中程序代码的一部分，单击鼠标右键，在弹出菜单中选择“建立状态图表”命令。

9）运行程序。

10）启动状态图表监控。

11）在运行中显示梯形图的程序状态。

3. 结果记录

1）认真观察 PLC 基本单元上的输入/输出指示灯的变化，并记录。

2）总结梯形图输入及修改的操作过程。

3）总结程序调试的方法。

2.6 习题

1. 如何建立项目？
2. 如何在 LAD 程序编辑器中输入程序注解？
3. 如何下载程序？
4. 如何在程序编辑器中显示程序状态？
5. 如何建立状态图表？

第3章 S7-200 SMART 系列 PLC 的基本指令及实训

本章要点

1）梯形图、语句表、顺序功能流程图、功能块图和结构文本等常用设计语言简介。
2）基本位逻辑指令的介绍、应用及实训。
3）定时器指令、计数器指令的介绍、应用及实训。
4）比较指令的介绍及应用。
5）程序控制类指令的介绍、应用及实训。

3.1 PLC 程序设计语言

在 PLC 中有多种程序设计语言，它们是梯形图、语句表、顺序功能流程图、功能块图和结构文本等。

供 S7-200 SMART 系列 PLC 使用的 STEP7-Micro/WIN SMART 编程软件支持 SIMATIC 和 IEC 61131-3 两种基本类型的指令集，SIMATIC 是 PLC 专用的指令集，执行速度快，IEC 61131-3 是国际电工委员会（IEC）制定的 PLC 编程语言标准。

1．梯形图程序设计语言

梯形图（LAD）程序设计语言是最常用的一种程序设计语言。它来源于继电器逻辑控制系统的描述。在工业过程控制领域，电气技术人员对继电器逻辑控制技术较为熟悉，因此，由这种逻辑控制技术发展而来的梯形图受到了欢迎，并得到了广泛的应用。梯形图与操作原理图相对应，具有直观性和对应性；与原有的继电器逻辑控制技术的不同点是梯形图中的能流不是实际意义的电流，内部的继电器也不是实际存在的继电器，因此，应用 LAD 程序设计语言时，需与原有继电器逻辑控制技术的有关概念区别对待。LAD 图形指令有触点、线圈和指令盒（方框）3 个基本形式。

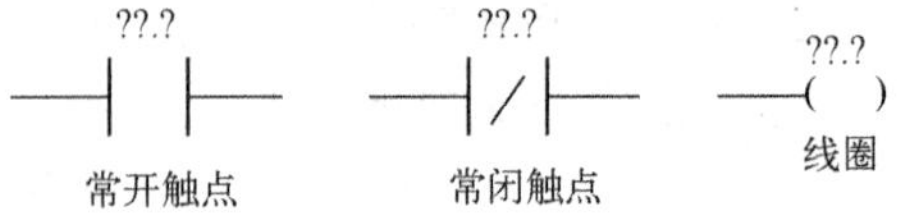

1）触点。触点代表输入条件，如外部开关、按钮及内部条件等，其基本符号如图 3-1 所示。其中问号代表需要指定的操作数的存储器的地址。触点有常开触点和常闭触点。CPU 运行扫描到触点符号时，到触点操作数指定的存储器位访问（即 CPU 对存储器的读操作）。该位数据（状态）为 1 时，其对应的常开触点接通，其对应的常闭触点断开。可见常开触点和存储器的位的状态一致，常闭触点表示对存储器的位的状态取反。计算机读操作的次数不受限制，用户程序中，常开触点、常闭触点可以使用无数次。

??.? ??.? ??.?
常开触点 常闭触点 线圈

图 3-1 触点和线圈的基本符号

2）线圈。线圈表示输出结果，即 CPU 对存储器的赋值操作，其基本符号如图 3-1 所示。线圈左侧节点组成的逻辑运算结果为 1 时，能流可以达到线圈，使线圈得电，CPU 将线圈的操作数指定的存储器的位置 1；逻辑运算结果为 0，线圈不通电，存储器的位置 0，即线圈代表 CPU 对存储器的写操作。PLC 采用循环扫描的工作方式，所以在用户程序中，每个线圈只能使用一次。

3）方框。方框即指令盒，代表一些较复杂的功能，如定时器、计数器或数学运算指令等。当能流通过方框时，执行方框所代表的功能。

梯形图按照逻辑关系可分成网络段，分段只是为了阅读和调试方便。在本书部分示例中将网络段标记省去。图 3-2a 为梯形图示例。

2．语句表程序设计语言

语句表（STL）程序设计语言是由助记符和操作数构成的。采用助记符来表示操作功能，操作数是指定的存储器的地址。用编程软件可以将语句表与梯形图相互转换。若是在梯形图编辑器下录入的梯形图程序，则单击菜单栏“视图”→“STL”，就可以将梯形图转换成语句表。反之，也可将语句表转化成梯形图。

图 3-2a 中的梯形图转换为语句表程序如图 3-2b 所示。

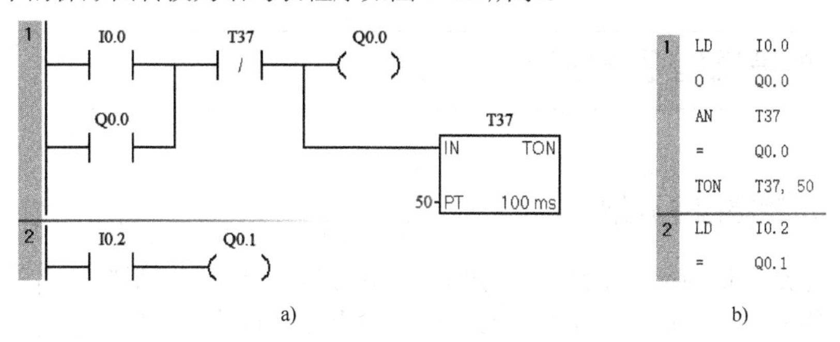

a)　　　　b)

图 3-2　梯形图和语句表的转换

a) 梯形图　b) 语句表

3．顺序功能流程图程序设计语言

顺序功能流程图（SFC）程序设计语言是一种程序设计方法。按照顺序功能流程图的描述，控制系统被分为若干个子系统，从功能入手，使系统的操作具有明确的含义，便于设计人员和操作人员设计思想的沟通，也便于程序的分工设计和检查调试。顺序功能流程图的主要元素是步、转移、转移条件和动作，如图 3-3 所示。

顺序功能流程图程序设计的特点是：

1）以功能为主线，条理清楚，便于对程序操作的理解和沟通。

2）对大型程序可分工设计，采用较为灵活的程序结构，以节省程序设计时间和调试时间。

3）常用于系统规模较大、程序关系较复杂的场合。

4）只有在活动步的命令和操作被执行后，才对活动步后的转换进行扫描，因此大大缩短了整个程序的扫描时间。

4．功能块图程序设计语言

功能块图（FBD）程序设计语言是采用逻辑门电路的编程语言，有数字电路基础的编程人员很容易掌握。功能块图指令由输入、输出及逻辑关系函数组成。用 STEP7-Micro/WIN SMART 编程软件将图 3-2 梯形图转换为 FBD 程序，如图 3-4 所示。方框的左侧为逻辑运算的输入变量，右侧为输出变量，输入/输出端的小圆圈表示非运算，信号自左向右流动。

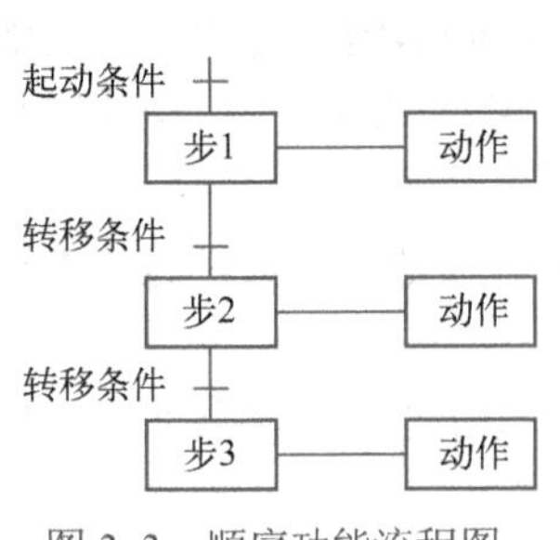

图 3-3 顺序功能流程图

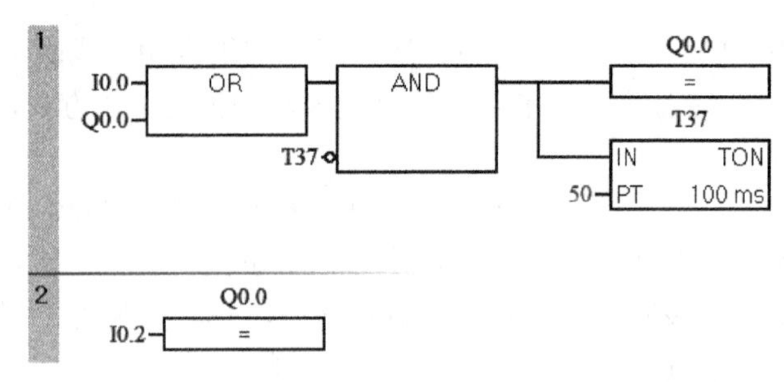

图 3-4 功能块图

5. 结构文本

结构文本是为 IEC 61131-3 标准创建的一种高级编程语言。它能实现复杂的控制及数学运算，编写的程序非常简洁和紧凑，常用于其他编程语言较难实现的一些控制功能的实施。对编程人员要求较高，需要具备计算机高级程序设计语言的知识和编程技巧。

3.2 基本位逻辑指令与应用

3.2.1 基本位逻辑指令介绍

位逻辑指令是以位为操作数地址的 PLC 常用的基本指令，梯形图指令有触点和线圈两大类；语句表指令有与、或、输出等逻辑关系，位逻辑指令能够实现基本的位逻辑运算和控制。

3.2.1-1
LD 指令介绍

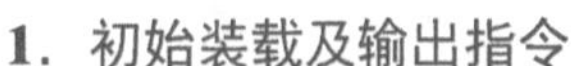
1. 初始装载及输出指令

（1）指令功能

LD：常开触点逻辑运算的开始，对应梯形图为在左侧母线或线路分支点处初始装载一个常开触点。

LDN：常闭触点逻辑运算的开始（即对操作数的状态取反），对应梯形图为在左侧母线或线路分支点处初始装载一个常闭触点。

=（OUT）：输出指令，表示对存储器赋值，对应梯形图为线圈驱动。对同一元件只能使用一次输出指令。

（2）指令格式

初始装载及输出指令格式如图 3-5 所示。

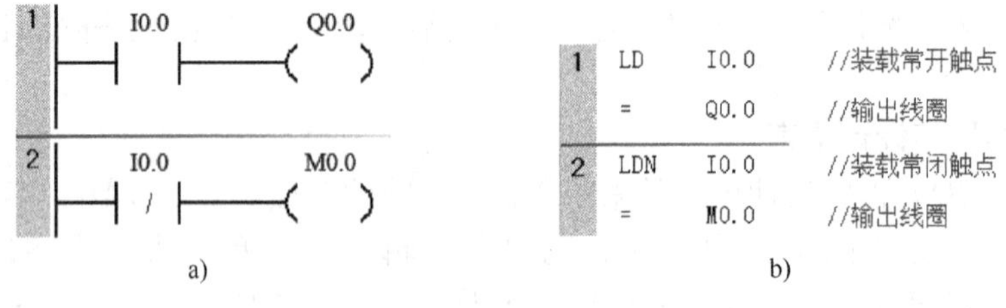

图 3-5 LD/LDN、=（OUT）指令格式

a) 梯形图 b) 语句表

说明：

1）触点代表 CPU 对存储器的读操作。常开触点和存储器的位状态一致，常闭触点和存储器的位状态相反。用户程序中同一触点可使用无数次。

如存储器 I0.0 的状态为 1，则对应的常开触点 I0.0 接通，表示能流可以通过；而对应的常闭触点 I0.0 断开，表示能流不能通过。存储器 I0.0 的状态为 0，则对应的常开触点 I0.0 断开，表示能流不能通过；而对应的常闭触点 I0.0 接通，表示能流可以通过。

2）线圈代表 CPU 对存储器的写操作。若线圈左侧的逻辑运算结果为 1，表示能流能够到达线圈，CPU 将该线圈操作数指定的存储器的位置 1，若线圈左侧的逻辑运算结果为 0，表示能流不能够到达线圈，CPU 将该线圈操作数指定的存储器的位写入 0。用户程序中，同一操作数的线圈只能使用一次。

（3）LD/LDN、=（OUT）指令使用说明

1）LD/LDN 指令用于与输入公共母线（输入母线）相连的节点，也可与 OLD、ALD 指令配合用于分支回路的开头。

2）=（OUT）指令用于 Q、M、SM、T、C、V、S，但不能用于输入映像寄存器 I。输出端不带负载时，控制线圈应尽量使用 M 或其他，而不用 Q。

3）=（OUT）指令可以并联使用任意次，但不能串联。如图 3-6 所示。

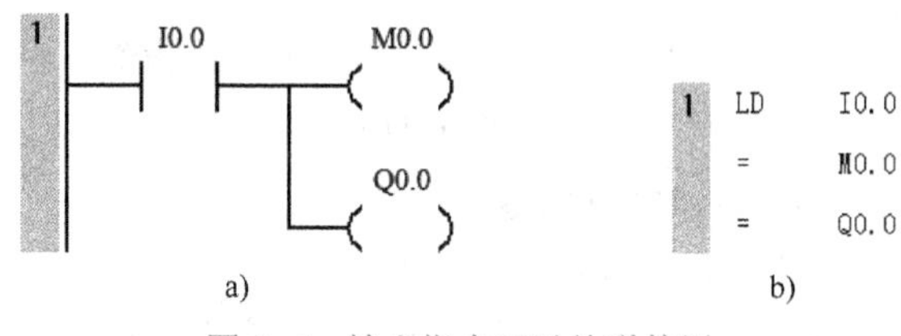

图 3-6　输出指令可以并联使用

2. 触点串联指令

（1）指令功能

A：与操作，在梯形图中表示串联连接单个常开触点。

AN：与非操作，在梯形图中表示串联连接单个常闭触点。

（2）指令格式

触点串联指令格式如图 3-7 所示。

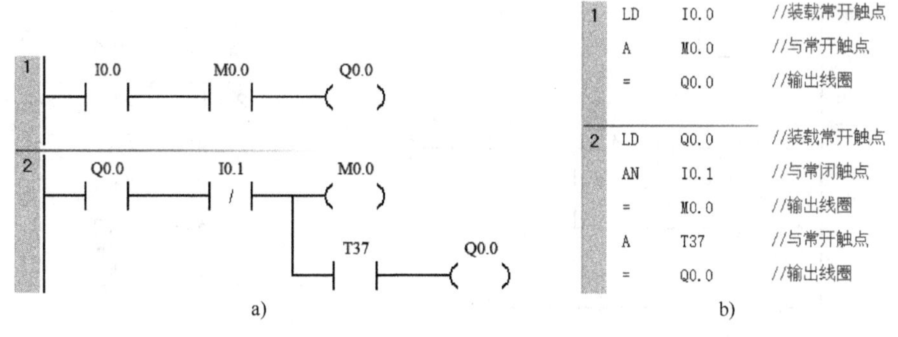

图 3-7　A/AN 指令格式

a) 梯形图　b) 语句表

（3）A/AN 指令使用说明

1）AN 是单个触点串联连接指令，可连续使用。如图 3-8 所示。

2）若要串联多个触点组合回路，必须使用 ALD 指令。如图 3-9 所示。

3）若按正确次序编程（即输入：左重右轻、上重下轻；输出：上轻下重），可以反复使用=（OUT）指令，如图 3-10 所示。但若按如图 3-11 所示的编程

3.2.1-2
A/AN 指令

次序，就不能连续使用=（OUT）指令。

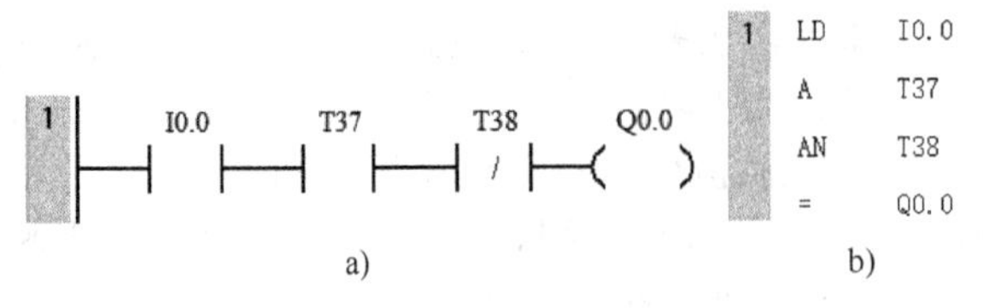

图 3-8　多个单个触点串联连续使用 AN 指令

a) 梯形图　b) 语句表

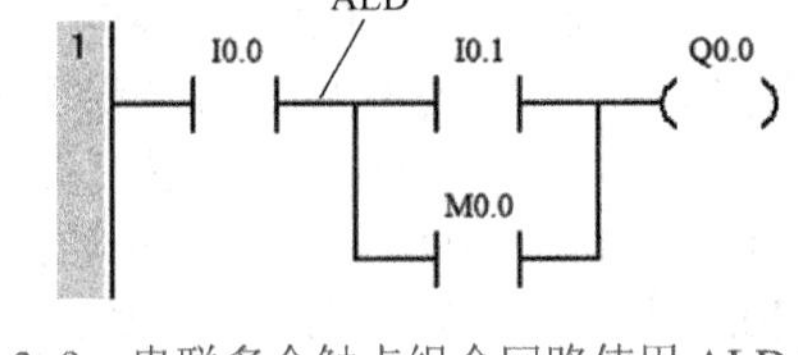

图 3-9　串联多个触点组合回路使用 ALD 指令

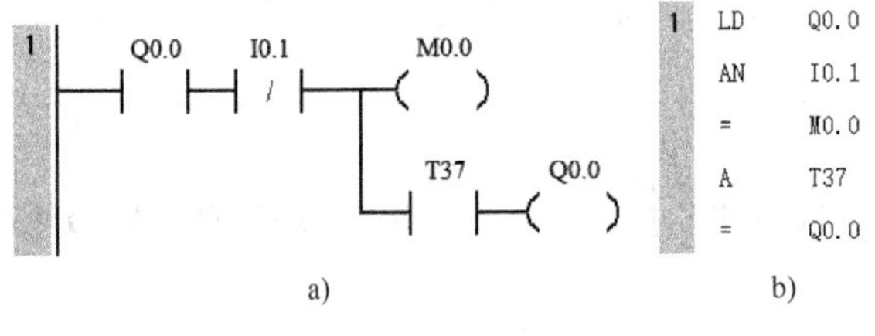

图 3-10　可以反复使用=（OUT）指令

a) 梯形图　b) 语句表

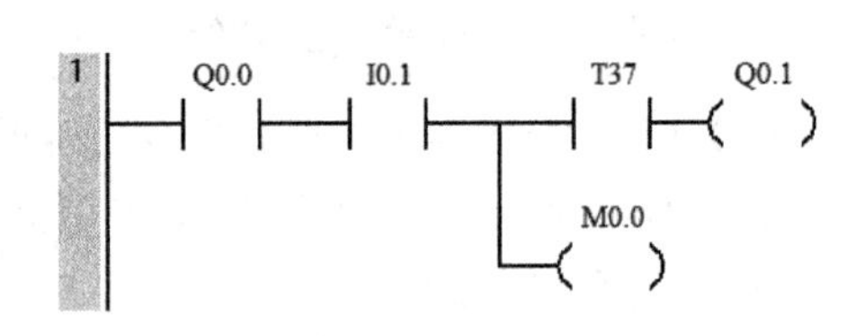

图 3-11　不能连续使用=（OUT）指令

3. 触点并联指令

（1）指令功能

O：或操作，在梯形图中表示并联连接一个常开触点。

ON：或非操作，在梯形图中表示并联连接一个常闭触点。

（2）指令格式

触点并联指令如图 3-12 所示。

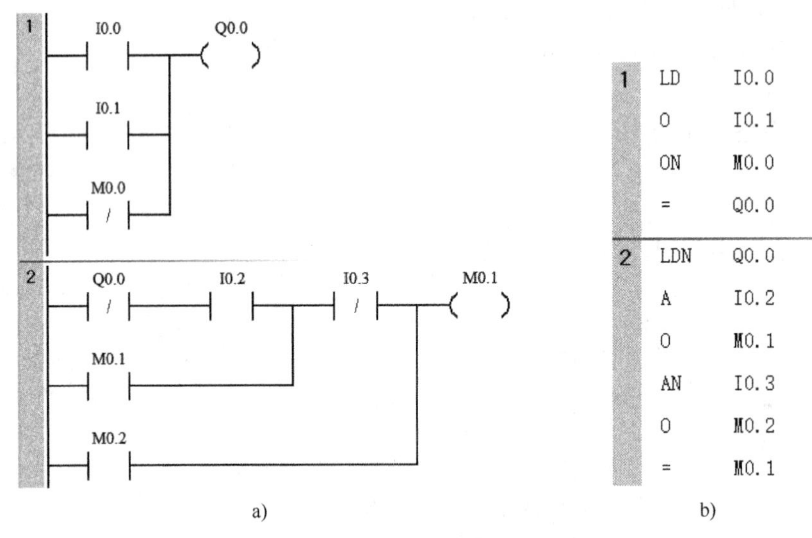

图 3-12　O/ON 指令格式

a) 梯形图　b) 语句表

（3）O/ON 指令使用说明

1）O/ON 指令可作为并联一个触点指令，紧接在 LD/LDN 指令之后用，即对其前面的 LD/LDN 指令所规定的触点并联一个触点，可以连续使用。

2）若要并联连接两个以上触点的串联回路时，必须采用 OLD 指令。

4. 与装载指令

STEP7-Micro/WIN SMART 有一个 32 位的逻辑堆栈，最上面一层为栈顶，用来存储逻辑运算的结果，下面的 31 位用来存储中间运算结果。逻辑堆栈指令只有 STL 程序形式。

与装载指令（又称为电路块的串联指令）是对堆栈第一层和第二层中的值进行逻辑与运算，结果装载到栈顶。执行与装载指令后，栈深度减 1。

（1）指令功能

ALD：块与操作，用于串联连接多个并联电路组成的电路块。

（2）指令格式

与装载指令格式如图 3-13 所示。

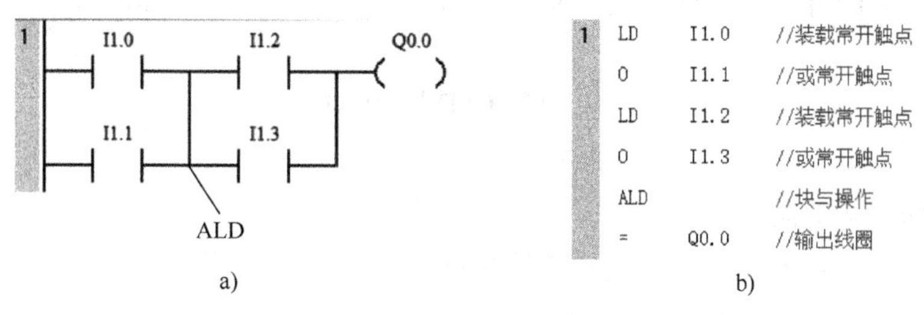

图 3-13 ALD 指令格式

a) 梯形图 b) 语句表

（3）ALD 指令使用说明

1）并联电路块与前面电路串联连接时使用 ALD 指令。分支的起点用 LD/LDN 指令，并联电路结束后使用 ALD 指令与前面电路串联。

2）可以顺次使用 ALD 指令串联多个并联电路块，支路数量没有限制，如图 3-14 所示。

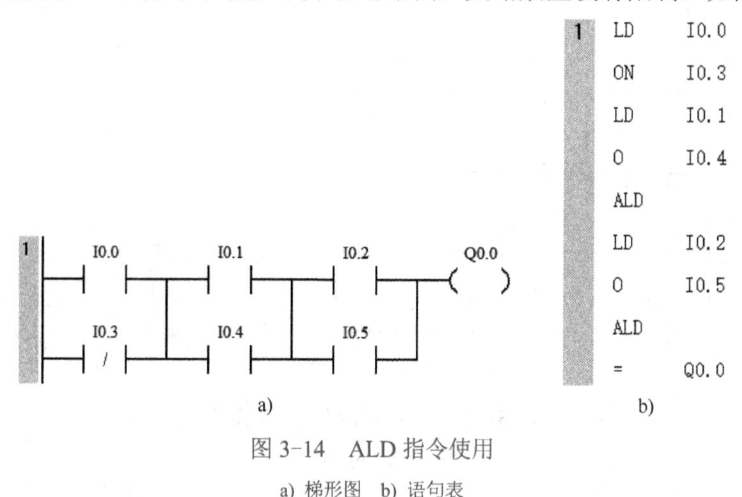

图 3-14 ALD 指令使用

a) 梯形图 b) 语句表

3）ALD 指令无操作数。

5. 或装载指令

或装载指令（又称电路块的并联指令）是对堆栈第一层和第二层中的值进行逻辑或运算，结果装载到栈顶。执行或装载指令后，栈深度减 1。

（1）指令功能

OLD：块或操作，用于并联连接多个串联电路组成的电路块。

（2）指令格式

或装载指令格式如图 3-15 所示。

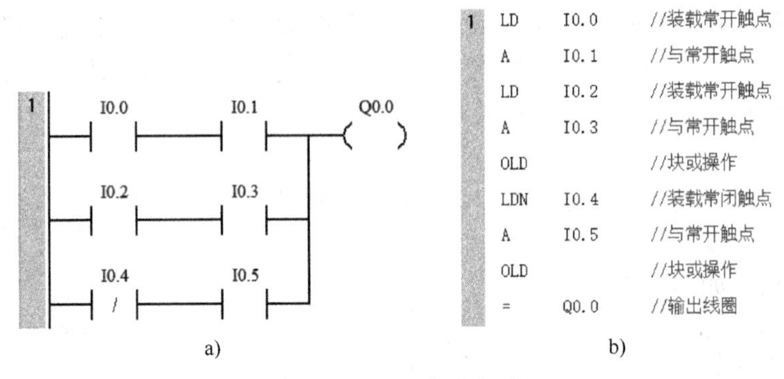

图 3-15　OLD 指令格式

a) 梯形图　b) 语句表

（3）OLD 指令使用说明

1）并联连接几个串联支路时，其支路的起点以 LD、LDN 指令开始，并联结束后用 OLD 指令。

2）可以顺次使用 OLD 指令并联多个串联电路块，支路数量没有限制。

3）OLD 指令无操作数。

【例 3-1】 根据如图 3-16a 所示梯形图，写出对应的语句表。

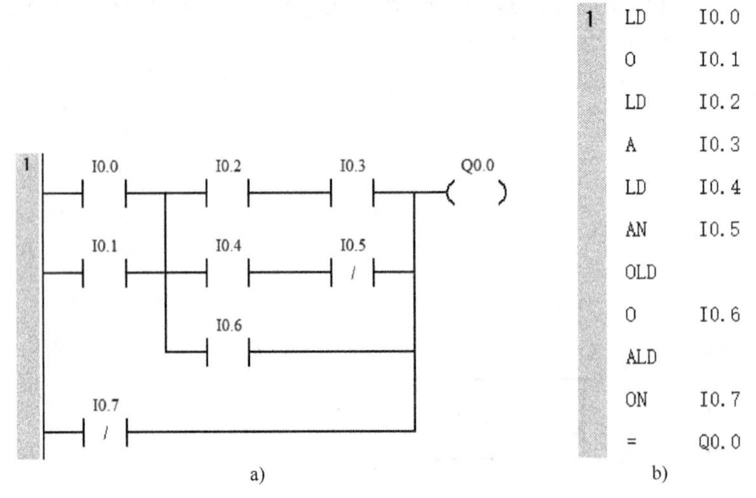

图 3-16　例 3-1 梯形图及对应的语句表

a) 梯形图　b) 语句表

6．堆栈操作指令

S7-200 SMART 系列 PLC 采用模拟栈的结构，用于保存逻辑运算结果及断点的地址，称为逻辑堆栈。下面讨论断点保护功能的堆栈操作。

（1）指令功能

堆栈操作指令用于处理线路的分支点。在编制控制程序时，经常遇到多个分支电路同时受一个或一组触点控制的情况，若采用前述指令不容易编写程序，用堆栈操作指令则可方便地将上述情况下的梯形图转换为语句表。

LPS：入栈指令，把栈顶值复制后压入堆栈，栈中原来数据依次下移一层，栈底值压出丢失。

LRD：读栈指令，把逻辑堆栈第 2 层的值复制到栈顶，此时不执行进栈或出栈，但原栈顶的值被复制值替代。

LPP：出栈指令，把栈顶值弹出一级，原第 2 层的值变为新的栈顶值，原栈顶数据从栈内丢失。

（2）指令格式

堆栈操作指令格式如图 3-17 所示。

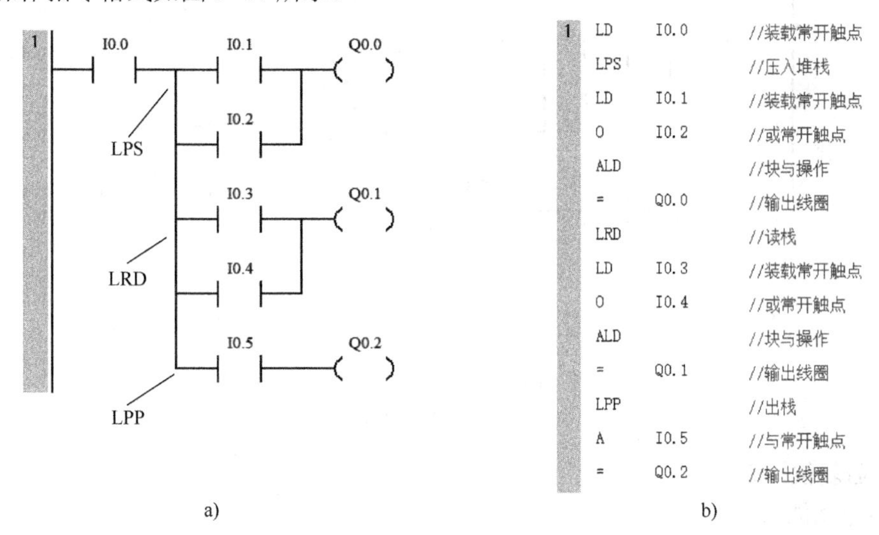

a)　　b)

图 3-17　LPS、LRD、LPP 指令格式

a) 梯形图　b) 语句表

（3）LPS、LRD、LPP 指令使用说明

1）逻辑堆栈指令可以嵌套使用，最多为 32 层。

2）为保证程序地址指针不发生错误，入栈指令 LPS 和出栈指令 LPP 必须成对使用，最后一次读栈操作应使用出栈指令 LPP。

3）堆栈指令没有操作数。

LPS、LRD、LPP 指令的操作过程如图 3-18 所示。

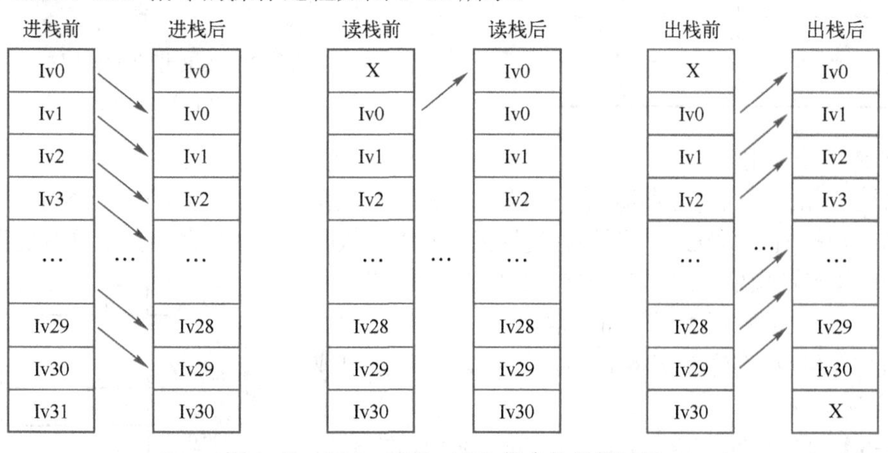

图 3-18　LPS、LRD、LPP 指令的操作过程

【例 3-2】 逻辑堆栈指令的嵌套使用梯形图如图 3-19a 所示。将图 3-19a 梯形图转换成语句表。

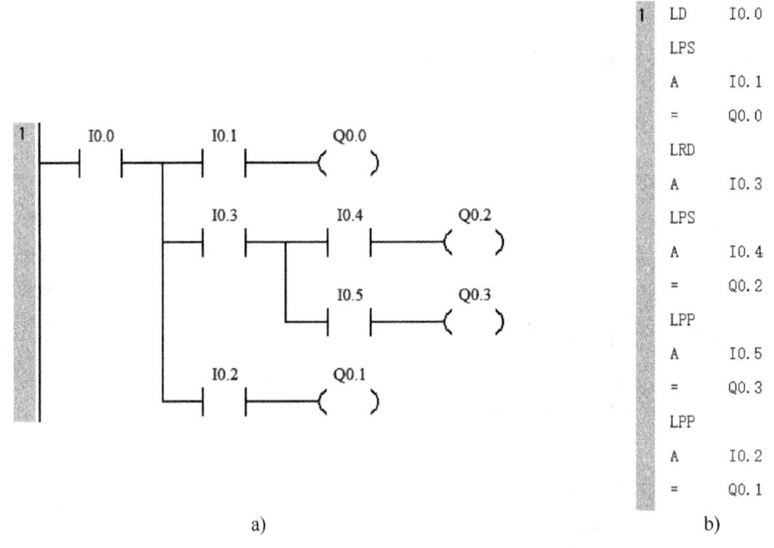

图 3-19 例 3-2 梯形图及对应的语句表

a) 梯形图 b) 语句表

7. 置位/复位指令

(1) 指令功能

S：置位指令，使能输入有效后从指定位 bit 开始的 N 个位置 1 并保持。

R：复位指令，使能输入有效后从指定位 bit 开始的 N 个位清 0 并保持。

(2) 指令格式及用法

置位/复位（S/R）指令格式见表 3-1，使用如图 3-20 所示。

表 3-1 S/R 指令格式

STL	LAD
S bit，N	bit —(S) N
R bit，N	bit —(R) N

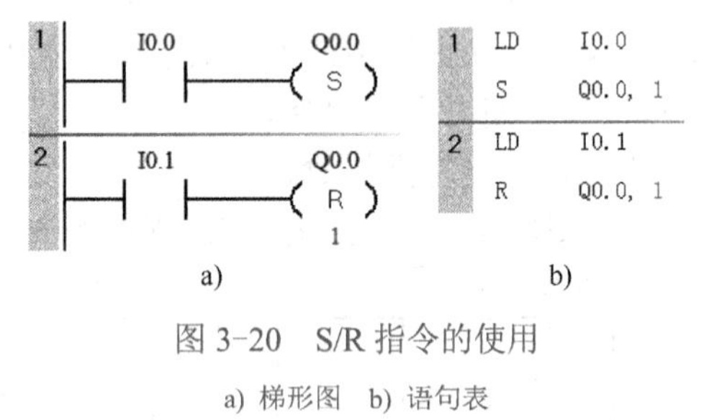

图 3-20 S/R 指令的使用

a) 梯形图 b) 语句表

(3) S/R 指令使用说明

1) 对同一元件（同一寄存器位）可以多次使用 S/R 指令，与=（OUT）指令不同。

2) 由于是扫描工作方式，当置位/复位指令同时有效时，写在后面的指令具有优先权。

3) 操作数 N 的取值范围为 0～255。数据类型为字节。

4) 操作数 bit 的数据类型为布尔数据。

5) 置位/复位指令通常成对使用，也可以单独使用或与方框配合使用。

【例 3-3】 图 3-20 S/R 指令对应的时序图如图 3-21 所示。

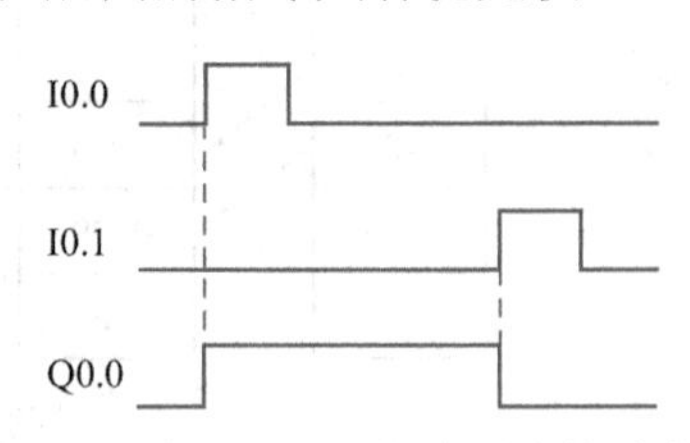

图 3-21 例 3-3 S/R 指令对应的时序图

（4）=（OUT）、S、R 指令比较

=（OUT）、S、R 指令比较如图 3-22 所示。

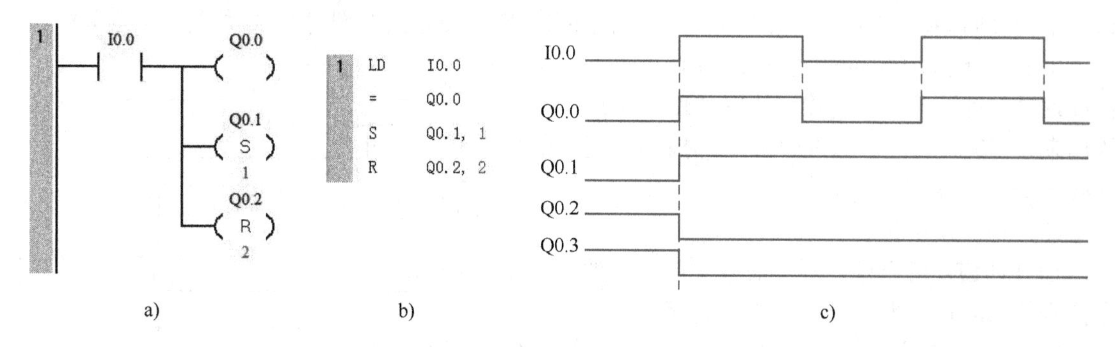

图 3-22　=（OUT）、S、R 指令比较

a) 梯形图　b) 语句表　c) 时序图

8．跳变指令

（1）指令功能

EU：又称正跳变触点指令。在 EU 指令前的逻辑运算结果有一个上升沿时（由 OFF→ON）产生一个宽度为一个扫描周期的脉冲，驱动后面的输出线圈。

ED：又称负跳变触点指令。在 ED 指令前有一个下降沿时产生一个宽度为一个扫描周期的脉冲，驱动其后面的输出线圈。

（2）指令格式及用法

跳变指令格式见表 3-2，使用如图 3-23 所示。

表 3-2　EU/ED 指令格式

STL	LAD	操作数
EU（Edge Up）	┤P├	无
ED（Edge Down）	┤N├	无

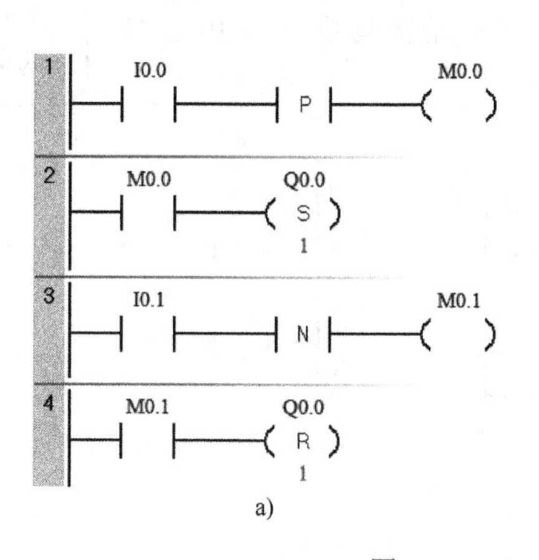

a)

```
1  LD   I0.0      //装载常开触点
   EU             //正跳变
   =    M0.0      //输出
2  LD   M0.0      //装载
   S    Q0.0, 1   //输出置位
3  LD   I0.1      //装载常开触点
   ED             //负跳变
   =    M0.1      //输出
4  LD   M0.1      //装载
   R    Q0.0, 1   //输出复位
```

b)

图 3-23　EU/ED 指令的使用

a) 梯形图　b) 语句表

EU/ED 指令时序图如图 3-24 所示，程序及运行结果分析如下：

I0.0 的上升沿经正跳变触点（EU）产生一个扫描周期的时钟脉冲，驱动输出线圈 M0.0 导通一个扫描周期，M0.0 的常开触点闭合一个扫描周期，使输出线圈 Q0.0 置位为 1，并保持。

I0.1 的下降沿经负跳变触点（ED）产生一个扫描周期的时钟脉冲，驱动输出线圈 M0.1 导通一个扫描周期，M0.1 的常开触点闭合一个扫描周期，使输出线圈 Q0.0 复位为 0，并保持。

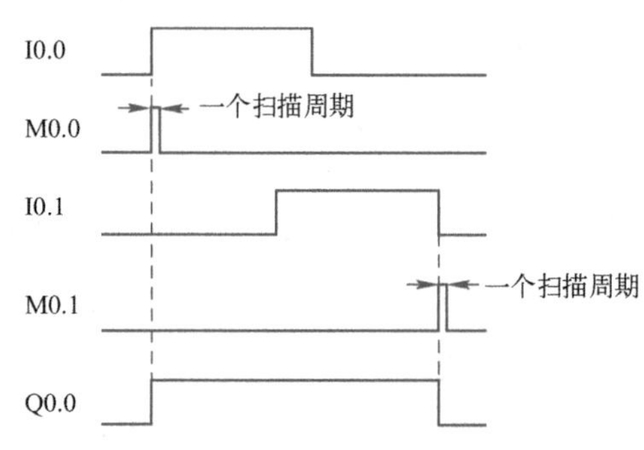

图 3-24　EU/ED 指令时序图

（3）指令使用说明

1）EU/ED 指令只在输入信号变化时有效，其输出信号的脉冲宽度为一个机器扫描周期。

2）对开机时就为接通状态的输入条件，EU 指令不执行。

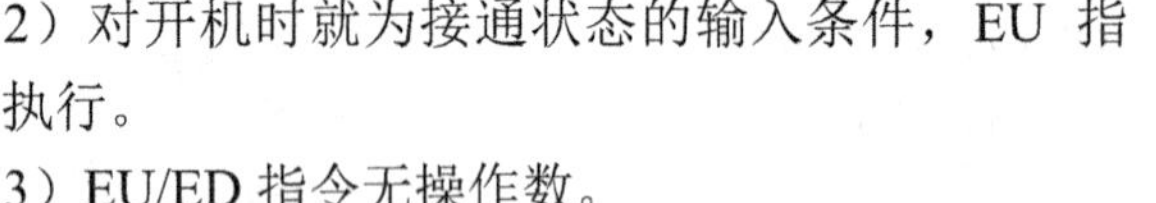

3）EU/ED 指令无操作数。

9. 取反指令

取反（NOT）指令用于对逻辑运算结果的取反操作。其梯形图指令格式为─|NOT|─，使用如图 3-25 所示。触点 I0.0 和 I0.1 都接通时，Q0.0 接通，Q0.1 断开。

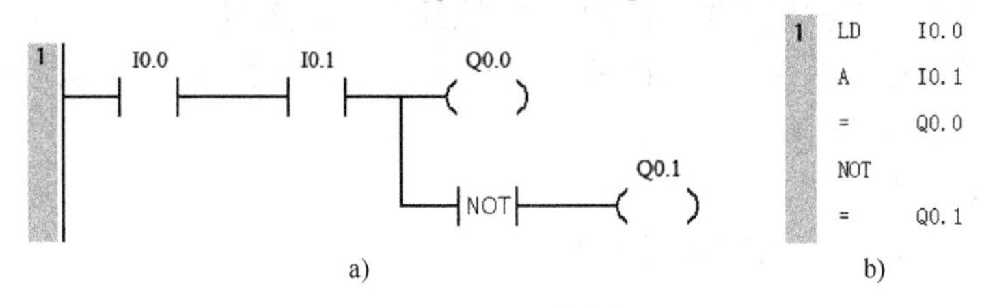

图 3-25　NOT 指令的使用

a) 梯形图　b) 语句表

3.2.2 基本位逻辑指令应用举例

3.2.2-1
起保停控制

1. 起动、保持和停止电路

起动、保持和停止电路（简称起保停电路）的梯形图与对应的 PLC 外部电路接线图如图 3-26 所示。

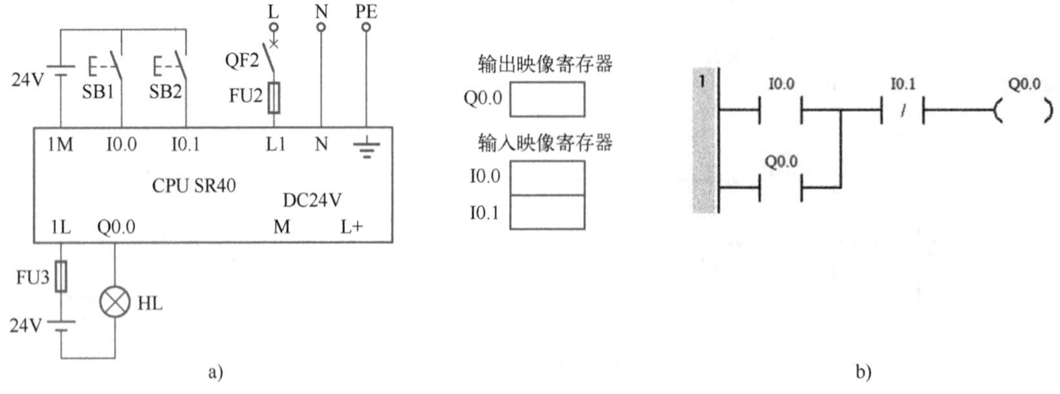

图 3-26　起保停电路的 PLC 外部电路接线图和梯形图

a) PLC 外部电路接线图　b) 梯形图

在 PLC 外部电路接线图中，起动按钮 SB1（常开）和停止按钮 SB2（常开）分别接在输入端 I0.0 和 I0.1，负载接在输出端 Q0.0。因此输入映像寄存器 I0.0 的状态与起动按钮 SB1（常开）的状态相对应，输入映像寄存器 I0.1 的状态与停止按钮 SB2（常开）的状态相对应。而程序运行结果写入输出映像寄存器 Q0.0，并通过输出电路控制负载。图 3-26a 中的起动信号 I0.0 和停止信号 I0.1 是由起动按钮和停止按钮提供的信号，持续 ON 的时间一般都很短，这种信号称为短信号。起保停电路最主要的特点是具有“记忆”功能，按下起动按钮 SB1，I0.0 的常开触点接通，如果这时未按停止按钮 SB2，I0.1 的常闭触点接通，Q0.0 的线圈通电，它的常开触点同时接通。松开起动按钮 SB1，I0.0 的常开触点断开，能流经 Q0.0 的常开触点和 I0.1 的常闭触点流过 Q0.0 的线圈，Q0.0 仍为 ON，这就是所谓的自锁或自保持功能。按下停止按钮 SB2，I0.1 的常闭触点断开，使 Q0.0 的线圈断电，其常开触点断开，以后即使放开停止按钮 SB2，I0.1 的常闭触点恢复接通状态，Q0.0 的线圈仍然断电。

3.2.2-2
置位复位指令实现电动机起保停控制

图 3-26a 电路对应的时序图如图 3-27 所示。图中 I0.0、I0.1、Q0.0 分别为对应的存储器的状态。这种起保停控制功能也可以用图 3-28 中的 S/R 指令来实现。在实际电路中，起动信号和停止信号可能由多个触点组成的串、并联电路提供。

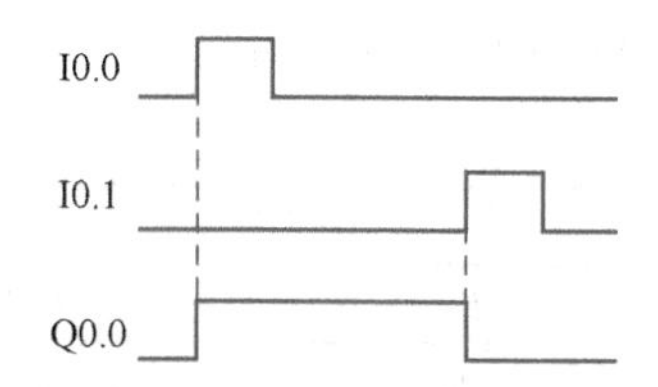

图 3-27　图 3-26a 电路对应的时序图

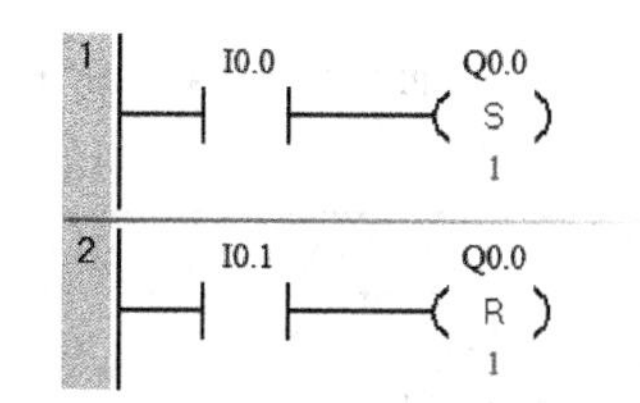

图 3-28　S/R 指令实现的起保停控制

小结：

1）每一个传感器或开关输入对应一个 PLC 确定的输入点，每一个负载对应 PLC 一个确定的输出点。

2）为了使梯形图和继电器-接触器控制的电路图中的触点的类型相同，外部按钮一般用常开按钮。

3）在工业现场，停止按钮、急停按钮、过载保护用的热继电器的辅助触点往往用常闭触点，这时应注意，常闭触点在没有任何操作时，给对应的输入映像寄存器写入 1。如起保停控制中，若停止按钮改为常闭按钮，则对应的 PLC 外部电路接线图、梯形图和存储器位状态的时序图如图 3-29 所示。

2．抢答器程序设计

1）控制任务。有 3 个抢答席和 1 个主持人席，每个抢答席上各有 1 个抢答按钮和一盏抢答指示灯。参赛者在允许抢答时，第一个按下抢答按钮的抢答席上的指示灯将会亮，且释放抢答按钮后，指示灯仍然亮；此后另外两个抢答席即使再按各自的抢答按钮，其指示灯也不会亮。这样主持人就可以轻易地知道是哪个抢答席第一个按下抢答器。该题抢答结束后，主持人按下主持人席上的复位按钮（常闭按钮），则指示灯熄灭，又可以进行下一题的抢答比赛。

工艺要求：本控制系统有 4 个按钮，其中 3 个为常开按钮 SB1、SB2、SB3，1 个常闭按钮 SB0。另外，作为控制对象，有 3 盏灯 HL1、HL2、HL3。

2）I/O 地址分配见表 3-3。

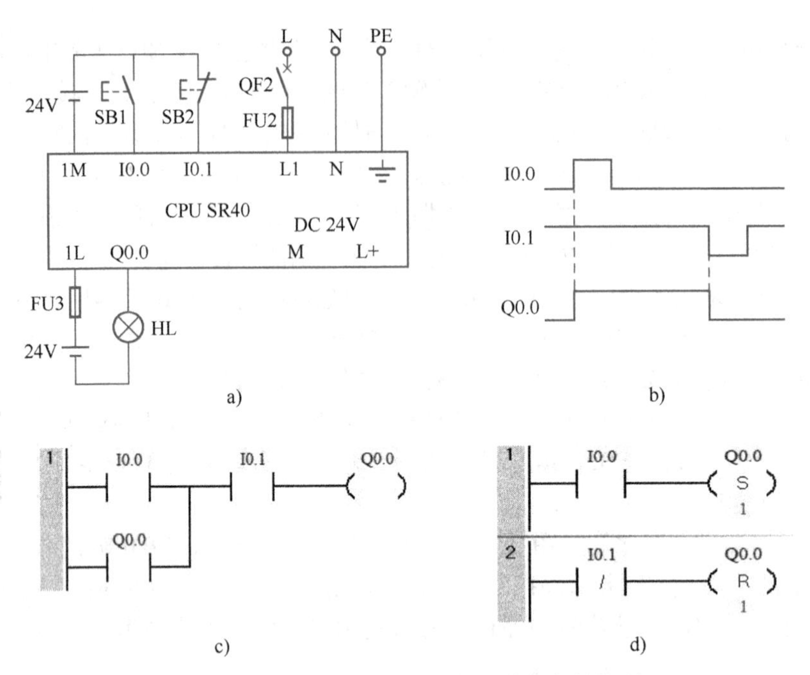

图 3-29　停止按钮改为常闭按钮的起保停控制

a) PLC 外部电路接线图　b) 时序图　c) 梯形图　d) S/R 指令实现的起保停控制

表 3-3　I/O 地址分配

输入			输出		
输入地址	输入元件	作用	输出地址	输出元件	作用
I0.0	SB0（常闭）	主持人席上的复位按钮	Q0.1	HL1	抢答席 1 上的指示灯
I0.1	SB1	抢答席 1 上的抢答按钮	Q0.2	HL2	抢答席 2 上的指示灯
I0.2	SB2	抢答席 2 上的抢答按钮	Q0.3	HL3	抢答席 3 上的指示灯
I0.3	SB3	抢答席 3 上的抢答按钮			

3）程序设计。抢答器程序设计如图 3-30 所示。抢答器程序设计的要点是：①如何实现抢答器指示灯的自锁功能，即当某一抢答席抢答成功后，即使释放其抢答按钮，其指示灯仍然亮，直至主持人进行复位才熄灭；②如何实现 3 个抢答席之间的互锁功能。

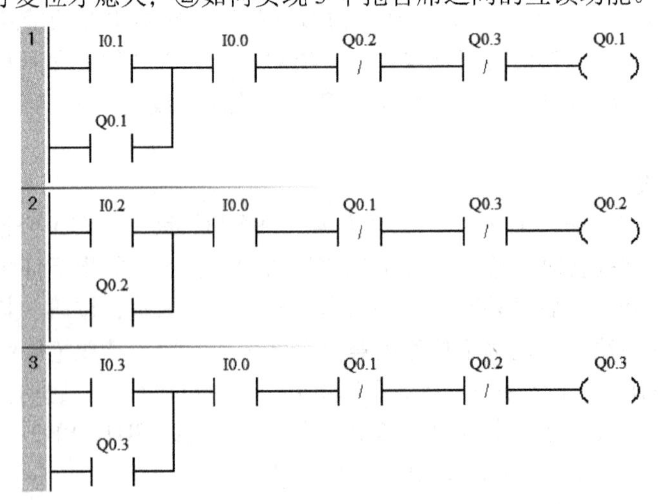

图 3-30　抢答器程序设计

3.2.3　三相异步电动机正、反转控制及安装接线

在实际生产中，三相异步电动机的正反转控制是一种基本而且典型的控制。如机床工作台的左移和右移，摇臂钻床钻头的正、反转，数控机床的进刀和退刀，均需要对电动机进行正、反转控制。用于有落差搬运物品的卷扬机控制，就是一个典型的三相异步电动机的正、反转控制。

现有热电厂存煤厂房，需设计安装一卷扬机，通过卷扬机带动一小车，把煤场里储存的煤运到锅炉车间，具体控制过程为：煤场工人按下上煤按钮，卷扬机带动装满煤的小车，把煤运到锅炉车间。到锅炉车间后，按下停止按钮，卷扬机停止、卸煤，按下返回按钮，小车返回存煤厂房。按下停止按钮，卷扬机停止，继续装煤，如此循环工作。

1．实训目的

1）应用 PLC 技术实现对三相异步电动机的正、反转控制。

2）熟悉基本位逻辑指令的使用，训练编程的思想和方法。

3）掌握在 PLC 控制中互锁的实现及采取的措施。

4）掌握三相交流异步电动机 PLC 控制电路的安装及接线。

2．控制要求

1）实现三相异步电动机的正转、反转、停止控制。

2）具有防止相间短路的措施。

3）具有过载保护环节。

3．实训内容及指导

（1）电路功能分析

通过对设备的工作过程分析，可知小车只有两个不同的运行状态，分别是上行和下行，而带动卷扬机的三相异步电动机就有两个转向，实际上是控制一个三相异步电动机的正、反转。

整个电路的总控制环节可以采用保护特性优良、使用寿命长、安装方便的断路器。电动机采用三相异步电动机，电动机实现正、反转的换相环节采用交流接触器。用一个热继电器实现过载保护。用两组熔断器实现主电路和控制电路的短路保护。控制按钮需要 3 个，分别用于正、反转的起动及停止控制。总的控制采用一台西门子 S7-200 SMART 系列 PLC。

（2）主电路设计与绘制

根据功能分析，主电路需要两个交流接触器分别控制正、反转。按照电动机的工作原理可知，只要把通入三相异步电动机的三相交流电的其中两个相序调换，就可以改变电动机的转向。所以，在主电路设计中要保证两个接触器分别动作时，对调其中两相序就可以改变电动机的转向。具体主电路如图 3-31 所示。

（3）控制电路设计与绘制

首先需要确定 PLC 的 I/O 点数。

确定输入点数。根据项目任务描述，需要 2 个起动按钮、1 个停止按钮及 1 个过载保护触点，所以共需要 4 个输入信号，即输入点数为 4，需要 PLC 的 4 个输入端子。

确定输出点数。由功能分析可知，只有 2 个交流接触器需要 PLC 驱动，所以只需要 PLC 的 2 个输出端子，根据 I/O 点数，可以选择对应的 PLC 的型号。I/O 地址分配见表 3-4。

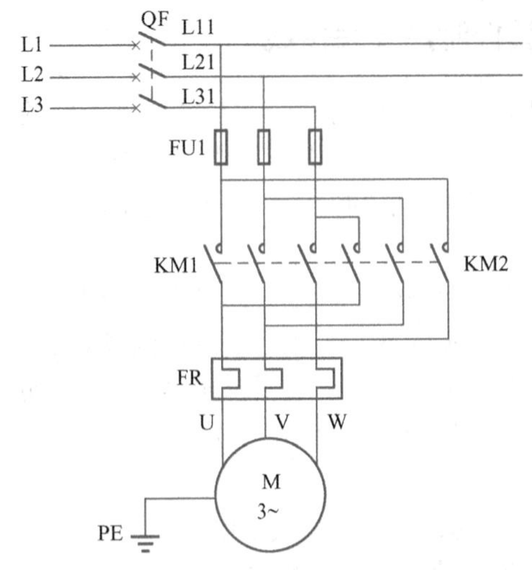

图 3-31 三相异步电动机正、反转控制主电路

3.2.3-1
电动机正、反转控制

表 3-4 I/O 地址分配

输入			输出		
输入地址	输入元件	作用	输出地址	输出元件	作用
I0.0	FR	过载保护	Q0.0	KM1	电动机正转运行
I0.1	SB1	停止按钮	Q0.1	KM2	电动机反转运行
I0.2	SB2	正转按钮			
I0.3	SB3	反转按钮			

根据 I/O 地址分配表，可以确定 PLC 的端口接线，但在实际工程中需要考虑电路的安全，所以要充分考虑保护措施。本电路需要考虑短路、过载保护和联锁保护，用熔断器进行短路保护，用热继电器进行过载保护，用交流接触器的动断触点进行联锁保护，根据这些要求设计的三相异步电动机正、反转控制 PLC 外部电路接线图如图 3-32 所示。

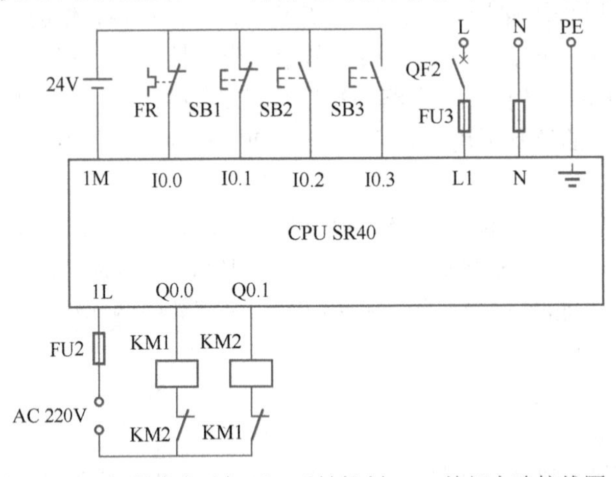

图 3-32 三相异步电动机正、反转控制 PLC 外部电路接线图

3.2.3-2
电动机正、反转调试

（4）绘制元件布置图及接线图

安装调试训练可以采用一体化的 PLC 实训台，如果没有 PLC 实训台，也可采用配线板，在配线板上布置元件。根据上述要求画出采用配线板的三相异步电动机正、反转控制元件布置图，如图 3-33 所示，接线图如图 3-34 所示。

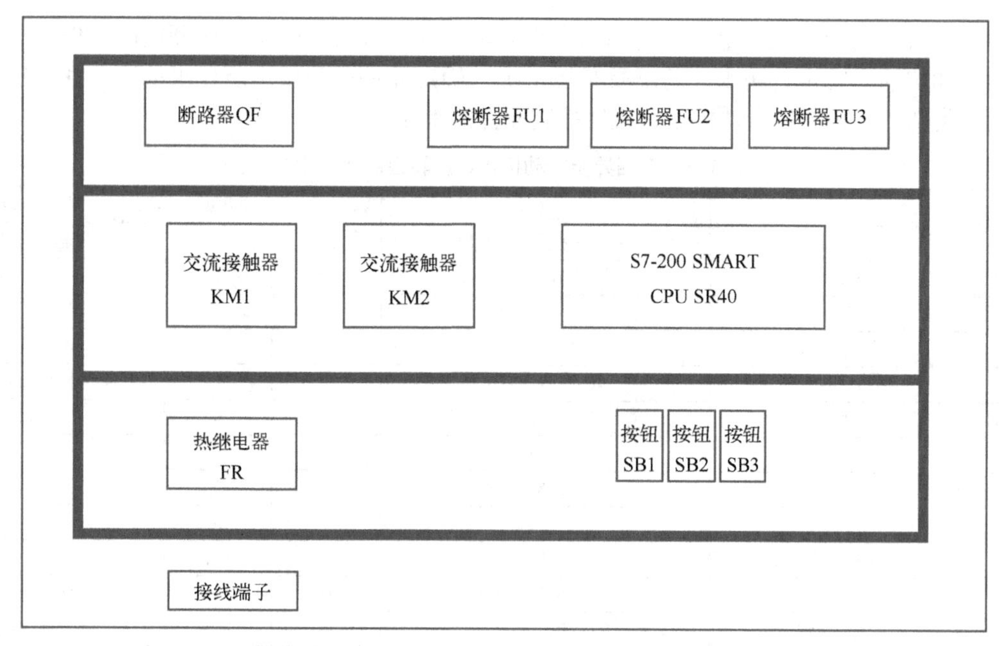

图3-33　三相异步电动机正、反转控制元件布置图

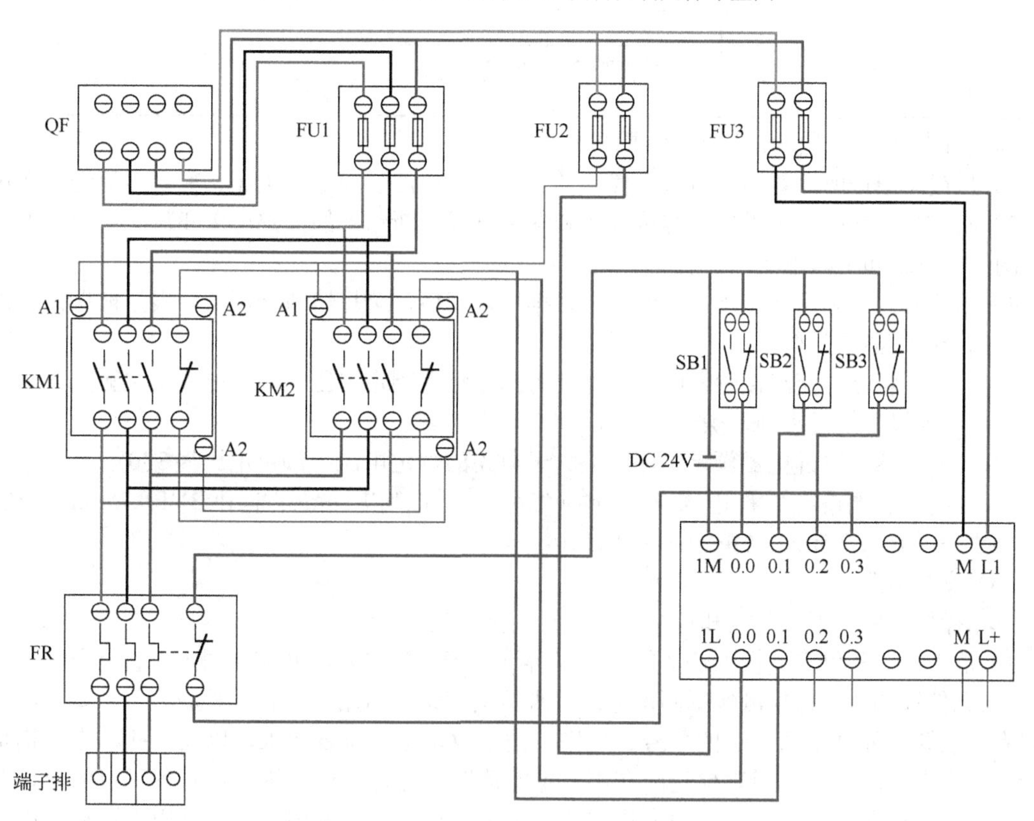

图3-34　三相异步电动机正、反转控制接线图

（5）准备元件

根据电路设计原则合理选用元件是电路安全、可靠工作的保证。正确选择元件必须严格遵守以下基本原则：按对元件的功能要求确定元件的类型；确定元件承载能力的临界值及使用寿

命，根据电气控制的电压、电流及功率的大小确定元件的规格；确定元件预期的工作环境及供应情况，如防油、防尘、防水、防爆及货源情况；确定元件在应用中所要求的可靠性；确定元件的使用类别。三相异步电动机正、反转控制元件清单见表 3-5。

表 3-5　三相异步电动机正、反转控制元件清单

序号	名称	规格	单位	数量	备注
1	电工操作台	380V 三相电源、计时	座	1	剩余电流保护
2	电动机	三相异步	台	1	
3	PLC	西门子 S7-200 SMART	台	1	
4	塑壳断路器	NB1-63	只	1	
5	交流接触器	NC1-2510/380V	只	2	线圈电压 220V
6	辅助触点	F4-22	只	3	
7	热继电器	NR4-63	只	1	
8	熔断器	RT18-32	组	2	
9	按钮	NP9-22	个	3	
10	绝缘导线	BV2.5mm^2	m	若干	黄绿红
11	绝缘导线	BVR0.75mm^2	m	若干	红色
12	绝缘导线	BVR2.5mm^2	m	若干	黄绿双色线
13	导轨	35mm×500mm	根	1	
14	端子排	NC T3	个	若干	
15	细木工板	800mm×580mm×15mm	块	1	
16	自攻螺钉		个	若干	

本项目中常用的低压元件的选择要求如下：

1）按钮。根据所需要的触点数、使用场合、颜色标注以及额定电压、额定电流选择按钮。

2）断路器。考虑开关类型、容量等级和保护方式，断路器的额定电压和额定电流应不小于正常的工作电压和工作电流。

3）熔断器。先确定熔体额定电流，再根据熔体规格，选择熔断器规格，根据被保护电路的性质，选择熔断器的类型。

4）交流接触器。交流接触器的选择主要考虑主触点额定电压与额定电流，主触点数量、吸引线圈电压等级、使用类别、操作频率等。

5）热继电器。热继电器额定电流应略大于电路的额定电流，额定电压为 380V。

6）导线。主电路导线采用 BV2.5mm^2（红绿黄），控制电路导线采用 BVR0.75mm^2（红），接地导线采用 BVR2.5mm^2（黄绿双色线）。

（6）安装电路

基本操作步骤：清点工具和仪表→元件检查→安装固定元件→布线→自检。

1）清点工具和仪表。根据任务的具体内容选择工具和仪表，并放在固定位置。

2）元件检测。元件检测包括两部分：外观检测和采用万用表检查。外观检测主要检测元件外观有无损坏，元件上所标注的型号、规格、技术数据是否符合要求，以及一些动作机构是否灵活，有无卡阻现象。万用表检查应在不通电的情况下进行，用万用表检查各触点的分、合情况是否良好，检验接触器时，要用力均匀地按下主触点，切忌使用螺钉旋具用力过猛，以防触点变形，同时应检查接触器线圈电压与电源电压是否相符。

3）固定元件。把元件固定在配线板上。元件安装时应按布置图安装，各个元件的安装位置应整齐、均匀、间距合理；紧固元件时应用力均匀，元件应安装平稳，并且注意元件的安装方向。安装完成后的元件应操作方便，操作时不受到空间的妨碍，不能触及带电体；应维修容易，能够较方便地更换元件及维修装置的其他部位。

4）布线。主电路和控制电路分开进行布线连接。布线的具体工艺要求：各电气元件接线端子引出导线的走向，以电气元件的水平中心线为限，在水平中心线以上的接线端子引出的导线，必须进入电气元件上面的行线槽；在水平中心线以下的接线端子引出的导线，必须进入电气元件下面的行线槽，任何导线都不允许从水平方向进入行线槽；各电气元件接线端子上引入或引出的导线，除间距很小和电气元件机械强度很差允许直接架空敷设外，其他导线必须经过行线槽进行连接；进入行线槽内的导线要完全置于行线槽内，并尽量避免交叉，装线不得超过其容量的 70%，以便能盖上行线槽盖和便于今后装配及维修；各电气元件与行线槽之间的外露导线应走线合理，并应尽可能做到横平竖直，变换走向要垂直。同一个电气元件上位置一致的端子上引出或引入的导线，要敷设在同一平面上，并应做到高低一致或前后一致，不得交叉；所有接线端子、导线接头上都应套有与电路图上相应接点线号一致的编码套管，并按线号进行连接；一般一个接线端子只能连接一根导线，如果采用专门设计的箱子，按照连接工序可以连接两根或多根；导线与接线端子或接线桩连接时，不得压绝缘层，不得反圈，露铜不能过长。

5）按要求进行自检。接线完成后，根据电路图检查是否存在掉线、错线，是否漏编、错编，接线是否牢固等；使用万用表检测安装的电路。若检查的阻值与正确的阻值不符，应根据电路图检查是否有错线、掉线、错位、短路情况。

接线时注意：

1）外部联锁电路的设立。为了防止控制正、反转的两个接触器同时动作造成三相电源短路，应在 PLC 外部设置硬件联锁电路。电动机在正、反转切换时，有时因主电路电流过大或因接触器质量不好，某一接触器的主触点被断电时产生的电弧熔焊而黏结，其线圈断电后主触点仍然是接通的，这时如果另一接触器线圈通电，仍将造成三相电源短路事故。为了防止这种情况的出现，应在 PLC 的外部设置由 KM1 和 KM2 的常闭触点组成的硬件互锁电路。假设 KM1 的主触点被电弧熔焊，这时其辅助常闭触点处于断开状态，因此 KM2 线圈不可能得电。

2）外部负载的额定电压。PLC 的继电器输出模块和双向晶闸管输出模块一般只能驱动额定电压 AC 220V 的负载，交流接触器的线圈电压应选用 220V。

（7）程序设计

三相异步电动机正、反转控制的梯形图、语句表如图 3-35 所示。图中利用 PLC I0.2 和 I0.3 的常闭触点，实现按钮互锁，方便操作，Q0.0 和 Q0.1 常闭触点实现电气互锁，以防止正、反转换接时的相间短路。

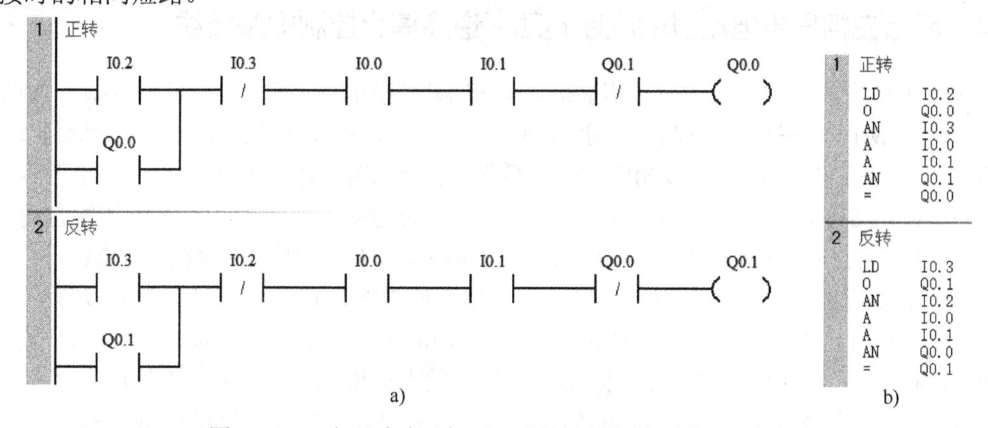

图 3-35 三相异步电动机正、反转控制的梯形图及语句表

a) 梯形图 b) 语句表

按下正向起动按钮 SB2 时，常开触点 I0.2 闭合，驱动线圈 Q0.0 并自锁，通过输出电路，接触器 KM1 得电吸合，电动机正向起动并稳定运行。按下反转起动按钮 SB3 时，常闭触点 I0.3 断开，Q0.0 的线圈断电，KM1 失电释放，同时 I0.3 的常开触点闭合接通 Q0.1 线圈并自锁，通过输出电路，接触器 KM2 得电吸合，电动机反向起动，并稳定运行。按下停止按钮 SB1，或过载保护 FR 动作，都可使 KM1 或 KM2 失电释放，电动机停止运行。

（8）系统调试

通电调试验证系统是否符合控制要求。调试过程分为两大步：程序输入 PLC 和功能调试。注意：必须在指导教师的监护下进行通电调试。

使用计算机程序下载程序文件到 PLC，然后进行功能调试，即按照工作要求、模拟工作过程逐步检测系统功能是否达到要求。具体步骤如下：

按下起动按钮 SB2 观察电动机是否能正转起动运行，如果能，则说明正转起动程序正确；按下停止按钮 SB1 观察电动机是否能够停车，如果能，则说明停止程序正确；在转动时按下热继电器 FR 复位按钮，观察电动机是否能够停车，如果能，则说明过载保护程序正确。按此顺序测试 SB3 反转起动功能是否正常。填写调试情况记录表见表 3-6。

表 3-6　调试情况记录表

序号	项目	完成情况记录			备注
		第一次试车	第二次试车	第三次试车	
1	按下起动按钮 SB2 观察电动机是否能正转起动运行	完成（ ）	完成（ ）	完成（ ）	
		无此功能	无此功能	无此功能	
2	按下停止按钮 SB1 观察电动机是否能够停车	完成（ ）	完成（ ）	完成（ ）	
		无此功能	无此功能	无此功能	
3	按下停止按钮 SB3 观察电动机是否能反转起动运行	完成（ ）	完成（ ）	完成（ ）	
		无此功能	无此功能	无此功能	
4	按下停止按钮 SB1 观察电动机是否能够停车	完成（ ）	完成（ ）	完成（ ）	
		无此功能	无此功能	无此功能	
5	过载保护功能是否实现	完成（ ）	完成（ ）	完成（ ）	
		无此功能	无此功能	无此功能	

3.2.4　两台三相异步电动机的顺序起动、逆序停止控制安装接线

在实际工作中，常常需要两台或者多台电动机顺序起动、逆序停止的控制方式。如两台交流异步电动机 M1 和 M2，按下起动按钮 SB1，第一台电动机 M1 起动，再按下起动按钮 SB2 后，第二台电动机 M2 起动。完成相应的工作后按下停止按钮 SB3，先停止第二台电动机 M2，再按下停止按钮 SB4，停止第一台电动机 M1。电路的特点是只有起动 M1 之后才能起动 M2，否则无法直接起动 M2；同理只有当 M2 停止后才能停止 M1，否则无法直接停止 M1。

某公司需要设计安装一台大型打孔机以满足生产的需要，打孔机的具体控制过程为先将加工工件放置于打孔工作台上，按下起动按钮 SB1 后，清理电动机 M1 起动，带动传动机构对打孔工作台进行清理。之后按下起动按钮 SB2 起动主轴电动机 M2，对加工工件进行打孔工作。当完成打孔工作后，按下停止按钮 SB3 停止主轴电动机 M2，再按下停止按钮 SB4，将清理电动机 M1 停止，最后取下加工工件，完成打孔机一个完整的加工过程。

1. 实训目的

1）应用 PLC 技术实现对多台三相异步电动机的顺序起动、逆序停止控制。

2）掌握大型打孔机控制电路的工程设计与安装。

2. 控制要求

1）实现两台三相异步电动机的顺序起动、逆序停止。

2）具有防止相间短路的措施。

3）具有过载保护环节。

3. 实训内容及指导

（1）电路功能分析

通过分析设备的工作过程，可以将其分为两部分：从起动到正常工作部分和从正常工作到完全停止部分。打孔机控制电路其实就是两台电动机的顺序起动、逆序停止的控制电路。

整个电路的总控制环节可以采用保护特性优良、使用寿命长、安装方便的断路器。电动机采用三相异步电动机，采用交流接触器实现两台异步电动机的起动与停止。用两个热继电器实现主轴电动机的过载保护。用两组熔断器实现主电路和控制电路的短路保护。控制按钮需要 4 个，分别用于两台电动机的起动及停止控制。

（2）主电路设计与绘制

根据功能分析，主电路需要两个交流接触器来分别控制清理电动机 M1 和主轴电动机 M2 的转动和停止，用热继电器 FR2 完成主轴电动机 M2 过载保护。主电路熔断器 FU1 和 FU2 完成电动机的短路保护。主电路图如图 3-36 所示。

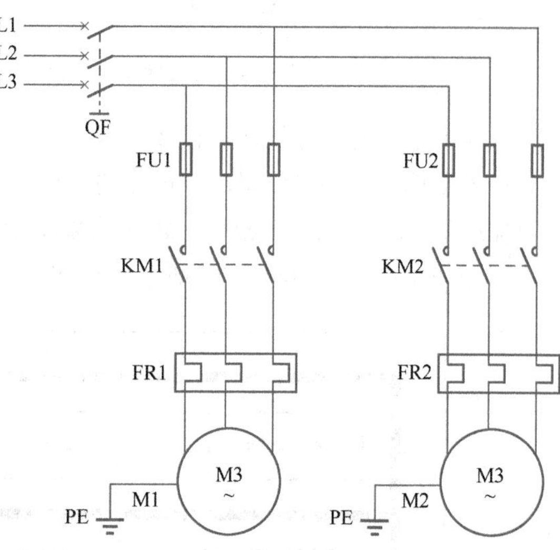

图 3-36　两台三相异步电动机的顺序起动、逆序停止控制主电路

（3）控制电路设计与绘制

根据项目任务描述，需要 2 个起动按钮及 2 个停止按钮，2 个过载保护触点，所以共需要 6 个输入信号，即输入点数为 6，需要 PLC 的 6 个输入端子。由功能分析可知，只有两只交流接触器需要驱动，所以只需要 PLC 的 2 个输出端子。根据 I/O 点数，可以选择对应的 PLC 的型号。I/O 地址分配见表 3-7。

表 3-7　I/O 地址分配

输入			输出		
输入继电器	输入元件	作用	输出继电器	输出元件	作用
I0.0	SB1	M1 起动按钮	Q0.0	KM1	M1 清理电动机
I0.1	SB2	M2 起动按钮	Q0.1	KM2	M2 主轴电动机
I0.2	SB3	M2 停止按钮			
I0.3	SB4	M1 停止按钮			
I0.4	FR1	M1 过载保护			
I0.5	FR2	M2 过载保护			

根据 I/O 地址分配表，可以确定 PLC 的端口接线，但在实际工程中需要考虑电路的安全，所以需要充分考虑保护措施。本电路需要考虑短路保护和过载保护，用熔断器进行短路保护，用热继电器进行过载保护。根据这些要求，两台三相异步电动机的顺序起动、逆序停止控制 PLC 外部电路接线如图 3-37 所示。

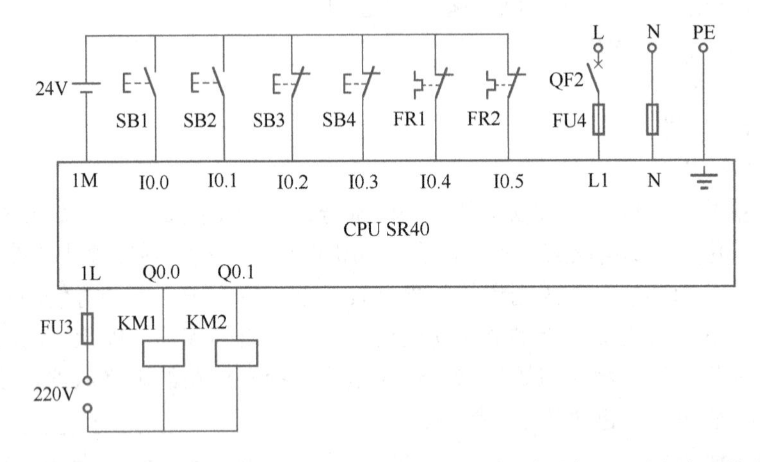

图 3-37 两台三相异步电动机的顺序起动、逆序停止控制 PLC 外部电路接线

（4）绘制元件布置图及接线图

安装调试训练可以采用一体化的 PLC 实训台，如果没有 PLC 实训台，也可采用配线板，在配线板上布置元件。根据要求画出采用配线板的两台三相异步电动机的顺序起动、逆序停止控制元件布置图，如图 3-38 所示，接线图如图 3-39 所示。

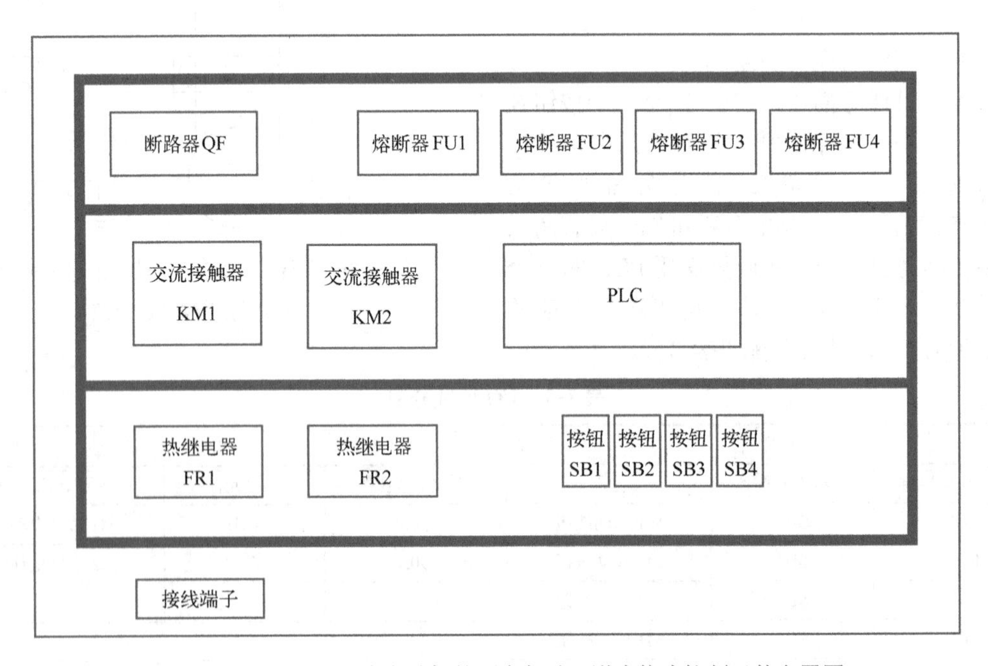

图 3-38 两台三相异步电动机的顺序起动、逆序停止控制元件布置图

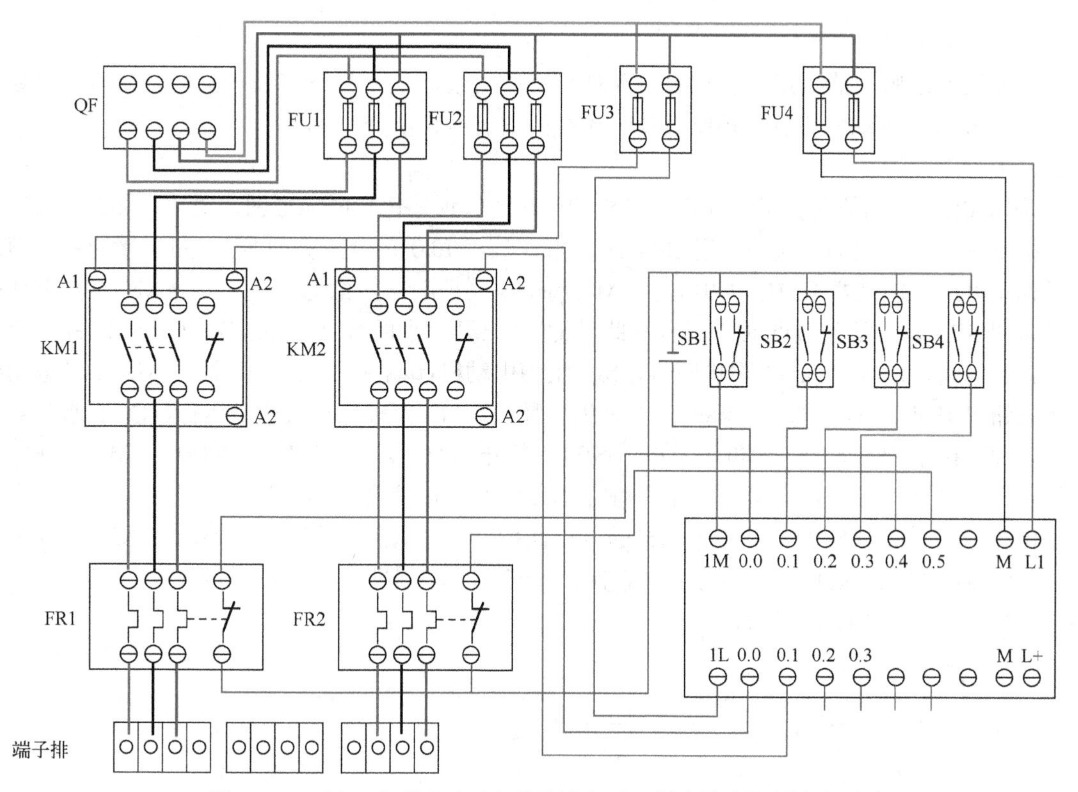

图 3-39　两台三相异步电动机的顺序起动、逆序停止控制接线图

（5）准备元件

根据电路设计原则，合理选用元件是电路安全、可靠工作的保证。正确选择元件必须严格遵守以下基本原则：按对元件的功能要求确定元件的类型；确定元件承载能力的临界值及使用寿命，根据电气控制的电压、电流及功率的大小确定元件的规格；确定元件的工作环境及供应情况，如防油、防尘、防水、防爆及货源情况；确定元件在应用中的可靠性；确定元件的使用类别。两台三相异步电动机的顺序起动、逆序停止控制元件清单见表 3-8。

表 3-8　两台三相异步电动机的顺序起动、逆序停止控制元件清单

序号	名称	规格	单位	数量	备注
1	电工操作台	380V 三相电源、计时	座	1	剩余电流保护
2	电动机	三相异步	个	2	
3	PLC	西门子 S7-200 SMART	台	1	
4	塑壳断路器	NB1-63	只	1	
5	交流接触器	NC1-2510/380V	只	2	
6	辅助触头	F4-22	只	3	
7	热继电器	NR4-63	只	2	
8	熔断器	RT18-32	组	3	
9	按钮	NP9-22	个	3	
10	绝缘导线	BV2.5mm^2	m	若干	黄绿红
11	绝缘导线	BVR0.75mm^2	m	若干	红色
12	绝缘导线	BVR2.5mm^2	m	若干	黄绿双色线
13	导轨	35mm×500mm	根	1	
14	端子排	NC T3	个	若干	
15	细木工板	800mm×580mm×15mm	块	1	
16	自攻螺钉		个	若干	

（6）安装电路

基本操作步骤：清点工具和仪表→元件检查→安装固定元件→布线→自检。具体过程参见3.2.3 节三相异步电动机正反转控制及安装接线的安装电路部分。

（7）程序设计

采用 PLC 控制的两台三相异步电动机顺序起动、逆序停止的梯形图、语句表如图 3-40 所示。按下 M1 清理电动机起动按钮 SB1 时，常开触点 I0.0 闭合，驱动线圈 Q0.0 接通并自锁，通过输出电路，接触器 KM1 得电吸合，M1 清理电动机起动并稳定运行。按下 M2 主轴电动机起动按钮 SB2 时，常开触点 I0.1 闭合，此时 Q0.0 常开触点闭合，驱动线圈 Q0.1 接通并自锁，通过输出电路，接触器 KM2 得电吸合，M2 主轴电动机起动并稳定运行。按下 M2 主轴电动机停止按钮 SB3 时，断开 Q0.1 线圈，KM2 失电释放，M2 主轴电动机停止运行，Q0.1 常开触点断开。此时按下 M1 清理电动机停止按钮 SB4，断开 Q0.0 线圈，KM1 失电释放，M1 清理电动机停止运行。过载保护 FR1 动作，常开触点 I0.4 断开，可使 KM1 和 KM2 失电释放，两台电动机都停止运行，实现对 M1 清理电动机的过载保护，同时满足顺序起动要求，即 M1 清理电动机运行时 M2 主轴电动机无法运行。过载保护 FR2 动作，常开触点 I0.5 断开，可使 KM2 失电释放，M2 主轴电动机停止运行。

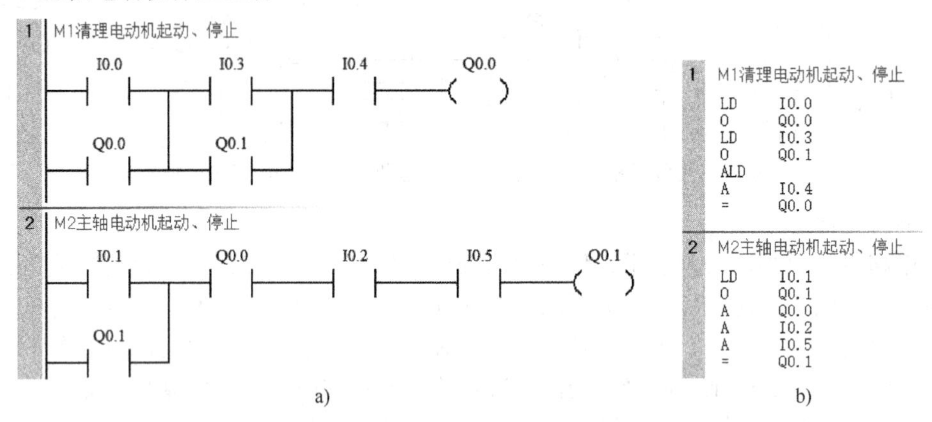

图 3-40　两台三相异步电动机顺序起动、逆序停止的梯形图及语句表

a) 梯形图　b) 语句表

（8）系统调试

通电调试验证系统是否符合控制要求，调试过程分为两大步：程序输入 PLC 和功能调试。注意：必须在指导教师的监护下进行通电调试。

使用计算机程序下载程序文件到 PLC，然后进行功能调试，即按照工作要求、模拟工作过程逐步检测功能是否达到要求。具体步骤如下：

按下起动按钮 SB1 观察 M1 电动机是否能起动运行，如果能，则说明 M1 起动程序正确；按下起动按钮 SB2 观察 M2 电动机是否能起动运行，如果能，则说明 M2 起动程序正确；按下停止按钮 SB3 观察 M2 电动机是否能停止运行，如果能，则说明 M2 停止程序正确；按下停止按钮 SB4 观察 M1 电动机是否能停止运行，如果能，则说明 M1 停止程序正确；未起动 M1 电动机时直接按下 M2 电动机起动按钮 SB2 观察 M2 电动机是否能起动运行，如果不能，则说明顺序起动程序正确；M1 电动机和 M2 电动机均在运行时，直接按下 M1 电动机停止按钮 SB4，观察 M1 电动机是否能停止运行，如果不能，则说明逆序停止程序正确；在转动时按下热继电器 FR1 复位按钮，观察 M1 电动机和 M2 电动机是否能停止运行，如果能，则说明过载保护程序正确；在转动时按下热继电器 FR2 复位按钮，观察 M2 电动机是否能停止运行，如果能，则说明过载保护程序正确。填写调试情况记录表见表 3-9。

表 3-9　调试情况记录表

序号	项目	完成情况记录			备注
		第一次试车	第二次试车	第三次试车	
1	按下起动按钮 SB1 观察 M1 电动机是否能起动运行	完成（　）	完成（　）	完成（　）	
		无此功能	无此功能	无此功能	
2	按下起动按钮 SB2 观察 M2 电动机是否能起动运行	完成（　）	完成（　）	完成（　）	
		无此功能	无此功能	无此功能	
3	按下停止按钮 SB3 观察 M2 电动机是否能停止运行	完成（　）	完成（　）	完成（　）	
		无此功能	无此功能	无此功能	
4	按下停止按钮 SB4 观察 M1 电动机是否能停止运行	完成（　）	完成（　）	完成（　）	
		无此功能	无此功能	无此功能	
5	未起动 M1 电动机时直接按下 M2 电动机起动按钮 SB2，观察 M2 电动机是否能起动运行	完成（　）	完成（　）	完成（　）	
		无此功能	无此功能	无此功能	
6	M1 电动机和 M2 电动机均在运行时，直接按下 M1 电动机停止按钮 SB4，观察 M1 电动机是否能停止运行	完成（　）	完成（　）	完成（　）	
		无此功能	无此功能	无此功能	
7	在转动时按下热继电器 FR1 复位按钮，观察 M1 电动机和 M2 电动机是否能停止运行	完成（　）	完成（　）	完成（　）	
		无此功能	无此功能	无此功能	
8	在转动时按下热继电器 FR2 复位按钮，观察 M2 电动机是否能停止运行	完成（　）	完成（　）	完成（　）	
		无此功能	无此功能	无此功能	

3.3 定时器指令

3.3.1 定时器指令介绍

S7-200 SMART 系列 PLC 的定时器是对内部时钟累计时间增量计时的。每个定时器均有一个 16 位的当前值寄存器用以存放当前值（16 位符号整数）；一个 16 位的预置值寄存器用以存放时间的设定值；还有 1 位状态位，反映其触点的状态。

1. 工作方式

S7-200 SMART 系列 PLC 定时器按工作方式分为三大类，指令格式及功能见表 3-10。

表 3-10　定时器的指令格式及功能

LAD	STL	功能
???? IN TON ????-PT ??? ms	TON　T××，PT	TON：接通延时定时器 TONR：保持型接通延时定时器 TOF：断开延时定时器 IN：使能输入端，方框上方（????）输入定时器的编号（T××），范围为 T0～T255 PT：预置值输入端，最大预置值为 32767；PT 的数据类型为 INT
???? IN TONR ????-PT ??? ms	TONR T××，PT	
???? IN TOF ????-PT ??? ms	TOF　T××，PT	

2．时基

按时基脉冲分，则有 1ms、10ms、100ms 三种定时器。不同的时基标准，定时精度、定时范围和定时器刷新的方式不同。

（1）定时精度和定时范围

定时器的工作原理为使能输入有效后，当前值 PT 对 PLC 内部的时基脉冲增 1 计数，当计数值大于或等于定时器的预置值后，状态位置 1。其中，最小计时单位为时基脉冲的宽度，又称为定时精度；从定时器输入有效到状态位输出有效，经过的时间为定时时间，即定时时间=预置值×时基。当前值寄存器为 16bit，最大计数值为 32767，由此可推算不同分辨率的定时器的设定时间范围。S7-200 SMART 系列 PLC 的 256 个定时器分属 TON/TOF 和 TONR 工作方式，以及三种时基标准，见表 3-11。可见时基越大，定时时间越长，但精度越差。

表 3-11　定时器的类型

工作方式	时基/ms	最大定时范围/s	定时器号
TONR	1	32.767	T0，T64
	10	327.67	T1～T4，T65～T68
	100	3276.7	T5～T31，T69～T95
TON/TOF	1	32.767	T32，T96
	10	327.67	T33～T36，T97～T100
	100	3276.7	T37～T63，T101～T255

（2）1ms、10ms、100ms 定时器的刷新方式不同

1ms 定时器每隔 1ms 刷新一次，与扫描周期和程序处理无关，即采用中断刷新方式。因此，当扫描周期较长时，在一个周期内可能被多次刷新，其当前值在一个扫描周期内不一定保持一致。

10ms 定时器则由系统在每个扫描周期开始自动刷新。由于每个扫描周期内只刷新一次，因此每次程序处理期间，其当前值为常数。

100ms 定时器则在该定时器指令执行时刷新。下一条执行的指令，即可使用刷新后的结果，使用方便可靠。但应当注意，如果该定时器的指令不是每个周期都执行，定时器就无法及时刷新，可能导致出错。

3.3.1-1
TON 的工作原理

3．定时器指令的工作原理

下面将从工作原理、应用等方面分别介绍接通延时、保持型接通延时、断开延时三种定时器的使用方法。

（1）接通延时定时器（TON）指令的工作原理

接通延时定时器指令应用示例如图 3-41 所示。当 I0.0 接通时，使能端（IN）输入有效，驱动 T37 开始计时，当前值从 0 开始递增，计时到设定值 PT 时，T37 状态位置 1，其常开触点 T37 接通，驱动 Q0.0 输出，其后当前值仍增加，但不影响状态位。当前值的最大值为 32767。当 I0.0 分断时，使能端输入无效，T37 复位，当前值清 0，状态位也清 0，即恢复原始状态。若 I0.0 接通时间未到设定值就断开，T37 则立即复位，Q0.0 不会有输出。

（2）保持型接通延时定时器（TONR）指令的工作原理

3.3.1-2
TONR 的工作原理

使能端（IN）输入有效时（接通），定时器开始计时，当前值递增，当前值大于或等于预置值（PT）时，输出状态位置 1。使能端输入无效（断开）时，当前值保持，使能端再次接通有效时，在原保持值的基础上递增计时。

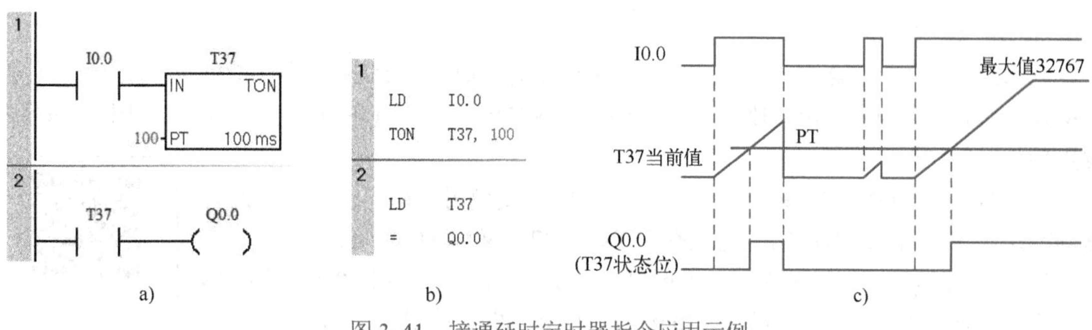

图 3-41　接通延时定时器指令应用示例

a) 梯形图　b) 语句表　c) 时序图

注意：TONR 定时器采用线圈复位指令 R 进行复位操作，当复位线圈有效时，定时器当前位清 0，输出状态位置 0。

保持型接通延时定时器指令应用示例如图 3-42 所示。当使能端（IN）输入为 1 时，定时器 T3 计时；当 IN 输入为 0 时，其当前值保持并不复位；下次 IN 再为 1 时，T3 当前值从原保持值开始往上加，将当前值与设定值 PT 比较，当前值大于或等于设定值时，T3 状态位置 1，驱动 Q0.0 有输出，以后即使 IN 再为 0，也不会使 T3 复位。要使 T3 复位，必须使用复位指令。

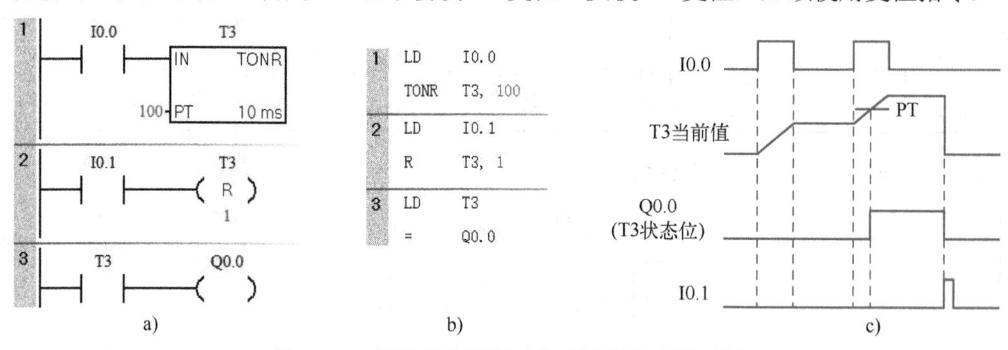

图 3-42　保持型接通延时定时器指令应用示例

a) 梯形图　b) 语句表　c) 时序图

（3）断开延时定时器（TOF）指令的工作原理

断开延时型定时器用来在输入断开，延时一段时间后，才断开输出。使能端（IN）输入有效时，定时器输出状态位立即置 1，当前值复位为 0。IN 断开时，定时器开始计时，当前值从 0 递增，当前值达到预置值时，定时器状态位复位为 0，并停止计时，当前值保持。

3.3.1-3
TOF 的工作原理

如果输入断开的时间小于预定时间，定时器的位仍保持接通。IN 再接通时，定时器当前值仍设为 0。断开延时定时器指令应用示例如图 3-43 所示。

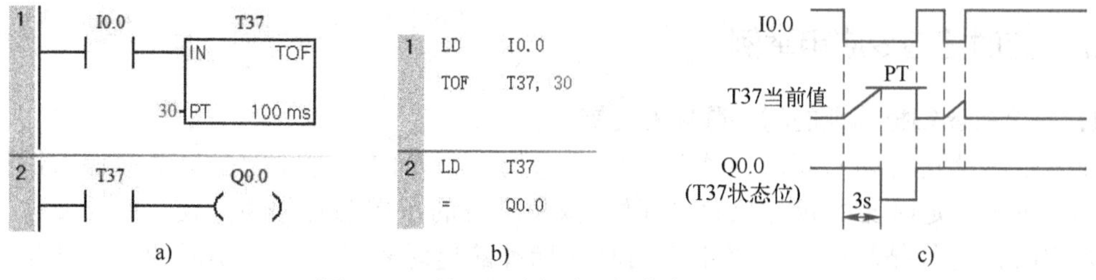

图 3-43　断开延时定时器指令应用示例

a) 梯形图　b) 语句表　c) 时序图

小结：

1）以上三种定时器具有不同的功能。接通延时定时器（TON）用于单一间隔的定时；保持型接通延时定时器（TONR）用于累计时间间隔的定时；断开延时定时器（TOF）用于故障事件发生后的时间延时。

2）TOF 和 TON 共享同一组定时器，不能重复使用。即不能把一个定时器同时用作 TOF 和 TON。如不能既有 TON T32，又有 TOF T32。

3）要确保最小时间间隔，应将预设值 PT 增 1。如使用 100ms 定时器时，为确保最小时间间隔至少为 2100ms，则将 PT 设置为 22。

3.3.1-4
间隔时间指令

4．间隔时间指令

间隔时间指令格式及功能见表 3-12。

表 3-12 间隔时间指令格式及功能

LAD	STL	功能
BGN_ITIME (EN, ENO, OUT)	BITIM OUT	开始间隔时间指令，读取内置 1ms 计数器的当前值，并将该值存储在 OUT 中。双字毫秒值的最大计时间隔为 2^{32}ms 或 49.7 天
CAL_ITIME (EN, ENO, IN, OUT)	CITIM IN, OUT	计算间隔时间指令，计算当前时间与 IN 中提供的时间的时间差，然后将差值存储在 OUT 中。双字毫秒值的最大计时间隔为 2^{32}ms 或 49.7 天。根据 BITIM 指令的执行时间，CITIM 指令会自动处理在最大计时间隔内发生的 1ms 定时器翻转

间隔时间指令应用示例如图 3-44 所示。

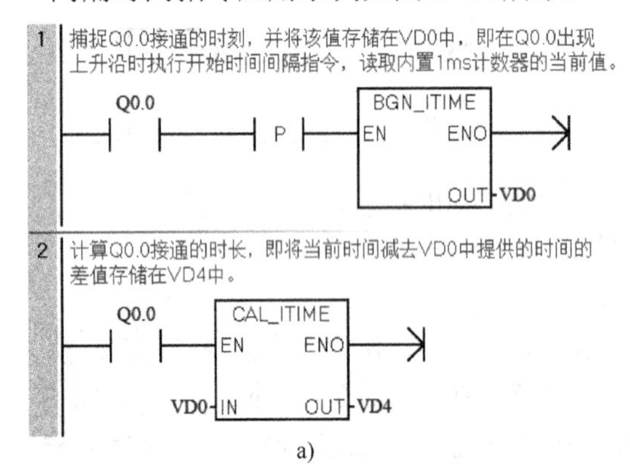

a)

1 捕捉Q0.0接通的时刻，并将该值存储在VD0中，即在Q0.0出现上升沿时执行开始时间间隔指令，读取内置1ms计数器的当前值。

```
LD     Q0.0
EU
BITIM  VD0
```

2 计算Q0.0接通的时长，即将当前时间减去VD0中提供的时间的差值存储在VD4中。

```
LD     Q0.0
CITIM  VD0, VD4
```

b)

图 3-44 间隔时间指令应用示例

a) 梯形图 b) 语句表

3.3.2 定时器指令应用举例

1．一个机器扫描周期的时钟脉冲发生器

使用定时器自身的常闭触点作为定时器的使能输入的时钟脉冲发生器。梯形图程序如图 3-45 所示。定时器的状态位置 1 时，依靠本身的常闭触点的断开使定时器复位，并重新开始定时，进行循环工作。采用不同时基标准的定时器时，会有不同的运行结果。具体分析如下。

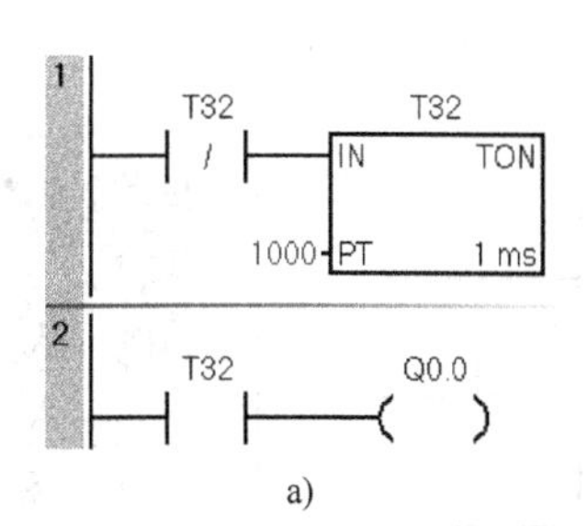

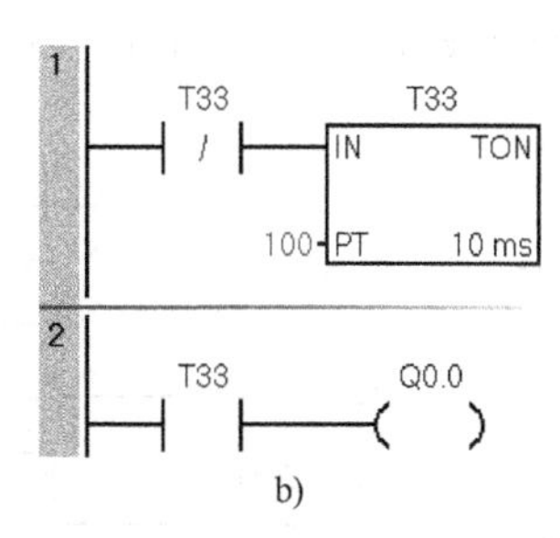

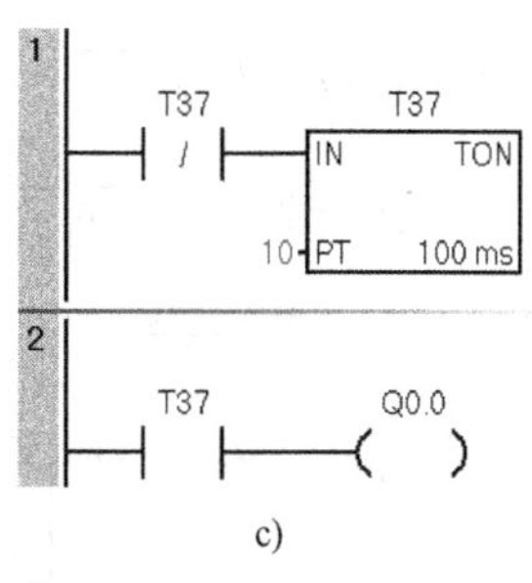

a)　b)　c)

图 3-45　定时器自身常闭触点作为定时器使能输入的时钟脉冲发生器梯形图程序

a) 1ms 时基定时器　b) 10ms 时基定时器　c) 100ms 时基定时器

1）T32 为 1ms 时基定时器，每隔 1ms 定时器刷新一次当前值，CPU 当前值若恰好在处理常闭触点和常开触点之间被刷新，Q0.0 可以接通一个扫描周期，但这种情况出现的概率很小，一般情况下，不会正好在这时刷新。若在执行其他指令时计时时间到，1ms 的定时刷新使定时器输出状态位置位，常闭触点断开，立即将定时器当前值复位，定时器输出状态位复位，所以输出线圈 Q0.0 一般不会通电。

2）若将图 3-45 中的定时器 T32 换成 T33，时基变为 10ms，当前值在每个扫描周期开始刷新，计时时间到、扫描周期开始时，定时器输出状态位置位，常闭触点断开，立即将定时器当前值清零，定时器输出状态位复位（为 0），输出线圈 Q0.0 永远不可能通电。

3）若用时基为 100ms 的定时器，如 T37，当前指令执行时刷新，Q0.0 在 T37 计时时间到时准确地接通一个扫描周期。可以输出一个断开为延时时间、接通为一个扫描周期的时钟脉冲。

4）若将输出线圈的常闭触点作为定时器的使能输入，时钟脉冲发生器梯形图程序如图 3-46 所示，则无论何种时基定时器都能正常工作。

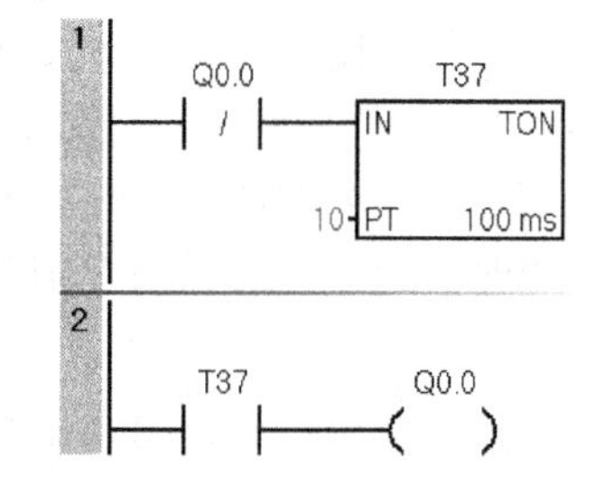

图 3-46　输出线圈的常闭触点作为定时器使能输入的时钟脉冲发生器梯形图程序

2．延时断开电路

如图 3-47 所示，当 I0.0 接通时，Q0.0 接通并保持，当 I0.0 断开时，经 4s 延时后，Q0.0 断开。T37 同时被复位。

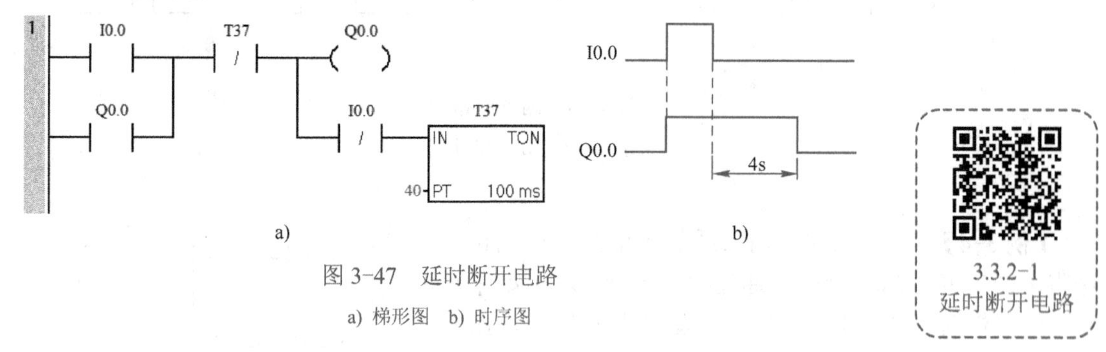

a)　b)

图 3-47　延时断开电路

a) 梯形图　b) 时序图

3．延时接通和断开电路

如图 3-48 所示，用 I0.0 控制 Q0.1，I0.0 的常开触点接通后，T37 开始计时，9s 后 T37 的常开触点接通，使 Q0.1 变为 ON，I0.0 为 ON 时其常闭触点断开，使 T38 复位。I0.0 变为 OFF

后 T38 开始计时，7s 后 T38 的常闭触点断开，使 Q0.1 变为 OFF，T38 亦被复位。

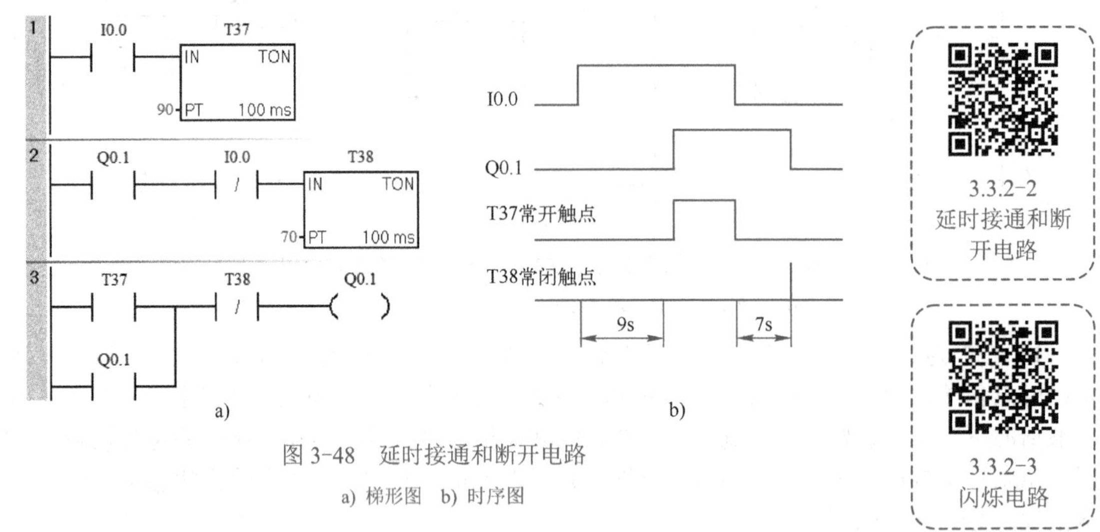

图 3-48　延时接通和断开电路

a) 梯形图　b) 时序图

4. 闪烁电路

如图 3-49 所示，I0.0 的常开触点接通后，T37 的 IN 输入端为 1 状态，T37 开始计时，2s 后定时时间到，T37 的常开触点接通，使 Q0.0 变为 ON，同时 T38 开始计时。3s 后 T38 的定时时间到，它的常闭触点断开，使 T37 的 IN 输入端变为 0 状态，T37 的常开触点断开，Q0.0 变为 OFF，同时使 T38 的 IN 输入端变为 0 状态，其常闭触点接通，T37 又开始定时，以后 Q0.0 的线圈将这样周期性地通电和断电，直到 I0.0 变为 OFF，Q0.0 线圈通电时间等于 T38 的设定值，断电时间等于 T37 的设定值。

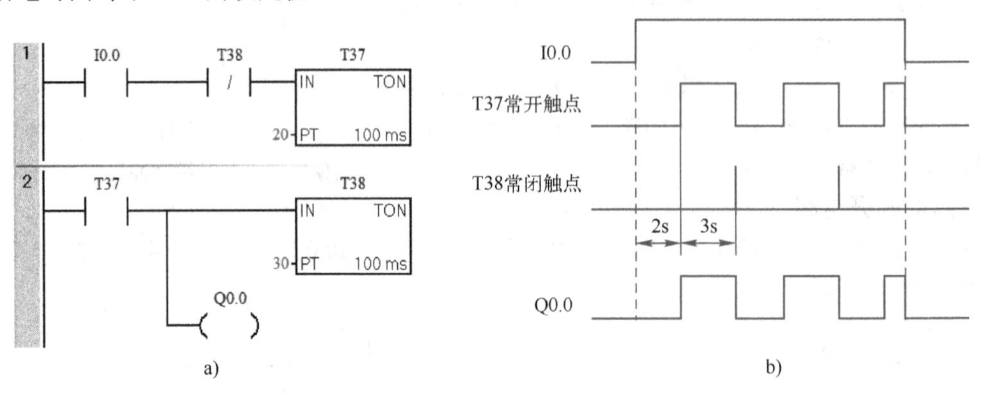

图 3-49　闪烁电路

a) 梯形图　b) 时序图

【例 3-4】 用接在 I0.0 输入端的光电开关检测传送带上通过的产品，有产品通过时 I0.0 为 ON，如果在 10s 内没有产品通过，由 Q0.0 发出报警信号，用 I0.1 输入端外接的开关解除报警信号。对应的梯形图如图 3-50 所示。

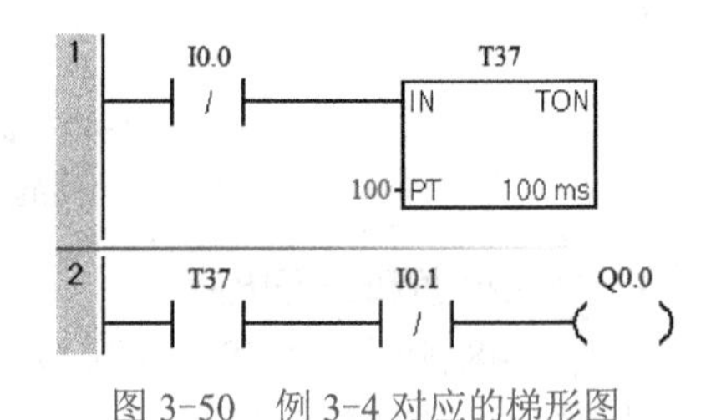

图 3-50　例 3-4 对应的梯形图

3.3.3　正次品分拣机编程实训

1．实训目的

1）加深对定时器的理解，掌握各类定时器的使用方法。

2）理解企业车间产品的分拣原理。

2．实验器材

1）实验装置（含 S7-200 SMART 系列 PLC）1 台。

2）正次品分拣模拟控制板 1 块，如图 3-51 所示。

3）连接导线若干。

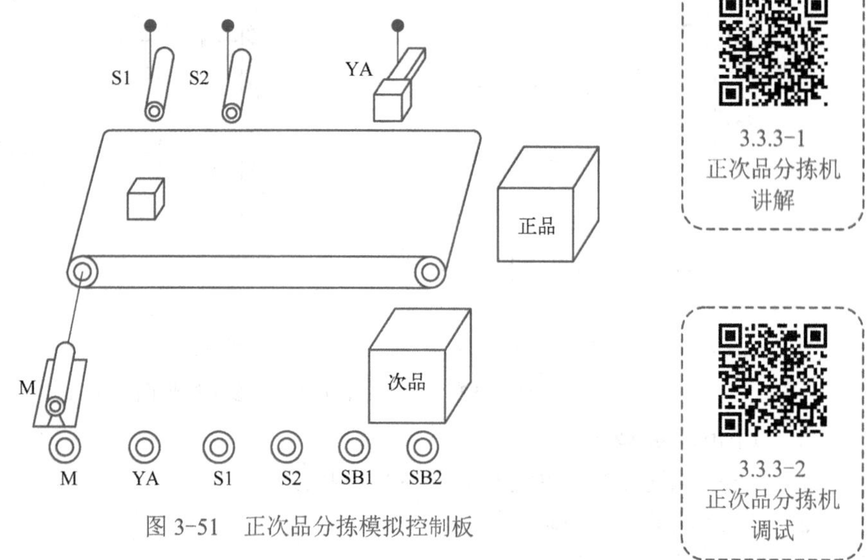

图 3-51　正次品分拣模拟控制板

3．控制要求

1）用起动按钮和停止按钮控制电动机 M 运行和停止。在电动机运行时，被检测的产品（包括正次品）在传输带上运行。

2）产品（包括正次品）在传输带上运行时，S1（检测器）检测到的次品，经过 5s 传送，到达次品剔除位置时，起动电磁铁 YA 驱动剔除装置，剔除次品（电磁铁通电 1s），检测器 S2 检测到的次品，经过 3s 传送，到达次品剔除位置时，起动 YA 驱动剔除装置，剔除次品；正品继续向前输送。

4．PLC I/O 地址分配及参考梯形图程序

1）I/O 地址分配见表 3-13。

表 3-13　I/O 地址分配

输入			输出		
输入元件	输入地址	作用	输出元件	输出地址	作用
SB1	I0.0	M 起动按钮	M	Q0.0	传送带驱动电动机
SB2	I0.1	M 停止按钮（常闭）	YA	Q0.1	次品剔除
S1	I0.2	检测站 1			
S2	I0.3	检测站 2			

2）参考梯形图程序如图 3-52 所示。

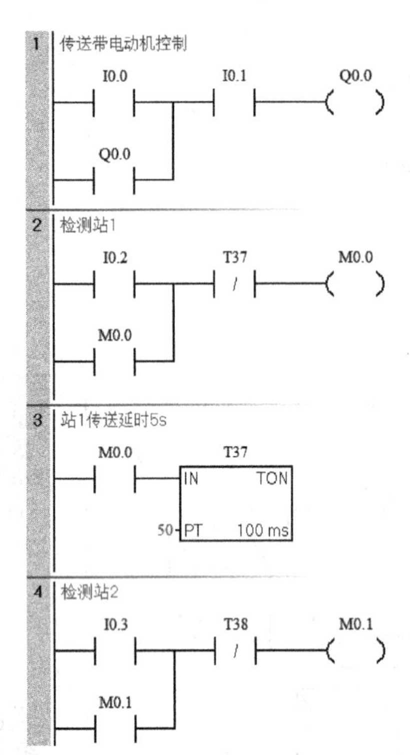

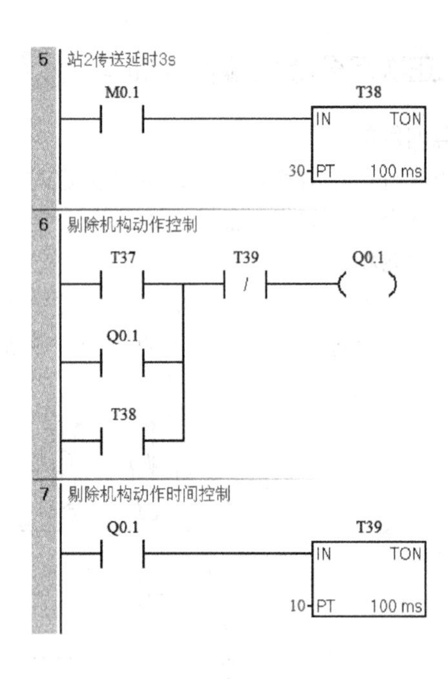

图 3-52 正次品分拣机操作参考梯形图程序

5. 实训内容及要求

1）按 I/O 地址分配表完成 PLC 外部电路接线。

2）输入参考程序并编辑。

3）编译、下载、调试应用程序。

4）通过实验模板，模拟控制要求，观察运行结果是否正确。

3.3.4-1 循环灯控制讲解

3.3.4-2 循环灯控制调试

3.3.4 用定时器指令编写循环类程序及实训

1. 循环灯的控制

1）控制要求。按下起动按钮时，HL1 亮 1s 后灭→HL2 亮 1s 后灭→HL3 亮 1s 后灭→HL1 亮 1s 后灭→…，依次循环。按下停止按钮，3 只灯都熄灭。

2）I/O 地址分配见表 3-14。

表 3-14 I/O 地址分配

输入			输出		
输入元件	输入地址	作用	输出元件	输出地址	作用
SB1	I0.0	起动按钮	HL1	Q0.0	灯 1
SB2	I0.1	停止按钮（常开）	HL2	Q0.1	灯 2
			HL3	Q0.2	灯 3

3）分析：3 只灯的循环周期为 3s，用 3 个定时器分别计时 1s，当第 3 个定时器计时完成，定时器全部复位，一个周期结束。如此循环。

4）循环灯的控制参考梯形图程序如图 3-53 所示。

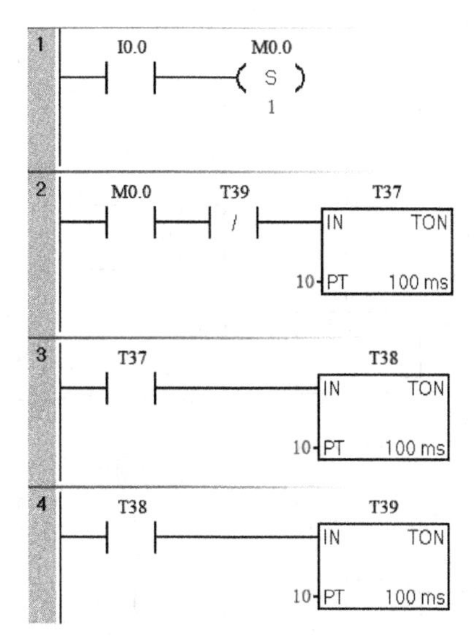

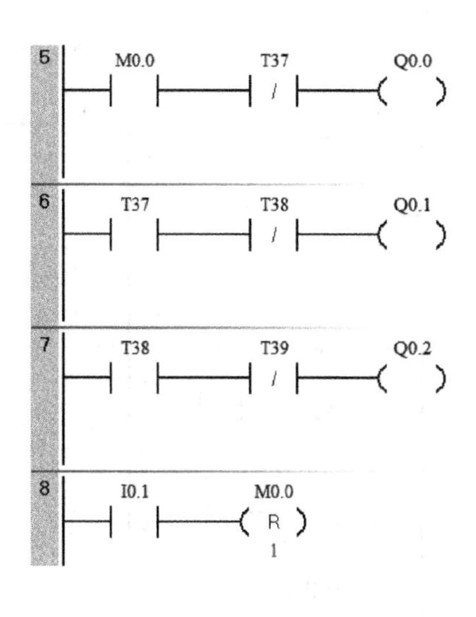

图 3-53　循环灯的控制参考梯形图程序

2．传送带控制的编程实训

（1）实训目的

1）掌握定时器在延时起动和延时停止控制中的应用。

2）理解企业车间传送带的控制过程。

3.3.4-3
传送带控制
讲解

（2）实验器材

1）实验装置（含 S7-200 SMART 系列 PLC）1 台。

2）传送带模拟控制板 1 块。

3）连接导线若干。

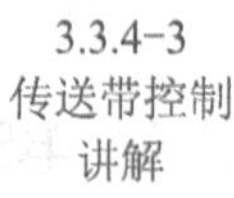

3.3.4-4
传送带控制
调试

（3）控制要求

落料漏斗 Y0 起动后，传送带 M1 立即起动，经 5s 后起动传送带 M2；传送带 M2 起动 5s 后应起动传送带 M3；传送带 M3 起动 5s 后起动传送带 M4；落料漏斗 Y0 停止后过 5s 停止 M1，M1 停止后，过 5s 停止 M2，M2 停止后过 5s 再停止 M3，M3 停止后过 5s 再停止 M4。

（4）I/O 地址分配

I/O 地址分配见表 3-15。

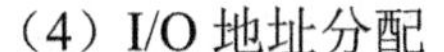

表 3-15　I/O 地址分配

输入			输出					
输入元件	输入地址	作用	输出元件	输出地址	作用	输出元件	输出地址	作用
SB1	I0.0	起动按钮	Y0	Q0.0	落料漏斗	M3	Q0.3	传送带 3
SB2	I0.1	停止按钮（常开）	M1	Q0.1	传送带 1	M4	Q0.4	传送带 4
			M2	Q0.2	传送带 2			

（5）参考梯形图程序

参考梯形图程序如图 3-54 所示。控制过程分为起动和停止两部分。用 M0.0 控制起动过程，M0.1 控制停止过程。起动过程中有 3 个延时，用 3 个定时器完成，停止过程有 4 个延时，用 4 个定时器完成。最后分析各级传送带的起动和停止条件，集中写输出。

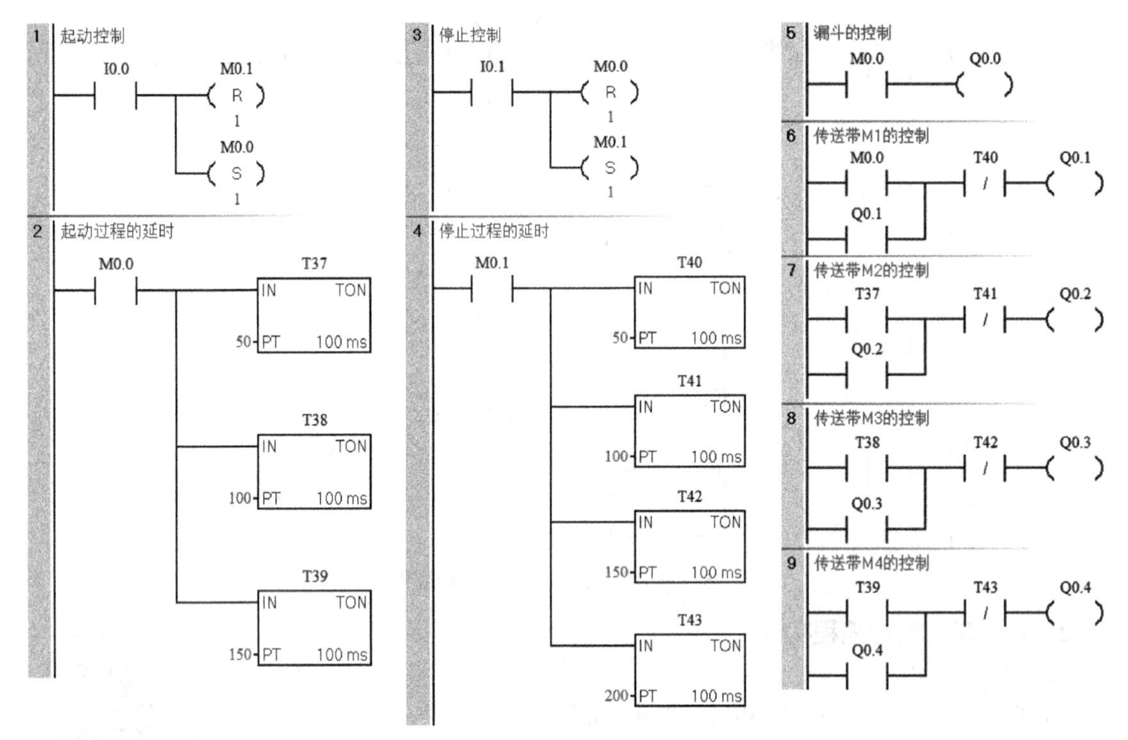

图 3-54 传送带控制的参考梯形图程序

3.3.5 电动机星-三角减压起动 PLC 控制系统设计及安装接线实训

在实际的生产过程中，三相异步电动机因其结构简单、价格低廉、可靠性高等优点被广泛应用。但三相异步电动机在起动过程中起动电流较大，所以容量大的电动机必须采取一定的方式起动，Y-△（星-三角）换接起动就是一种简单方便的减压起动方式。对于正常运行时定子绕组为△联结的笼型异步电动机来说，如果在起动时将定子绕组Y联结，待起动完毕后再换成△联结，就可以降低起动电流，减轻它对电网的冲击。这样的起动方式称为Y-△减压起动，简称Y-△起动。完成各种工件加工的数控车床的主轴电动机控制电路，就是一个典型的Y-△减压起动电路。

数控车间对一台数控车床进行安装调试，要求对其主轴电动机采用Y-△起动运行方式。具体的控制过程为：在给主轴电动机上电后，按下起动按钮 SB1，主轴电动机的内部绕组Y联结，经过 3s 的起动延时后，再将主轴电动机的内部绕组△联结，这样就完成了Y-△起动过程。当加工完工件之后，按下停止按钮 SB2，主轴电动机停止工作。

1．实训目的

1）熟悉 S7-200 SMART 系列 PLC 基本逻辑指令和定时器指令的应用，培养编程的思想和方法。

2）应用 PLC 技术实现对三相异步电动机的Y-△减压起动控制。

3）掌握数控车床主轴电动机控制电路的工程设计与安装。

2．控制要求

1）实现三相异步电动机的Y-△减压起动控制。

2）具有防止相间短路的措施。

3）具有过载保护环节。

3．实训内容及指导

3.3.5-1 电动机星-三角减压起动讲解

（1）电路功能分析

通过对三相异步电动机Y-△减压起动控制电路工作过程的分析，可知电动机有两个不同的运行状态，分别是Y联结运行和△联结运行。

用断路器作为整个电路的总控制环节，电动机采用三相异步电动机，采用交流接触器实现电动机Y联结和△联结的转换。用一只热继电器实现过载保护。用两组熔断器实现主电路和控制电路的短路保护。控制按钮需要 2 个，分别用于起动和停止。总的控制采用一台西门子 S7-200 SMART 系列 PLC。

（2）主电路设计与绘制

根据功能分析，主电路需要 3 只交流接触器分别控制电动机Y联结、△联结。KM1 和 KM3 接通时，电动机为Y联结；KM1 和 KM2 接通时，电动机为△联结。KM2 和 KM3 不能同时接通，要有联锁保护。具体主电路图如图 3-55 所示。

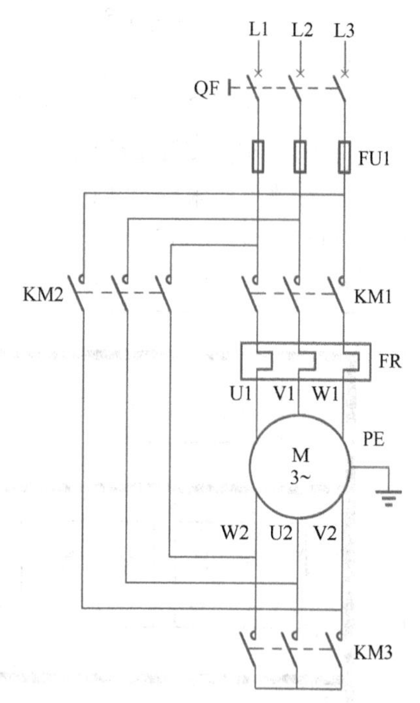

图 3-55　三相异步电动机Y-△减压起动控制主电路

（3）控制电路设计与绘制

首先需要确定 PLC 的 I/O 点数。根据项目任务描述，需要 1 个起动按钮、1 个停止按钮及 1 个过载保护触点，所以共需要 3 个输入信号，即输入点数为 3，需要 PLC 的 3 个输入端子。由功能分析可知，有 3 只交流接触器需要 PLC 驱动，所以只需要 PLC 的 3 个输出端子，根据 I/O 点数，可以选择对应的 PLC 的型号。I/O 地址分配见表 3-16。

表 3-16　I/O 地址分配

输入			输出		
输入地址	输入元件	作用	输出地址	输出元件	作用
I0.0	FR	过载保护	Q0.0	KM1	电动机运行
I0.1	SB1	停止按钮	Q0.1	KM2	电动机△联结运行
I0.2	SB2	起动按钮	Q0.2	KM3	电动机Y联结运行

根据 I/O 地址分配表，可以确定 PLC 的端口接线，但在实际工程中需要考虑电路的安全，所以需要充分考虑保护措施。本电路需要考虑短路、过载保护和联锁保护，用熔断器进行短路保护，用热继电器进行过载保护，用交流接触器的常闭（动断）触点进行联锁保护。根据这些要求设计的三相异步电动机Y-△减压起动控制 PLC 外部电路接线图如图 3-56 所示。

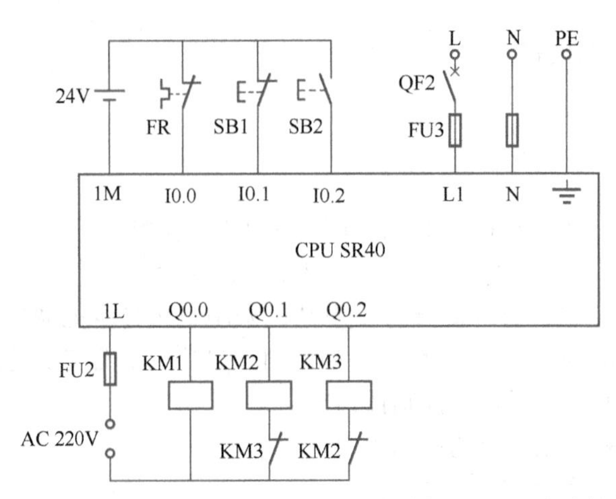

图 3-56　三相异步电动机Y-△减压起动控制 PLC 外部电路接线图

（4）绘制元件布置图及接线图

安装调试训练可以采用一体化的 PLC 实训台，如果没有 PLC 实训台，也可采用配线板，在配线板上布置元件。根据要求画出采用配线板的三相异步电动机Y-△减压起动控制元件布置图如图 3-57 所示，接线图如图 3-58 所示。

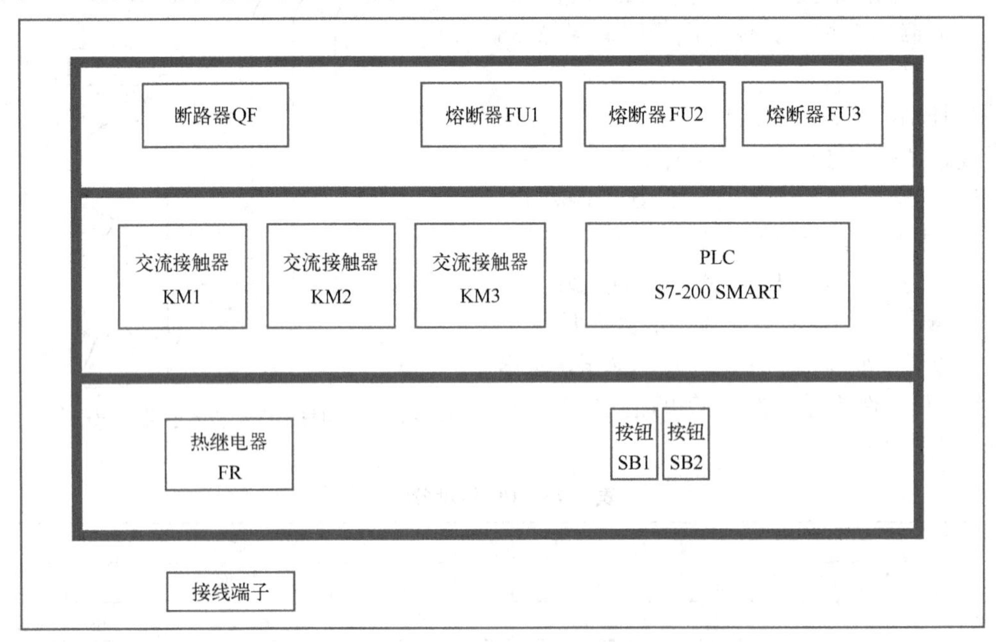

图 3-57　三相异步电动机Y-△减压起动控制元件布置图

（5）准备元件

电路设计完成后，合理选用元件是电路安全、可靠工作的保证。正确选择元件必须严格遵守以下基本原则：按对元件的功能要求确定元件的类型；确定元件承载能力的临界值及使用寿命，根据电气控制的电压、电流及功率的大小确定元件的规格；确定元件预期的工作环境及供应情况，如防油、防尘、防水、防爆及货源情况；确定元件在应用中所要求的可靠性；确定元件的使用类别。三相异步电动机Y-△减压起动控制元件清单见表 3-17。

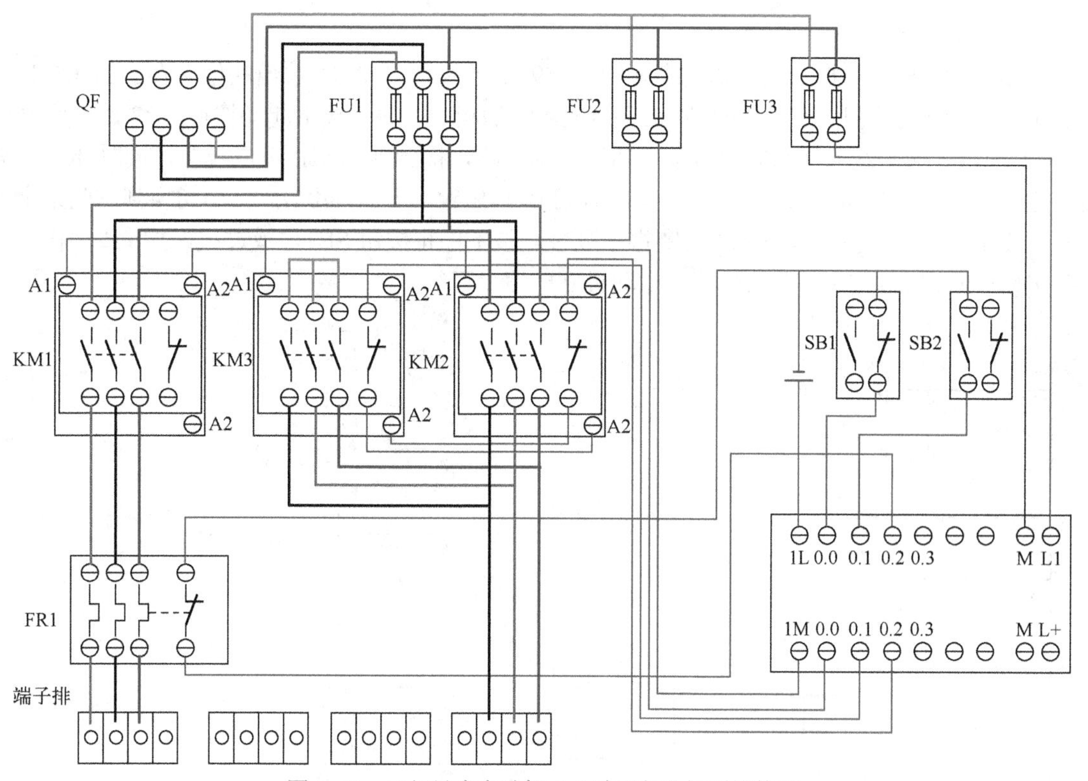

图 3-58　三相异步电动机Y-△减压起动控制接线图

表 3-17　三相异步电动机Y-△减压起动控制元件清单

序号	名称	规格	单位	数量	备注
1	电工操作台	380V 三相电源、计时	座	1	漏电保护
2	电动机	三相异步	台	1	
3	PLC	西门子 S7-200 SMART 系列	台	1	
4	塑壳断路器	NB1-63	只	1	
5	交流接触器	NC1-2510/380V	只	3	
6	辅助触点	F4-22	只	3	
7	热继电器	NR4-63	只	1	
8	熔断器	RT18-32	组	3	
9	按钮	NP9—22	个	2	
10	绝缘导线	BV2.5mm^2	m	若干	黄绿红
11	绝缘导线	BVR0.75mm^2	m	若干	红色
12	绝缘导线	BVR2.5mm^2	m	若干	黄绿双色线
13	导轨	35mm×500mm	根	1	
14	端子排	NC T3	个	若干	
15	细木工板	800mm×580mm×15mm	块	1	
16	自攻螺钉		个	若干	

（6）安装电路

基本操作步骤：清点工具和仪表→元件检查→安装固定元件→布线→自检。具体过程参考 3.2.3 节相应内容。

（7）程序设计

采用 PLC 控制的梯形图、语句表如图 3-59 所示。利用 PLC 输出映像寄存器的 Q0.1 和 Q0.2 的常闭触点实现互锁，以防止Y-△联结换接时的相间短路。按下起动按钮 SB2 时，常开触点 I0.2 闭合，驱动线圈 Q0.0 并自锁，通过输出电路，接触器 KM1 得电吸合，同时 KM3 吸合，电动机以Y联结起动并运行。运行一段时间后（程序中以 3s 为例），自动切换到△联结全压运行，KM3 线圈失电释放，KM2 线圈得电吸合。按下停止按钮 SB1，或过载保护 FR 动作，都可使 KM1 和 KM2、KM3 失电释放，电动机立即停止运行。

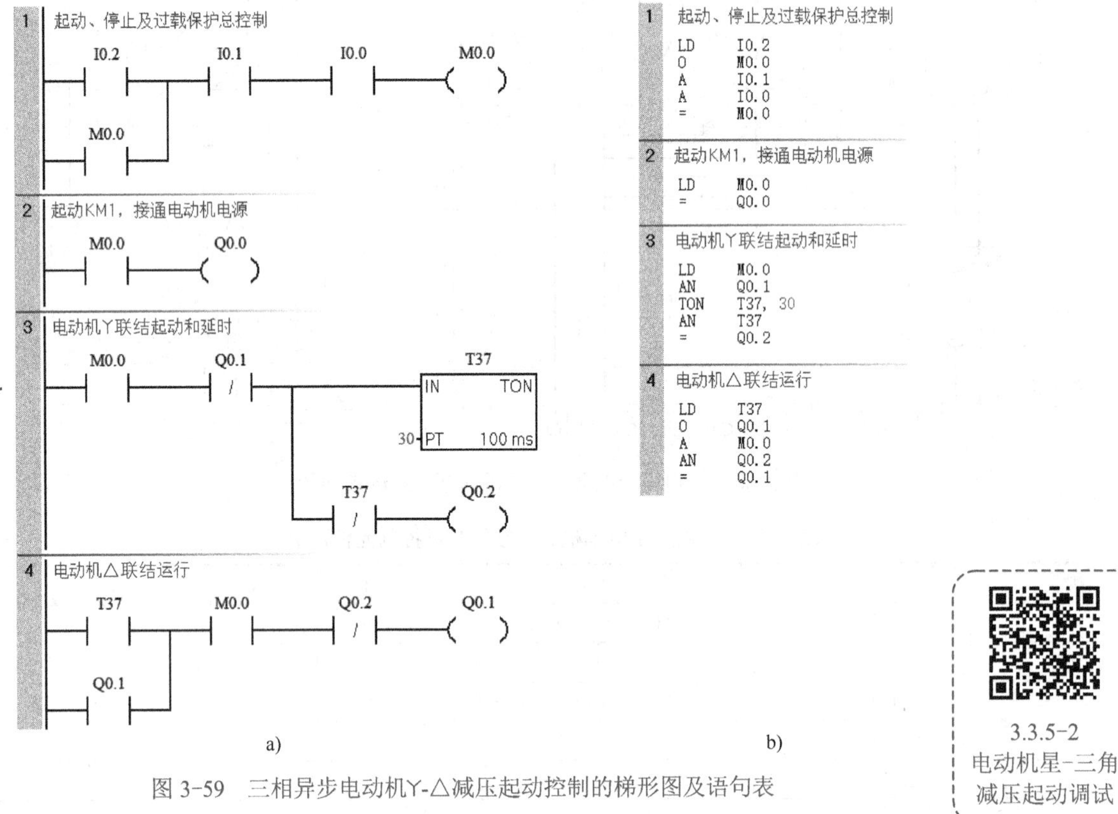

图 3-59 三相异步电动机Y-△减压起动控制的梯形图及语句表

a) 梯形图 b) 语句表

3.3.5-2
电动机星-三角
减压起动调试

按照梯形图语言中的语法规定简化和修改梯形图。为了简化电路，当多个线圈都受某一串并联电路控制时，可在梯形图中设置该电路控制的存储器的位，如 M0.0。

（8）系统调试

通电调试验证系统能是否符合控制要求，调试过程分为两大步：程序输入 PLC 和功能调试。注意：必须在指导教师的监护下进行通电调试。

使用计算机程序下载程序文件到 PLC，然后进行功能调试，即按照工作要求、模拟工作过程逐步检测功能是否达到要求。具体步骤如下：

按下起动按钮 SB2 观察电动机是否能以Y联结起动运行，如果能，则说明Y联结起动程序正确；运行一段时间后，观察电动机是否能自动切换至△联结运行，如果能，则说明延时程序和△联结运行程序正确；按下停止按钮 SB1，观察电动机是否停止运行，如果能，则说明停止程序正确；在转动时按下热继电器 FR 复位按钮，观察电动机是否能停止运行，如果能，则说明过保护程序正确。填写调试情况记录表见表 3-18。

表 3-18　调试情况记录表

序号	项目	完成情况记录			备注
		第一次试车	第二次试车	第三次试车	
1	按下起动按钮 SB2 电动机是否能以Y联结起动运行	完成（　）	完成（　）	完成（　）	
		无此功能	无此功能	无此功能	
2	运行一段时间后，观察电动机是否能自动切换至△联结运行	完成（　）	完成（　）	完成（　）	
		无此功能	无此功能	无此功能	
3	按下停止按钮 SB1，观察电动机是否停止运行	完成（　）	完成（　）	完成（　）	
		无此功能	无此功能	无此功能	
4	在转动时按下热继电器 FR 复位按钮，观察电动机是否能停止运行	完成（　）	完成（　）	完成（　）	
		无此功能	无此功能	无此功能	

3.4 计数器指令

3.4.1 计数器指令介绍

计数器利用输入脉冲上升沿累计脉冲个数。其结构主要由一个 16 位的预置值寄存器、一个 16 位的当前值寄存器和 1 位状态位组成。当前值寄存器用以累计脉冲个数，当计数器当前值大于或等于预置值时，状态位置 1。

S7-200 SMART 系列 PLC 有三类计数器：加计数器（CTU）、加/减计数器（CTUD）和减计数器（CTD）。

3.4.1-1
计数器指令讲解

1. 计数器指令格式

计数器指令格式及功能见表 3-19。

表 3-19　计数器的指令格式及功能

STL	LAD	功能
CTU　C×××，PV	???? CU　CTU R ????-PV	1）梯形图指令符号中，CU 为加计数脉冲输入端；CD 为减计数脉冲输入端；R 为加计数复位端；LD 为减计数复位端；PV 为预置值 2）C××× 为计数器的编号，范围为：C0～C255 3）预置值 PV 最大计数值 32767；数据类型为 INT 4）CTU/CTUD/CD 指令使用要点：STL 形式中 CU、CD、R、LD 的顺序不能错；CU、CD、R、LD 信号可为复杂逻辑关系
CTUD　C×××，PV	???? CU　CTUD CD R ????-PV	
CTD　C×××，PV	???? CD　CTD LD ????-PV	

2．计数器指令的工作原理

（1）加计数器指令（CTU）

当 R=0 时，计数脉冲有效；当 CU 端有上升沿输入时，计数器当前值加 1。当计数器当前值大于或等于设定值（PV）时，该计数器的状态位 C-bit 置 1，即其常开触点闭合。计数器仍计数，但不影响计数器的状态位，直至达到最大计数值（32767）。当 R=1 时，计数器复位，即当前值清 0，状态位 C-bit 也清 0。加计数器计数范围为 0～32767。

（2）加/减计数器指令（CTUD）

当 R=0 时，计数脉冲有效；当 CU 端（CD 端）有上升沿输入时，计数器当前值加 1（减 1）。当计数器当前值大于或等于设定值时，C-bit 置 1，即其常开触点闭合。当 R=1 时，计数器复位，即当前值清 0，C-bit 也清 0。加减计数器计数范围为–32768～32767。

（3）减计数器指令（CTD）

当复位 LD 有效时，LD=1，计数器把设定值（PV）装入当前值存储器，计数器状态位复位（置 0）。当 LD=0，即计数脉冲有效时，开始计数，CD 端每来一个输入脉冲上升沿，减计数的当前值从设定值开始递减计数，当前值等于 0 时，计数器状态位置位（置 1），停止计数。

【例 3-5】 加/减计数器指令应用示例，如图 3-60 所示。

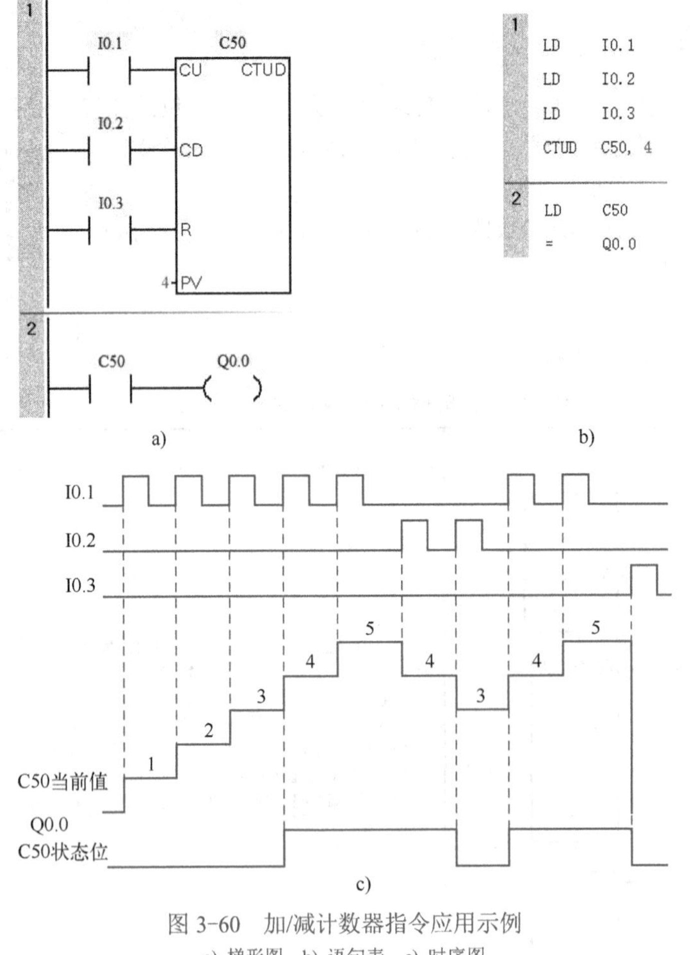

图 3-60　加/减计数器指令应用示例

a) 梯形图　b) 语句表　c) 时序图

3.4.1-2
加/减计数器应用调试

3.4.1-3
减计数器应用示例

【例 3-6】 减计数器指令应用示例，如图 3-61 所示。

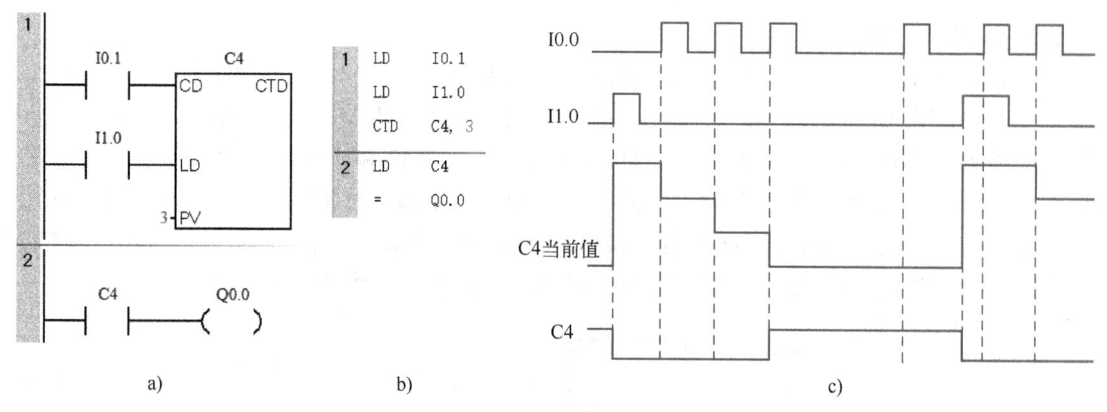

a)　b)　c)

图 3-61　减计数器指令应用示例

a) 梯形图　b) 语句表　c) 时序图

在复位脉冲 I1.0 有效时，即 I1.0=1 时，当前值等于预置值，计数器的状态位置 0；当复位脉冲 I1.0=0 时，计数器有效，CD 端每来一个输入脉冲上升沿，当前值减 1 计数，当前值从预置值开始减至 0 时，计数器的状态位 C-bit=1，Q0.0=1。在复位脉冲 I1.0 有效时，即 I1.0=1 时，计数器 CD 端即使有输入脉冲上升沿，计数器也不减 1 计数。

3.4.2　计数器指令应用举例

1. 计数器的扩展

S7-200 SMART 系列 PLC 的计数器的最大计数值为 32767，若需更大的计数范围，则必须进行扩展。如图 3-62 所示为计数器扩展参考程序，由两个计数器组合而成。C1 形成了一个设定值为 100 次的自复位计数器。计数器 C1 对 I0.1 的接通次数进行计数，I0.1 的触点每闭合 100 次，C1 自复位重新开始计数。同时，连接到计数器 C2 的 CU 端 C1 常开触点闭合，使 C2 计数一次，当 C2 计数到 2000 次时，I0.1 共接通 100×2000 次=200000 次，C2 的常开触点闭合，线圈 Q0.0 通电。该电路的计数值为两个计数器设定值的乘积，即 $C_{总}$=C1C2。

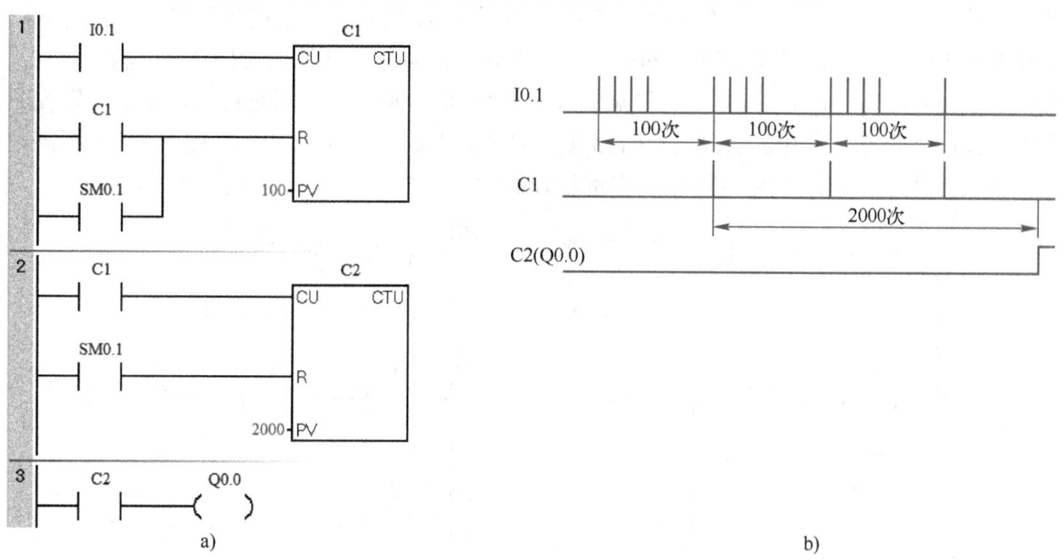

a)　b)

图 3-62　计数器扩展参考程序

a) 梯形图　b) 时序图

2．定时器的扩展

S7-200 SMART 系列 PLC 的定时器的最长定时时间为 3276.7s，如果需要更长的定时时间，可使用如图 3-63 所示的定时器扩展参考程序。图中最上面一行电路是一个脉冲信号发生器，脉冲周期等于 T37 的设定值（60s）。I0.0 为 OFF 时，100ms 定时器 T37 和计数器 C4 处于复位状态，它们不能工作。I0.0 为 ON 时，其常开触点接通，T37 开始定时，60s 后 T37 定时时间到，其当前值等于设定值，其常闭触点断开，使自己复位，复位后 T37 的当前值变为 0，同时其常闭触点接通，使 T37 的线圈重新通电又开始定时。T37 将这样周而复始地工作，直到 I0.0 变为 OFF。

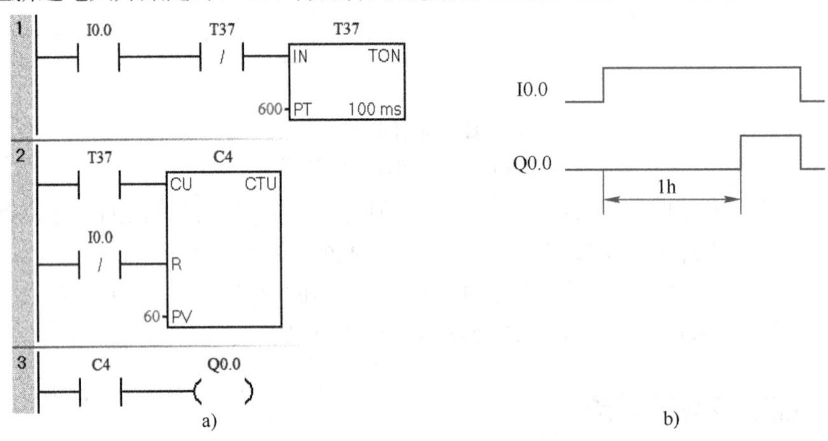

图 3-63　定时器扩展参考程序

a) 梯形图　b) 时序图

T37 产生的脉冲送给 C4 计数器，计满 60 个数（即 1h）后，C4 当前值等于设定值 60（s），其常开触点闭合。设 T37 和 C4 的设定值分别为 K_T 和 K_C，对于 100ms 定时器总的定时时间为：$T=0.1K_TK_C$，单位为 s。

3．自动声光报警操作

自动声光报警操作用于当电动单梁起重机加载到 1.1 倍额定负荷并反复运行 1h 后，发出声光信号并停止运行。自动声光报警操作参考程序如图 3-64 所示。当系统处于自动工作方式时，I0.0 触点为闭合状态，定时器 T50 每 60s 发出一个脉冲信号作为计数器 C1 的计数输入信号，当计数值达到 60（s），即 1h 后，C1 常开触点闭合，Q0.0、Q0.7 线圈同时得电，指示灯发光且电铃作响；此时 C1 另一常开触点接通定时器 T51 线圈，10s 后 T51 常闭触点断开 Q0.7 线圈，电铃音响消失，指示灯持续发光直至再一次重新开始运行。

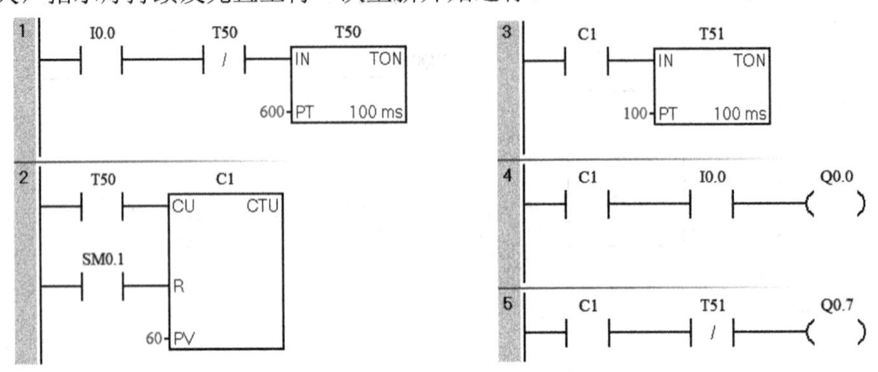

图 3-64　自动声光报警操作参考程序

4. 用一个按钮实现起停控制

用一个按钮控制一盏灯，当按一下按钮，灯亮；再按一下按钮，灯灭，如此重复。用一个按钮实现起、停控制的参考程序如图 3-65 所示。

3.4.2
用一个按钮实现起停控制

3.4.3 轧钢机的模拟控制实训

1. 实训目的

1）熟悉计数器的使用。

2）用状态图监视计数器的计数过程。

3）用 PLC 构成轧钢机控制系统。

2. 实训内容

（1）控制要求

轧钢机的模拟控制实训如图 3-66 所示。

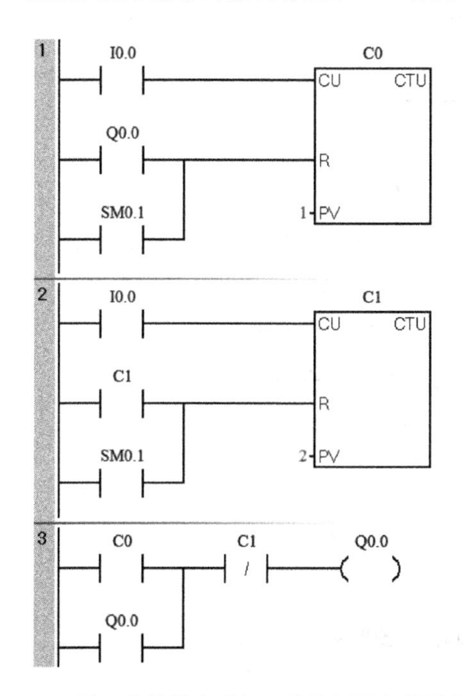

图 3-65　用一个按钮实现起、停控制的参考程序

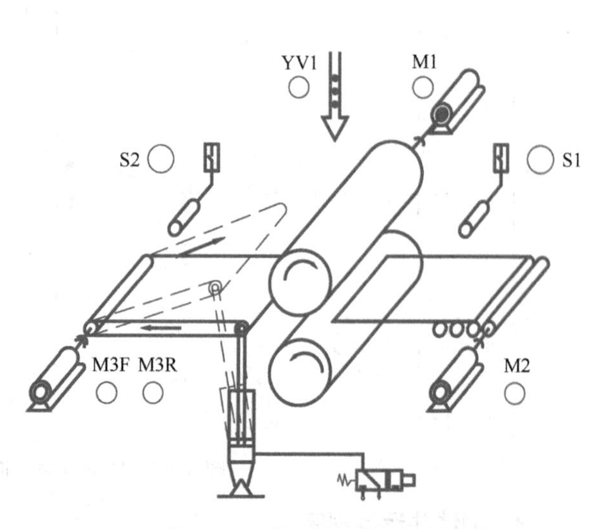

图 3-66　轧钢机的模拟控制实训

按下起动按钮，电动机 M1、M2 运行，按 S1 表示检测到物件，电动机 M3 正转，即 M3F 亮。再按 S2，电动机 M3 反转，即 M3R 亮，同时电磁阀 YV1 动作。再按 S1，电动机 M3 正转，重复经过 3 次循环，再按 S2，则停机一段时间（3s），取出成品后，继续运行，不需要按起动按钮。当按下停止按钮时，必须按起动按钮后方可运行。注意：不先按 S1，而按 S2 电动机将不会有动作。

（2）I/O 地址分配

I/O 地址分配见表 3-20。

表 3-20 I/O 地址分配

输入			输出		
输入地址	输入元件	作用	输出地址	输出元件	作用
I0.0	SB1	起动按钮	Q0.0	M1	电动机 M1
I0.1	S1	检测到物件	Q0.1	M2	电动机 M2
I0.2	S2	检测到物件	Q0.2	M3F	电动机 M3 正转
I0.3	SB2	停止按钮（常闭）	Q0.3	M3R	电动机 M3 反转
			Q0.4	YV1	电磁阀

（3）轧钢机的模拟控制梯形图程序

轧钢机的模拟控制梯形图程序如图 3-67 所示。

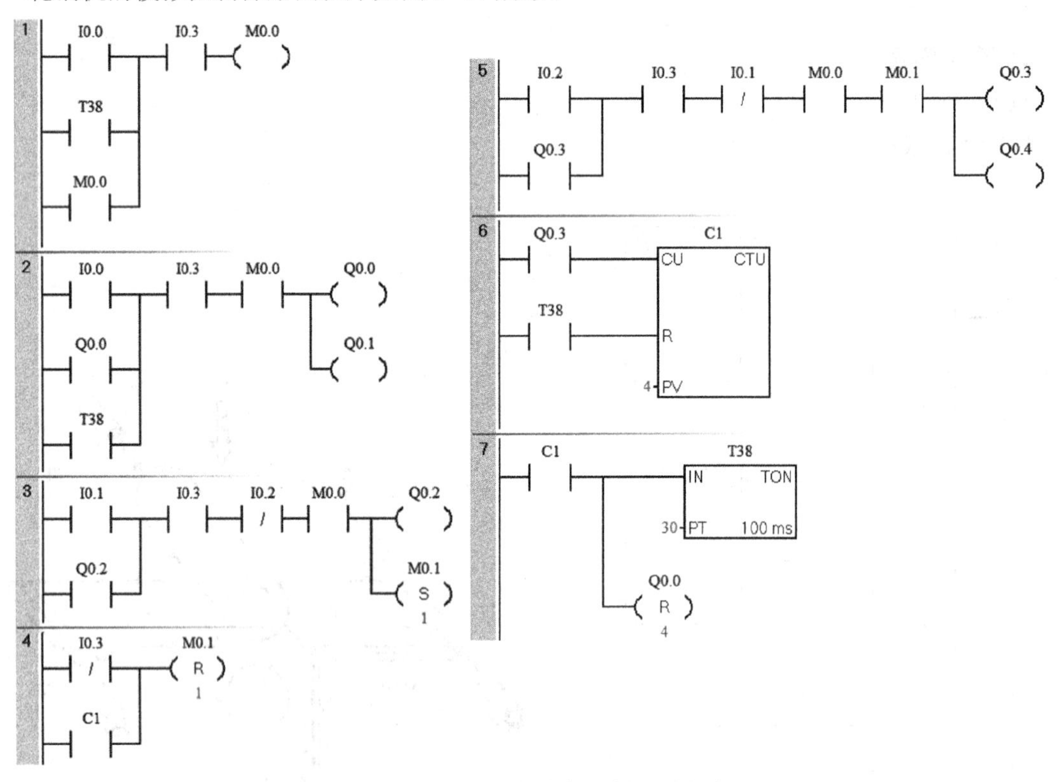

图 3-67 轧钢机的模拟控制梯形图程序

3．调试并运行程序

1）按控制要求进行操作，观察并记录现象。

2）通过程序状态图，在操作过程中观察计数器的工作过程。

3）改变计数器的预置值，设定 PV=3，再重新操作，观察轧钢机模拟实验板的变化。

3.5 比较指令及应用

3.5.1
比较指令介绍

3.5.1 比较指令介绍

比较指令可以对两个数据类型相同的操作数 IN1 和 IN2 进行比较，可以比较字节、整数、双整数和实数。在梯形图中用带参数和运算符的触点表示比较指令，比较条件成立时，触点闭合，否则断开。比较触点可以装入，也可以串、并联。比较指令为上、下限控制提供了极大的方便。

比较指令格式及功能见表 3-21。

表 3-21 说明如下：

××：比较运算符，包括== 等于、<小于、>大于、<=小于或等于、>=大于或等于、<>不等于。

□：操作数 IN1、IN2 的数据类型及范围。其中 B（Byte）为字节比较（无符号整数），如 LDB==IB2 MB2；I（Int）/W（Word）为整数比较（有符号整数），LAD 中用 I，STL 中用 W，如 AW〉= MW2 VW12；DW（Double Word）为双字比较（有符号整数），如 OD= VD24 MD1；R（Real）为实数比较（有符号的双字浮点数）。

表 3-21　比较指令格式及功能

STL	LAD	功能
LD□××IN1　IN 2	IN1 ××□ IN2	比较触点接起始母线
LD N A□××IN1　IN 2	N　IN1 ××□ IN2	比较触点的与
LD　N O□××IN1　IN 2	N IN1 ××□ IN2	比较触点的或

3.5.2　用比较指令和定时器指令编写带延时的循环类程序

S7-200 SMART 系列 PLC 的定时器是对内部时钟累计时间增量计时的。每个定时器均有一个 16 位的当前值寄存器用以存放当前值（16 位符号整数），因此，利用比较指令将定时器的当前值和预定时间进行比较，将周期时间作为定时器的预置值很容易实现带延时的循环类控制。需要注意的是，定时器的当前值是 16 位的符号整数，所以比较指令需选用整数比较指令。

3.5.2
例 3-7 调试

【例 3-7】 用定时器和数据比较指令实现周期 5s、占空比 40%的脉冲发生器，如图 3-68 所示。

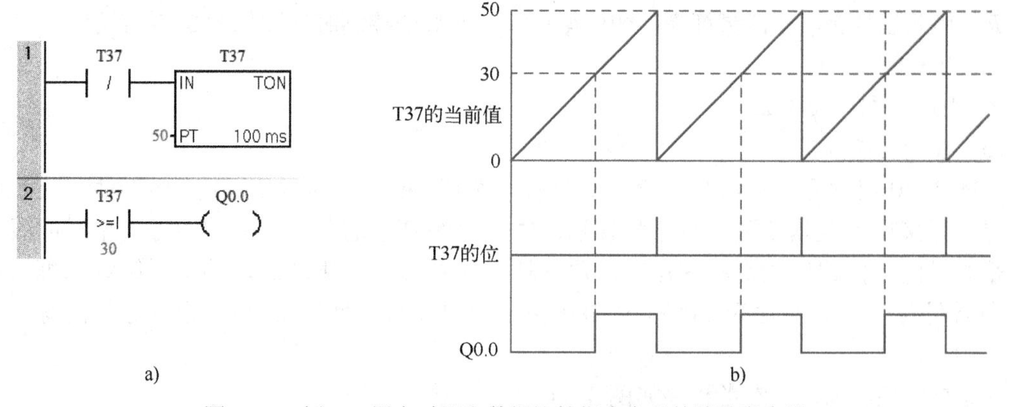

图 3-68　例 3-7 用定时器和数据比较指令实现的脉冲发生器

a) 梯形图　b) 时序图

【例 3-8】 循环灯的控制。循环灯控制要求：按下起动按钮时，L1 亮 1s 后灭→L2 亮 1s 后灭→L3 亮 1s 后灭→L1 亮 1s 后灭→…，如此循环。按下停止按钮，3 盏灯都熄灭。

I/O 地址分配见表 3-22。

表 3-22 I/O 地址分配

输入		输出	
输入地址	作用	输出地址	输出元件
I0.0	起动按钮	Q0.0	HL1
I0.1	停止按钮（常闭）	Q0.1	HL2
		Q0.2	HL3

3 盏灯的循环周期为 3s，用一个定时器延时 3s，用比较指令对该定时器的当前值比较以决定灯接通的时间。

循环灯的控制参考程序如图 3-69 所示。

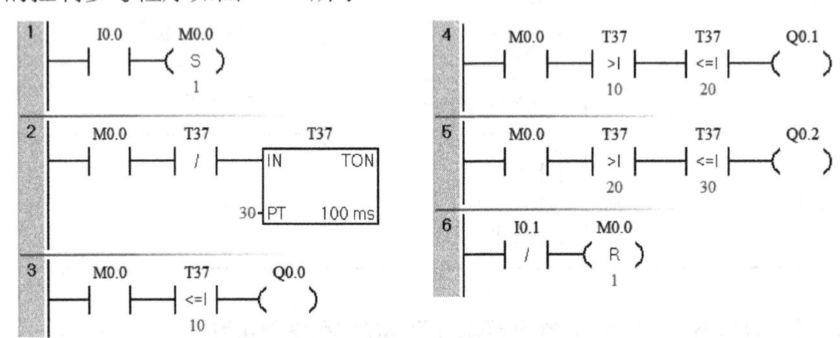

图 3-69 例 3-8 循环灯的控制参考程序

3.5.3 交通灯的控制编程实训

（1）控制要求

起动后，南北红灯亮并维持 30s。在南北红灯亮的同时，东西绿灯也亮，到 25s 时，东西绿灯闪烁（闪烁周期为 1s），3s 后熄灭，在东西绿灯熄灭后，东西黄灯亮 2s 后灭，东西红灯亮 30s。与此同时，南北红灯灭，南北绿灯亮。南北绿灯亮了 25s 后闪烁，3s 后熄灭，黄灯亮 2s 后熄灭，南北红灯亮，东西绿灯亮，如此循环。交通灯的控制时序图如图 3-70 所示。

（2）I/O 地址分配

I/O 地址分配见表 3-23。

（3）控制功能分析

从图 3-70 时序图可以看出，交通灯执行一个周期的时间是 60s。用一个定时器累计 60s 的延时，直接用比较指令决定每个灯接通的时间。绿灯接通分为平光和闪烁两个时间段，需要将平光时间段的比较指令和闪烁时间段的比较指令并联以驱动绿灯输出。绿灯闪烁可以对应一个周期为 1s、占空比为 50%的闪烁电路，也可以直接使用 SM0.5 串入绿灯闪烁时间段的输出中。

交通灯的控制梯形图参考程序如图 3-71 所示。

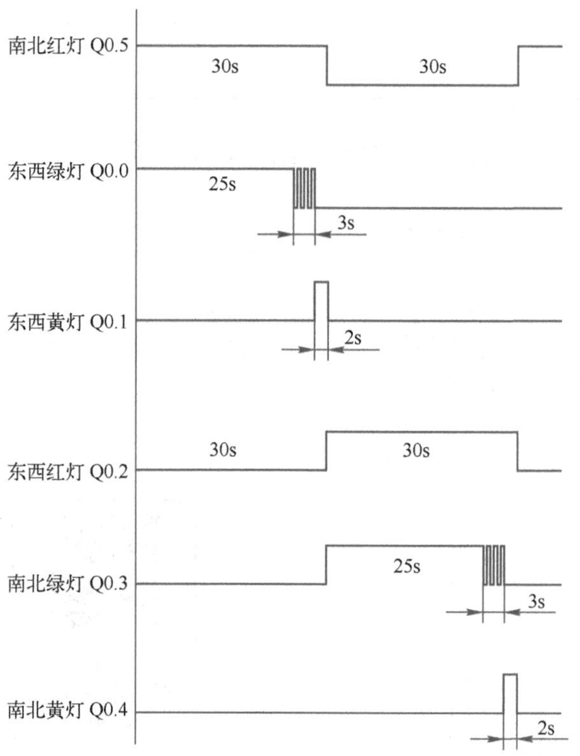

图 3-70　交通灯的控制时序图

3.5.3-1
交通灯编程分析

3.5.3-2
交通灯调试过程

表 3-23　I/O 地址分配

输入		输出			
输入地址	作用	输出地址	作用	输出地址	作用
I0.0	起动按钮	Q0.0	东西绿灯	Q0.3	南北绿灯
I0.1	停止按钮（常闭按钮）	Q0.1	东西黄灯	Q0.4	南北黄灯
		Q0.2	东西红灯	Q0.5	南北红灯

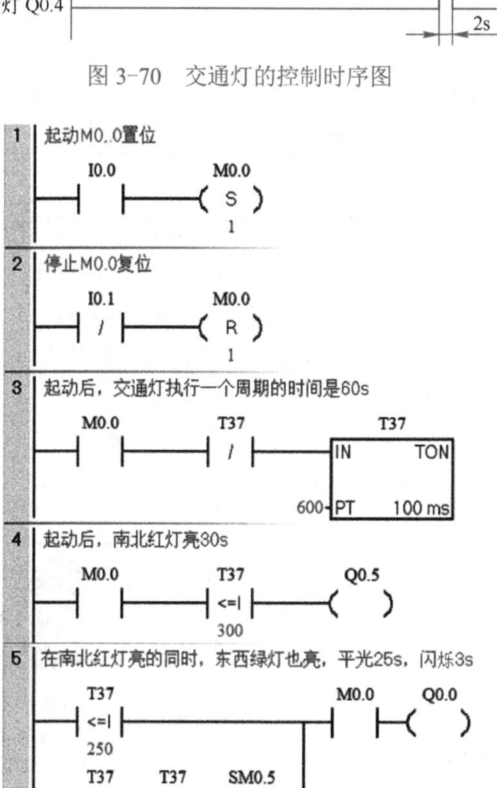

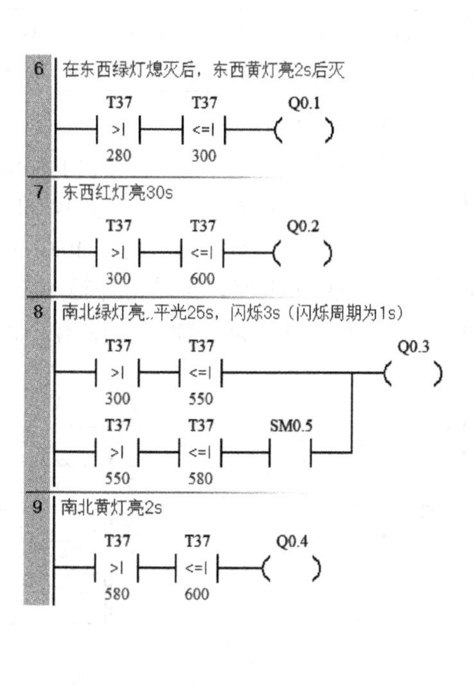

图 3-71　交通灯的控制梯形图参考程序

3.6 程序控制类指令

程序控制类指令用于程序运行状态的控制，主要包括系统控制、跳转、顺序控制等指令。

3.6.1 跳转与标号指令

（1）指令格式

JMP：跳转指令，使能端输入有效时，把程序的执行跳转到同一程序指定的标号（n）处执行。

LBL：指定跳转的目标标号。操作数 n 的范围为 0～255。

JMP、LBL 指令格式如图 3-72 所示。

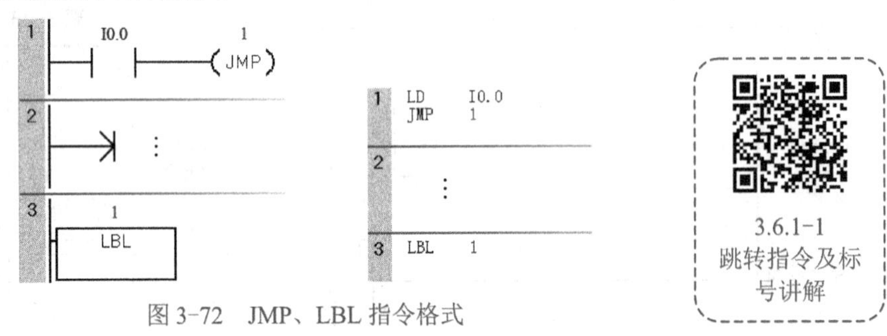

图 3-72 JMP、LBL 指令格式

注意：跳转指令及标号必须同在主程序内或在同一子程序内、同一中断服务程序内，不可由主程序跳转到中断服务程序或子程序，也不可由中断服务程序或子程序跳转到主程序。

（2）跳转指令示例

如图 3-73 所示，当 I0.0 为 ON 时，I0.0 的常开触点接通，即 JMP1 条件满足，程序跳转执行 LBL 标号 1 以后的指令，而在 JMP1 和 LBL1 之间的指令一概不执行，在这个过程中，即使 I0.1 接通 Q0.1 也不会有输出；此时 I0.0 的常闭触点断开，不执行 JMP2，所以 I0.2 接通，Q0.2 有输出。当 I0.0 断开时，则其常开触点 I0.0 断开，其常闭触点接通，此时不执行 JMP1，而执行 JMP2，所以 I0.1 接通，Q0.1 有输出，而 I0.2 即使接通，Q0.2 也没有输出。

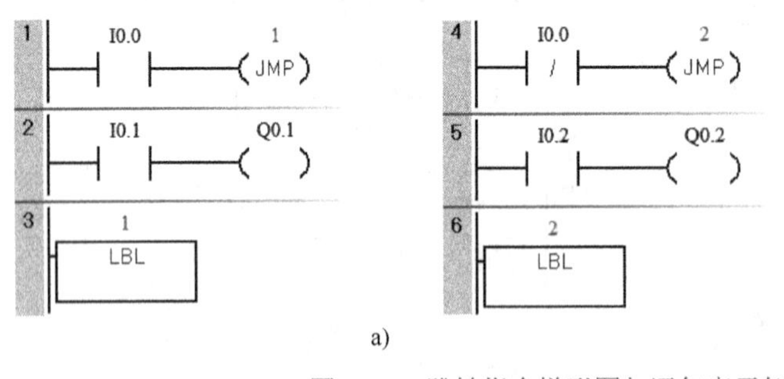

a)

```
1  LD   I0.0
   JMP  1
2  LD   I0.1
   =    Q0.1
3  LBL  1
4  LDN  I0.0
   JMP  2
5  LD   I0.2
   =    Q0.2
6  LBL  2
```

b)

图 3-73 跳转指令梯形图与语句表示例

a) 梯形图 b) 语句表

（3）跳转指令应用示例

在工业现场控制中，JMP、LBL 指令常用于工作方式的选择。如有 3 台电动机 M1～M3，具有两种起停工作方式：

1）手动操作方式：分别用每台电动机各自的起、停按钮控制 M1～M3 的起停状态。

2）自动操作方式：按下起动按钮，M1～M3 每隔 5s 依次起动；按下停止按钮，M1～M3 同时停止。

PLC 外部电路接线图、程序结构图、梯形图分别如图 3-74a～c 所示。

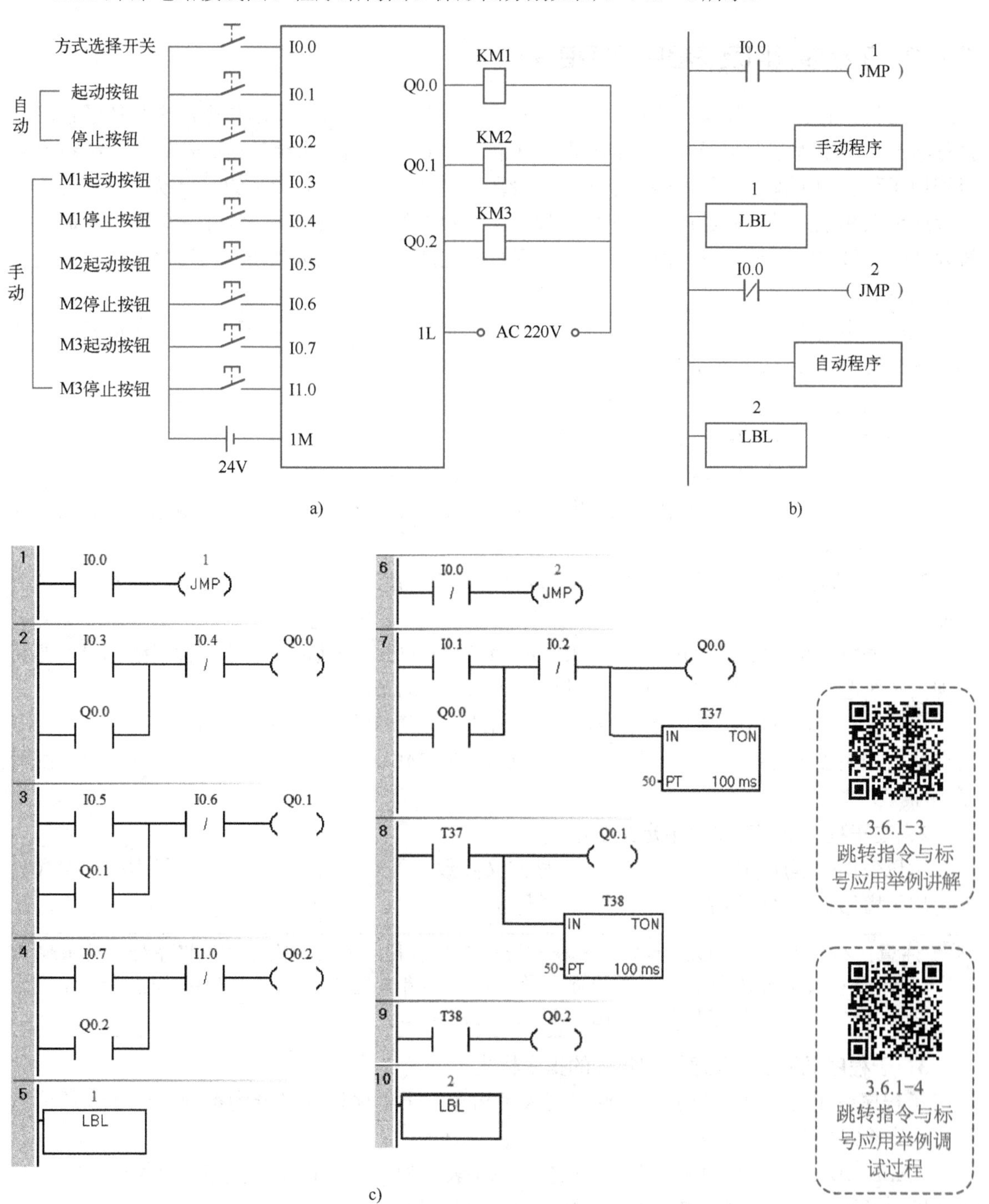

图 3-74　跳转指令应用示例

a) PLC 外部电路接线图　b) 程序结构图　c) 梯形图

从控制要求可以看出，需要在程序中体现两种可以任意选择的控制方式。所以，应用跳转指令的程序结构可以满足控制要求。如图 3-74b 所示，当操作方式选择开关闭合时，I0.0 的常开触点闭合，跳过手动程序段不执行；I0.0 常闭触点断开，选择自动程序段执行。而操作方式选择开关断开时的情况与此相反，跳过自动程序段不执行，选择手动程序段执行。

3.6.2 子程序调用及子程序返回指令

通常将具有特定功能且多次使用的程序段作为子程序。主程序中用指令决定具体子程序的执行状况。当主程序调用子程序并执行时，子程序执行全部指令直至结束。然后，系统将返回至调用子程序的主程序。子程序用于为程序分段和分块，使其成为较小的、更易于管理的块。在程序调试和维护时，通过使用较小的程序块，可以对这些区域和整个程序简单地进行调试和排除故障。只在需要时才调用程序块，可以更有效地使用 PLC，因为所有的程序块可能无须执行每次扫描。

在程序中使用子程序，必须执行以下三项任务：建立子程序；在子程序局部变量表中定义参数（如果需要）；从主程序或另一个子程序调用子程序。

1. 建立子程序

可采用以下任意一种方法建立子程序：

1）在菜单栏单击“编辑”→“对象”→“子程序”。

2）在项目树中，用鼠标右键单击“程序块”图标，并在弹出的下拉菜单中选择“插入”→“子程序”。

3）在“程序编辑器”窗口，用鼠标右键单击，并从弹出的下拉菜单中选择“插入”→“子程序”。

程序编辑器从先前的 POU（程序的组织单元）显示更改为新的子程序。程序编辑器顶部会出现一个新选项卡，代表新的子程序。此时，可以对新的子程序编程。

用右键单击项目树中的子程序图标，在弹出的下拉菜单中选择“重新命名”，可修改子程序的名称。如果为子程序指定一个符号名，如 USR_NAME，该符号名会出现在项目树的“调用子程序”文件夹中。

2. 在子程序局部变量表中定义参数

可以使用子程序的局部变量表为子程序定义参数。局部变量可用作传递至子程序的参数，并可用于增加子程序的移植性或重新使用子程序。

注意：程序中每个 POU 都有一个独立的局部变量表，必须在选择该子程序标签后出现的局部变量表中为该子程序定义局部变量。编辑局部变量表时，必须确保已选择适当的标签。每个子程序最多可以定义 16 个输入/输出参数。

3. 子程序调用及子程序返回指令的指令格式

子程序有子程序调用和子程序返回两大类指令，子程序返回又分为条件返回和无条件返回，指令格式如图 3-75 所示。

CALL SBR_n：子程序调用指令。在梯形图中表示为方框的形式。子程序的编号 n 从 0 开始，随着子程序个数的增加自动生成。操作数 n 的范围为 0～127。

CRET：子程序条件返回指令，条件成立时结束该子程序，返回原调用处的指令 CALL 的下一条指令。

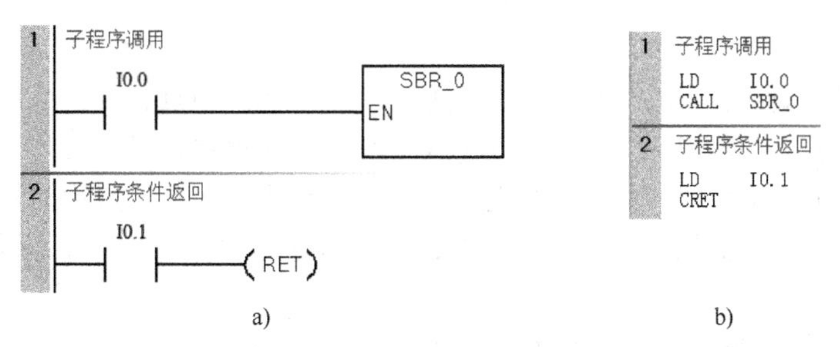

图 3-75　子程序调用及子程序返回指令格式

a) 梯形图　b) 语句表

RET：子程序无条件返回指令，子程序必须以本指令作为结束。RET 指令由编程软件自动生成。

注意：

1）子程序可以多次被调用，也可以嵌套（在主程序中最多 8 层），还可以自己调用自己。

2）子程序调用指令用在主程序和其他调用子程序的程序中，子程序的无条件返回指令在子程序的最后，梯形图指令系统能够自动生成子程序的无条件返回指令，用户无须输入。

4．带参数的子程序调用指令

（1）带参数的子程序的概念及用途

子程序可能有要传递的参数（变量和数据），这时可以在子程序调用指令中包含相应参数，它可以在子程序与调用程序之间传递。如果子程序仅含要传递的参数和局部变量，则为带参数的子程序（可移动子程序）。为了移动子程序，应避免使用任何全局变量/符号（I、Q、M、SM、AI、AQ、V、T、C、S、AC 内存中的绝对地址），这样可以导出子程序并将其导入另一个项目。子程序中的参数必须有符号名（最多为 23 个字符）、变量类型和数据类型。子程序最多可传递 16 个参数。传递的参数在子程序局部变量表中定义。带参数的子程序及其变量表（局部变量）示例如图 3-76 所示。

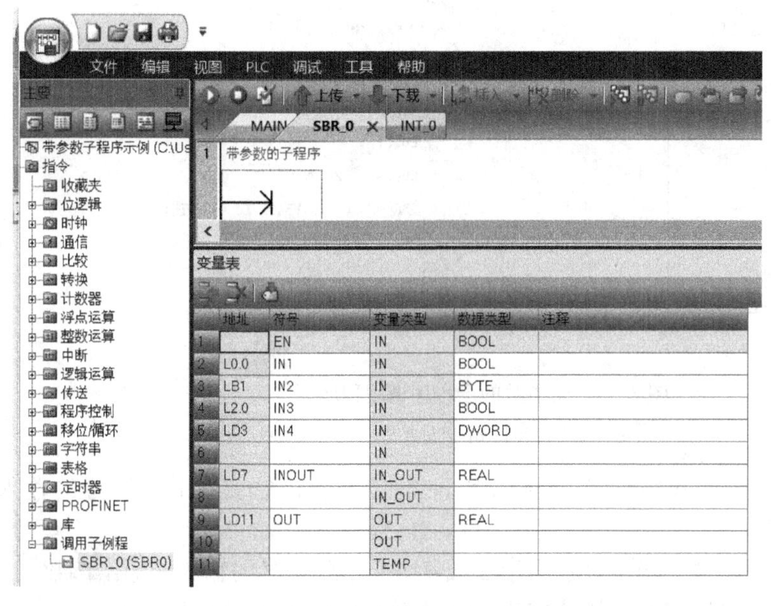

	地址	符号	变量类型	数据类型	注释
1		EN	IN	BOOL	
2	L0.0	IN1	IN	BOOL	
3	LB1	IN2	IN	BYTE	
4	L2.0	IN3	IN	BOOL	
5	LD3	IN4	IN	DWORD	
6			IN		
7	LD7	INOUT	IN_OUT	REAL	
8			IN_OUT		
9	LD11	OUT	OUT	REAL	
10			OUT		
11			TEMP		

图 3-76　带参数的子程序及其变量表（局部变量）示例

3.6.2-1 带参数的子程序调用指令

（2）变量的类型

带参数的子程序变量表中的变量是局部变量，有 IN、IN_OUT、OUT 和 TEMP 四种类型。

1）IN，输入型，即将指定位置的参数传入子程序。如果参数是直接寻址（如 VB10），在指定位置的数值被传入子程序；如果参数是间接寻址，（如*AC1），地址指针指定地址的数值被传入子程序；如果参数是数据常量（如 16#1234）或地址（如&VB100），常量或地址数值被传入子程序。

2）IN_OUT，输入-输出型，即将指定参数位置的数值传入子程序，并将子程序执行结果的数值返回至相同的位置。输入/输出型的参数不允许使用数据常量（如 16#1234）和地址（如&VB100）。

3）OUT，输出型，即将子程序的结果数值返回至指定的参数位置。数据常量（如 16#1234）和地址（如&VB100）不允许用作输出参数。

在子程序中，可以使用 IN、IN_OUT、OUT 类型的变量和调用子程序 POU 之间传递参数。

4）TEMP，局部存储变量，只能用于子程序内部暂时存储中间运算结果，不能用来传递参数。

在子程序局部变量表中要添加新参数行，需将光标置于要添加变量类型 IN、IN_OUT、OUT 或 TEMP 的“变量类型”（Var_Type）字段上。单击鼠标右键，在下拉菜单中选择“插入”→“下一行”。所选类型的另一个参数行将出现在当前条目下方。

（3）数据类型

局部变量表中的数据类型包括能流、布尔（位）、字节、字、双字、整数、双整数和实数型。

1）能流。能流仅用于位（布尔）输入。能流输入必须用在局部变量表中其他类型输入之前。只有输入参数允许使用。在梯形图中表达形式为用触点（位输入）将左侧母线和子程序的方框连接起来。如图 3-77 所示，使能输入（EN）和 IN1 输入为能流输入。

2）布尔。布尔数据类型用于位输入和输出。图 3-77 中的 IN3 为布尔输入。

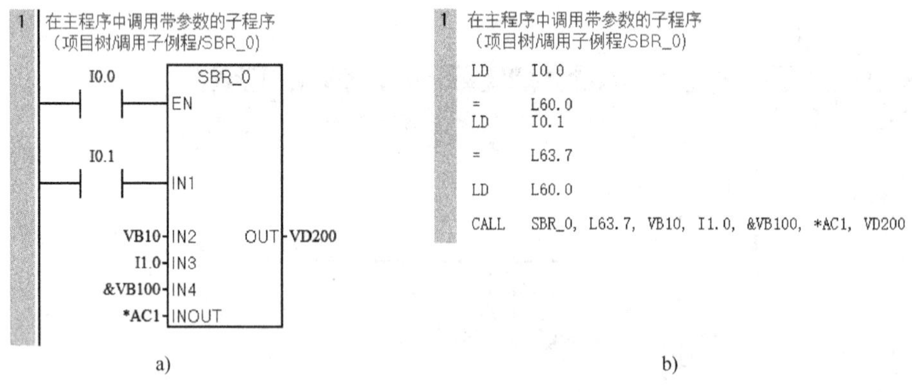

图 3-77 带参数的子程序调用程序

a) 梯形图 b) 语句表

3）字节、字、双字。这些数据类型分别用于 1、2 或 4 个字节不带符号的输入或输出参数。

4）整数、双整数。这些数据类型分别用于 2 或 4 个字节带符号的输入或输出参数。

5）实数。实数用于单精度（4 个字节）IEEE 浮点数值。

（4）建立带参数的子程序的局部变量表

局部变量表在子程序程序显示区显示，单击子程序“SBR_n”选项卡，可以显示局部变量表，在局部变量表中输入变量名称、变量类型、数据类型等参数后，双击项目树中子程序（或单击方框快捷按钮 F9，在弹出的下拉菜单中选择子程序项），在梯形图显示区显示带参数的子程序调用方框。

局部变量表变量类型的修改方法为用光标选中变量类型区，单击鼠标右键得到一个下拉菜单，单击选中的类型，在变量类型区光标所在处可以得到选中的类型。

子程序传递的参数放在子程序的局部变量存储器（L）中，局部变量表最左列是系统指定的每个被传递参数的局部变量存储器地址。

（5）带参数的子程序的调用指令格式

对于梯形图程序，在子程序局部变量表（见图 3-76）中为该子程序定义参数后，将生成客户化的调用指令方框（见图 3-77）。指令方框中自动包含子程序的输入参数和输出参数。

在梯形图程序中插入带参数的子程序的调用指令的方法为：①打开程序，光标移至调用子程序处；②在项目树中，打开“子程序”文件夹，双击该子程序名；③为调用指令参数指定有效操作数，有效操作数为存储器的地址、常量、全局变量以及调用指令所在的程序中的局部变量（并非被调用子程序中的局部变量）。

注意：如果在使用子程序调用指令后修改该子程序的局部变量表，调用指令则无效。必须删除无效调用，并用反映正确参数的最新调用指令代替该调用。子程序和调用程序共用累加器，不会因使用子程序对累加器执行保存或恢复操作。

带参数的子程序的调用 LAD 指令格式见图 3-77。其中 STL 主程序是由编程软件 STEP7-Micro/WIN SMART 根据 LAD 程序建立的 STL 代码，可在 STL 编辑器中显示。系统保留局部变量存储器（L）内存的 4 个字节（LB60～LB63），用于调用参数。图中 L 内存（如 L60.0、L63.7）被用于保存布尔输入参数，此类参数在 LAD 中被显示为能流输入。

若用 STL 编辑器输入与图 3-77 相同的子程序，语句表编程的调用程序为

```
LD I0.0
CALL SBR_0  I0.1,  VB10,  I1.0 , &VB100,  *AC1 , VD200
```

注意：该程序只能在 STL 编辑器中显示，因为用作能流输入的布尔参数，未在 L 内存中保存。

子程序调用时，输入参数被复制到局部变量存储器。子程序完成时，从局部变量存储器复制输出参数到指定的输出参数地址。

在带参数的子程序调用指令中，参数必须与子程序局部变量表中定义的变量完全匹配，参数顺序必须以输入参数开始，其次是输入/输出参数，然后是输出参数。将鼠标置于项目树中的子程序名时，将显示每个参数的名称。

【例 3-9】 编制一个带参数的子程序，完成任意两个整数的加法。

1）建立一个子程序，并在该子程序局部变量表中输入局部变量。用局部变量表中定义的局部变量编写两个整数加法的子程序，如图 3-78 所示。

2）在主程序中调用该子程序，如图 3-79 所示。

3）在图 3-79 主程序中，应根据子程序局部变量表中变量的数据类型（INT）指定输入、输出变量的地址（对于整数型的变量应按字编址），输入变量也可以为常量，如图 3-80 所示，便可以实现 VW0+VW2=VW100 的运算。

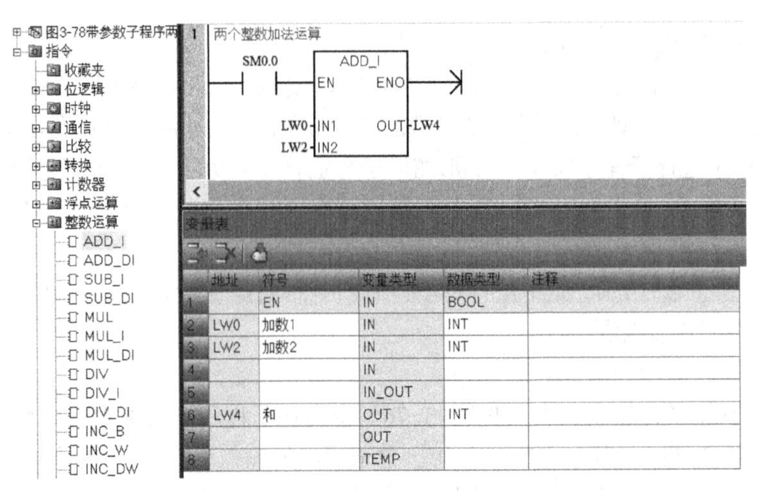

图 3-78 两个整数的加法（带参数的子程序）

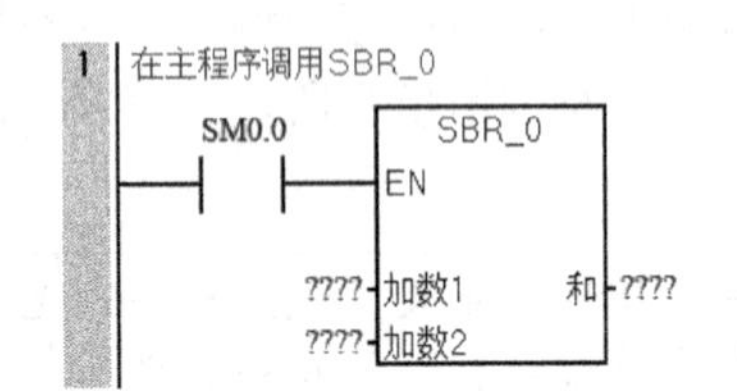

图 3-79 在主程序中调用带参数的子程序

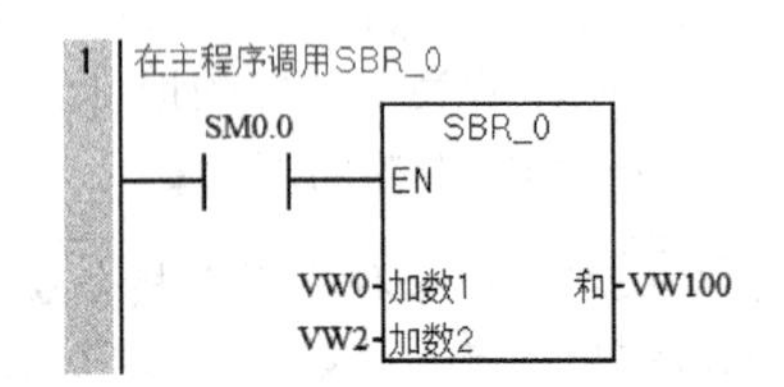

图 3-80 给输入/输出变量指定地址

3.6.3 步进顺序控制指令

在应用 PLC 进行顺序控制时常采用顺序控制指令，这是一种由功能图设计梯形图的步进型指令。首先用功能流程图来描述程序的设计思想，然后再用指令编写出符合程序设计思想的程序。使用功能流程图可以描述程序的顺序执行、循环、条件分支、程序的合并等功能流程概念。顺序控制指令可以将程序功能流程图转换成梯形图程序，功能流程图是设计梯形图程序的基础。

1. 功能流程图简介

功能流程图是按照顺序控制的思想，根据工艺过程、输出量的状态变化，将一个工作周期划分为若干顺序相连的步，在任何一步内，各输出量 ON/OFF 状态不变，但是相邻两步输出量的状态是不同的。所以，可以将程序的执行分成各个程序步，通常用顺序控制继电器的位 S0.0～S31.7 表示程序的状态步。使系统由当前步进入下一步的信号称为转换条件，又称步进条件。转换条件可以是外部的输入信号，如按钮、指令开关、限位开关的接通/断开等；也可以是程序运行中产生的信号，如定时器、计数器的常开触点的接通等；转换条件还可能是若干个信号的逻辑运算的组合。一个 3 步循环步进的功能流程图如图 3-81 所示，功能流程图中的每个方框代表一个状态步，如图中 1、2、3 分别代表程序 3 步状态。与控制过程的初始状态相对应的步称为初始步，用双

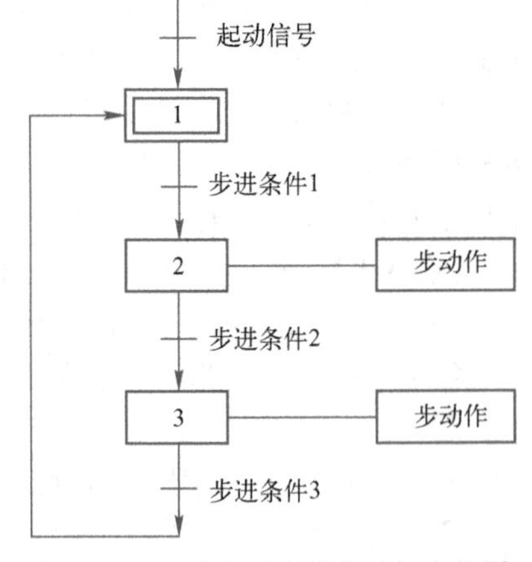

图 3-81 3 步循环步进的功能流程图

线框表示，初始步可以没有步动作或者在初始步进行手动复位的操作。可以分别用 S0.0、S0.1、S0.2 表示上述 3 个状态步，程序执行到某步时，该步状态位置 1，其余为 0。如执行第一步时，S0.0=1，而 S0.1、S0.2 全为 0。每步所驱动的负载称为步动作，用方框中的文字或符号表示，并用线将该方框和相应的步相连。状态步之间用有向连线连接，表示状态步转移的方向，有向连线上没有箭头标注时，方向为自上而下，自左而右。有向连线上的短线表示状态步的转换条件。

2．顺序控制指令

顺序控制用 3 条指令描述程序的顺序控制步进状态，指令格式及功能见表 3-24。

表 3-24　顺序控制指令格式及功能

LAD	STL	功能
??.? SCR	LSCR S_bit	步开始指令，为步开始的标志，该步的状态元件的位置 1 时，执行该步
??.? (SCRT)	SCRT S_bit	步转移指令，使能有效时，关断本步，进入下一步。该指令由转换条件的触点起动，n 为下一步的顺序控制状态元件
(SCRE)	CSCRE	有条件步结束指令
(SCRE)	SCRE	步结束指令，为步结束的标志

使用顺序控制指令时应注意：

1）步进顺序控制指令 SCR 只对状态元件 S 有效。为了保证程序的可靠运行，驱动状态元件 S 的信号应采用短脉冲。

2）当输出需要保持时，可使用 S/R 指令。

3）不能把同一编号的状态元件用在不同的程序中，例如，如果在主程序中使用 S0.1，则不能在子程序中再使用 S0.1。

4）在 SCR 段中不能使用 JMP 和 LBL 指令，即不允许跳入或跳出 SCR 段，也不允许在 SCR 段内跳转。可以使用跳转和标号指令在 SCR 段周围跳转。

5）不能在 SCR 段中使用循环指令 FOR、NEXT 和结束指令 END。

3．应用举例

【例 3-10】 使用顺序控制结构，编写实现红、绿灯循环显示的程序（要求循环间隔时间为 1s）。

根据控制要求首先画出红、绿灯顺序显示的功能流程图，如图 3-82 所示。起动条件为按钮 I0.0，步进条件为时间，状态步的动作为点亮红灯、熄灭绿灯，同时启动定时器。步进条件满足时，关断本步，进入下一步。

起动I0.0
S0.0　点红熄绿
T37置位
S0.1　熄红点绿
T38置位

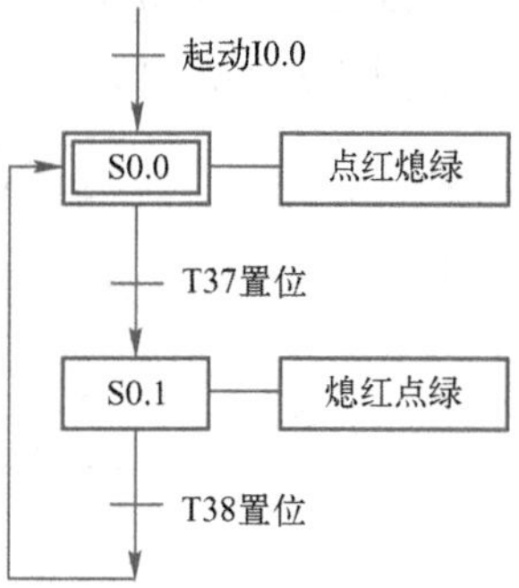

图 3-82　例 3-10 程序功能流程图

红、绿灯循环显示的梯形图程序如图 3-83 所示。当 I0.0 输入有效时，起动 S0.0，执行程序的第一步，输出 Q0.0 置 1（点亮红灯），Q0.1 置 0（熄灭绿灯），同时启动定时器 T37，经过 1s，步进转移指令使得 S0.1 置 1，S0.0 置 0，程序进入第二步，输出点 Q0.1 置 1（点亮绿灯），输出点 Q0.0 置 0（熄灭红灯），同时启动定时器 T38，经过 1s，步转移指令使得 S0.0 置 1，S0.1 置 0，程序进入第一步执行。如此周而复始，循环工作，直到 I0.1 接通时，红、绿灯同时熄灭。

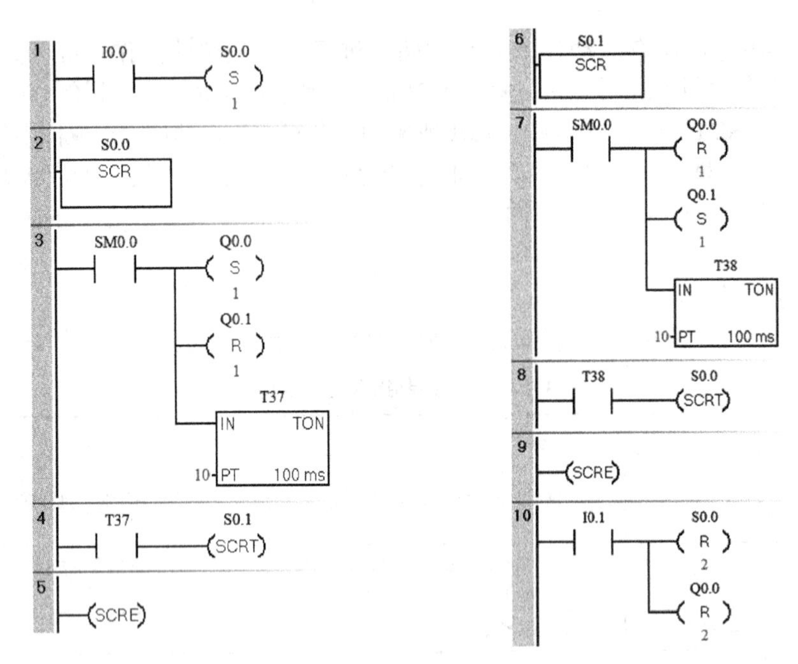

图 3-83　例 3-10 红、绿灯循环显示的梯形图程序

3.6.4　送料车控制实训

1. 实训目的

1）掌握应用 PLC 技术控制送料车编程的思想和方法。

2）掌握应用步进顺序控制指令编程的方法，增强应用功能流程图编程的意识。

3）熟练掌握 PLC 的 I/O 地址配置及外部电路接线，提高应用 PLC 的能力。

2. 控制要求

送料小车控制示意图如图 3-84 所示。当小车处于后端时，按下起动按钮，小车向前运行，行至前端压下前限位开关，翻斗门打开装货，7s 后，关闭翻斗门，小车向后运行，行至后端时压下后限位开关，打开小车底门卸货，5s 后底门关闭，完成一次动作。

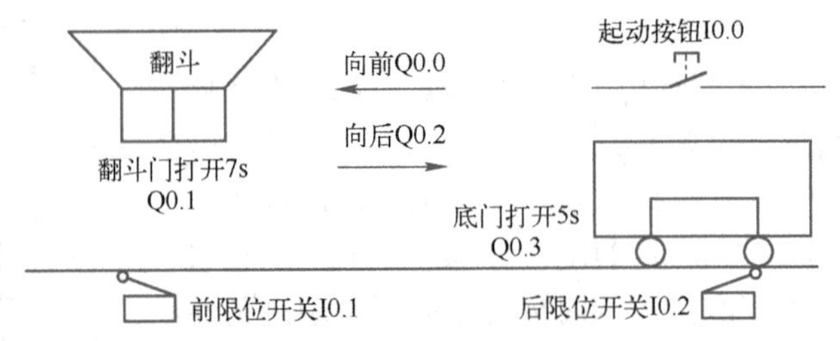

图 3-84　送料小车控制示意图

要求控制送料小车的运行，并具有以下几种运行方式：

1）手动操作。用各自的控制按钮，一一对应地接通或断开各负载的工作方式。

2）单周期操作。按下起动按钮，小车往复运行一次后，停在后端等待下次起动。

3）连续操作。按下起动按钮，小车自动连续往复运动。

3. I/O 地址分配及外部接线图

I/O 地址分配及 PLC 外部电路接线图如图 3-85 所示。

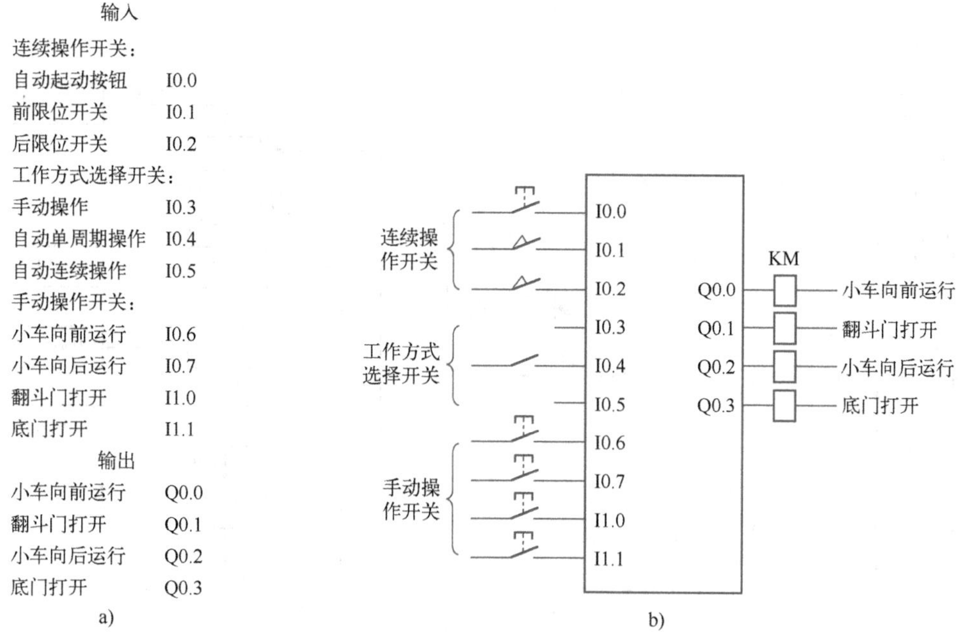

图 3-85 I/O 地址分配及 PLC 外部电路接线图

a) I/O 地址分配 b) PLC 外部电路接线图

4．总的程序结构图

总的程序结构图如图 3-86 所示，其中包括手动程序和自动程序两个程序块，由跳转指令选择执行。当工作方式选择开关接通手动操作方式时（见图 3-85），I0.3 输入映像寄存器置位为 1，I0.4、I0.5 输入映像寄存器置位为 0。在图 3-86 中，I0.3 常闭触点断开，执行手动程序；I0.4、I0.5 常闭触点均为闭合状态，跳过自动程序不执行。若工作方式选择开关接通单周期或连续操作方式时，图 3-86 中的 I0.3 常闭触点闭合，I0.4、I0.5 触点断开，使程序跳过手动程序而选择执行自动程序。

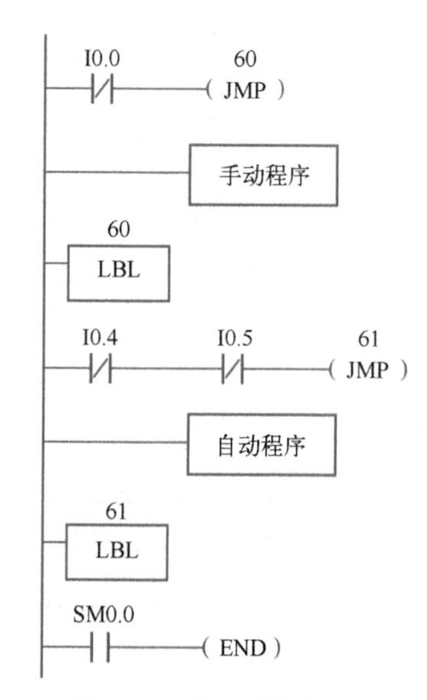

图 3-86 总的程序结构图

5．手动操作方式的梯形图程序

手动操作方式的梯形图程序如图 3-87 所示。

6．自动操作方式的功能流程图和梯形图

自动操作方式的功能流程图如图 3-88 所示。当在 PLC 进入 RUN 状态前就选择了单周期或连续操作方式时，程序一开始运行初始化脉冲 SM0.1，使 S0.0 置位为 1，此时若小车在后限位开关处，且底门关闭，I0.2 常开触点闭合，Q0.3 常闭触点闭合，按下起动按钮，I0.0 常开触点闭合，则进入 S0.1，关断 S0.0，Q0.0 线圈得电，小车向前运行；小车行至前限位开关处，I0.1 常开触点闭合，进入 S0.2，关断 S0.1，Q0.1 线圈得电，翻斗门打开装料，7s 后，T37 常开触点闭合进入 S0.3，关断 S0.2（关闭翻斗门），Q0.2 线圈得电，小车向后行进，小车行至后限位开关处，I0.2 常开触点闭合，关断 S0.3（小车停止），进入 S0.4，Q0.3 线圈得电，底门打开卸料，5s 后 T38 常开触点闭合。

若为单周期运行方式，I0.4 常开触点接通，再次进入 S0.0，此时如果按下起动按钮，I0.0 触点闭合，则开始下一周期的运行；若为连续运行方式，I0.5 常开触点接通，进入 S0.1，Q0.0 线圈得电，小车再次向前行进，实现连续运行。将该功能流程图转换为梯形图如图 3-89 所示。

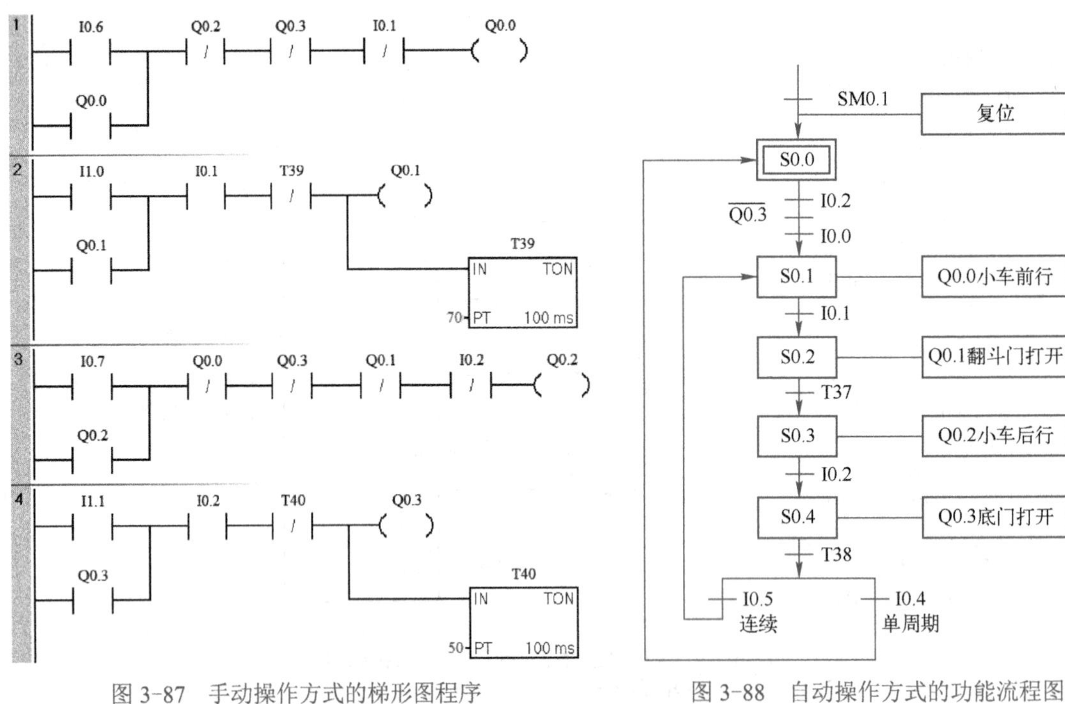

图 3-87 手动操作方式的梯形图程序

图 3-88 自动操作方式的功能流程图

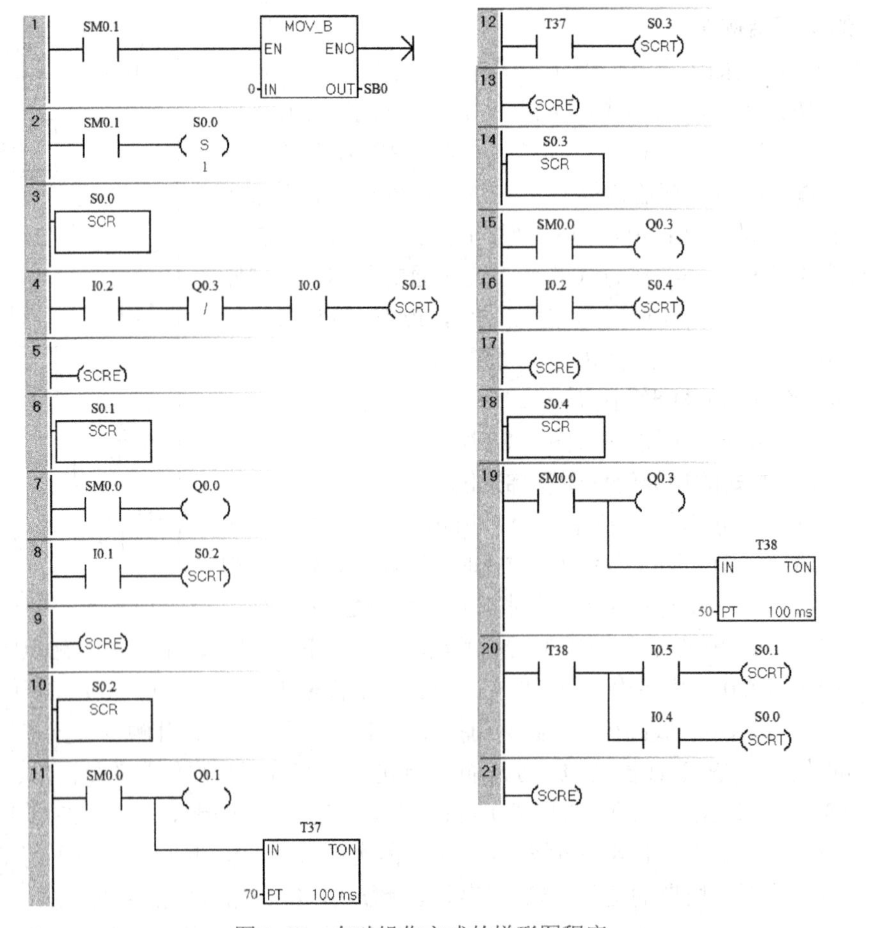

图 3-89 自动操作方式的梯形图程序

7．调试并运行程序

功能流程图具有良好的可读性，可先阅读功能流程图预测其结果，然后再上机运行程序，观察运行结果是否符合控制要求。若出现局部问题可充分利用监控和测试功能进行调试；若出现整体错误，应重新审核程序，对照编程原则和编程方法进行全面的检查。

1）各状态步的驱动处理的检查。运用监控和测试手段，强制其对应的状态元件激活，若驱动负载还有其他条件，需加上这些条件，观察负载能否驱动。若负载能正常驱动，表明驱动处理正常，问题在状态转移处理上；若负载不能正常驱动，表明问题在程序上，需要检查该状态对应的驱动程序。

2）状态的转移处理的检查。同样运用监控和测试手段，首先使功能流程图的初始化状态激活，依次使转移条件动作，监控各状态能否按规定的顺序进行转移。若状态不能正常转移，故障原因可能有以下几种：

① 转移条件为 ON 时没有任何状态元件动作，则表明编程或写入时转移条件或状态元件的编号错误。

② 状态元件发生跳跃动作，则表明编程或写入时出现混乱。

③ 状态元件动作顺序错乱，则表明编程原则和编程方法使用不当，应严格检查程序。

8．训练题

一个 3 台电动机的顺序控制系统，起动顺序为 M1→M2→M3，间隔 5s，I0.0 为起动信号。停车顺序相反，为 M3→M2→M1，间隔 5s，I0.1 为停车信号。画出功能流程图，写出梯形图程序，运行并调试程序。

3.7 习题

1．填空

1）接通延时定时器（TON）的输入（IN）________时开始计时，当前值大于或等于设定值时，其定时器位变为____________，其常开触点________、常闭触点 ________。

2）接通延时定时器（TON）的输入（IN）________时定时器被复位，复位后其常开触点 _________、常闭触点 ________，当前值等于 ____________。

3）若加计数器的计数输入电路（CU）____________，复位输入电路（R）________，计数器的当前值加 1。当前值大于或等于设定值（PV）时，其常开触点 __________、常闭触点 ____________。复位输入电路 ______________时计数器被复位，复位后其常开触点 _________、常闭触点 ________，当前值为_____。

4）=（OUT）指令不能用于 _________映像寄存器。

5）SM ___________在首次扫描时为 1，SM0.0 一直为 __________。

6）外部的输入电路接通时，对应的输入映像寄存器为 ______状态，梯形图中对应的常开触点 ___________、常闭触点 ___________。

7）若梯形图中输出 Q 的线圈断电，对应的输出映像寄存器为 _________状态，在输出刷新后，继电器输出模块中对应的硬件继电器的线圈 _____，其常开触点___________。

8）步进顺序控制指令 SCR 只对_________有效。为了保证程序的可靠运行，对它的驱动信号应采用__________。

9）功能流程图是根据__________________，将一个工作周期划分为若干顺序相连的步，在任何一步内，各输出量 ON/OFF 状态____，但是相邻两步输出量的状态是不同的。与控制过程的初始状态相对应的步称为_______。

10）子程序局部变量表中的变量有_____、______、_________、_______四种类型，子程序最多可传递_______个参数。

2．写出如图 3-90 所示梯形图的语句表程序。

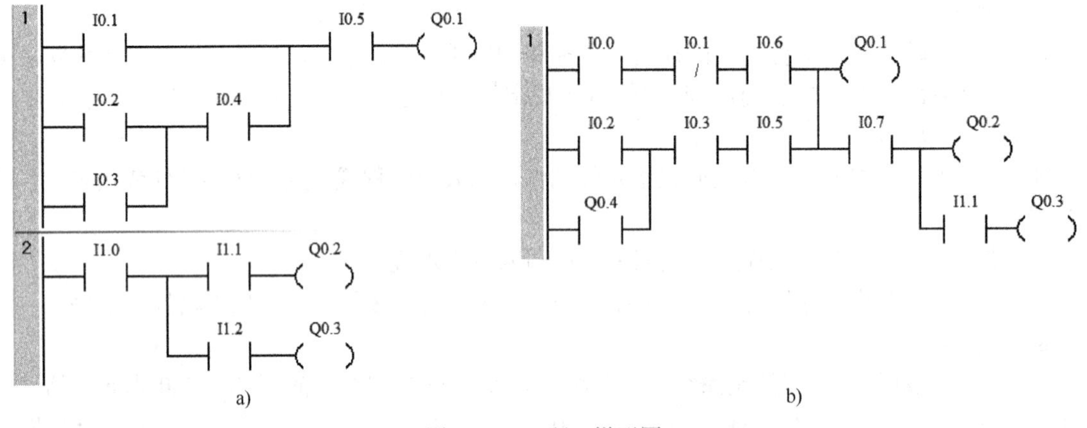

图 3-90　习题 2 梯形图

3．画出语句表对应的梯形图。

（1）

```
LD   I0.2
AN   I0.0
O    Q0.3
ON   I0.1
LD   Q0.2
O    M3.7
AN   I1.5
LDN  I0.5
A    I0.4
OLD
ON   M0.2
ALD
O    I0.4
LPS
EU
=    M3.7
LPP
AN   I0.0
NOT
S    Q0.3, 1
```

（2）

```
LD   I0.1
AN   I0.0
LPS
AN   I0.2
LPS
A    I0.4
=    Q2.1
LPP
A    I4.6
R    Q3.1, 1
LRD
A    I0.5
=M3.6
LPP
AN   M0.0
TON  T37, 25
```

（3）

```
LD   I0.7
AN   I2.7
LD   Q0.3
ON   I0.1
A    M0.1
OLD
LD   I0.5
A    I0.3
O    I0.4
ALD
ON   M0.2
NOT
=    Q0.4
LD   I2.5
LDN  M3.5
ED
CTU  C41, 30
```

4．使用置位/复位指令编写两个程序，控制要求如下：

1）起动时，电动机 M1 先起动，然后再起动电动机 M2，停止时，电动机 M1、M2 同时停止。

2）起动时，电动机 M1、M2 同时起动，停止时，只有在电动机 M2 停止时，电动机 M1 才能停止。

5. 用 S、R 和跳变指令设计如图 3-91 所示控制要求时序图的梯形图。

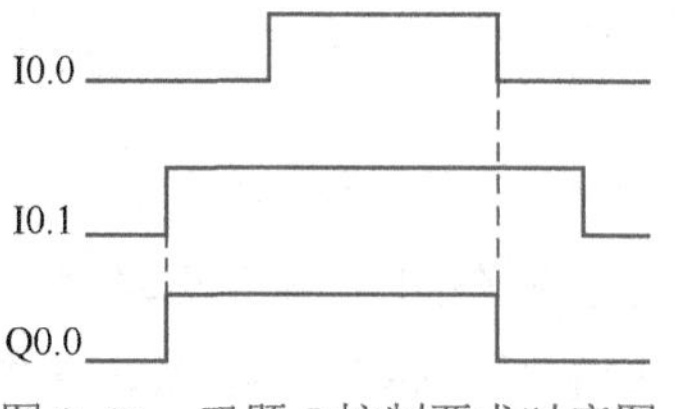

图 3-91　习题 5 控制要求时序图

6. 设计满足如图 3-92 所示控制要求时序图的梯形图。

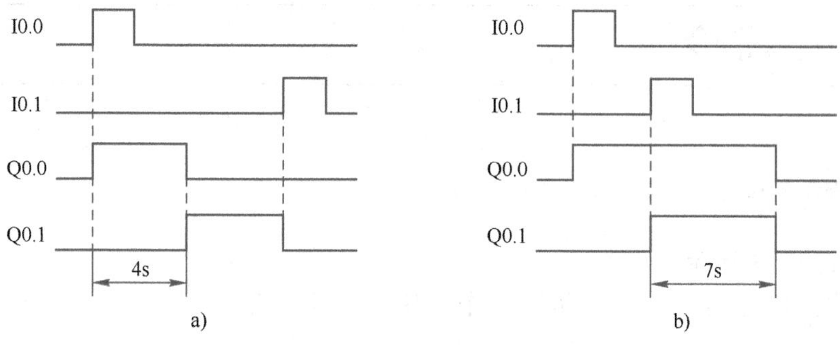

图 3-92　习题 6 控制要求时序图

7. 如图 3-93 所示，按钮 I0.0 按下后，Q0.0 变为 1 状态并自保持，I0.1 输入 3 个脉冲后，（用 C1 计数），T37 开始定时，5s 后，Q0.0 变为 0 状态，同时 C1 被复位，在 PLC 刚开始时执行用户程序时，C1 也被复位，设计梯形图。

8. 设计周期为 5s、占空比为 20%的方波输出信号程序。

9. 使用顺序控制结构，编写实现红、黄、绿三种颜色信号灯循环显示程序（要求循环间隔时间为 0.5s），并画出该程序设计的功能流程图。

10. 要求采用步进顺序控制指令编写 PLC 程序，完成以下控制要求：

1）小车的轨迹如图 3-94 所示。所有位置点均采用行程开关控制，前进和后退分别由快进、慢进、快退 3 台独立的电动机控制。

2）要求有起、停按钮，起动后能够实现自动往复运行。

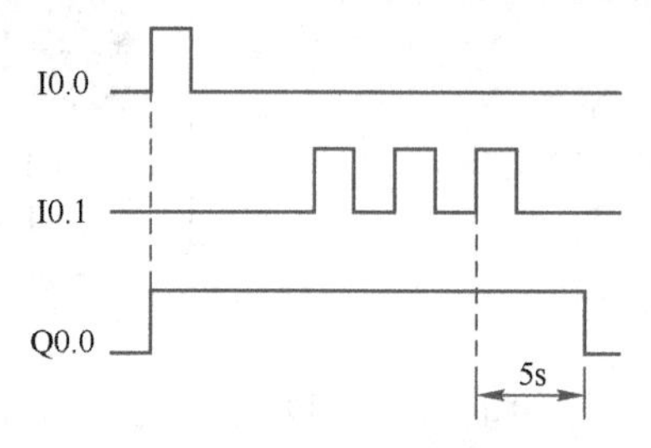

图 3-93　习题 7 控制要求时序图

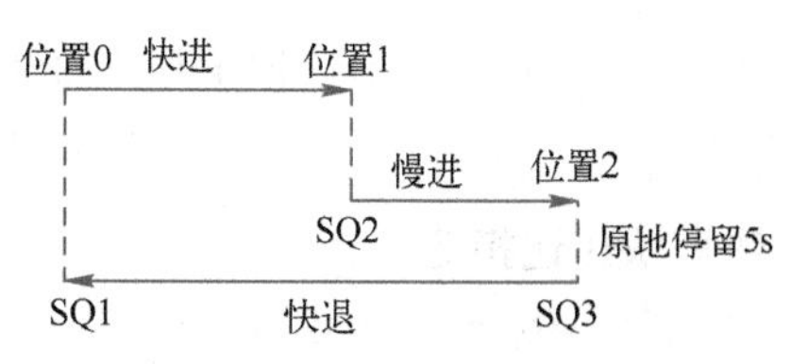

图 3-94　习题 10 小车轨迹

第 4 章　数据处理、运算指令及应用

本章要点

1）数据传送、移位、转换指令的介绍、应用及实训。

2）算术运算、逻辑运算、递增/递减指令、填充指令的介绍、应用及实训。

4.1 数据处理指令

4.1.1 数据传送指令

1. 单个数据传送指令

MOV：数据传送指令，用来传送单个的字节、字、双字、实数，指令格式及功能见表 4-1。

表 4-1　MOV 指令格式及功能

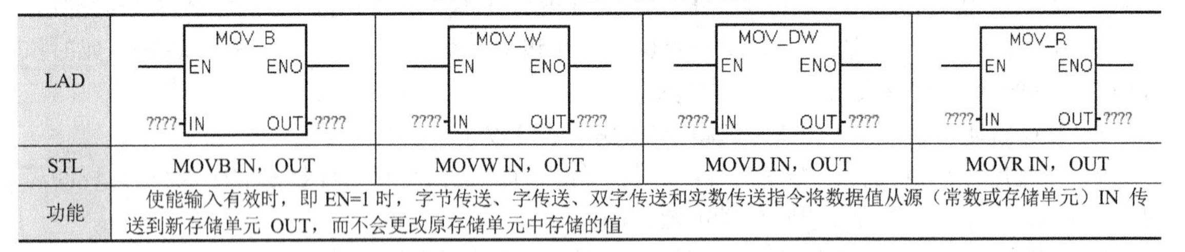

LAD	MOV_B：EN ENO；????-IN OUT-????	MOV_W：EN ENO；????-IN OUT-????	MOV_DW：EN ENO；????-IN OUT-????	MOV_R：EN ENO；????-IN OUT-????
STL	MOVB IN，OUT	MOVW IN，OUT	MOVD IN，OUT	MOVR IN，OUT
功能	使能输入有效时，即 EN=1 时，字节传送、字传送、双字传送和实数传送指令将数据值从源（常数或存储单元）IN 传送到新存储单元 OUT，而不会更改原存储单元中存储的值			

【例 4-1】 将变量存储器 VW10 中的内容传送到 VW100 中，程序如图 4-1 所示。

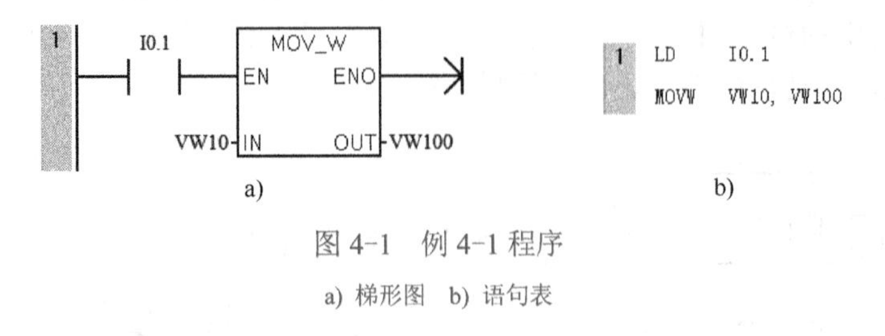

图 4-1　例 4-1 程序

a) 梯形图　b) 语句表

4.1.1-1
例 4-1

2. 数据块传送指令

BLKMOV：数据块传送指令，将从输入地址 IN 开始的 N 个数据传送到输出地址 OUT 开始的 N 个单元中，N 的范围为 1～255，N 的数据类型为字节，指令格式及功能见表 4-2。

【例 4-2】 程序举例：将变量存储器 VB20 开始的 4 个字节（VB20～VB23）中的数据，传送至 VB100 开始的 4 个字节中（VB100～VB103），程序如图 4-2 所示。

表 4-2　BLKMOV 指令格式及功能

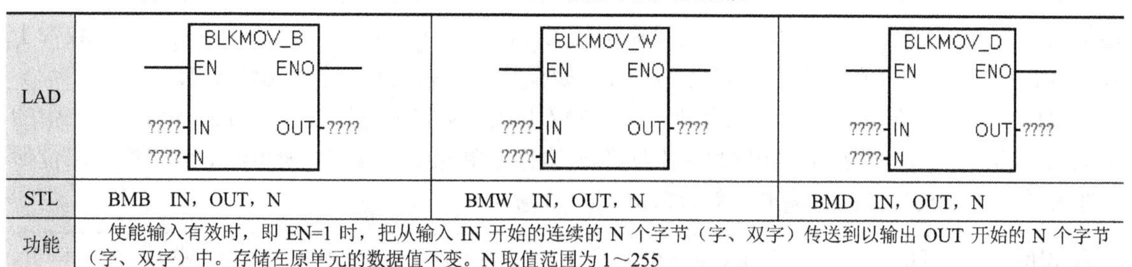

LAD	BLKMOV_B（EN、ENO、IN、OUT、N）	BLKMOV_W（EN、ENO、IN、OUT、N）	BLKMOV_D（EN、ENO、IN、OUT、N）
STL	BMB　IN，OUT，N	BMW　IN，OUT，N	BMD　IN，OUT，N
功能	使能输入有效时，即 EN=1 时，把从输入 IN 开始的连续的 N 个字节（字、双字）传送到以输出 OUT 开始的 N 个字节（字、双字）中。存储在原单元的数据值不变。N 取值范围为 1～255		

```
1   LD    I0.0
    BMB   VB20, VB100, 4
```

a)　　b)

图 4-2　例 4-2 程序

a) 梯形图　b) 语句表

4.1.1-2
例 4-2

程序执行后，将 VB20～VB23 中的数据 30、31、32、33 传送到 VB100～VB103。

执行结果如下：	源数据值	30	31	32	33
	源数据地址	VB20	VB21	VB22	VB23
块移动执行后：	目标数据值	30	31	32	33
	目标数据地址	VB100	VB101	VB102	VB103

4.1.2　移位指令及应用举例

移位指令分为左、右移位和循环左、右移位及移位寄存器指令三大类。前两类移位指令按移位数据的长度又分字节型、字型、双字型三种。

1．左、右移位指令

左、右移位数据存储单元与 SM1.1（溢出）端相连，移出位被放到特殊标志存储器 SM1.1 位。移位数据存储单元的另一端补 0。移位指令格式及功能见表 4-3。

表 4-3　左、右移位指令格式及功能

LAD	SHL_B / SHR_B（EN、ENO、IN、OUT、N）	SHL_W / SHR_W（EN、ENO、IN、OUT、N）	SHL_DW / SHR_DW（EN、ENO、IN、OUT、N）
STL	SLB　OUT，N SRB　OUT，N	SLW　OUT，N SRW　OUT，N	SLD　OUT，N SRD　OUT，N
功能	SHL：字节、字、双字左移 N 位；SHR：字节、字、双字右移 N 位，N≤数据类型（B、W、D）对应的位数		

SHL：左移位指令。使能输入有效时，将输入地址 IN 的无符号数（字节、字或双字）中的各位向左移 N 位后（右端补 0），将结果输出到 OUT 所指定的存储单元中，如果移位次数大于 0，最后一次移出位保存在溢出标志位 SM1.1。如果移位结果为 0，零标志位 SM1.0 置 1。

SHR：右移位指令。使能输入有效时，将输入地址 IN 的无符号数（字节、字或双字）中的各位向右移 N 位后，将结果输出到 OUT 所指定的存储单元中，移出位补 0，最后一次移出位保存在 SM1.1。如果移位结果为 0，零标志位 SM1.0 置 1。

说明：在 STL 指令中，若 IN 和 OUT 指定的存储器不同，则须首先使用 MOV 指令将 IN 中的数据送入 OUT 所指定的存储单元。例如：

```
MOVB IN, OUT
SLB OUT, N
```

2. 循环左、右移位指令

循环移位将移位数据存储单元的首尾相连，同时又与溢出标志位 SM1.1 连接，SM1.1 用来存放被移出的位，指令格式及功能见表 4-4。

表 4-4 循环左、右移位指令格式及功能

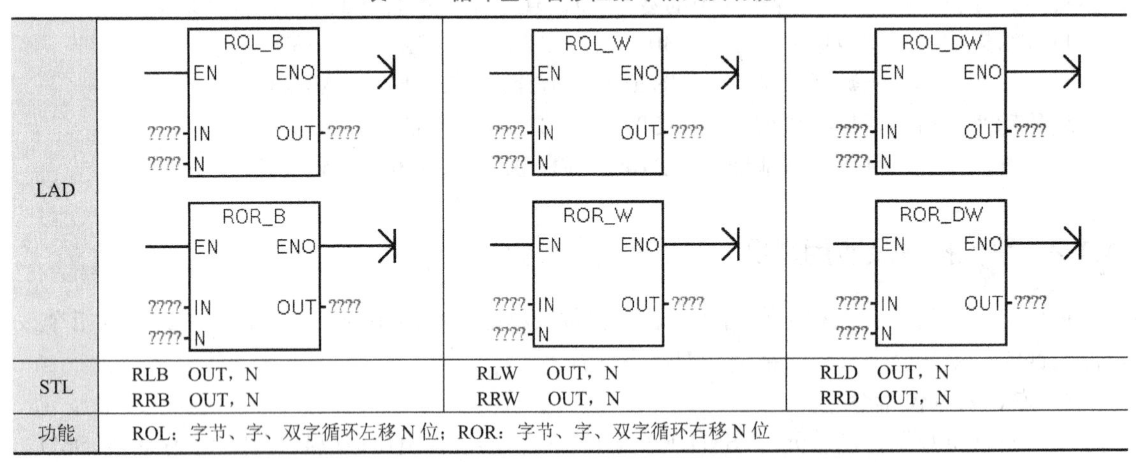

LAD	ROL_B: EN ENO, ????-IN OUT-????, ????-N ROR_B: EN ENO, ????-IN OUT-????, ????-N	ROL_W: EN ENO, ????-IN OUT-????, ????-N ROR_W: EN ENO, ????-IN OUT-????, ????-N	ROL_DW: EN ENO, ????-IN OUT-????, ????-N ROR_DW: EN ENO, ????-IN OUT-????, ????-N
STL	RLB OUT, N RRB OUT, N	RLW OUT, N RRW OUT, N	RLD OUT, N RRD OUT, N
功能	ROL：字节、字、双字循环左移 N 位；ROR：字节、字、双字循环右移 N 位		

ROL：循环左移位指令。使能输入有效时，将输入地址 IN 的无符号数（字节、字或双字）循环左移 N 位后，将结果输出到 OUT 所指定的存储单元中，移出的最后一位的数值送至溢出标志位 SM1.1。当需要移位的数值是 0 时，零标志位 SM1.0 为 1。

ROR：循环右移位指令。使能输入有效时，将输入地址 IN 的无符号数（字节、字或双字）循环右移 N 位后，将结果输出到 OUT 所指定的存储单元中，移出的最后一位的数值送至溢出标志位 SM1.1。当需要移位的数值是 0 时，零标志位 SM1.0 为 1。

移位次数 N≥数据类型（B、W、D）时的移位位数的处理：

1）如果操作数是字节，当移位次数 N≥8 时，则在执行循环移位前，先对 N 进行模 8 操作（N 除以 8 后取余数），其结果 0～7 为实际移动位数。

2）如果操作数是字，当移位次数 N≥16 时，则在执行循环移位前，先对 N 进行模 16 操作（N 除以 16 后取余数），其结果 0～15 为实际移动位数。

3）如果操作数是双字，当移位次数 N≥32 时，则在执行循环移位前，先对 N 进行模 32 操作（N 除以 32 后取余数），其结果 0～31 为实际移动位数。

说明：在 STL 指令中，若 IN 和 OUT 指定的存储器不同，则应首先使用 MOV 指令将 IN 中的数据送入 OUT 所指定的存储单元。例如：

```
MOVB   IN, OUT
SLB    OUT, N
```

【例 4-3】 将 AC0 中的字循环右移 2 位，将 VW200 中的字左移 3 位。程序及运行结果如图 4-3 所示。

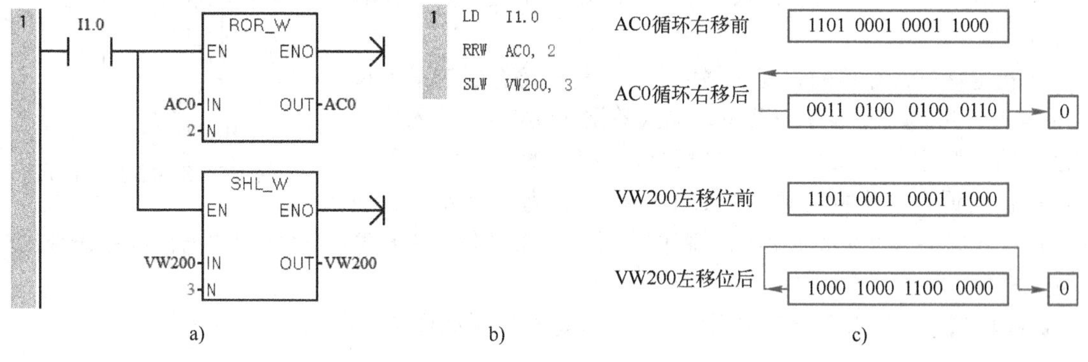

图 4-3　例 4-3 程序及运行结果

a) 梯形图　b) 语句表　c) 运行结果

【例 4-4】 用 I0.0 控制连接在 Q0.0～Q0.7 上的 8 盏彩灯循环移位，从右到左以 0.5s 的速度依次点亮，保持任意时刻只有 1 盏彩灯亮，到达最左端后，再从右到左依次点亮。

8 盏彩灯循环移位控制，可以用字节的循环移位指令。根据控制要求，首先应置彩灯的初始状态为 QB0=1，即右边第一盏灯亮；接着灯从右到左以 0.5s 的速度依次点亮，即要求字节 QB0 中的“1”用循环左移位指令每 0.5s 移动一位，因此应在 ROL-B 指令的 EN 端接一个 0.5s 的移位脉冲（可用定时器指令实现）。程序如图 4-4 所示。

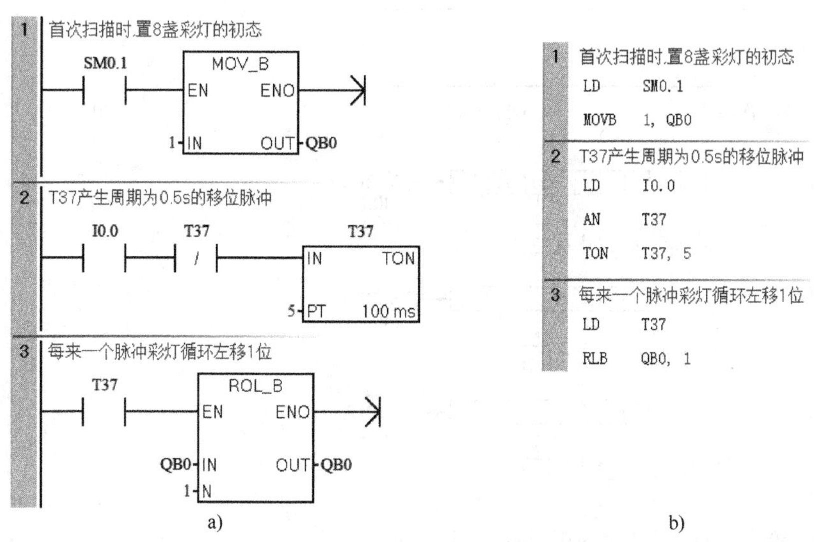

1 首次扫描时置8盏彩灯的初态

```
LD    SM0.1
MOVB  1, QB0
```

2 T37产生周期为0.5s的移位脉冲

```
LD    I0.0
AN    T37
TON   T37, 5
```

3 每来一个脉冲彩灯循环左移1位

```
LD    T37
RLB   QB0, 1
```

b)

图 4-4　例 4-4 彩灯循环移位控制程序

a) 梯形图　b) 语句表

3. 移位寄存器指令

SHRB：移位寄存器指令，可以指定移位寄存器的长度和移位方向，指令格式如图 4-5 所示。

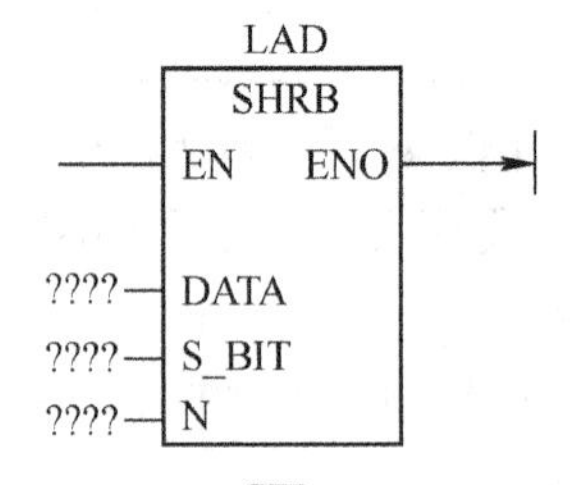

图 4-5 SHRB 指令格式

SHRB 指令将 DATA 数值移入移位寄存器。EN 为使能输入端，连接移位脉冲信号，每次使能有效时，整个移位寄存器移动 1 位。DATA 为数据输入端，连接移入移位寄存器的二进制数值，执行指令时将该位的值移入寄存器。S_BIT 指定移位寄存器的最低位。

N 指定移位寄存器的长度和移位方向，移位寄存器的最大长度为 64 位，N 为正值表示左移位，输入数据（DATA）移入移位寄存器的最低位（S_BIT），并移出移位寄存器的最高位。移出的数据被放置在溢出标志位（SM1.1）中。N 为负值表示右移位，输入数据移入移位寄存器的最高位，并移出最低位（S_BIT）。移出的数据被放置在溢出标志位（SM1.1）中。

【例 4-5】 移位寄存器应用举例。程序及运行结果如图 4-6 所示。

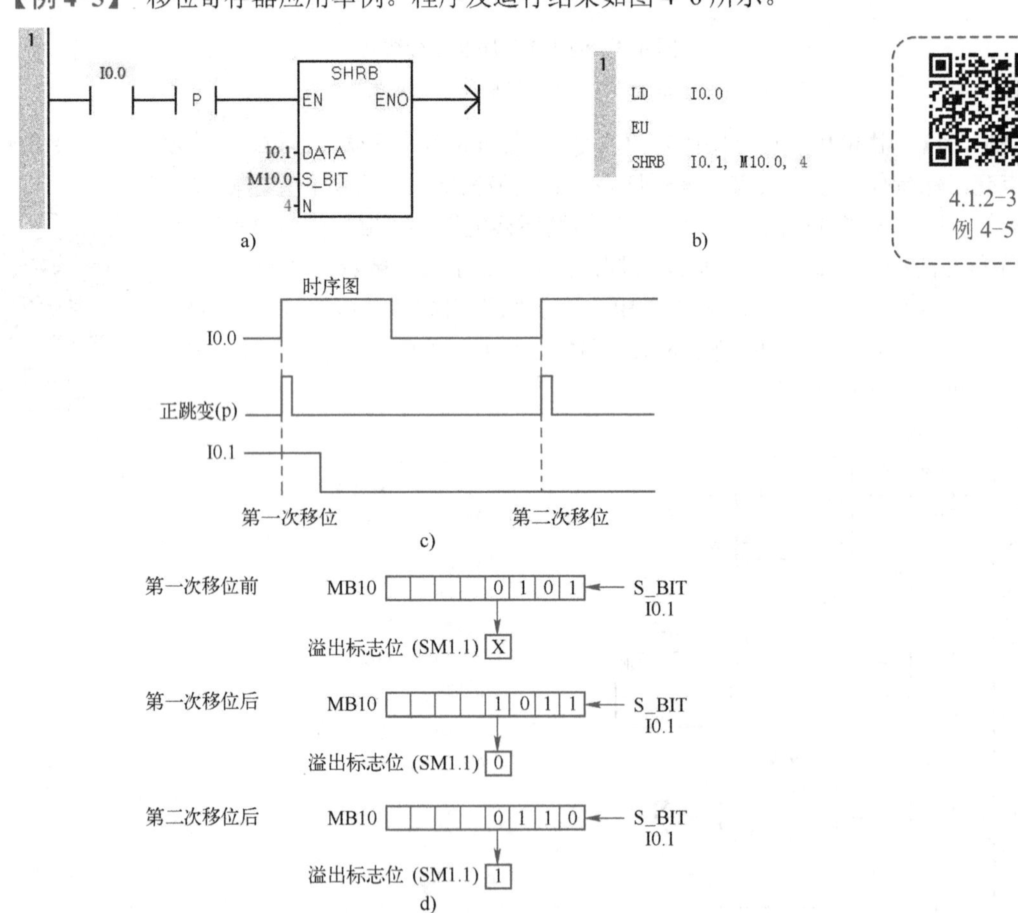

图 4-6 例 4-5 移位寄存器应用程序及运行结果

a) 梯形图 b) 语句表 c) 时序图 d) 运行结果

【例 4-6】 用 PLC 实现喷泉的控制。用灯 HL1～HL12 分别表示喷泉的 12 个喷水注。

1）控制要求。按下起动按钮后，HL1 亮 0.5s 后灭，接着 HL2 亮 0.5s 后灭，接着 HL3 亮 0.5s 后灭，接着 HL4 亮 0.5s 后灭，接着 HL5、HL9 亮 0.5s 后灭，接着 HL6、HL10 亮 0.5s 后灭，接着 HL7、HL11 亮 0.5s 后灭，接着 HL8、HL12 亮 0.5s 后灭，HL1 亮 0.5s 后灭，如此循环下去，直至按下停止按钮。喷泉控制示意图如图 4-7 所示。

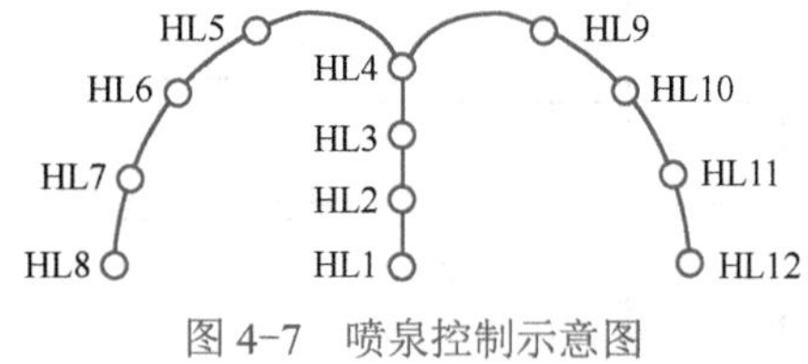

图 4-7 喷泉控制示意图

2）I/O 地址分配见表 4-5。

表 4-5 I/O 地址分配

输入		输出			
作用	输入地址	输出元件	输出地址	输出元件	输出地址
（常开）起动按钮	I0.0	HL1	Q0.0	HL5 和 HL9	Q0.4
（常闭）停止按钮	I0.1	HL2	Q0.1	HL6 和 HL10	Q0.5
		HL3	Q0.2	HL7 和 HL11	Q0.6
		HL4	Q0.3	HL8 和 HL12	Q0.7

3）应用移位寄存器控制，根据喷泉模拟控制的 8 位输出（Q0.0～Q0.7），应指定一个 8 位的移位寄存器（M10.1～M11.0），移位寄存器的 S_BIT 位为 M10.1，并且移位寄存器的每一位对应一个输出。移位寄存器的位与输出对应关系如图 4-8 所示。

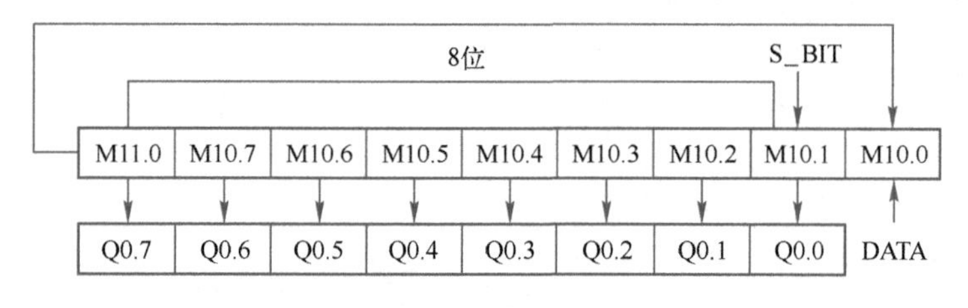

图 4-8 移位寄存器的位与输出对应关系

喷泉控制梯形图程序如图 4-9 所示。在移位寄存器指令应用中，EN 端连接移位脉冲，每来一个脉冲的上升沿，移位寄存器移动一位。移位寄存器应 0.5s 移一位，因此需要设计一个 0.5s 产生一个脉冲的脉冲发生器（由 T38 构成）。

M10.0 为数据输入端 DATA，根据控制要求，每次只有一个输出，因此只需要在第一个移位脉冲到来时由 M10.0 送入移位寄存器 S_BIT 位（M10.1）一个“1”，第 2～8 个脉冲到来时由 M10.0 送入 M10.1 的值均为“0”，这在程序中由定时器 T37 延时 0.5s 导通一个扫描周期实现，第 8 个脉冲到来时 M11.0 置位为 1，同时通过与 T37 并联的 M11.0 常开触点使 M10.0 置位为 1，在第 9 个脉冲到来时由 M10.0 送入 M10.1 的值又为 1，如此循环下去，直至按下（常闭）停止按钮（I0.1），其对应的常闭触点接通，触发复位指令，使 M10.1～M11.0 的 8 位全部复位。

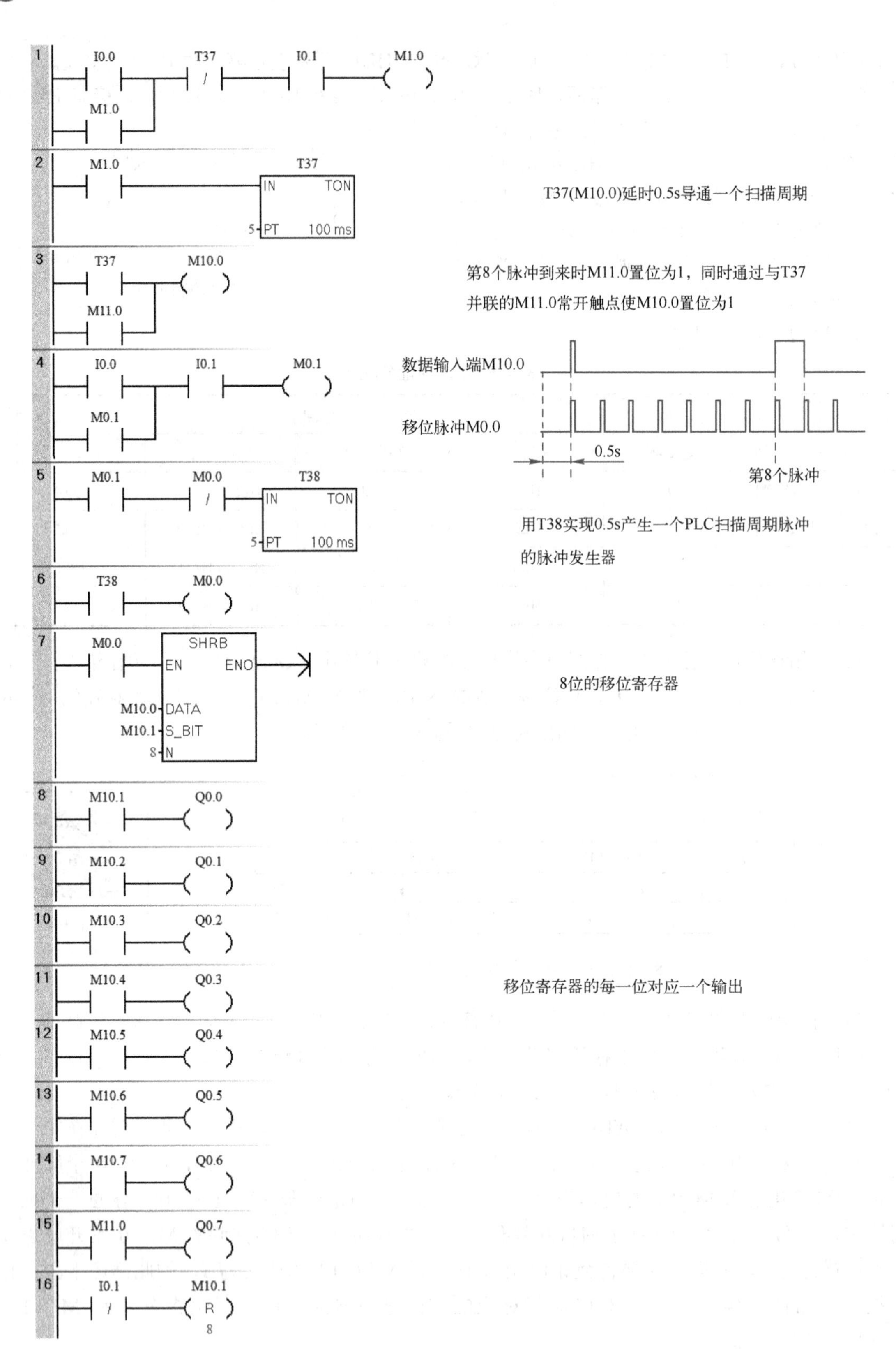

图 4-9　例 4-6 喷泉控制梯形图程序

4.1.3　转换指令

转换指令是对操作数的类型进行转换，并输出到指定目标地址中去。转换指令包括数据的类型转换指令、数据的编码和译码指令以及字符串类型转换指令。

不同功能的指令对操作数要求不同。类型转换指令可将固定的一个数据用到不同类型要求的指令中，包括字节与字整数之间的转换、整数与双整数的转换，双字整数与实数之间的转换、BCD 码与整数之间的转换等。

1．字节与字整数之间的转换

字节型数据与字整数之间的转换指令格式及功能见表 4-6。

表 4-6　字节型数据与字整数之间转换指令格式及功能

LAD	B_I：EN ENO；????-IN OUT-????	I_B：EN ENO；????-IN OUT-????
STL	BTI　IN，OUT	ITB　IN，OUT
功能	字节转换成整数指令：将字节数值（IN）转换成整数值，并将结果置于 OUT 指定的存储单元。因为字节不带符号，所以无符号扩展	整数转换成字节指令：将字整数（IN）转换成字节，并将结果置于 OUT 指定的存储单元。输入的字整数 0～255 被转换，超出部分导致溢出，SM1.1=1，输出不受影响

2．字整数与双字整数之间的转换

字整数与双字整数之间的转换指令格式及功能见表 4-7。

表 4-7　字整数与双字整数之间的转换指令格式及功能

LAD	I_DI：EN ENO；????-IN OUT-????	DI_I：EN ENO；????-IN OUT-????
STL	ITD　IN，OUT	DTI　IN，OUT
功能及说明	整数转换成双整数指令：将整数值（IN）转换成双整数值，并将结果置于 OUT 指定的存储单元。符号位扩展到高字节中	双整数转换为整数指令：将双整数值（IN）转换成整数值，并将结果置于 OUT 指定的存储单元。如果转换的数值过大，则无法在输出中表示，产生溢出，SM1.1=1，输出不受影响

3．双整数与实数之间的转换

双整数与实数之间的转换指令格式及功能见表 4-8。

表 4-8　双整数与实数之间的转换指令格式及功能

LAD	DI_R：EN ENO；????-IN OUT-????	ROUND：EN ENO；????-IN OUT-????	TRUNC：EN ENO；????-IN OUT-????
STL	DTR　IN，OUT	ROUND　IN，OUT	TRUNC　IN，OUT
功能	双整数转为实数指令：将 32 位带符号整数（IN）转换成 32 位实数，并将结果置于 OUT 指定的存储单元	取整指令：按小数部分四舍五入的原则，将实数（IN）转换成双整数值，并将结果置于 OUT 指定的存储单元	截断指令：按将小数部分直接舍去的原则，将 32 位实数（IN）转换成 32 位双整数，并将结果置于 OUT 指定存储单元

注意：不论是四舍五入取整，还是截位取整，如果转换的实数数值过大，无法在输出中表示，则产生溢出，即影响溢出标志位，使 SM1.1=1，输出不受影响。

4. BCD 码与整数的转换

BCD 码与整数之间的转换指令格式及功能见表 4-9。

表 4-9　BCD 码与整数之间的转换指令格式及功能

LAD	BCD_I：EN ENO；????-IN OUT-????	I_BCD：EN ENO；????-IN OUT-????
STL	BCDI　OUT	IBCD　OUT
功能	BCD 码转整数指令：将二进制编码的十进制数（IN）转换成整数，并将结果送入 OUT 指定的存储单元。IN 的有效范围是 BCD 码 0～9999	整数转 BCD 码指令：将输入整数（IN）转换成二进制编码的十进制数，并将结果送入 OUT 指定的存储单元。IN 的有效范围为 0～9999

注意：

1）数据长度为字的 BCD 码格式的有效范围为 0～9999（十进制）；0000～9999（十六进制）；0000 0000 0000 0000～1001 1001 1001 1001（BCD 码）。

2）指令影响特殊标志位 SM1.6（无效 BCD 码）。

3）在表 4-9 的 LAD 和 STL 指令中，IN 和 OUT 的操作数地址相同。若 IN 和 OUT 操作数地址不是同一个存储器，对应的语句表指令为：

```
MOV   IN   OUT
BCDI  OUT
```

5. 译码和编码指令

译码和编码指令格式及功能见表 4-10。

表 4-10　译码和编码指令格式及功能

LAD	DECO：EN ENO；????-IN OUT-????	ENCO：EN ENO；????-IN OUT-????
STL	DECO IN,OUT	ENCO IN,OUT
功能	译码指令：根据输入字节（IN）的低 4 位表示的输出字的位号，将输出字相对应的位置位为 1，输出字的其他位均置位为 0	编码指令：将输入字（IN）最低有效位（其值为 1）的位号写入输出字节（OUT）的低 4 位中

【例 4-7】　译码和编码指令应用示例，程序如图 4-10 所示。

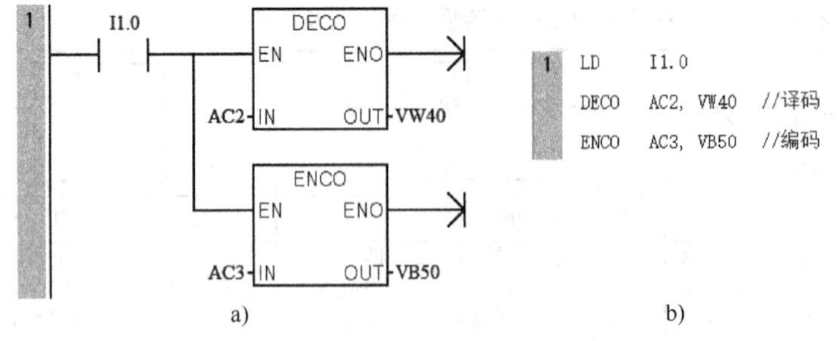

图 4-10　例 4-7 译码和编码指令应用示例程序

a) 梯形图　b) 语句表

4.1.3
例 4-7 译码和编码指令

若（AC2）=2，执行译码指令，则将输出字 VW40 的第 2 位置 1，VW40 中的二进制数为 2#0000 0000 0000 0100；若（AC3）=2#0000 0000 0000 0100，执行编码指令，则输出字节 VB50 中的码为 2。

6. 段码指令

七段显示器的 a、b、c、d、e、f、g 段分别对应字节的第 0～6 位，字节的某位为 1 时，其对应的字段亮；输出字节的某位为 0 时，其对应的字段暗。将字节的第 7 位补 0，则构成与七段显示器相对应的 8 位编码，称为七段显示码。数字 0～9、字母 A～F 与七段显示码的对应如图 4-11 所示。

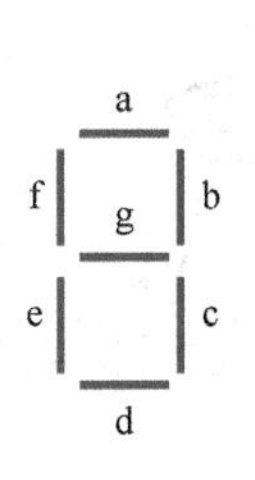

IN	段显示	(OUT) – g f e　d c b a
0	0	0 0 1 1　1 1 1 1
1	1	0 0 0 0　0 1 1 0
2	2	0 1 0 1　1 0 1 1
3	3	0 1 0 0　1 1 1 1
4	4	0 1 1 0　0 1 1 0
5	5	0 1 1 0　1 1 0 1
6	6	0 1 1 1　1 1 0 1
7	7	0 0 0 0　0 1 1 1

IN	段显示	(OUT) – g f e　d c b a
8	8	0 1 1 1　1 1 1 1
9	9	0 1 1 0　0 1 1 1
A	A	0 1 1 1　0 1 1 1
B	b	0 1 1 1　1 1 0 0
C	C	0 0 1 1　1 0 0 1
D	d	0 1 0 1　1 1 1 0
E	E	0 1 1 1　1 0 0 1
F	F	0 1 1 1　0 0 0 1

图 4-11　数字 0～9、字母 A～F 与七段显示码的对应

段码指令 SEG 将输入字节 16#0～F 转换成七段显示码，指令格式及功能见表 4-11。

表 4-11　段码指令格式及功能

LAD	STL	功能
SEG（EN、ENO；????-IN、OUT-????）	SEG IN，OUT	将输入字节（IN）的低 4 位确定的十六进制数（16#0～F），产生相应的七段显示码，送入输出字节 OUT

【例 4-8】 编写显示数字 0 的七段显示码的程序，如图 4-12 所示。

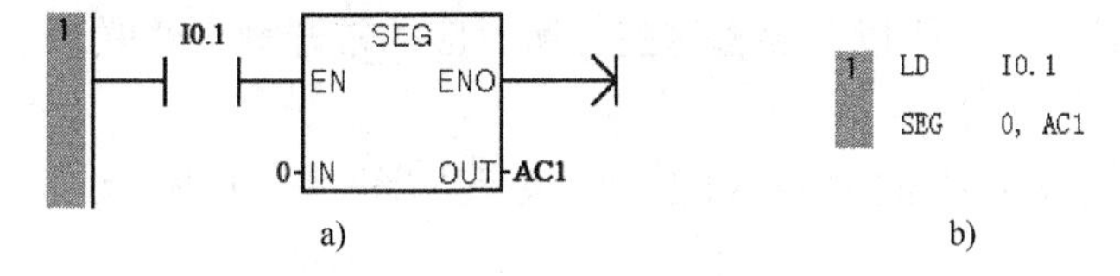

图 4-12　例 4-8 七段显示码程序

a) 梯形图　b) 语句表

程序运行结果为 AC1 中的值为 16#3F(2#0011 1111)。

4.1.4　天塔之光的模拟控制实训

1. 实训目的

1）掌握移位寄存器指令的应用方法。

2）用移位寄存器指令实现天塔之光控制系统。

3）掌握 PLC 的编程技巧和程序调试的方法。

2. 控制要求

如图 4-13 所示的天塔之光，可以用 PLC 控制灯光的闪烁移位及时序的变化等。控制要求如下：按起动按钮，HL12→HL11→HL10→HL8→HL1→HL1、HL2、HL9→HL1、HL5、HL8→HL1、HL4、HL7→HL1、HL3、HL6→HL1→HL2、HL3、HL4、HL5→HL6、HL7、HL8、HL9→HL1、HL2、HL6→HL1、HL3、HL7→HL1、HL4、HL8→HL1、HL5、HL9→HL1→HL2、HL3、HL4、HL5→HL6、HL7、HL8、HL9→HL12→HL11→HL10→…，如此循环，直至按下停止按钮。

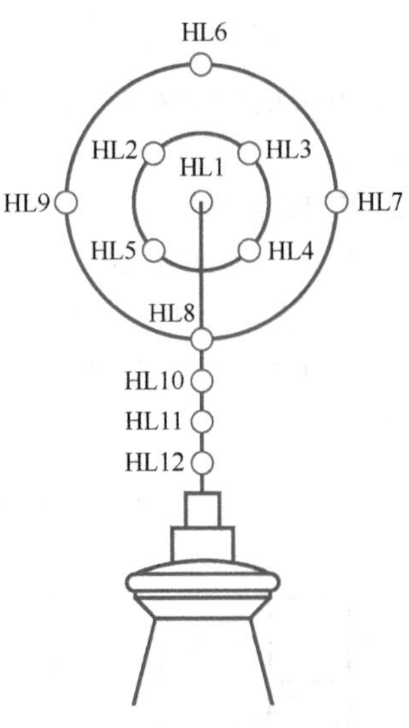

图 4-13　天塔之光控制示意图

3. I/O 地址分配

I/O 地址分配见表 4-12。

表 4-12　I/O 地址分配

输入		输出							
作用	输入地址	输出元件	输出地址	输出元件	输出地址	输出元件	输出地址	输出元件	输出地址
起动按钮	I0.0	HL1	Q0.0	HL4	Q0.3	HL7	Q0.6	HL10	Q1.1
停止按钮（常闭）	I0.1	HL2	Q0.1	HL5	Q0.4	HL8	Q0.7	HL11	Q1.2
		HL3	Q0.2	HL6	Q0.5	HL9	Q1.0	HL12	Q1.3

4. 程序设计

根据灯光闪烁移位，分为 19 步，因此可以指定一个 19 位的移位寄存器（M10.1～M10.7，M11.0～M11.7，M12.0～M12.3），移位寄存器的每一位对应一步。而对于输出，如 HL1（Q0.0）分别在 5、6、7、8、9、10、13、14、15、16、17 步时被点亮，即其对应的移位寄存器位 M10.5、M10.6、M10.7、M11.0、M11.1、M11.2、M11.5、M11.6、M12.0、M12.1 置位为 1 时，Q0.0 置位为 1，所以需要将这些位所对应的常开触点并联后输出 Q0.0，以此类推其他的输出。

移位寄存器移位脉冲和数据输入配合的关系如图 4-14 所示。参考程序如图 4-15 所示。

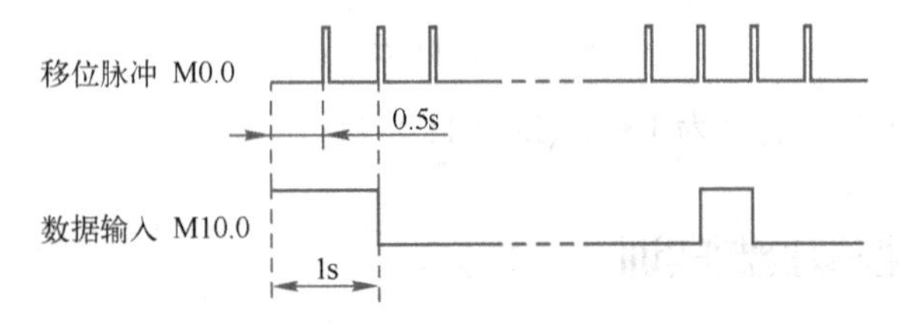

图 4-14　移位寄存器移位脉冲和数据输入配合的关系

5．输入、调试程序并运行程序

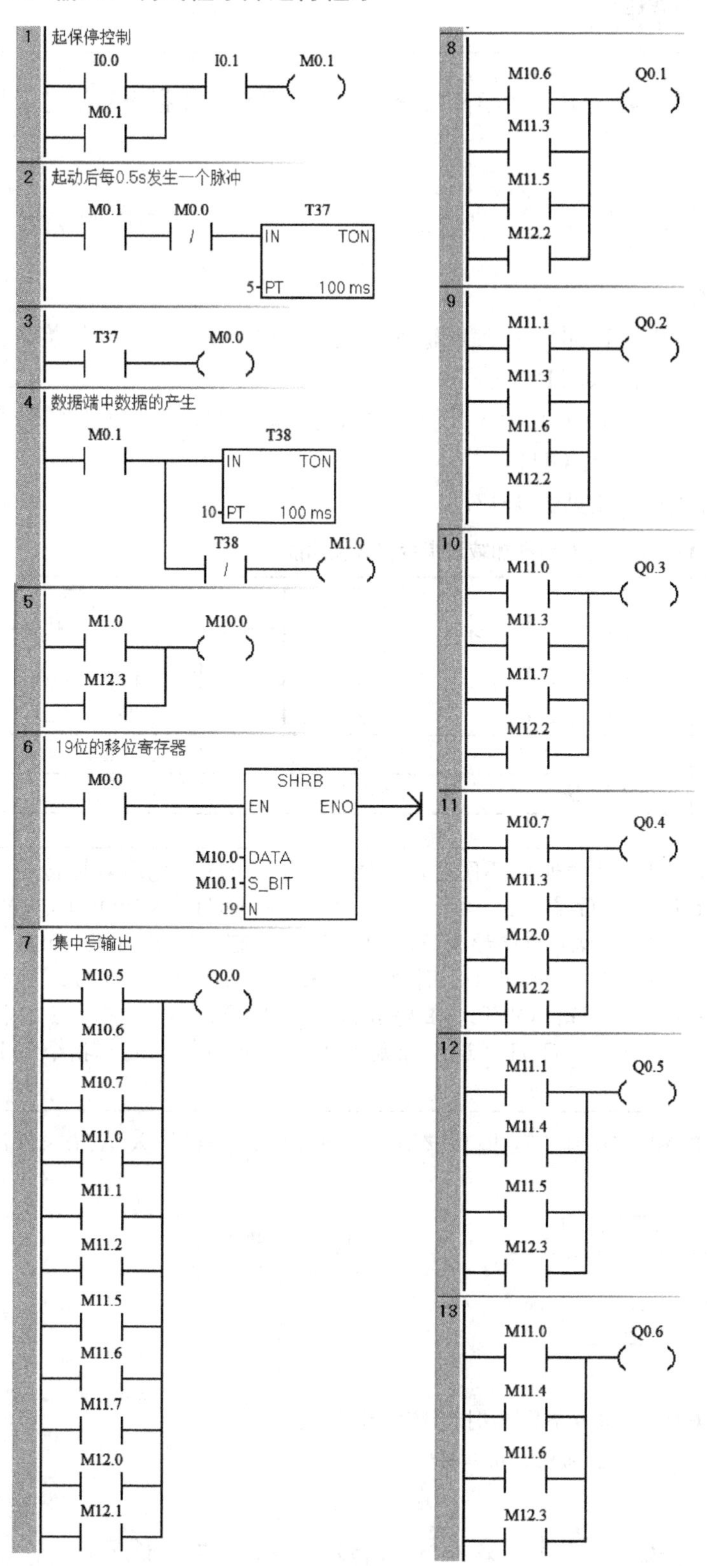

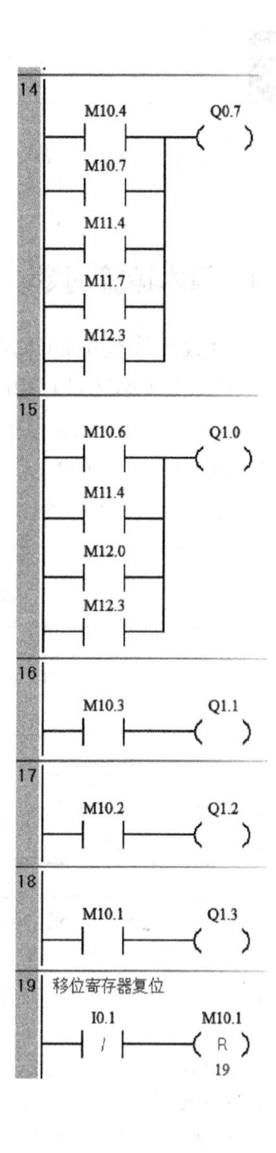

图 4-15　天塔之光控制梯形图参考程序

4.2 算术运算、逻辑运算指令

算术运算指令包括加、减、乘、除运算和数学函数变换指令，逻辑运算指令包括逻辑与、或、非指令等。

4.2.1 算术运算指令

1. 整数与双整数加减法指令

整数加法（ADD-I）和减法（SUB-I）指令：使能输入有效时，将两个 16 位符号整数相加或相减，并产生一个 16 位的结果输出到 OUT。

双整数加法（ADD-D）和减法（SUB-D）指令：使能输入有效时，将两个 32 位符号整数相加或相减，并产生一个 32 位结果输出到 OUT。

整数与双整数加减法指令格式及功能见表 4-13。

表 4-13 整数与双整数加减法指令格式及功能

LAD	ADD_I EN ENO ????-IN1 OUT-???? ????-IN2	ADD_DI EN ENO ????-IN1 OUT-???? ????-IN2	SUB_I EN ENO ????-IN1 OUT-???? ????-IN2	SUB_DI EN ENO ????-IN1 OUT-???? ????-IN2
STL	+I IN1，OUT	+D IN1，OUT	-I IN1，OUT	-D IN1，OUT
功能	整数加法	双整数加法	整数减法	双整数减法

说明：当 IN1、IN2 和 OUT 操作数的地址不同时，在 STL 指令中，首先用数据传送指令将 IN1 中的数值送入 OUT，然后再执行加、减运算，即 OUT+IN2=OUT，OUT-IN2=OUT。为了节省内存，在整数加法的梯形图程序中，可以指定 IN1 或 IN2=OUT，这样可以不用数据传送指令。如指定 IN1=OUT，则语句表程序为+I IN2，OUT；如指定 IN2=OUT，则语句表程序为+I IN1，OUT。在整数减法的梯形图程序中，可以指定 IN1=OUT，则语句表程序为-I IN2，OUT。这个原则适用于所有的算术运算指令，且乘法和加法对应、减法和除法对应。

【例 4-9】 求 5000 加 400 的和，5000 在数据存储器 VW200 中，结果放入 AC0。程序如图 4-16 所示。

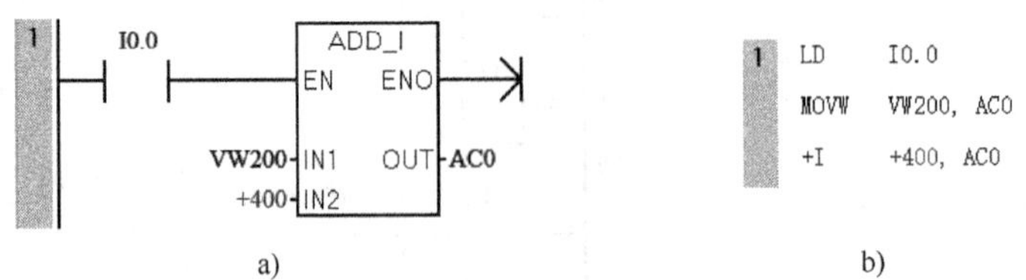

图 4-16 例 4-9 整数加法指令应用示例程序

a) 梯形图 b) 语句表

2. 整数乘除法指令

整数乘法指令（MUL-I）：使能输入有效时，将两个 16 位符号整数相乘，并产生一个 16 位积，从 OUT 指定的存储单元输出。

整数除法指令（DIV-I）：使能输入有效时，将两个 16 位符号整数相除，并产生一个 16 位商，从 OUT 指定的存储单元输出，不保留余数。如果输出结果大于 1 个字，则溢出位 SM1.1 置位为 1。

双整数乘法指令（MUL-D）：使能输入有效时，将两个 32 位符号整数相乘，并产生一个 32 位乘积，从 OUT 指定的存储单元输出。

双整数除法指令（DIV-D）：使能输入有效时，将两个 32 位整数相除，并产生一个 32 位商，从 OUT 指定的存储单元输出，不保留余数。

整数乘法产生双整数指令（MUL）：使能输入有效时，将两个 16 位整数相乘，得到一个 32 位乘积，从 OUT 指定的存储单元输出。

整数除法产生双整数指令（DIV）：使能输入有效时，将两个 16 位整数相除，得到一个 32 位结果，从 OUT 指定的存储单元输出。其中高 16 位放置余数，低 16 位放置商。

整数乘除法指令格式及功能见表 4-14。

表 4-14 整数乘除法指令格式及功能

LAD	MUL_I EN ENO IN1 OUT IN2	MUL_DI EN ENO IN1 OUT IN2	MUL EN ENO IN1 OUT IN2	DIV_I EN ENO IN1 OUT IN2	DIV_DI EN ENO IN1 OUT IN2	DIV EN ENO IN1 OUT IN2
STL	*I IN1，OUT	*D IN1，OUT	MUL IN1，OUT	/I IN1，OUT	/D IN1，OUT	DIV IN1，OUT
功能	整数乘法	双整数乘法	整数乘法产生双整数	整数除法	双整数除法	整数除法产生双整数

【例 4-10】 整数乘除法指令应用示例，程序如图 4-17 所示。

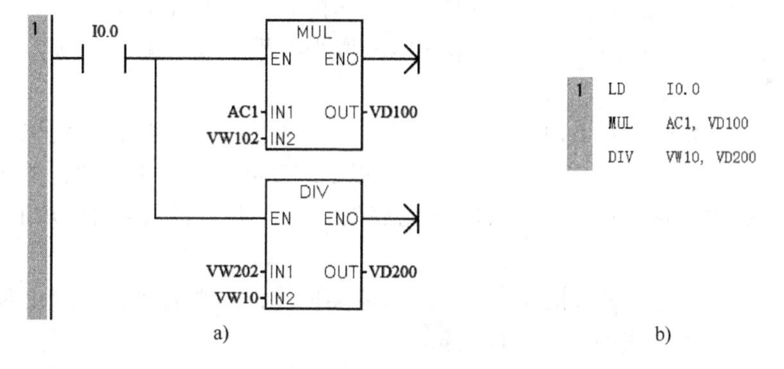

图 4-17 例 4-10 整数乘除法指令应用示例程序

a) 梯形图 b) 语句表

注意：因为 VD100 包含 VW100 和 VW102 两个字，VD200 包含 VW200 和 VW202 两个字，所以在语句表程序中不需要使用数据传送指令。

3. 实数加减乘除指令

实数加法（ADD-R）、减法（SUB-R）指令：将两个 32 位实数相加或相减，并产生一个 32 位实数结果，从 OUT 指定的存储单元输出。

实数乘法（MUL-R）、除法（DIV-R）指令：使能输入有效时，将两个 32 位实数相乘（除），并产生一个 32 位积（商），从 OUT 指定的存储单元输出。

实数加减乘除指令格式及功能见表 4-15。

表 4-15　实数加减乘除指令格式及功能

LAD	ADD_R EN ENO ????-IN1 OUT-???? ????-IN2	SUB_R EN ENO ????-IN1 OUT-???? ????-IN2	MUL_R EN ENO ????-IN1 OUT-???? ????-IN2	DIV_R EN ENO ????-IN1 OUT-???? ????-IN2
STL	+R　IN1，OUT	-R　IN1，OUT	*R　IN1，OUT	/R　IN1，OUT
功能	实数加法	实数减法	实数乘法	实数除法

【例 4-11】 实数运算指令应用示例，程序如图 4-18 所示。

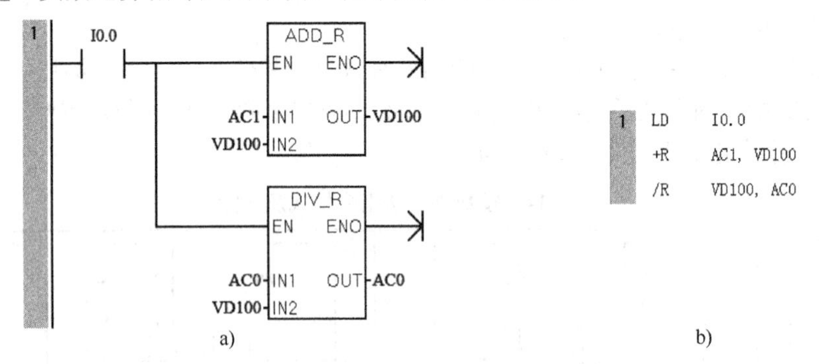

图 4-18　例 4-11 实数运算指令应用示例程序

a) 梯形图　b) 语句表

4．数学函数变换指令

数学函数变换指令包括平方根、自然对数、自然指数、三角函数等。

平方根（SQRT）指令：对 32 位实数（IN）取平方根，并产生一个 32 位实数结果，从 OUT 指定的存储单元输出。

自然对数（LN）指令：对 IN 中的数值进行自然对数计算，并将结果置于 OUT 指定的存储单元中。求以 10 为底数的对数时，用自然对数除以 2.302585（约等于 10 的自然对数）。

自然指数（EXP）指令：将 IN 取以 e 为底的指数，并将结果置于 OUT 指定的存储单元中。

将自然指数指令与自然对数指令相结合，可以实现以任意数为底、任意数为指数的计算。如求 y^x，输入以下指令：EXP (x * LN (y))。

例如：2^3=EXP（3*LN（2））=8；27 的 3 次方根=$27^{1/3}$=EXP（1/3*LN（27））=3。

三角函数指令：包括 SIN、COS、TAN 指令，将一个实数的弧度值（IN）分别求三角函数，得到实数运算结果，从 OUT 指定的存储单元输出。

数学函数变换指令格式及功能见表 4-16。

表 4-16　数学函数变换指令格式及功能

LAD	SQRT EN ENO IN OUT	LN EN ENO IN OUT	EXP EN ENO IN OUT	SIN EN ENO IN OUT	COS EN ENO IN OUT	TAN EN ENO IN OUT
STL	SQRT IN，OUT	LN IN，OUT	EXP IN，OUT	SIN IN，OUT	COS IN，OUT	TAN IN，OUT
功能	SQRT（IN）=OUT	LN（IN）=OUT	EXP（IN）=OUT	SIN（IN）=OUT	COS（IN）=OUT	TAN（IN）=OUT

【例 4-12】 求 45° 的正弦值。

先将 45° 转换为弧度：（3.14159/180）*45，再求正弦值。程序如图 4-19 所示。

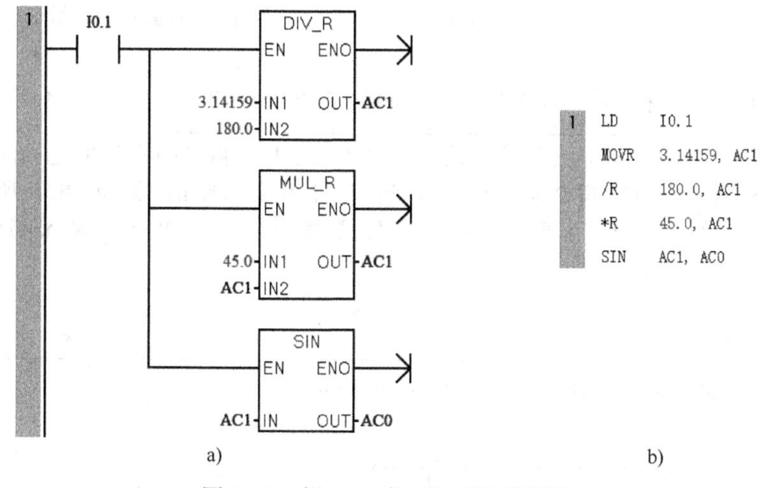

图 4-19　例 4-12 求 45° 正弦值程序

a) 梯形图　b) 语句表

4.2.2　逻辑运算指令

逻辑运算是对无符号数按位进行与、或、异或和取反等操作，操作数的长度为 B、W、DW，指令格式及功能如表 4-17 所示。

表 4-17　逻辑运算指令格式及功能

LAD	WAND_B (EN ENO IN1 OUT IN2) WAND_W (EN ENO IN1 OUT IN2) WAND_DW (EN ENO IN1 OUT IN2)	WOR_B (EN ENO IN1 OUT IN2) WOR_W (EN ENO IN1 OUT IN2) WOR_DW (EN ENO IN1 OUT IN2)	WXOR_B (EN ENO IN1 OUT IN2) WXOR_W (EN ENO IN1 OUT IN2) WXOR_DW (EN ENO IN1 OUT IN2)	INV_B (EN ENO IN OUT) INV_W (EN ENO IN OUT) INV_DW (EN ENO IN OUT)
STL	ANDB IN1，OUT ANDW IN1，OUT ANDD IN1，OUT	ORB IN1，OUT ORW IN1，OUT ORD IN1，OUT	XORB IN1，OUT XORW IN1，OUT XORD IN1，OUT	INVB OUT INVW OUT INVD OUT
功能	IN1、IN2 按位与	IN1、IN2 按位或	IN1、IN2 按位异或	对 IN 取反

逻辑与（WAND）指令：将输入 IN1、IN2 按位相与，得到的逻辑运算结果放入 OUT 指定的存储单元。

逻辑或（WOR）指令：将输入 IN1、IN2 按位相或，得到的逻辑运算结果放入 OUT 指定的存储单元。

逻辑异或（WXOR）指令：将输入 IN1、IN2 按位相异或，得到的逻辑运算结果放入 OUT 指定的存储单元。

取反（INV）指令：将输入 IN 按位取反，将结果放入 OUT 指定的存储单元。

说明：表 4-17 中，在梯形图程序中设置 IN2 和 OUT 所指定的存储单元相同，这样对应的语句表程序见表中 STL 指令。若在梯形图程序中 IN2（或 IN1）和 OUT 所指定的存储单元不同，则在语句表程序中需使用数据传送指令，将其中一个输入端的数据先送入 OUT，再进行逻辑运算。如

```
MOVB  IN1, OUT
ANDB  IN2, OUT
```

【例 4-13】 逻辑运算编程示例，程序如图 4-20 所示。

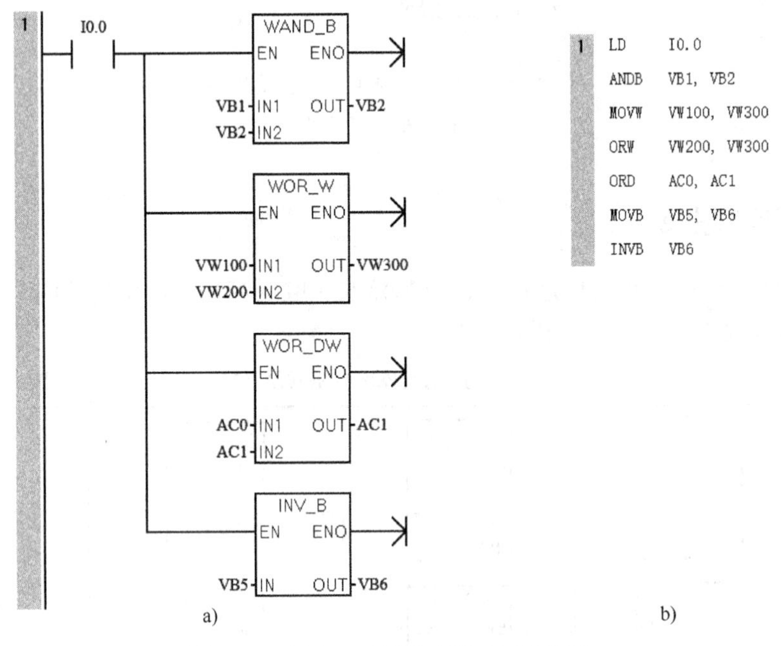

图 4-20 例 4-13 逻辑运算编程示例程序

a) 梯形图 b) 语句表

运算过程如下：

```
VB1                          VB2                        VB2
0001 1100            WAND   1100 1101           →      0000 1100
VW100                         VW200                    VW300
0001 1101 1111 1010   WOR    1110 0000 1101 1100→  1111 1101 1111 1110
VB5                           VB6
0000 1111             INV    1111 0000
```

4.2.3 递增、递减指令

递增、递减指令用于对输入无符号数字节、符号数字、符号数双字进行加 1 或减 1 的操作，指令格式及功能见表 4-18。

表 4-18　递增、递减指令格式及功能

LAD	INC_B (EN ENO IN OUT) DEC_B (EN ENO IN OUT)		INC_W (EN ENO IN OUT) DEC_W (EN ENO IN OUT)		INC_DW (EN ENO IN OUT) DEC_DW (EN ENO IN OUT)	
STL	INCB OUT	DECB OUT	INCW OUT	DECW OUT	INCD OUT	DECD OUT
功能	字节加 1	字节减 1	字加 1	字减 1	双字加 1	双字减 1

1．递增字节（INC-B）/递减字节（DEC-B）指令

递增字节和递减字节指令：在输入字节（IN）上加 1 或减 1，并将结果置于 OUT 指定的变量中。递增和递减字节运算不带符号。

2．递增字（INC-W）/递减字（DEC-W）指令

递增字和递减字指令：在输入字（IN）上加 1 或减 1，并将结果置于 OUT。递增和递减字运算带符号（16#7FFF > 16#8000）。

3．递增双字（INC-DW）/递减双字（DEC-DW）指令

递增双字和递减双字指令：在输入双字（IN）上加 1 或减 1，并将结果置于 OUT。递增和递减双字运算带符号（16#7FFFFFFF > 16#80000000）。

说明：

1）EN 采用一个机器扫描周期的短脉冲触发。

2）在梯形图程序中，IN 和 OUT 可以指定为同一存储单元，这样可以节省内存，在语句表程序中不需使用数据传送指令。

4.2.4　运算单位转换实训

1．实训目的

1）掌握算术运算指令和数据转换指令的应用。

2）掌握建立状态图表调试程序的方法及学会数据块的使用。

3）掌握在工程控制中运算单位转换的方法及步骤。

4.2.4
运算单位转换为厘米的实训

2．实训内容

将英寸转换成厘米，已知 VW100 的当前值为英寸的计数值，1 英寸（in）=2.54 厘米。

3．写入程序、编译并下载到 PLC

将英寸转换为厘米的步骤为：VW100 中的整数值英寸→双整数英寸→实数英寸→实数厘米→整数厘米。参考程序如图 4-21 所示。

注意：在图 4-21 程序中，VD0、VD4、VD8、VD12 都是以双字（4 个字节）编址的。

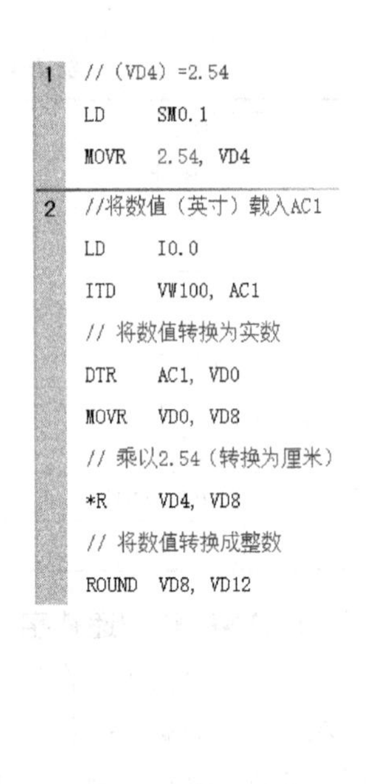

```
1  // (VD4) =2.54
   LD     SM0.1
   MOVR   2.54, VD4
2  //将数值（英寸）载入AC1
   LD     I0.0
   ITD    VW100, AC1
   // 将数值转换为实数
   DTR    AC1, VD0
   MOVR   VD0, VD8
   // 乘以2.54（转换为厘米）
   *R     VD4, VD8
   // 将数值转换成整数
   ROUND  VD8, VD12
```

a)　　　　b)

图 4-21　将英寸转换为厘米的参考程序

a) 梯形图　b) 语句表

4．建立状态图表，通过数据块赋值，调试运行程序

1）创建状态图表。选中全部程序代码，单击鼠标右键，在下拉菜单中选择“创建状态图表”，如图 4-22 所示。

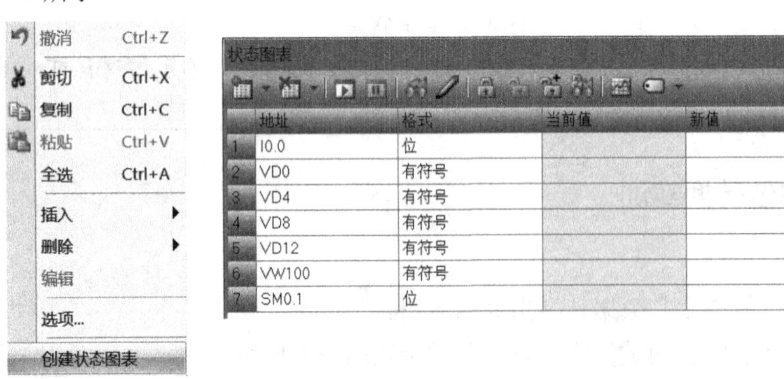

	地址	格式	当前值	新值
1	I0.0	位		
2	VD0	有符号		
3	VD4	有符号		
4	VD8	有符号		
5	VD12	有符号		
6	VW100	有符号		
7	SM0.1	位		

图 4-22　创建状态图表

2）启动状态图表。与 PLC 的通信连接成功后，在菜单栏选择“调试”→“图表状态”或单击工具栏状态图表的快捷按钮，可启动状态图表，如图 4-23 所示。状态图表启动后，编程软件从 PLC 读取状态信息。

3）用数据块给 VW100 赋值，模拟逻辑条件。

4）在完成对 VW100 赋值后，单击“数据块下载”按钮将数据块也下载到 PLC，如图 4-24 所示。

5）运行程序并通过状态图表监视操作数的当前值，记录状态图表的数据。

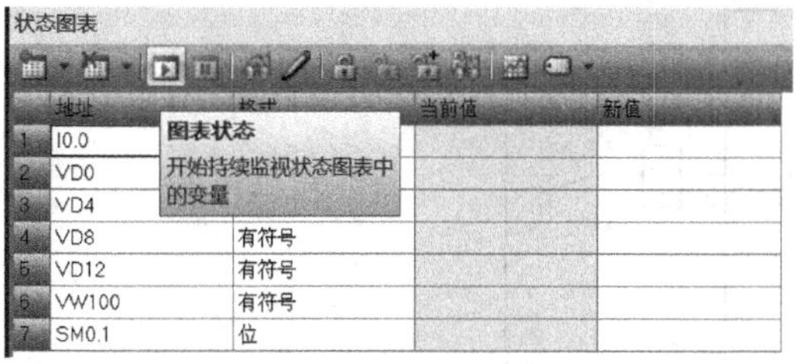

图 4-23　启动状态图表

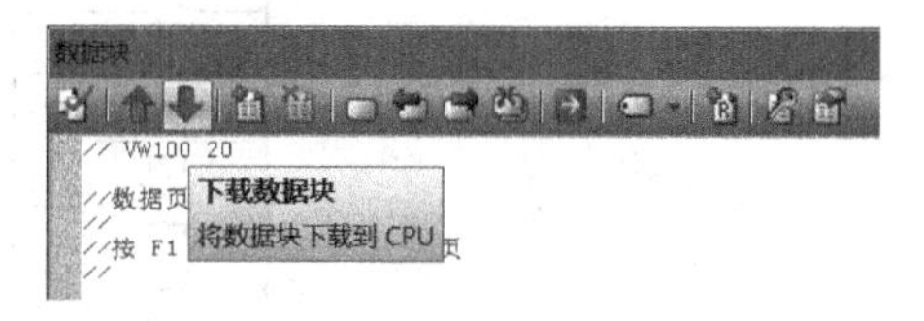

图 4-24　将数据块下载到 PLC

5．思考题

试用带参数的子程序实现英寸转换为厘米，并将其导出。新建一个项目，导入该子程序，并将 10 英寸转换为厘米，观察转换结果。

4.2.5　控制小车的运行方向实训

1．实训目的

1）掌握数据传送指令和比较指令的实际运用方法。

2）学会用 PLC 控制小车的运行方向。

2．实训内容

设计一个自动控制小车运行方向的程序，示意图如图 4-25 所示。控制要求如下：

1）限位开关 SQ 的编号大于呼叫位置按钮 SB 的编号时，小车向左运行到呼叫位置时停止。

2）限位开关 SQ 的编号小于呼叫位置按钮 SB 的编号时，小车向右运行到呼叫位置时停止。

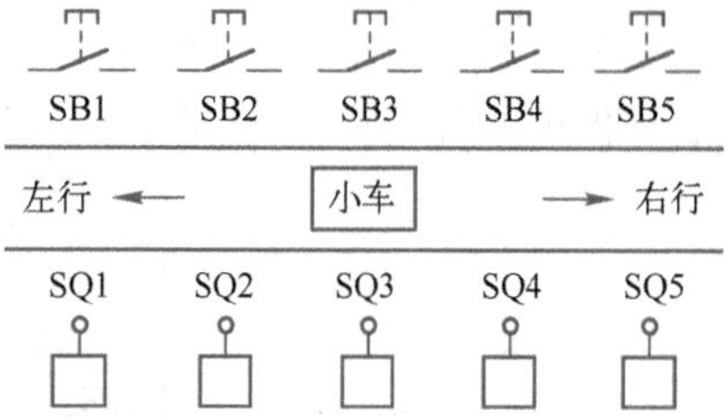

图 4-25　小车运行方向控制程序示意图

3）限位开关 SQ 的编号等于呼叫位置按钮 SB 的编号时，小车不动作。

3．I/O 地址分配及外部电路接线图

I/O 地址分配见表 4-19，其外部电路接线图如图 4-26 所示。

表 4-19　I/O 地址分配

输入			输出		
作用	输入元件	输入地址	作用	输出元件	输出地址
起动按钮	SB0	I0.0	小车右行	KM1	Q0.0
呼叫按钮	SB1	I0.1	小车左行	KM2	Q0.1
呼叫按钮	SB2	I0.2			
呼叫按钮	SB3	I0.3			
呼叫按钮	SB4	I0.4			
呼叫按钮	SB5	I0.5			
停止按钮	SB6	I0.6			
1#位置限位开关	SQ1	I1.1			
2#位置限位开关	SQ2	I1.2			
3#位置限位开关	SQ3	I1.3			
4#位置限位开关	SQ4	I1.4			
5#位置限位开关	SQ5	I1.5			

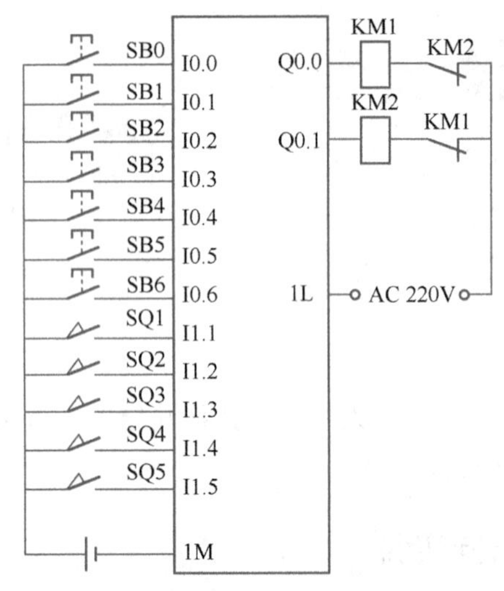

图 4-26　外部电路接线图

4. 参考程序

当呼叫按钮接通或限位开关被按下时，将呼叫按钮号和限位开关的位置号用数据传送指令分别送到字节 VB1 和 VB2 中，按下起动按钮后，用比较指令将 VB1 和 VB2 进行比较，决定小车左、右行或停止，当按下停止按钮，小车停止，VB1、VB2 清零。梯形图参考程序如图 4-27 所示。

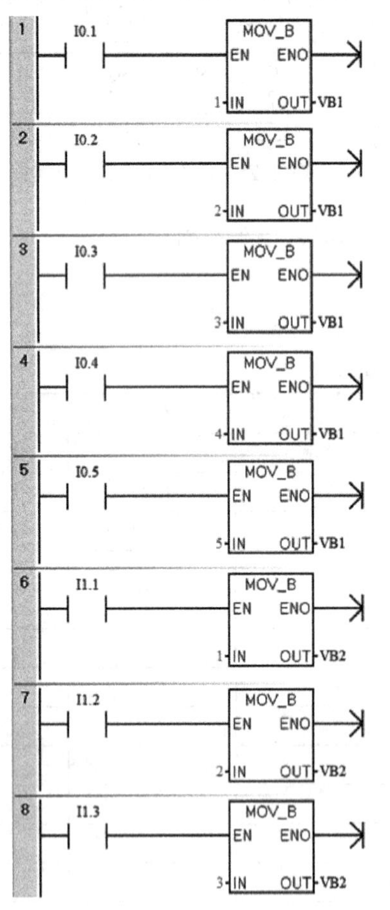

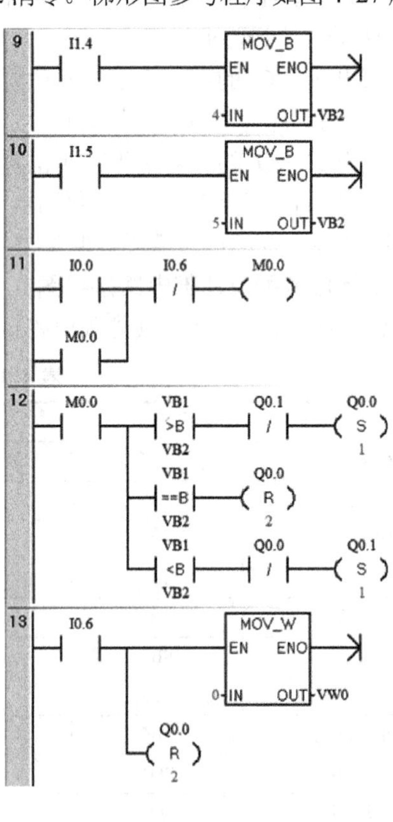

图 4-27　小车运行方向控制梯形图参考程序

5. 调试程序

1）模拟调试。先不接输出端的电源进行模拟调试。将 PLC 转到运行状态，按下起动按钮和呼叫按钮，观察输出的指示灯是否符合控制要求。

2）带负载调试。模拟调试无误后，接通输出端的电源，按下起动按钮和呼叫按钮，小车按照控制的运行方向自动运行，按下停止按钮，小车停止。

4.3 存储器填充指令

存储器填充（FILL）指令：使用地址（IN）中存储的字填充从地址 OUT 开始 N 个连续字，N 取值范围为 1～255，指令格式如图 4-28 所示。

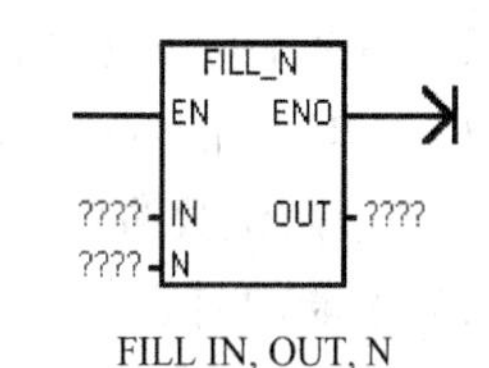

图 4-28　存储器填充指令格式

【例 4-14】 将 0 填入 VW0～VW18（10 个字），程序及运行结果如图 4-29 所示。

图 4-29 中，程序运行结果是将从 VW0 开始的 10 个字（20 个字节）的存储单元清零。

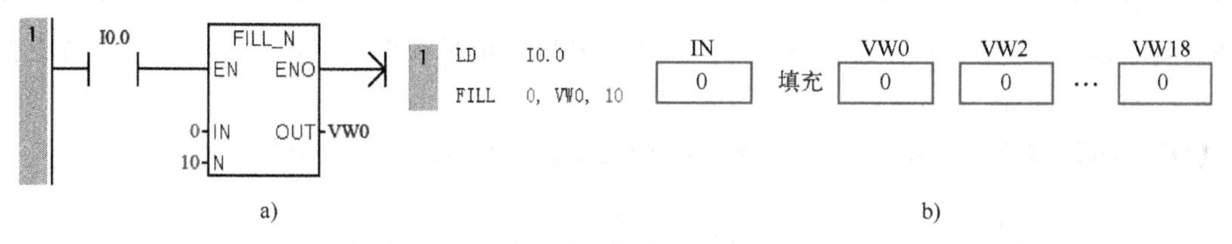

图 4-29　例 4-14 存储器填充指令应用示例程序及运行结果

a) 梯形图　b) 运行结果

4.4 时钟指令

利用时钟指令可以实现调用系统实时时钟或根据需要设定时钟，这对控制系统运行监视、运行记录及和实时时间有关的控制等十分方便。时钟指令有两条，即读实时时钟（TODR）指令和设定实时时钟（TODW）指令，指令格式及功能见表 4-20。

表 4-20　读实时时钟和设定实时时钟指令格式及功能

LAD	STL	功能
READ_RTC EN ENO ????-T	TODR　T	读取实时时钟指令：从 CPU 读取当前时间和日期，并将其装载到从字节地址 T 开始的 8 字节时间缓冲区中。T 的数据类型为字节
SET_RTC EN ENO ????-T	TODW　T	设定实时时钟指令：通过由 T 分配的 8 字节时间缓冲区数据将新的时间和日期写入到 CPU。T 的数据类型为字节

时钟指令使用说明：

1）8 字节缓冲区（T）的格式见表 4-21。所有日期和时间值必须采用 BCD 码表示，如对于年仅使用年份最低的两个数字，16#05 表示 2005 年；对于星期，1 表示星期日，2 表示星期一，7 表示星期六，0 表示禁用星期。

表 4-21 8 字节缓冲区的格式

地址	T	T+1	T+2	T+3	T+4	T+5	T+6	T+7
含义	年	月	日	小时	分钟	秒	0	星期
范围	00～99	01～12	01～31	00～23	00～59	00～59		0～7

2）指令不接受无效日期。如输入 2 月 30 日，则会发生非致命性日时钟错误。

3）CPU 中的时钟仅使用年份的最后两位数，因此 00 表示 2000 年。使用年份值的用户程序必须考虑两位数的表示法。2099 年之前的闰年年份，CPU 都能够正确处理。

4）不能同时在主程序和中断程序中使用 TODR/TODW 指令，否则，将产生非致命错误（0007），SM4.3 置 1。

5）对于没有使用过时钟指令或长时间断电或内存丢失后的 PLC，在使用时钟指令前，要通过编程软件菜单栏选择“PLC”→“修改”功能区，单击“设置时钟”按钮，在“CPU 时钟操作”对话框中对 PLC 时钟进行设定，然后才能开始使用时钟指令。时钟可以设定成与 PC 系统时间一致，也可用 TODW 指令自由设定。

【例 4-15】 编写程序，要求读时钟并以 BCD 码显示秒钟。程序如图 4-30 所示。

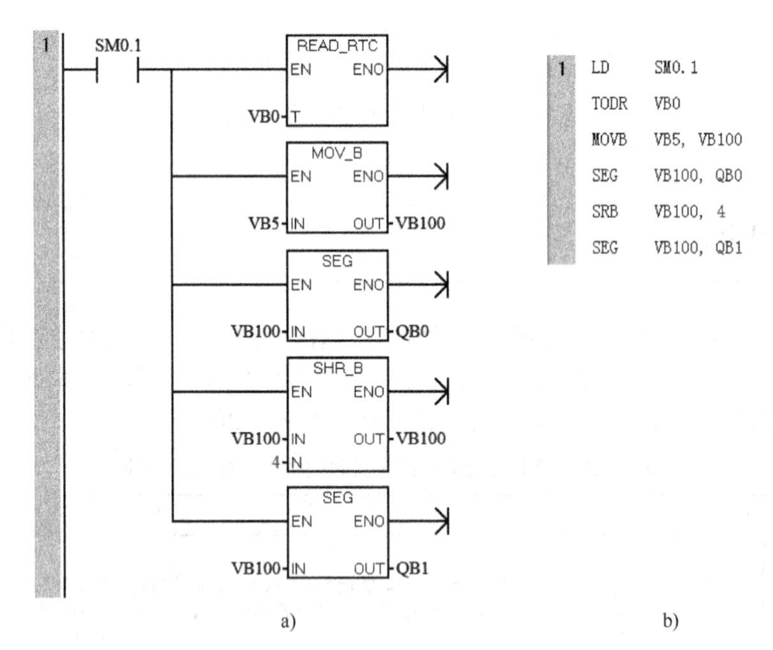

图 4-30 例 4-15 读时钟并以 BCD 码显示秒钟程序

a）梯形图 b）语句表

时钟缓冲区从 VB0 开始，VB5 中存放着秒钟，第一次用 SEG 指令将字节 VB100 的秒钟低 4 位转换成七段显示码由 QB0 输出，接着用右移位指令将 VB100 右移 4 位，将其高 4 位变为低

4位，再次使用SEG指令，将秒钟的高4位转换成七段显示码由QB1输出。

【例4-16】 编写程序，要求控制灯的定时接通和断开。要求18:00开灯，6:00关灯。时钟缓冲区从VB0开始。程序如图4-31所示。

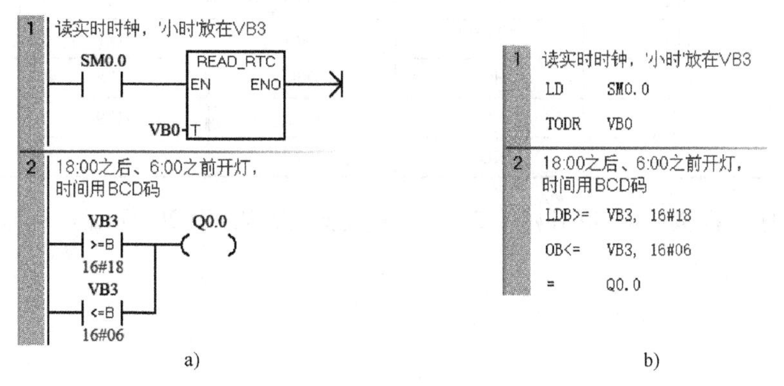

图4-31　例4-16控制灯的定时接通和断开程序

a) 梯形图　b) 语句表

4.5 习题

1．已知VB10=18，VB20=30，VB21=33，VB22=98。将VB10、VB20、VB21、VB22中的数据分别送到AC1、VB200、VB201、VB202中。写出梯形图及语句表程序。

2．用传送指令控制输出的变化，要求控制Q0.0～Q0.7对应的8个指示灯，在I0.0接通时，使输出隔位接通，在I0.1接通时，输出取反后隔位接通。上机调试程序，记录结果。如果改变传送的数值，观察输出状态的变化，从中学会设置输出的初始状态。

3．编制检测上升沿变化的程序。每当I0.0接通一次，使存储单元VW0的值加1，如果计数达到5，输出Q0.0接通显示，用I0.1使Q0.0复位。

4．用数据类型转换指令实现将厘米转换为英寸。已知1英寸=2.54厘米。

5．编写输出字符8的七段显示码程序。

6．编写程序并上机调试。要求用数码管依次显示0～F。提示：可以使用SEG指令和INC指令实现，也可以用移位寄存器指令编程。

7．编程实现以下控制功能：假设有8个指示灯，从右到左（或从左到右）以0.5s的速度依次点亮，任意时刻只有两个指示灯亮，到达最左端（或最右端），再从左到右（或从右到左）依次点亮。要求有启动、停止的控制和移位方向的控制。

8．舞台灯光的模拟控制。控制要求：HL1、HL2、HL9→HL1、HL5、HL8→HL1、HL4、HL7→HL1、HL3、HL6→HL1→HL2、HL3、HL4、HL5→HL6、HL7、HL8、HL9→HL1、HL2、HL6→HL1、HL3、HL7→HL1、HL4、HL8→HL1、HL5、HL9→HL1→HL2、HL3、HL4、HL5→HL6、HL7、HL8、HL9→HL1、HL2、HL9→HL1、HL5、HL8→…，如此循环。

按表4-22的I/O地址分配编写程序。

表 4-22　I/O 地址分配

输入		输出			
作用	输入地址	输出元件	输出地址	输出元件	输出地址
起动按钮	I0.0	HL1	Q0.0	HL6	Q0.5
停止按钮	I0.1	HL2	Q0.1	HL7	Q0.6
		HL3	Q0.2	HL8	Q0.7
		HL4	Q0.3	HL9	Q1.0
		HL5	Q0.4		

9．编写程序，将从 VW100 开始的 20 个字的数据送到从 VW200 开始的存储区。

第5章 特殊功能指令

本章要点

1）中断指令的功能、应用示例及实训。

2）高速计数器指令、高速脉冲输出指令功能、运动向导及PWM向导的应用及实训。

3）PID指令的原理、PID控制功能的应用及PID指令向导。

5.1 中断指令

S7-200 SMART系列PLC设置了中断功能，用于实时控制、高速处理、通信和网络等复杂和特殊的控制任务。中断就是终止当前正在运行的程序，去执行为立即响应的信号而编写的中断服务程序，执行完毕再返回原先被终止的程序并继续运行。

5.1.1 中断事件

1. 中断的类型

发出中断请求的事件称为中断事件。为了便于识别，系统给每个中断事件都分配了一个编号，称为中断事件号。S7-200 SMART系列PLC的中断分为三大类：通信中断、I/O中断和基于时间的中断。

1）通信中断。CPU的串行通信端口可通过程序进行控制。通信端口的这种操作模式称为自由端口模式。在自由端口模式下，程序定义波特率、每个字符的位数、奇偶校验和协议，接收和发送中断可简化程序控制的通信。详细信息参见发送和接收指令。

2）I/O中断。I/O中断包括输入上升/下降沿中断、高速计数器中断和脉冲串输出中断。

CPU可以为输入通道I0.0、I0.1、I0.2和I0.3（以及带有可选数字量输入信号板的标准CPU的输入通道I7.0和I7.1）生成输入上升/下降沿中断。这些输入点用于捕捉在事件发生时必须立即处理的事件。

高速计数器中断可以对高速计数器运行时产生的事件实时响应，包括当前值达到预设值时产生中断，计数方向发生改变时产生中断或计数器外部复位时产生中断。这些高速计数器事件均可触发实时执行的操作，以响应在PLC扫描速度下无法控制的高速事件。

脉冲串输出中断是在指定的脉冲数完成输出产生的中断。脉冲串输出中断的典型应用为步进电动机控制。

通过将中断程序连接到相关I/O事件来启用上述各中断。

3）基于时间的中断。基于时间的中断包括定时中断和定时器T32/T96中断。

可使用定时中断指定循环执行的操作。循环时间为1～255ms，按增量为1ms进行设置。使用定时中断0，必须在SMB34中写入周期时间；使用定时中断1，必须在SMB35中写入周期时间。将中断程序连接在定时中断事件上，若定时中断被允许，则计时开始，每当达到定时时间值，执行中断程序。定时中断可以用来对模拟量输入进行采样或定期执行PID回路。

定时器 T32/T96 中断指允许对定时时间间隔产生中断。这类中断只能用时基为 1ms 的定时器 T32/T96 构成。当中断被启用后，当前值等于预置值时，在 S7-200 SMART 系列 PLC 执行的正常 1ms 定时器更新过程中，执行连接的中断程序。

2. 中断优先级和排队等候

优先级是指多个中断事件同时发出中断请求时，CPU 对中断事件响应的优先次序。S7-200 SMART 系列 PLC 规定的中断优先由高到低依次是通信中断、I/O 中断和定时中断，见表 5-1。

表 5-1 中断事件及优先级

优先级分组	中断事件号	中断事件说明	中断事件类别
通信中断（最高优先级）	8	通信口 0：接收字符	通信口 0
	9	通信口 0：发送完成	
	23	通信口 0：接收信息完成	
	24*	通信口 1：接收信息完成	通信口 1
	25*	通信口 1：接收字符	
	26*	通信口 1：发送完成	
I/O 中断（中等优先级）	19*	PTO0 脉冲计数完成中断	脉冲输出
	20*	PTO1 脉冲计数完成中断	
	34*	PTO2 脉冲计数完成中断	
	0	I0.0 上升沿中断	外部输入
	2	I0.1 上升沿中断	
	4	I0.2 上升沿中断	
	6	I0.3 上升沿中断	
	1	10.0 下降沿中断	
	3	I0.1 下降沿中断	
	5	I0.2 下降沿中断	
	7	I0.3 下降沿中断	
	35*	信号板输入 I7.0 上升沿中断	
	37*	信号板输入 I7.1 上升沿中断	
	36*	信号板输入 I7.0 下降沿中断	
	38*	信号板输入 I7.1 下降沿中断	
	12	HSC0 当前值=预置值中断	高速计数器
	27	HSC0 计数方向改变中断	
	28	HSC0 外部复位中断	
	13	HSC1 当前值=预置值中断	
	14	HSC1 计数方向改变中断	
	15	HSC1 外部复位中断	
	16	HSC2 当前值=预置值中断	
	17	HSC2 计数方向改变中断	
	18	HSC2 外部复位中断	
	32	HSC3 当前值=预置值中断	
	29*	HSC4 当前值=预置值中断	
	30*	HSC4 计数方向改变	
	31*	HSC4 外部复位	
	33*	HSC5 当前值=预置值中断	
	43*	HSC5 计数方向改变	
	44*	HSC5 外部复位	

（续）

优先级分组	中断事件号	中断事件说明	中断事件类别
定时中断（最低优先级）	10	定时中断 0	定时
	11	定时中断 1	
	21	定时器 T32 CT=PT 中断	定时器
	22	定时器 T96 CT=PT 中断	

注意：紧凑型 CPU 因为没有以太网端口和扩展功能，不支持表 5-1 中标有*的中断事件。

S7-200 SMART 系列 PLC 在各自的优先级组内按照先来先服务的原则为中断提供服务。在任何时刻，只能执行一个中断程序。一旦一个中断程序开始执行，则一直执行至完成，不能被另一个中断程序打断，即使是更高优先级的中断程序。中断程序执行中，新的中断请求按优先级排队等候。中断队列能保存的中断个数有限，若超出，则会产生溢出。中断队列的最多中断个数和溢出标志位见表 5-2。

表 5-2　中断队列的最多中断个数和溢出标志位

队列	队列的最多中断个数	溢出标志位
通信中断队列	4	SM4.0
I/O 中断队列	16	SM4.1
定时中断队列	8	SM4.2

5.1.2　中断指令介绍

中断指令包括中断允许、禁止指令，中断连接、分离指令，清除中断事件指令，中断返回和中断条件返回指令，指令格式及功能见表 5-3。

表 5-3　中断指令格式及功能

LAD	-(ENI)	-(DISI)	-(RETI)	ATCH EN ENO ????-INT ????-EVNT	DTCH EN ENO ????-EVNT	CLR_EVNT EN ENO ????-EVNT
STL	ENI	DISI	RETI	ATCH INT，EVNT	DTCH　EVNT	CEVENT　EVNT
功能	中断允许	中断禁止	有条件返回	中断连接	中断分离	清除中断事件指令

1．中断允许、禁止指令

中断允许（ENI）指令：全局性允许处理所有中断事件。

中断禁止（DISI）指令：全局性禁止所有中断事件，中断事件的每次出现均被排队等候，直至使用全局开中断指令重新启用中断。

PLC 转换到 RUN（运行）模式时，中断开始时被禁用，可以通过执行中断允许指令，允许所有中断事件。执行中断禁止指令会禁止处理中断，但是现用中断事件将继续排队等候。

2．中断连接、分离指令

中断连接（ATCH）指令：将中断事件（EVNT）与中断程序号码（INT）相连接，并启用中断事件。

中断分离（DTCH）指令：取消某个中断事件（EVNT）与所有中断程序之间的连接，并禁用该中断事件。

注意：一个中断事件只能连接一个中断程序，但多个中断事件可以调用一个中断程序。

3．中断返回指令和清除中断事件指令

中断返回（RETI/CRETI）指令：当执行完中断程序的最后一条指令后，将会从中断程序返回主程序，继续执行被中断的操作。RETI 是有条件返回指令，在中断程序的最后不需要插入，由编程软件自动生成；CRETI 是无条件返回指令，可用于根据前面的程序逻辑的条件从中断返回，在中断程序的最后插入该指令。

清除中断事件（CLR_EVNT）指令：从中断队列中移除所有中断事件（EVNT）。使用该指令可将不需要的中断事件从中断队列中清除。如果该指令用于清除假的中断事件，则应在从中断队列中清除中断事件之前确保分离事件。否则，在执行清除中断事件指令后，将向中断队列中添加新事件。

5.1.3 中断程序

1．中断程序的概念

中断程序是为处理中断事件而事先编好的程序。中断程序不是由程序调用，而是在中断事件发生时由操作系统调用。在中断程序中不能改写其他程序使用的存储器，最好使用局部变量。中断程序应实现特定的任务，应越短越好。中断程序由中断程序号开始，以无条件返回（CRETI）指令结束。在中断程序中禁止使用 DISI、ENI、HDEF、LSCR 和 END 指令。

2．建立中断程序的方法

方法一：菜单栏单击“编辑”→“对象”→“中断”。

方法二：项目树中，用鼠标右键单击“程序块”图标，并从弹出下拉菜单中选择“插入”→“中断”。

方法三：在“程序编辑器”窗口，用鼠标右键单击，从弹出的下拉菜单中选择“插入”→“中断”。

程序编辑器将显示新的中断程序，在程序编辑器的顶部会出现一个新的中断程序的标签，中断程序名称为 INT_n。

5.1.4 程序举例

【例 5-1】 编写由 I0.1 的上升沿产生的中断事件的初始化程序。

由表 5-1 可知，I0.1 上升沿产生的中断事件号为 2。所以在主程序中用 ATCH 指令将中断事件号 2 和中断程序 0 连接起来，并全局开中断。程序如图 5-1 所示。

【例 5-2】 编程完成采样工作，要求每 10ms 采样一次。

完成每 10ms 采样一次，需用定时中断。由表 5-1 可知，定时中断 0 的中断事件号为 10。因此在主程序中将采样周期（10ms）（即定时中断的时间间隔）写入定时中断 0 的特殊存储器 SMB34，并将中断事件 10 和 INT_0 连接，全局开中断。在中断程序 0 中，将模拟量输入信号读入，程序如图 5-2 所示。在用系统块组态硬件时，STEP7-Micro/WIN SMART 自动分配模拟量信号模块 0 的地址为 AIW16。

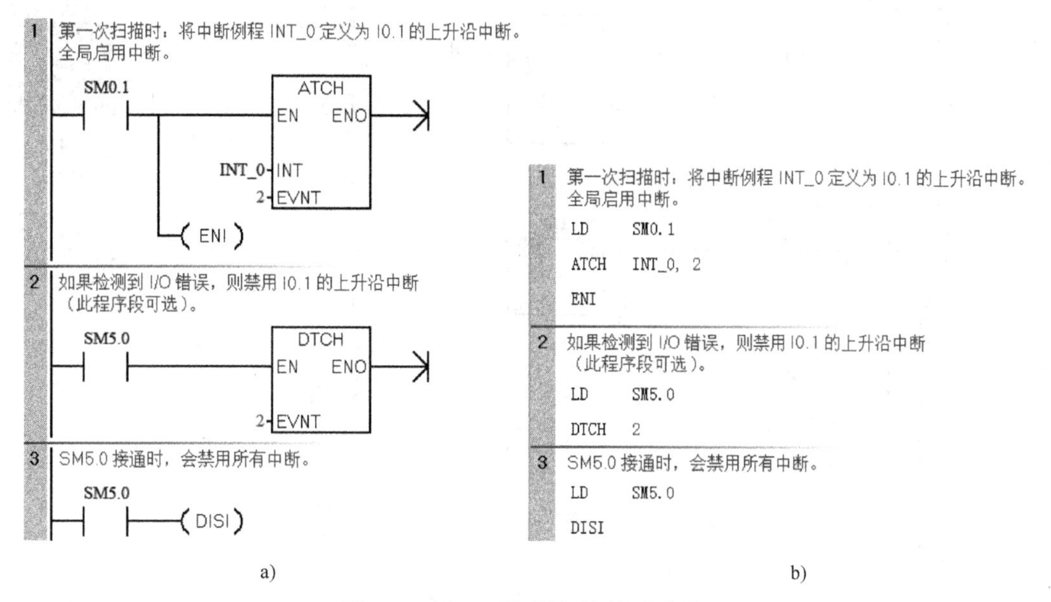

图 5-1　例 5-1 梯形图及语句表程序

a) 梯形图　b) 语句表

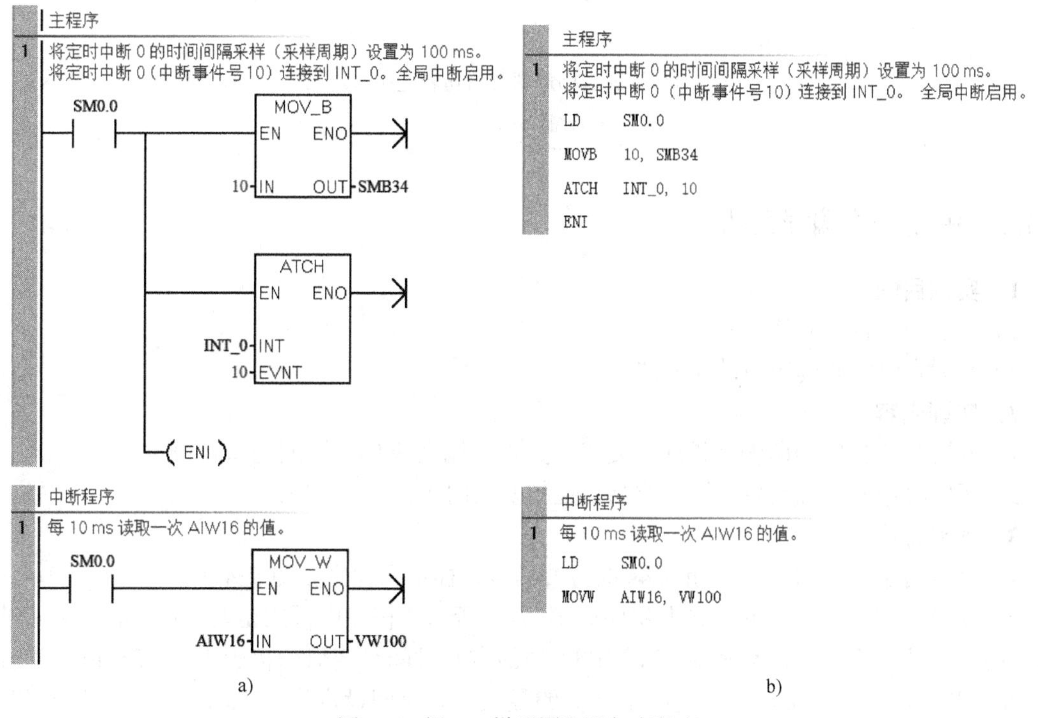

图 5-2　例 5-2 梯形图和语句表程序

a) 梯形图　b) 语句表

【例 5-3】 利用定时中断功能编制一个程序，实现如下功能：当 I0.0 由 OFF→ON，Q0.0

亮 1s，灭 1s，如此循环反复，直至 I0.0 由 ON→OFF，Q0.0 变为 OFF。程序如图 5-3 所示。

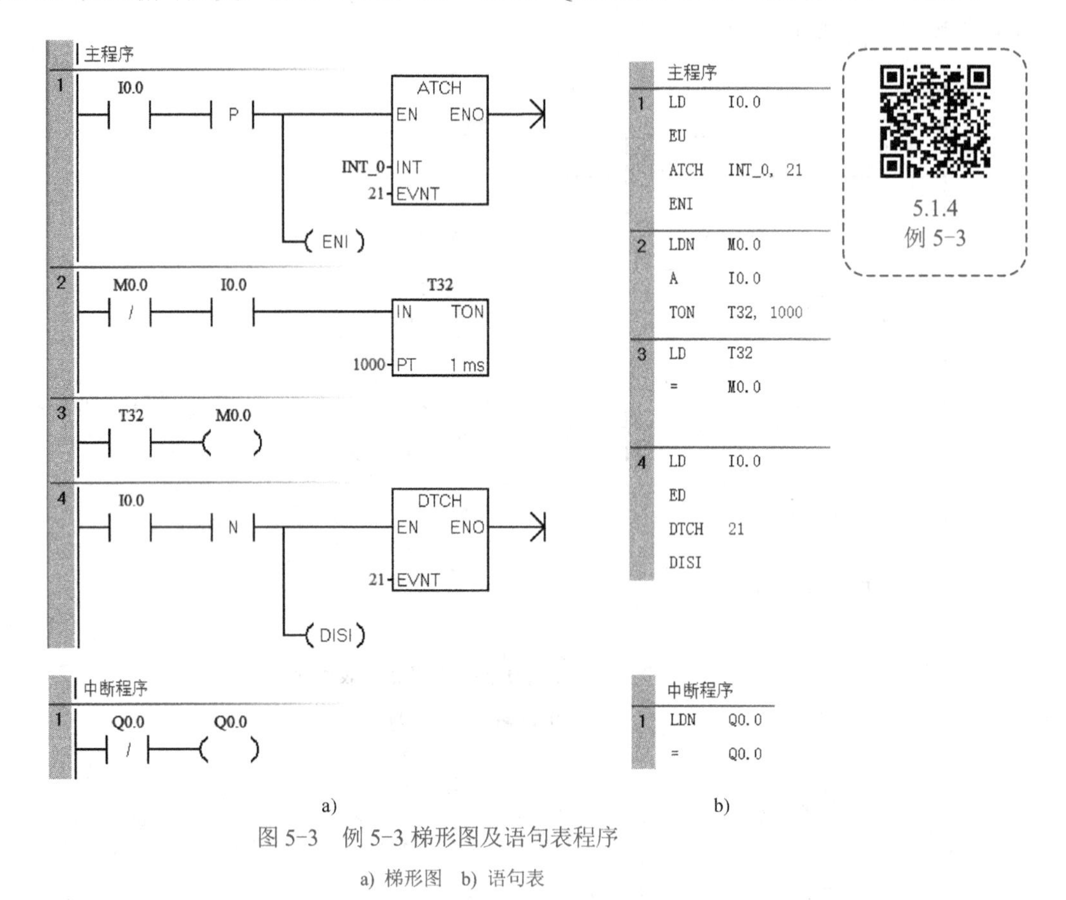

图 5-3 例 5-3 梯形图及语句表程序

a) 梯形图 b) 语句表

5.1.5 中断程序编程实训

1. 实训目的

1）熟悉中断指令的使用方法。

2）掌握定时中断程序的设计方法。

2. 实训内容

1）利用 T32 定时中断编写程序，要求产生占空比为 50%、周期为 4s 的方波信号。

2）用定时中断实现喷泉的模拟控制，控制要求同 4.1.2 节例 4-6。

3. 参考程序

1）产生占空比为 50%、周期为 4s 的方波信号，梯形图程序如图 5-4 所示。

2）喷泉的模拟控制梯形图参考程序如图 5-5 所示。程序中采用定时中断 0，其中断事件号为 10，定时中断 0 的周期控制字 SMB34 中的定时时间设定值的范围为 1～255ms。喷泉模拟控制的移位时间为 0.5s，大于定时中断 0 的最大定时时间设定值 255ms，所以将中断的时间间隔设为 100ms，这样中断执行 5 次，其时间间隔为 0.5s。在程序中用 VB0 来累计中断的次数，每执行一次中断，VB0 在中断程序中加 1，当 VB0=5 时，即时间间隔为 0.5s，QB0 移 1 位。

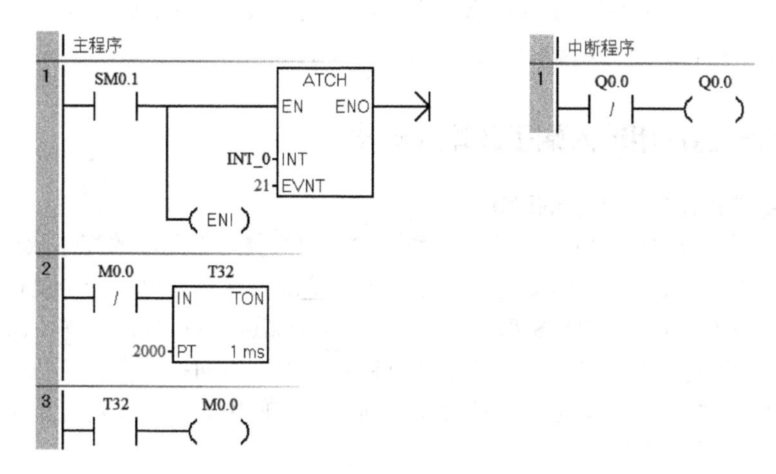

图 5-4 产生占空比为 50%、周期为 4s 的方波信号梯形图程序

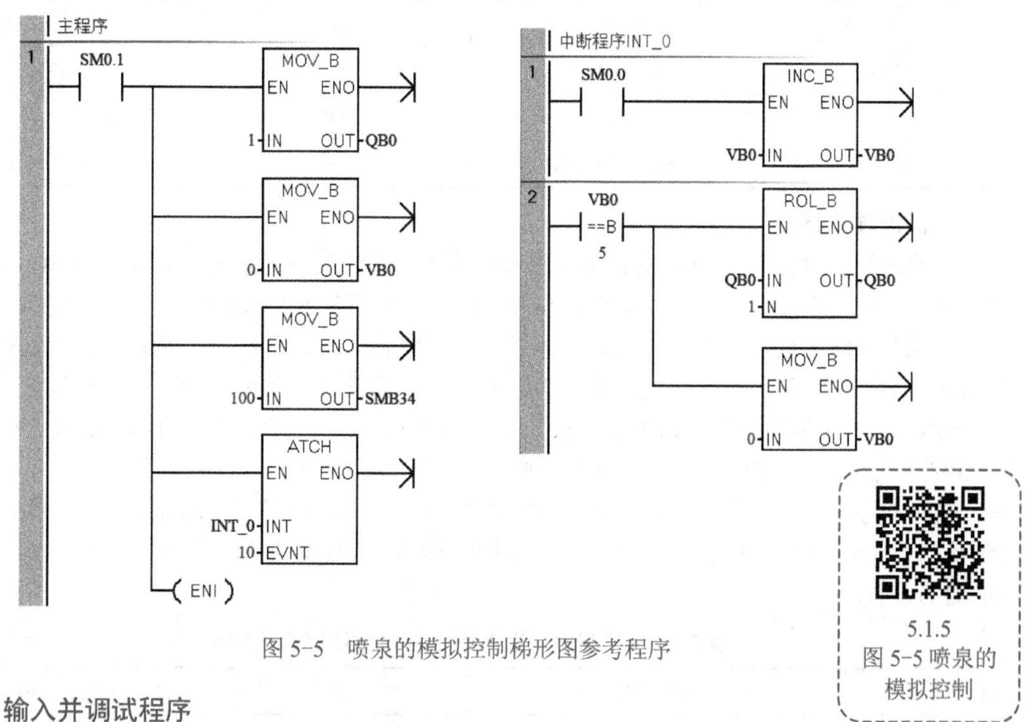

图 5-5 喷泉的模拟控制梯形图参考程序

5.1.5
图 5-5 喷泉的
模拟控制

4．输入并调试程序

用状态图表监视程序的运行，并记录观察到的现象。

5.2 高速计数器指令

前面介绍的计数器指令的计数速度受扫描周期的影响，对比 CPU 扫描频率高的脉冲输入，就不能满足控制要求。为此，S7-200 SMART 系列 PLC 设计了高速计数功能（HSC），其计数自动进行，不受扫描周期的影响，最高计数频率取决于 CPU 的类型，S 型系列 CPU 最高计数频率为 200kHz，用于捕捉比 CPU 扫描速率更快的事件，并产生中断，执行中断程序，完成预定的操作。S7-200 SMART S 型系列 CPU 有 6 个高速计数器 HSC0～HSC5，最多可设置 8 种不同的操作模式。用高速计数器可实现高速运动的精确控制。

5.2.1 高速计数器占用输入端子及输入滤波

1. 高速计数器占用输入端子的确定

在工业控制中，一般使用 PLC 的高速计数器对来自增量式编码器的高速脉冲进行计数。增量式编码器以恒定速度旋转，编码器每转发出一定数量的计数脉冲以及一个复位脉冲，作为高速计数器的输入。S7-200 SMART S 型系列 CPU 的 6 个高速计数器占用的输入端子见表 5-4。各高速计数器的不同输入端有专用的功能，如时钟脉冲端、方向控制端、复位端。同一个输入端不能用于两种不同的功能。但是高速计数器当前模式未使用的输入端均可用于其他用途，如作为中断输入端或作为数字量输入端。

表 5-4 高速计数器占用的输入端子

高速计数器	占用的输入端子	高速计数器	占用的输入端子
HSC0	I0.0、I0.1、I0.4	HSC3	I0.3
HSC1	I0.1	HSC4	I0.6、I0.7、I1.2
HSC2	I0.2、I0.3、I0.5	HSC5	I1.0、I1.1、I1.3

2. 高速输入滤波

1）高速输入滤波的正确接线。高速输入滤波接线必须使用屏蔽电缆。连接 HSC 输入通道 I0.0、I0.1、I0.2、I0.3、I0.6、I0.7、I1.0 和 I1.1 时，所使用屏蔽电缆的长度不应超过 50 m。

2）调整 HSC 通道所用输入通道的系统块数字量输入滤波时间。打开系统块，选择数字量输入通道，参照表 5-5 数字量输入滤波时间和可检测到的最大频率对应表，选择滤波时间，如图 5-6 所示。在 HSC 通道对脉冲进行计数前，S7-200 SMART CPU 会应用输入滤波。如果 HSC 输入脉冲以输入滤波过滤掉的速率发生，则 HSC 不会在输入上检测到任何脉冲。所以务必将 HSC 的每路输入、方向和复位输入的滤波时间组态为允许以应用需要的速率进行计数的值。系统默认的滤波时间为 6.4ms，这样检测到的最大频率为 78Hz。如果计数频率更高，则需要更改滤波器的设置。

表 5-5 数字量输入滤波时间和可检测到的最大频率

输入滤波时间	可检测到的最大频率	输入滤波时间	可检测到的最大频率
0.2μs	200kHz（S 型系列 CPU），100kHz（C 型系列 CPU）	0.2ms	2.5kHz
0.4μs	200kHz（S 型系列 CPU），100kHz（C 型系列 CPU）	0.4ms	1.25kHz
0.8μs	200kHz（S 型系列 CPU），100kHz（C 型系列 CPU）	0.8ms	625Hz
1.6μs	200kHz（S 型系列 CPU），100kHz（C 型系列 CPU）	1.6ms	312Hz
3.2μs	156kHz（S 型系列 CPU），100kHz（C 型系列 CPU）	3.2ms	156Hz
6.4μs	78kHz	6.4ms	78Hz
12.8μs	39kHz	12.8ms	39Hz

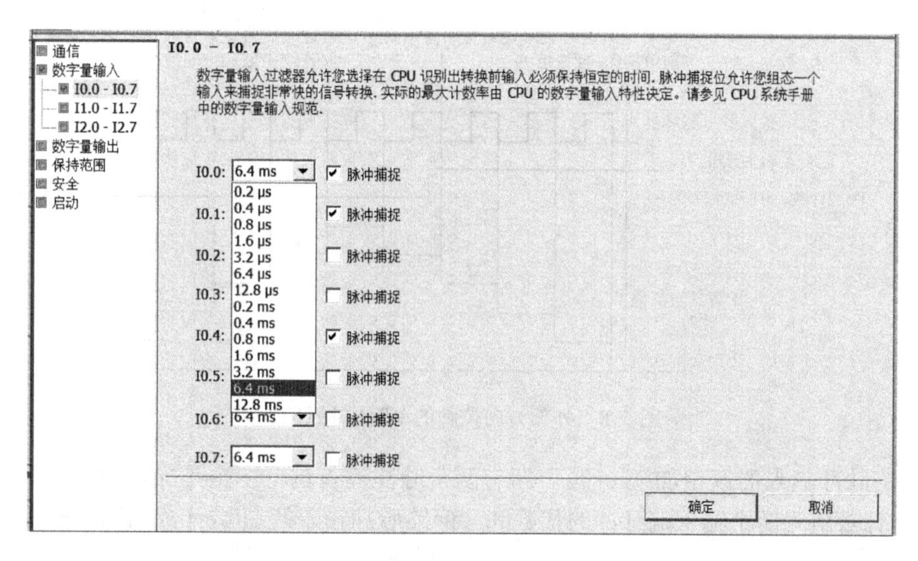

图 5-6　调整 HSC 通道所用输入通道的系统块数字量输入滤波时间

5.2.2　高速计数器的工作模式

程序运行时，高速计数器载入几个预设值中的第一个，并在当前计数值小于当前预设值的时间段内，设置的输出为 ON。若高速计数器设置为在当前计数值等于预设值和出现复位时产生中断，则每次出现“当前计数值等于预设值”的中断事件时，将装载一个新的预设值，同时设置输出的下一状态。当出现“复位”中断事件时，将设置输出的第 1 个预设值和第 1 个输出状态，并重复该循环。

1. 高速计数器的计数方式

1）单路脉冲输入的内部方向控制加/减计数。即只有一个脉冲输入端，通过高速计数器的控制字节的第 3 位来控制做加计数或者减计数。该位为 1，加计数；该位为 0，减计数。内部方向控制的单路加/减计数如图 5-7 所示。

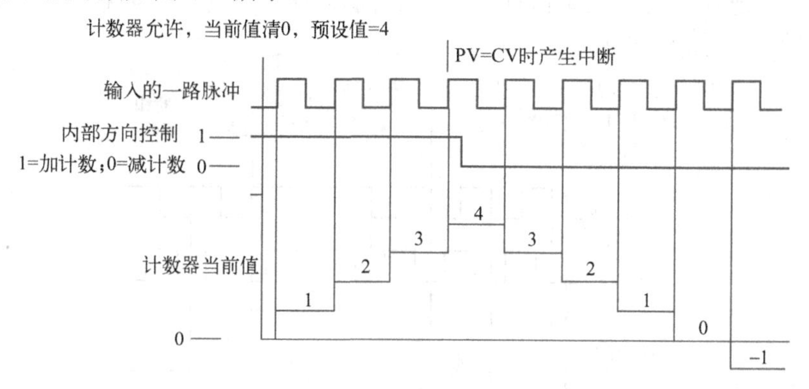

图 5-7　内部方向控制的单路加/减计数

2）单路脉冲输入的外部方向控制加/减计数。即有一个脉冲输入端，有一个方向控制端，方向输入信号等于 1 时，加计数；方向输入信号等于 0 时，减计数。外部方向控制的单路加/减计数如图 5-8 所示。

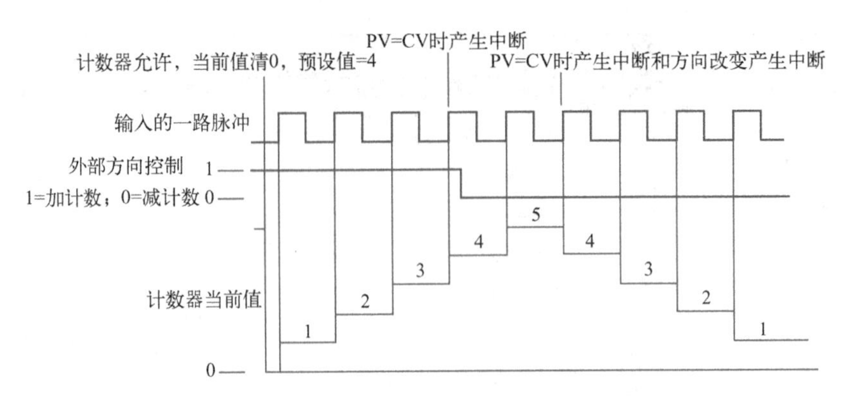

图 5-8 外部方向控制的单路加/减计数

3）两路脉冲输入的双相加/减计数。即有两个脉冲输入端，一个是加计数脉冲，一个是减计数脉冲，计数值为两个输入端脉冲的代数和。两路脉冲输入的加/减计数如图 5-9 所示。

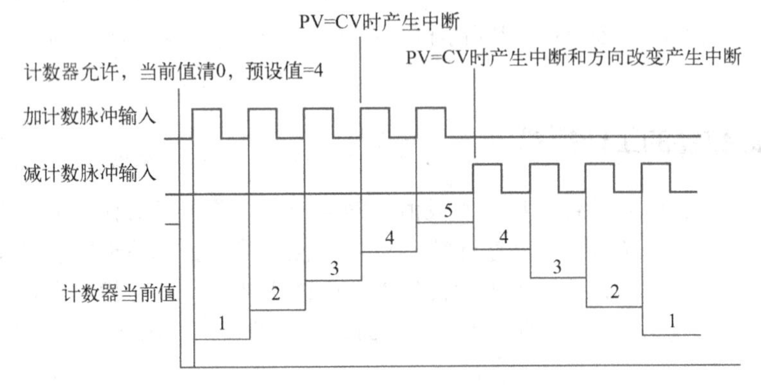

图 5-9 两路脉冲输入的加/减计数

4）两路脉冲输入的 A/B 正交计数。即有两个脉冲输入端，输入的两路脉冲 A 相、B 相，相位互差 90°（正交），A 相超前 B 相 90° 时，加计数；A 相滞后 B 相 90° 时，减计数。在这种计数方式下，可选择 1×模式（单倍频，一个时钟脉冲计一个数）和 4×模式（4 倍频，一个时钟脉冲计 4 个数），如图 5-10 所示。

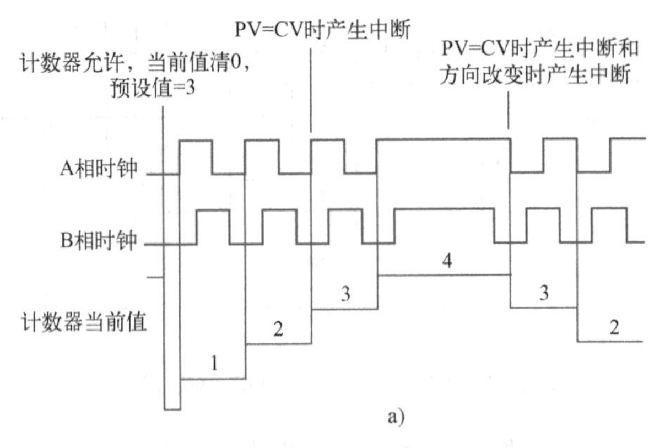

图 5-10 两路脉冲输入的 A/B 正交计数

a) 两路脉冲输入的双相正交计数 1×模式

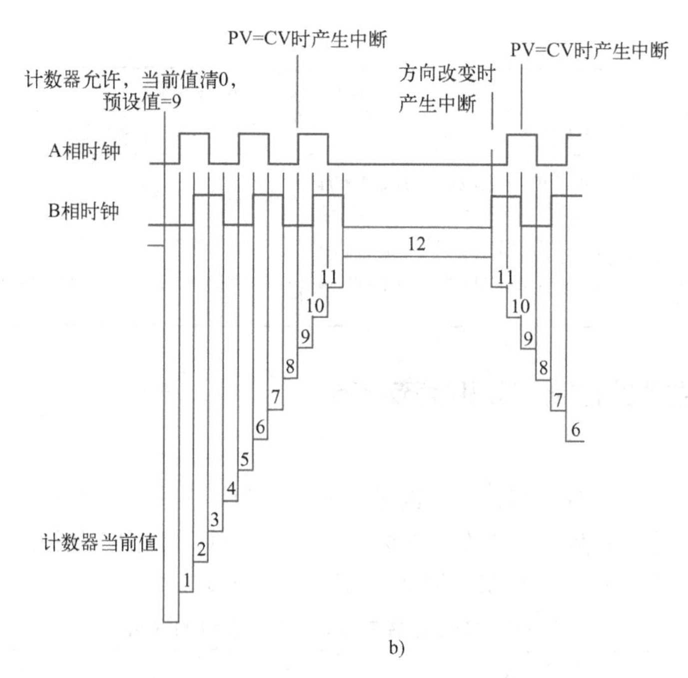

图 5-10　两路脉冲输入的 A/B 正交计数（续）

b) 两路脉冲输入的双相正交计数 4×模式

2．高速计数器的工作模式

高速计数器有 8 种工作模式，模式 0～模式 1 采用单路脉冲输入的内部方向控制加/减计数；模式 3～模式 4 采用单路脉冲输入的外部方向控制加/减计数；模式 6～模式 7 采用两路脉冲输入的加/减计数；模式 9～模式 10 采用两路脉冲输入的 A/B 正交计数。

S7-200 SMART S 型系列 CPU 有 HSC0～HSC5 6 个高速计数器，每个高速计数器有多种不同的工作模式。每种高速计数器所拥有的工作模式和其占有的输入端子的数目有关，见表 5-6。

选用某个高速计数器在某种工作方式下工作后，必须按系统指定的输入点输入信号。

表 5-6　高速计数器的工作模式和输入端子的关系及说明

HSC 类型与模式	HSC 编号及其占用的输入端子			
	HSC 编号及其功能	占用的输入端子及其功能		
	HSC0	I0.0	I0.1	I0.4
	HSC1	I0.1		
	HSC2	I0.2		
	HSC3	I1.3		
	HSC4	I0.6	I0.7	I1.2
	HSC5	I1.0	I1.1	I1.3
0	单路脉冲输入的内部方向控制加/减计数。控制字 SM37.3=0，减计数；SM37.3=1，加计数	脉冲输入端		
1				复位端
3	单路脉冲输入的外部方向控制加/减计数。方向控制端=0，减计数；方向控制端=1，加计数	脉冲输入端	方向控制端	
4				复位端

（续）

<table>
<tr><th rowspan="2">HSC 工作模式</th><th colspan="4">HSC 编号及其占用的输入端子</th></tr>
<tr><th>HSC 编号及其功能</th><th colspan="3">占用的输入端子及其功能</th></tr>
<tr><td>6</td><td rowspan="2">两路脉冲输入的单相加/减计数。加计数端有脉冲输入，加计数；减计数端有脉冲输入，减计数</td><td rowspan="2">加计数脉冲输入端</td><td rowspan="2">减计数脉冲输入端</td><td></td></tr>
<tr><td>7</td><td>复位端</td></tr>
<tr><td>9</td><td rowspan="2">两路脉冲输入的 A/B 正交计数。A 相脉冲超前 B 相脉冲，加计数；A 相脉冲滞后 B 相脉冲，减计数</td><td rowspan="2">A 相脉冲输入端</td><td rowspan="2">B 相脉冲输入端</td><td></td></tr>
<tr><td>10</td><td>复位端</td></tr>
</table>

5.2.3 高速计数器的控制字节和状态字节

1. 控制字节

定义了计数器和工作模式之后，还要设置高速计数器的有关控制字节。每个高速计数器均有一个控制字节，它决定了计数器的计数允许或禁用，方向控制（仅限工作模式 0 和 1）或对所有其他模式的初始化计数方向，装入当前值和预设值。控制字节每个控制位的说明见表 5-7。

表 5-7 HSC 的控制字节每个控制位的说明

HSC0	HSC1	HSC2	HSC3	HSC4	HSC5	说明
SM37.0	不支持	SM57.0	不支持	SM147.0	SM157.0	复位有效电平控制：0=复位信号高电平有效；1=低电平有效
保留	保留	保留	保留	保留	保留	
SM37.2	不支持	SM57.2	不支持	SM147.2	SM157.2	正交计数器计数速率选择：0=4×计数速率；1=1×计数速率
SM37.3	SM47.3	SM57.3	SM137.3	SM147.3	SM157.3	计数方向控制位：0=减计数；1=加计数
SM37.4	SM47.4	SM57.4	SM137.4	SM147.4	SM157.4	向 HSC 写入计数方向：0=无更新；1=更新计数方向
SM37.5	SM47.5	SM57.5	SM137.5	SM147.5	SM157.5	向 HSC 写入新预置值：0=无更新；1=更新预置值
SM37.6	SM47.6	SM57.6	SM137.6	SM147.6	SM157.6	向 HSC 写入新当前值：0=无更新；1=更新当前值
SM37.7	SM47.7	SM57.7	SM137.7	SM147.7	SM157.7	启用 HSC 允许：0=禁用 HSC；1=启用 HSC

2. 状态字节

每个高速计数器都有一个状态字节，状态位表示当前计数方向以及当前值是否大于或等于预置值。每个高速计数器状态字节的状态位见表 5-8。状态字节的 0～4 位不用。只有在执行高速计数器中断程序时，状态位才有效。监控高速计数器状态的目的是使外部事件产生中断，以完成重要的操作。

表 5-8 高速计数器状态字节的状态位

HSC0	HSC1	HSC2	HSC3	HSC4	HSC5	说明
SM35.5	SM45.5	SM55.5	SM135.5	SM145.5	SM155.5	当前计数方向状态位：0=减计数；1=加计数
SM35.6	SM45.6	SM55.6	SM135.6	SM145.6	SM155.6	当前值等于预设值状态位：0=不相等；1=等于
SM35.7	SM45.7	SM55.7	SM135.7	SM145.7	SM155.7	当前值大于预设值状态位：0=小于或等于；1=大于

5.2.4 高速计数器指令及举例

高速计数器的编程方法有两种：一是采用高速计数器指令编程；二是通过 STEP7-

Micro/WIN SMART 编程软件的指令向导，自动生成高速计数器程序。采用高速计数器指令编程便于理解指令，而利用指令向导可以加快编程速度。

1．高速计数器指令

高速计数器指令有两条，即高速计数器定义（HDEF）指令和高速计数器（HSC）指令，指令格式及功能见表 5-9。

表 5-9 高速计数器指令格式及功能

LAD	HDEF: EN, ENO; ????-HSC; ????-MODE	HSC: EN, ENO; ????-N
STL	HDEF HSC，MODE	HSC N
功能	高速计数器定义（HDEF）指令	高速计数器（HSC）指令
操作数	HSC：高速计数器的编号，为常量（0～5）；MODE：工作模式，为常量（0、1、3、4、6、7、9、10）	N：高速计数器的编号，为常量（0～5）

HDEF 指令：指定高速计数器（HSCx）的工作模式。选择工作模式即选择了高速计数器的输入脉冲、计数方向和复位功能。每个高速计数器只能用一条 HDEF 指令。

HSC 指令：根据高速计数器控制位的状态和按照 HDEF 指令指定的工作模式控制高速计数器。参数 N 指定高速计数器的编号。

2．高速计数器指令的使用

1）每个高速计数器都有一个 32 位当前值和一个 32 位预设值（目标值），当前值和预设值均为带符号的整数值。当前值随计数脉冲的输入而不断变化，当前值的起始值为初始值。要设置高速计数器的新的初始值和新预设值，必须设置控制字节（见表 5-6），令其第 5 位和第 6 位为 1，允许更新预设值和当前值，新当前值和新预设值写入特殊内部标志位存储区。然后执行 HSC 指令，将新数值传输到高速计数器。当前值数据类型为只读双字值，可以使用程序读取 HSC 当前值。如执行：MOVD HC0，VD200，可以将 HSC0 的当前值保存到 VD200 中。

HSC0～HSC5 当前值和预设值占用的特殊内部标志位存储区见表 5-10。

表 5-10 HSC0～HSC5 当前值和预设值占用的特殊内部标志位存储区

要装入的数值	HSC0	HSC1	HSC2	HSC3	HSC4	HSC5
新的当前值（初始值）	SMD38	SMD48	SMD58	SMD138	SMD148	SMD158
新的预设值（目标值）	SMD42	SMD52	SMD62	SMD142	SMD152	SMD162

2）执行 HDEF 指令之前，必须将高速计数器控制字节的位设置成需要的状态，否则将采用默认设置。默认设置为：复位输入高电平有效，正交计数速率选择 4×模式。执行 HDEF 指令后，就不能再改变计数器的设置，除非 CPU 进入停止模式。

3）执行 HSC 指令时，CPU 检查控制字节和有关的初始值和预设值。

3．高速计数器指令的初始化

高速计数器指令的初始化步骤如下：

1）用首次扫描时接通一个扫描周期的特殊内部存储器 SM0.1 去调用一个子程序，完成初始化操作。因为采用了子程序，在随后的扫描中，不必再调用这个子程序，以减少扫描时间，使程序结构更好。

2）在初始化的子程序中，根据希望的控制设置控制字节（SMB37、SMB47、SMB57、SMB137、SMB147、SMB157），如设置 SMB47=16#F8，则为：允许计数，写入新当前值，写入新预设值，更新计数方向为加计数，若为正交计数设为 4×模式，复位设置为高电平有效。

3）执行 HDEF 指令，设置 HSC 的编号（0～5），设置工作模式（0、1、3、4、6、7、9、10）。如 HSC 的编号设置为 0，工作模式输入设置为 10，则为有复位的正交计数工作模式。

4）用新的当前值写入 32 位当前值寄存器（SMD38，SMD48，SMD58，SMD138，SMD148，SMD158）。如写入 0，则清除当前值，用指令 MOVD　0，SMD38 实现。

5）用新的预设值写入 32 位预设值寄存器（SMD42、SMD52、SMD62、SMD142、SMD152、SMD162）。如执行指令 MOVD 1000，SMD42，则设置预设值为 1000。若写入预设值为 16#00，则高速计数器处于不工作状态。

6）为了捕捉当前值等于预设值的事件，将条件 CV=PV 中断事件（中断事件 12）与一个中断程序相联系。

7）为了捕捉计数方向的改变，将方向改变的中断事件（中断事件 27）与一个中断程序相联系。

8）为了捕捉外部复位，将外部复位中断事件（中断事件 28）与一个中断程序相联系。

9）执行全局中断允许指令（ENI）允许 HSC 中断。

10）执行 HSC 指令使 CPU 对高速计数器进行编程。

11）结束子程序。

【例 5-4】 高速计数器应用示例。某设备采用位置编码器作为检测元件，需要高速计数器进行位置值的计数，其要求如下：计数信号为 A、B 两相相位差 90° 的脉冲输入；使用外部计数器复位信号，高电平有效；编码器每转的脉冲数为 2500，在 PLC 内部进行 4 倍频，计数开始值为 0，当转动 1 转后，需要清除计数值进行重新计数。

1）主程序如图 5-11 所示。用首次扫描时接通一个扫描周期的特殊内部存储器 SM0.1 去调用一个子程序，完成初始化操作。

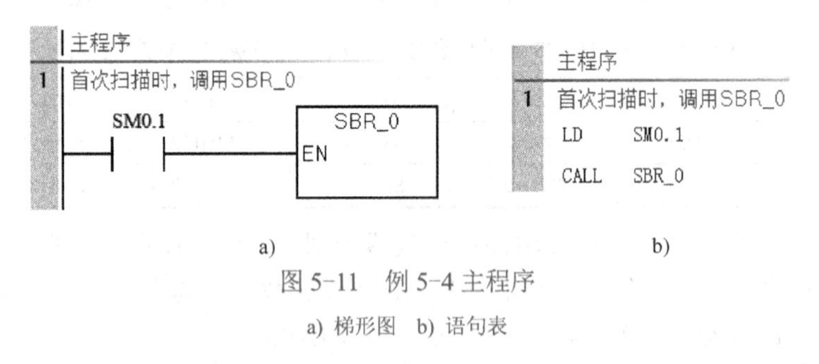

图 5-11　例 5-4 主程序

a) 梯形图　b) 语句表

2）初始化的子程序如图 5-12 所示。定义 HSC1 的工作模式为工作模式 10（两路脉冲输入的双相正交计数，具有复位和起动输入功能），设置 SMB37=16#F8（允许计数，更新当前值，更新预设值，更新计数方向为加计数，若为正交计数设为 4×模式，复位和启动设置为高电平有效）。HSC0 的当前值 SMD38 清零，预设值 SMD42=10000，当前值=预设值，产生中断（中断事件 13），中断事件 12 连接中断程序 INT_0。

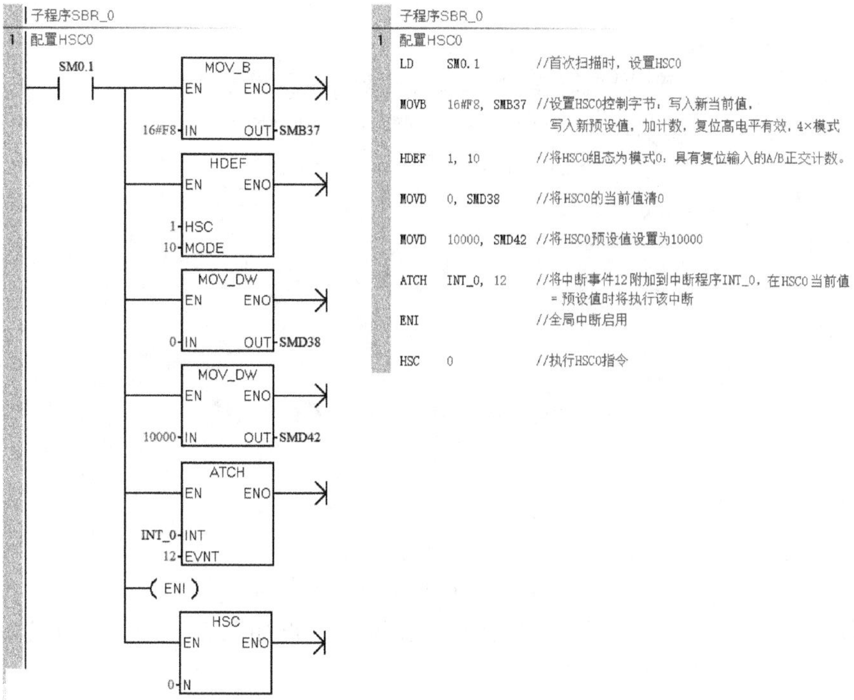

子程序SBR_0
1 配置HSC0
SM0.1
MOV_B EN ENO 16#F8 IN OUT SMB37
HDEF EN ENO 1 HSC 10 MODE
MOV_DW EN ENO 0 IN OUT SMD38
MOV_DW EN ENO 10000 IN OUT SMD42
ATCH EN ENO INT_0 INT 12 EVNT
ENI
HSC EN ENO 0 N
子程序SBR_0
1 配置HSC0
LD SM0.1 //首次扫描时，设置HSC0
MOVB 16#F8, SMB37 //设置HSC0控制字节：写入新当前值，
写入新预设值，加计数，复位高电平有效，4×模式
HDEF 1, 10 //将HSC0组态为模式0：具有复位输入的A/B正交计数。
MOVD 0, SMD38 //将HSC0的当前值清0
MOVD 10000, SMD42 //将HSC0预设值设置为10000
ATCH INT_0, 12 //将中断事件12附加到中断程序INT_0，在HSC0当前值
=预设值时将执行该中断
ENI //全局中断启用
HSC 0 //执行HSC0指令

图 5-12　例 5-4 初始化的子程序

3）中断程序 INT_0 如图 5-13 所示。

中断程序INT_0
1 对 HSC0 编程
SM0.0
MOV_DW EN ENO 0 IN OUT SMD38
MOV_B EN ENO 16#C0 IN OUT SMB37
HSC EN ENO 0 N
中断程序INT_0
1 对 HSC0 编程
LD SM0.0
MOVD 0, SMD38 //HSC0的当前值清0
MOVB 16#C0, SMB37 //选择仅写入新当前值，将HSC0保持为启用状态
HSC 0 //执行HSC0指令

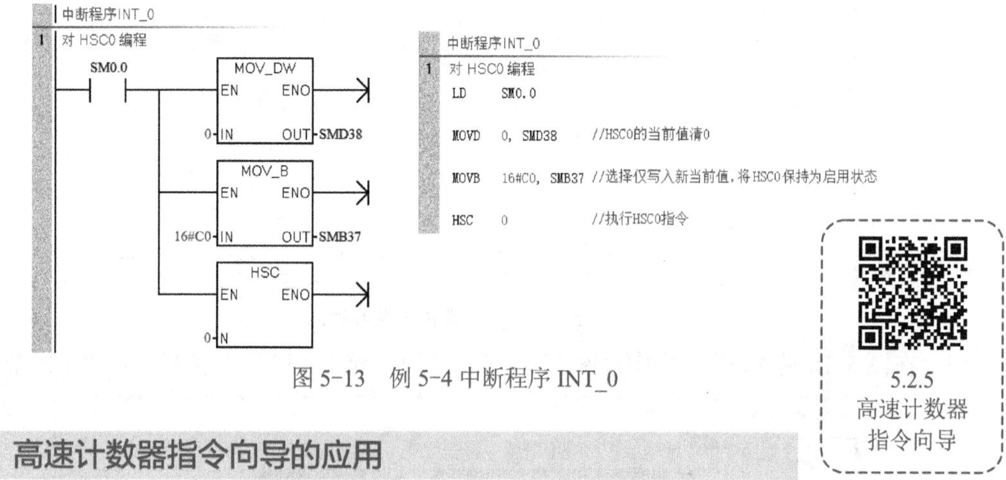

图 5-13　例 5-4 中断程序 INT_0

5.2.5
高速计数器
指令向导

5.2.5　高速计数器指令向导的应用

高速计数器程序可以通过 STEP7-Micro/WIN SMART 编程软件的指令向导自动生成。

使用以下操作之一组态高速计数器向导：

1）在菜单栏“工具”功能区的“向导”区域中选择“高速计数器”打开向导。

2）在项目树的“向导”文件夹中双击“高速计数器”节点。

3）打开向导后，分配 HSC 设置值。可浏览向导设置界面、修改参数，然后生成新向导程序代码。

例 5-4 用高速计数器向导的编程操作步骤如下。

1）打开 STEP7-Micro/WIN SMART 软件，在菜单栏选择“工具”→“高速计数器”按钮进入向导编程界面，如图 5-14 所示。

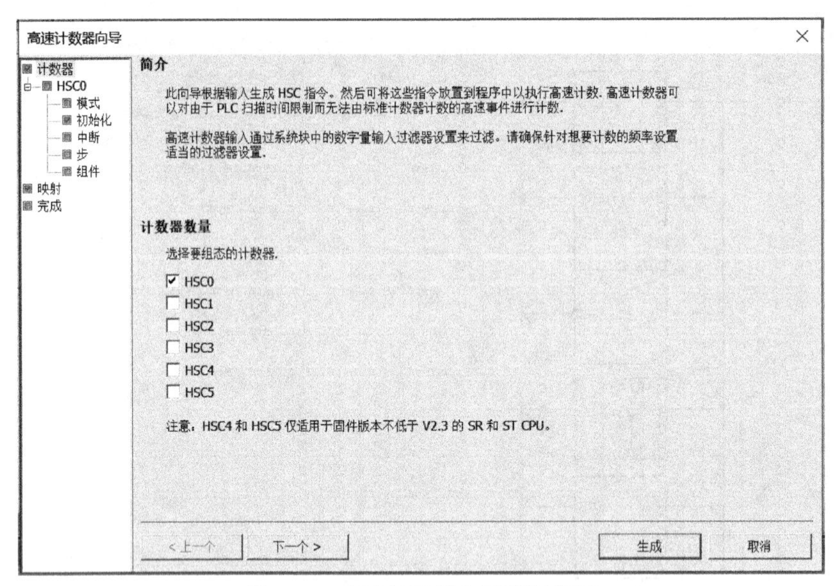

图 5-14　高速计数器向导编程界面

2）选择“HSC0”，单击“下一个”按钮，出现对话框如图 5-15 所示。设置计数器的名称，采用默认为“HSC0”，然后单击“下一个”按钮。

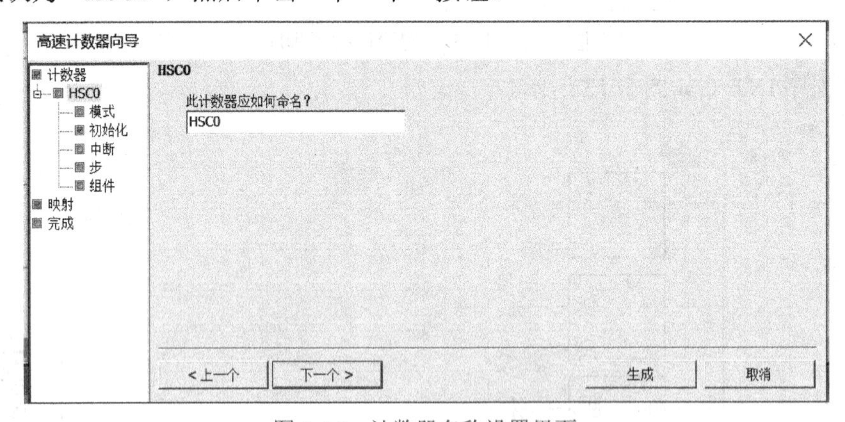

图 5-15　计数器名称设置界面

3）在图 5-16 模式设置界面中设置计数器模式为默认模式“10”。完成后单击“下一个”按钮。

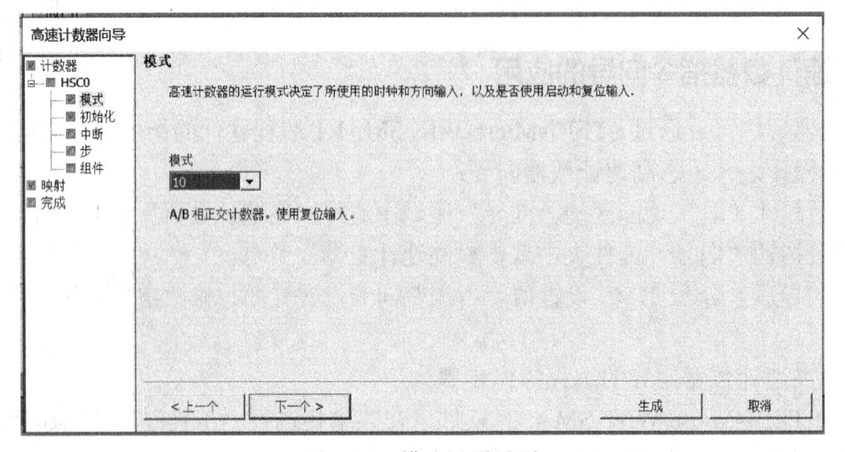

图 5-16　模式设置界面

4）在图 5-17 高速计数器初始化设置界面，分别设置初始化子程序的符号名（默认的符号名为“HSC0_INIT”）、设置计数器的预设值（本例输入为“10000”）、计数器的当前值（CV）的初始值（本例为“0”）、初始计数方向（本例选择“上”）、复位输入应该为高电平有效还是低电平有效（本例选择“上限”，即高电平有效）、计数器的计数速率（本例选择 4 倍频“4×”）。完成后单击“下一个”按钮。

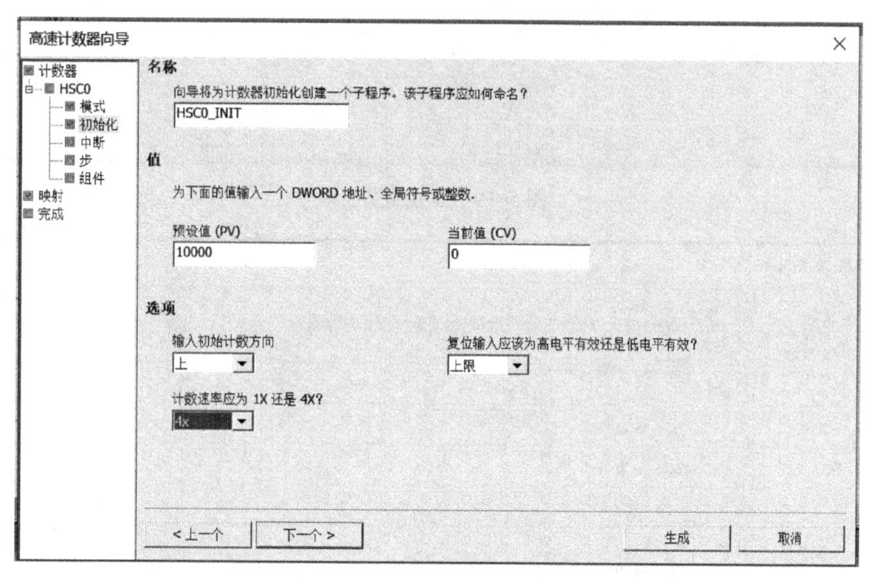

图 5-17 高速计数器初始化设置界面

5）在完成高速计数器的初始化设置后，弹出高速计数器中断设置的界面，如图 5-18 所示。本例中为当前值等于预设值时产生中断，并输入中断程序的符号名（默认为“COUNT_EQ0”）。

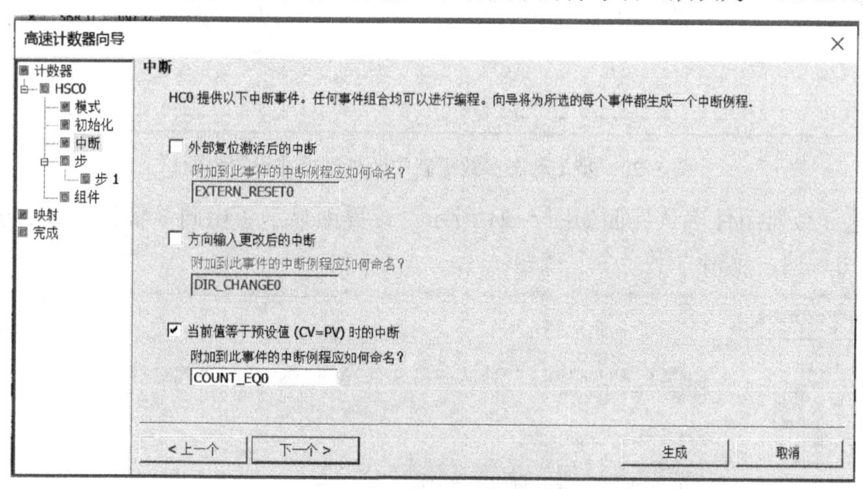

图 5-18 高速计数器中断设置界面

6）在图 5-19 步设置界面，输入需要中断的步数，本例只有当前值清零 1 步，选择“1”。完成后单击“下一个”按钮。

7）步 1 动态参数更新中断处理方式设置界面如图 5-20 所示。本例中当 CV=PV 时需要将当前值清零，所以选择“更新当前值”选项，并在“新 CV”栏内输入新的当前值“0”。完成后单击“下一步”按钮。

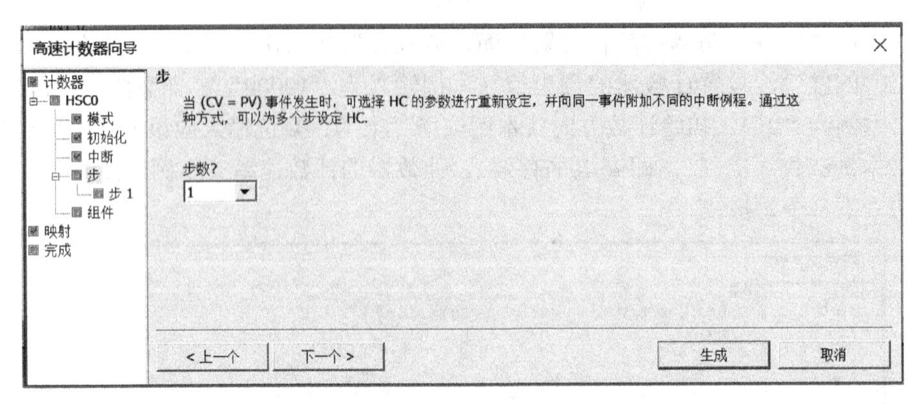

图 5-19　步设置界面

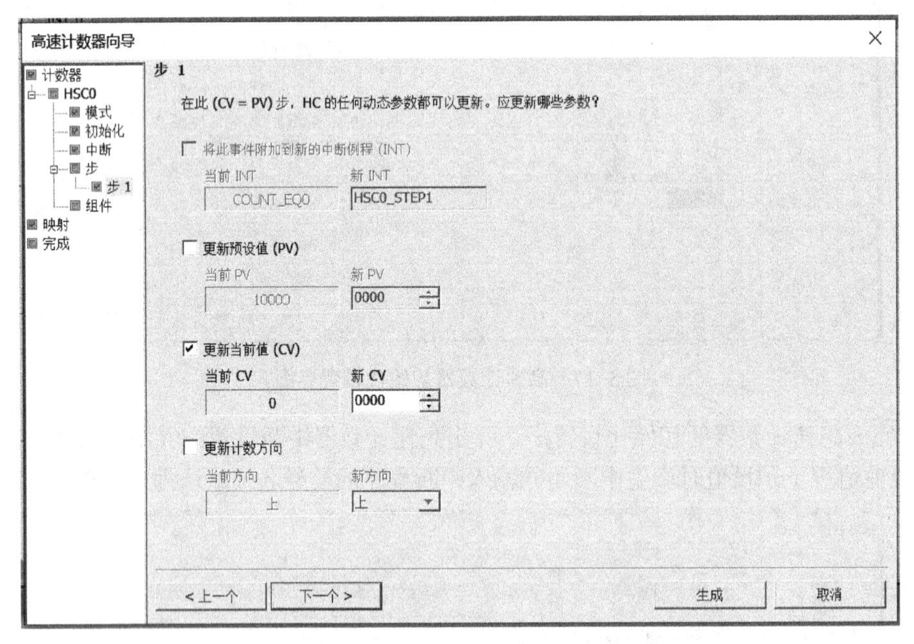

图 5-20　步 1 动态参数更新中断处理方式设置界面

8）高速计数器组件确认界面如图 5-21 所示。该界面显示了由向导编程完成的子程序、中断程序及使用说明，单击“下一个”按钮。

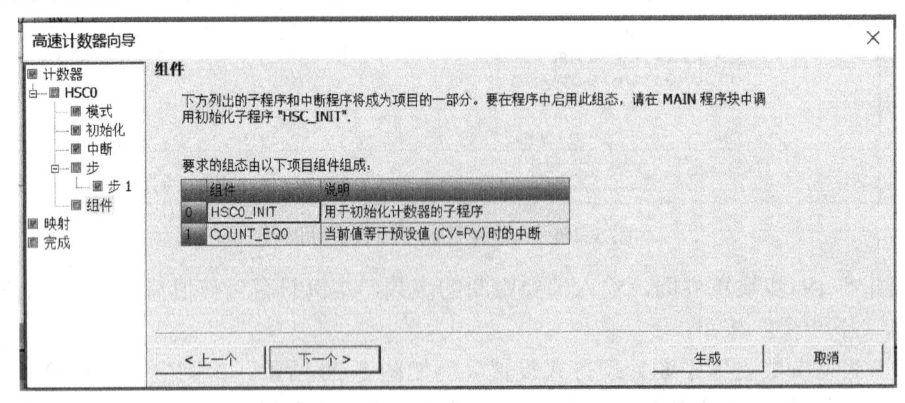

图 5-21　高速计数器组件确认界面

9）映射设置界面如图 5-22 所示。在该界面确认对应的计数频率所设置的滤波时间是否合适（参见 5.2.1 节表 5-5），如果不合适，可打开“系统块”重新设置。

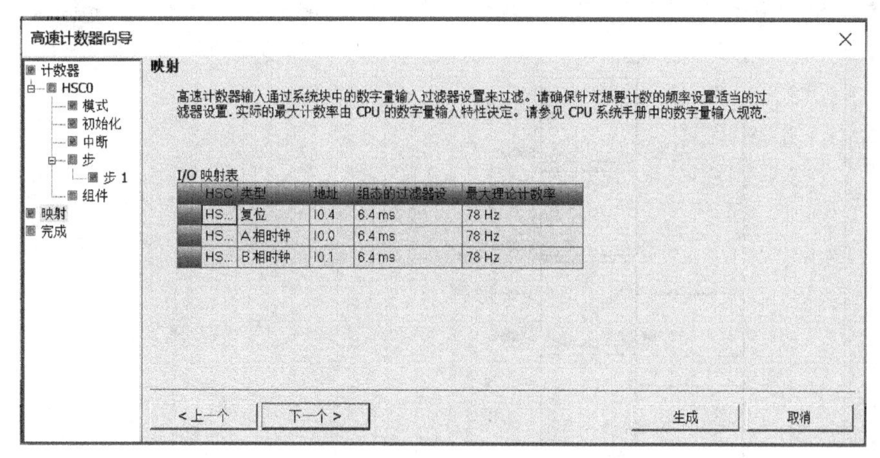

图 5-22 映射设置界面

10）完成确认界面如图 5-23 所示。单击“生成”按钮。

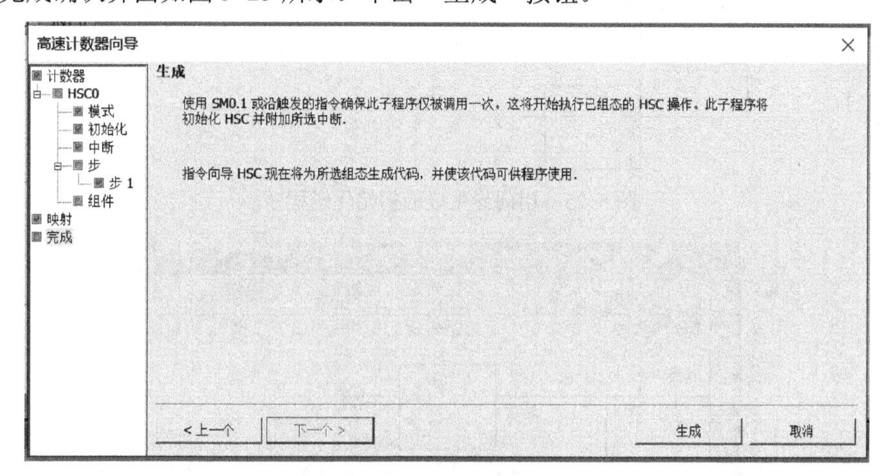

图 5-23 完成确认界面

11）向导使用完成后，自动增加了名为“HSC-INIT”的子程序和“COUNT-EQ”的中断程序。单击项目树“程序块”，如图 5-24 所示，分别双击“HSC-INIT”子程序和“COUNT-EQ”中断程序，如图 5-25 和图 5-26 所示。

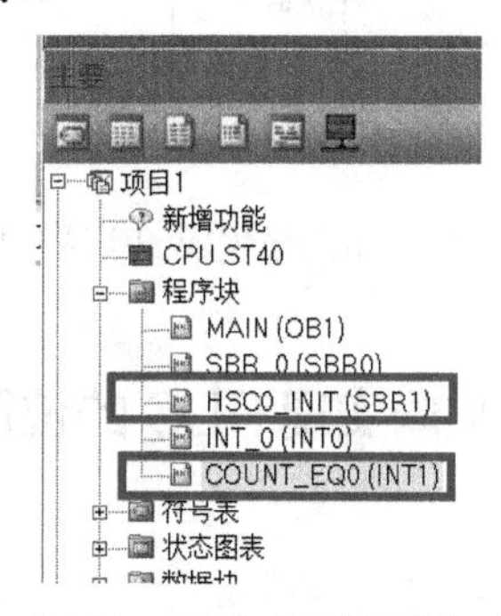

图 5-24 项目树增加名为“HSC-INIT”的子程序和“COUNT-EQ”的中断程序

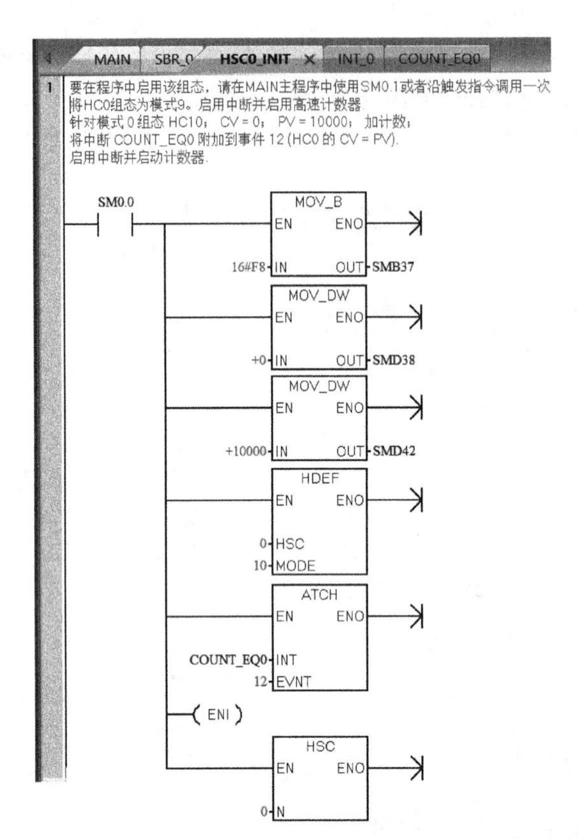

图 5-25 用向导生成的初始化子程序

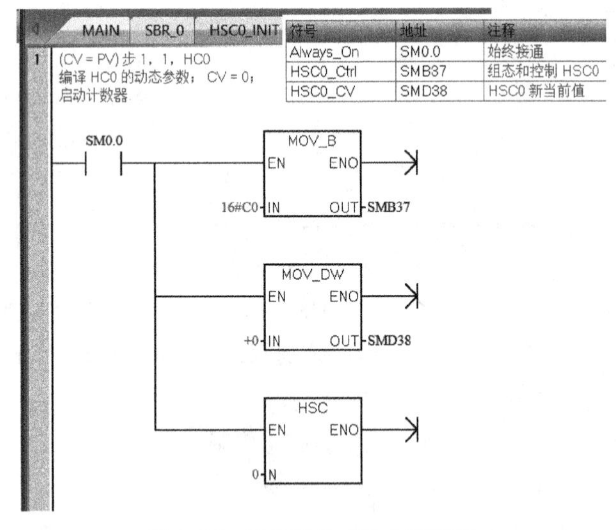

图 5-26 用向导生成的中断程序

5.2.6 用旋转编码器与高速计数器实现 PLC 的位置控制实训

1. 实训目的

1）学会旋转编码器的使用。

2）学会用旋转编码器与高速计数器实现 PLC 的位置控制。

2．实训内容

（1）正确使用旋转编码器

旋转编码器是通过光电转换，将输出至轴上的机械、几何位移量转换成脉冲或数字信号的传感器，主要用于速度或位置（角度）的检测。

典型的旋转编码器由光栅盘（码盘）和光电检测装置组成。光栅盘是在一定直径的圆板上等分地开通若干个长方形狭缝。由于光栅盘与电动机同轴，电动机旋转时，光栅盘与电动机同速旋转，经发光二极管等电子元器件组成的检测装置检测输出若干脉冲信号，其原理示意图如图 5-27 所示；通过计算每秒旋转编码器输出脉冲的个数就能反映当前电动机的转速。

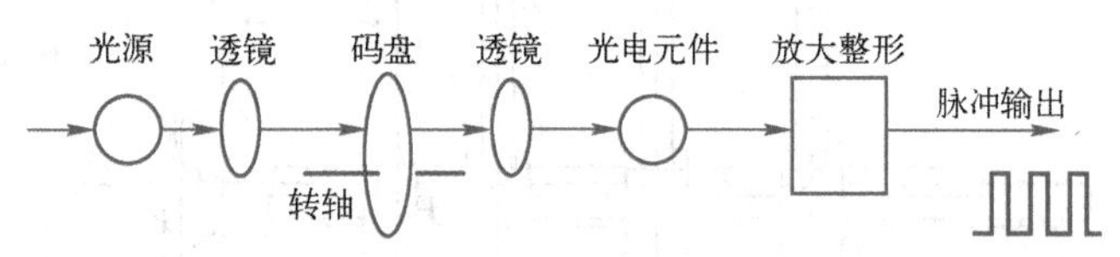

图 5-27　旋转编码器原理示意图

旋转编码器根据产生脉冲的方式，可以分为增量式、绝对式以及复合式三大类。自动化生产线上常采用的是增量式旋转编码器。

增量式旋转编码器是直接利用光电转换原理输出 3 组方波脉冲 A、B 和 Z 相；A、B 两组脉冲相位差 90°，用于辨向：当 A 相脉冲超前 B 相时为正转方向，而当 B 相脉冲超前 A 相时则为反转方向。Z 相用以每转产生一个脉冲，该脉冲成为移转信号或零标志脉冲，用于基准点定位，如图 5-28 所示。

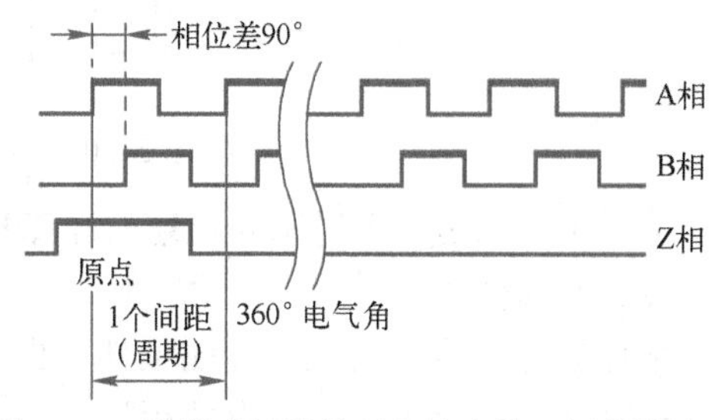

图 5-28　增量式旋转编码器输出的 3 组方波脉冲

YL-335B 分拣单元使用了这种具有 A、B 两相 90° 相位差的增量式旋转编码器，用于计算工件在传送带上的位置，如图 5-29 所示。编码器直接连接到传送带主动轴上。该旋转编码器的三相脉冲采用 NPN 型集电极开路输出，分辨率为 500 线（分辨率是轴旋转 1 周输出的脉冲数或刻线数），工作电源为 DC 12～24V。本工作单元没有使用 Z 相脉冲，A、B 两相输出端直接连接到 PLC 的高速计数器输入端。

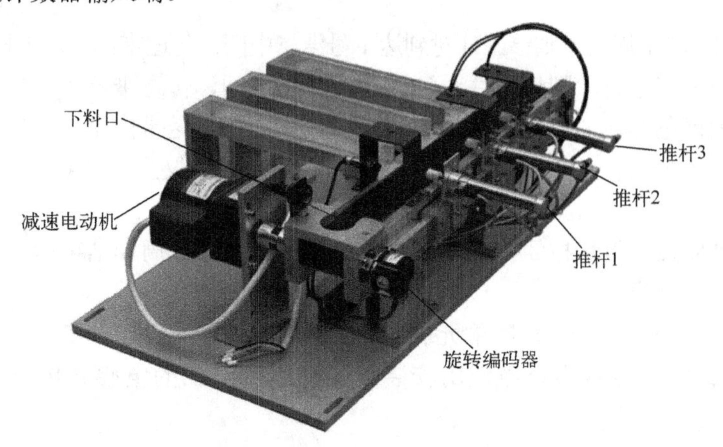

图 5-29　YL-335B 分拣单元

计算工件在传送带上的位置时，需确定每两个脉冲之间的距离，即脉冲当量。分拣单元主动轴的直径为 d=43mm，则减速电动机每旋转 1 周，传送带上工件的移动距离 $L=\pi d$=3.14×43mm=135.02mm。故脉冲当量为$\mu=L/500\approx0.27$mm。按如图 5-30 所示的安装尺寸，当工件从下料口中心线移至传感器中心时，旋转编码器发出约 435 个脉冲；移至推杆 1 中心点时，发出约 620 个脉冲；移至推杆 2 中心点时，发出约 974 个脉冲；移至推杆 3 中心点时，发出约 1298 个脉冲。

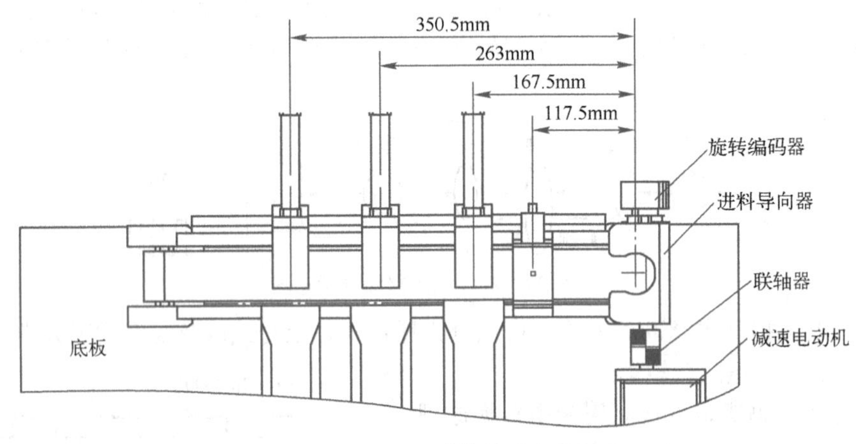

图 5-30　YL-335B 分拣单元安装尺寸

需要指出的是，上述脉冲当量的计算只是理论上的，尚需现场测试脉冲当量值。

（2）实训任务

本任务是完成对白色芯金属工件、白色芯塑料工件和黑色芯金属或塑料工件的分拣。为了在分拣时准确推出工件，要求使用旋转编码器作为定位检测。并且工件材料和芯体颜色属性应在推料气缸前的适当位置被检测出来。

设备上电和气源接通后，若工作单元的 3 个气缸均处于缩回位置，则“正常工作”指示灯 HL1 常亮，表示设备准备好。否则，该指示灯以 1Hz 频率闪烁。

若设备准备好，按下起动按钮，系统起动，“设备运行”指示灯 HL2 常亮。当传送带入料口放下已装配的工件时，变频器即起动，以固定频率 30Hz 驱动传动电动机，把工件带往分拣区。

如果工件为白色芯金属件，则该工件对到达 1 号滑槽中间，传送带停止，工件对被推到 1 号槽中；如果工件为白色芯塑料，则该工件对到达 2 号滑槽中间，传送带停止，工件对被推到 2 号槽中；如果工件为黑色芯，则该工件对到达 3 号滑槽中间，传送带停止，工件对被推到 3 号槽中。工件对被推出滑槽后，该工作单元的一个工作周期结束。仅当工件对被推出滑槽后，才能再次向传送带下料。

如果在运行期间按下停止按钮，YL-335B 分拣单元在本工作周期结束后停止运行。

（3）PLC 的 I/O 接线

根据任务要求，YL-335B 分拣单元机械装配和传感器安装如图 5-31 所示。判别工件材料和芯体颜色属性的传感器只需使用安装在传感器支架上的电感式传感器和一个光纤传感器。

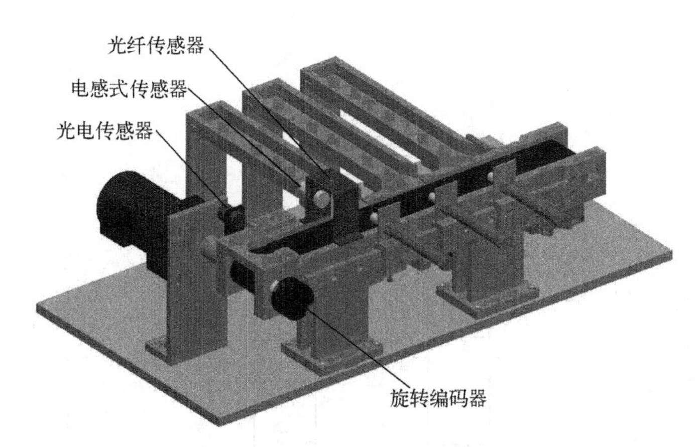

图 5-31　YL-335B 分拣单元机械装配和传感器安装

YL-335B 分拣单元 PLC 选用 S7-200 SMART CPU SR40 主单元。本任务要求变频器以 30Hz 的固定频率驱动电动机运转，用固定频率方式控制变频器即可。本例中选用 MM420 的端子 5（DIN1）作为电动机起动和频率控制。YL-335B 分拣单元 PLC 的 I/O 地址分配见表 5-11，I/O 接线原理图如图 5-32 所示。

表 5-11　YL-335B 分拣单元 PLC 的 I/O 地址分配

输入信号				输出信号			
序号	输入地址	作用	信号来源	序号	输出地址	作用	输出目标
1	I0.0	旋转编码器 B 相	装置侧	1	Q0.0	电动机起动	变频器
2	I0.1	旋转编码器 A 相		2	Q0.1		
3	I0.2	旋转编码器 Z 相		3	Q0.2		
4	I0.3	进料口工件检测		4	Q0.3		
5	I0.4	光纤传感器 1		5	Q0.4	推料 1 电磁阀	
6	I0.5	电感式传感器		6	Q0.5	推料 2 电磁阀	
7	I0.6			7	Q0.6	推料 3 电磁阀	
8	I0.7	推杆 1 推出到位		8	Q0.7	HL1（黄）	按钮/指示灯模块
9	I1.0	推杆 2 推出到位		9	Q1.0	HL2（绿）	
10	I1.1	推杆 3 推出到位		10	Q1.1	HL3（红）	
11	I1.2	停止按钮	按钮/指示灯模块				
12	I1.3	起动按钮					
13	I1.4						
14	I1.5	单站/全线					

为了实现固定频率输出，变频器的参数设置如下：

1）命令源 P0700=2（外部 I/O），选择频率设定的信号源参数 P1000=3（固定频率）；DIN1 功能参数 P0701=16（直接选择+ON 命令），P1001=30Hz。

2）斜坡上升时间参数 P1120 设置为 1s，斜坡下降时间参数 P1121 设置为 0.1s。由于驱动电动机功率很小，此参数设置不会引起变频器过电压跳闸。

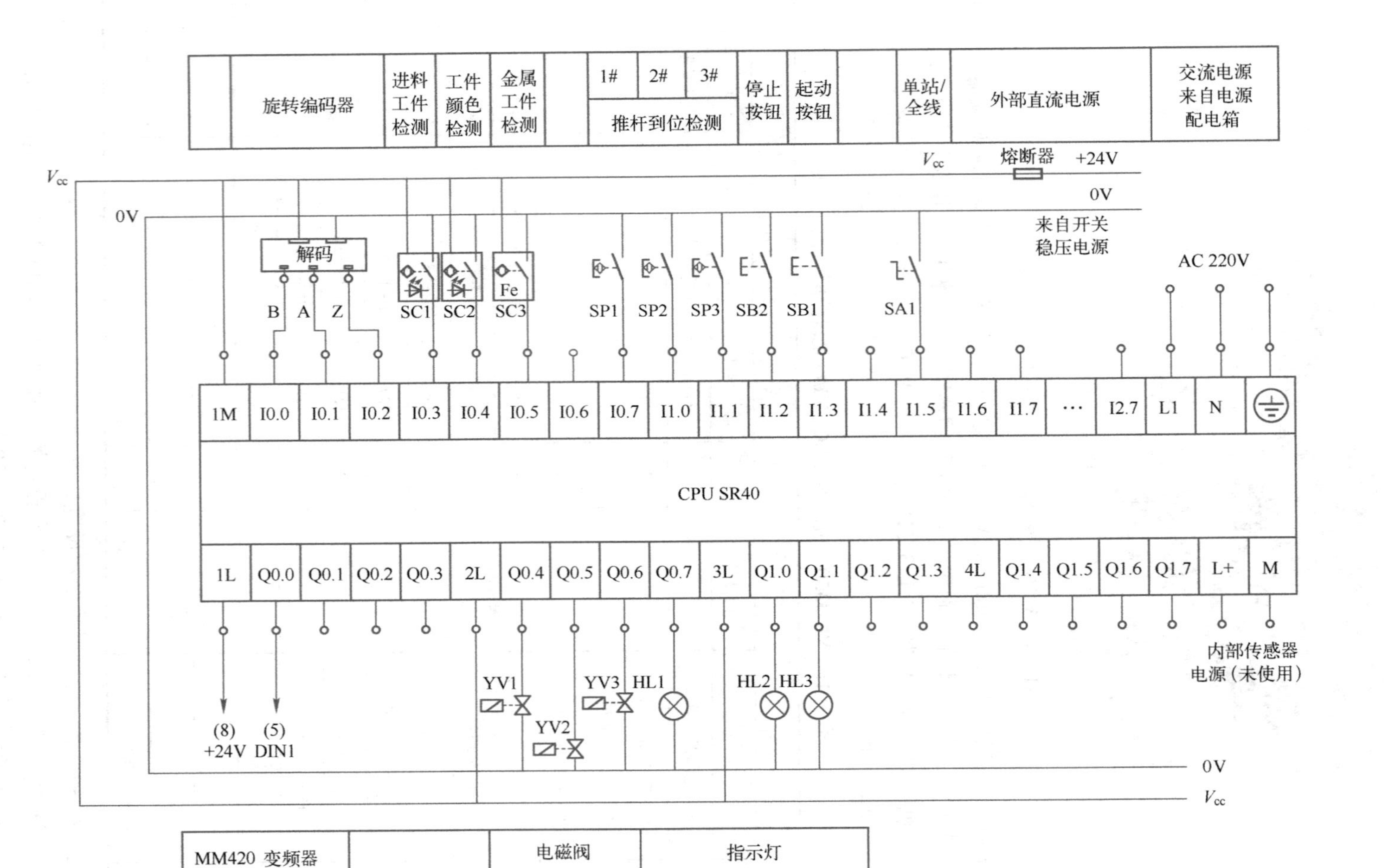

图 5-32 YL-335B 分拣单元 PLC 的 I/O 接线原理图

（4）分拣单元的编程要点

高速计数器的编程：根据分拣单元旋转编码器输出的脉冲信号形式（A、B 相正交脉冲，Z 相脉冲不使用，无外部复位），采用的计数模式为模式 9，所选用的计数器为 HSC0，A 相脉冲从 I0.0 输入，B 相脉冲从 I0.1 输入，计数倍频设置为 4 倍频。使用指令向导编程，很容易自动生成符号地址为“HSC0_INIT”的子程序。

在主程序块中使用 SM0.1（上电首次扫描 ON）调用此子程序，即完成高速计数器定义并起动计数器。

本任务编程高速计数器的目的，是根据 HC0 当前值确定工件位置，与存储到指定的变量存储器的特定位置数据进行比较，以确定程序的流向。特定位置数据为：进料口到传感器位置的脉冲数为 1800，存储在 VD10 单元中（双整数）；进料口到推杆 1 位置的脉冲数为 2500，存储在 VD14 单元中；进料口到推杆 2 位置的脉冲数为 4000，存储在 VD18 单元中；进料口到推杆 3 位置的脉冲数为 5400，存储在 VD22 单元中。

可以使用数据块对上述 V 存储器赋值，在 STEP7-Micro/WIN SMART 界面项目树中，选择“数据块”→“页面_1”；在所出现的数据块界面上逐行键入 V 存储器起始地址、数据值及其注释（可选），允许用逗号、制表符或空格作为地址和数据的分隔符号。使用数据块对 V 存储器赋值如图 5-33 所示。

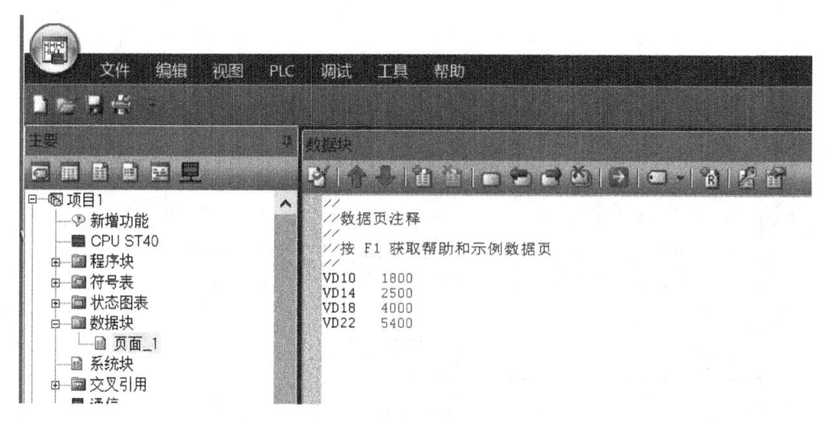

图 5-33　使用数据块对 V 存储器赋值

注意：特定位置数据均从进料口开始计算，因此，每当待分拣工件下料到进料口、电动机开始起动时，必须对 HC0 的当前值（存储在 SMD38 中）进行一次清零操作。

（5）程序结构

分拣单元的主要工作过程是分拣控制，可编写一个子程序供主程序调用。由于工作状态显示的要求比较简单，可直接在主程序中编写。

通电后先初始化高速计数器并进行初态检查，即检查 3 个推料气缸是否缩回到位。初态检查通过，允许起动。起动后，系统就处于运行状态，此时主程序每个扫描周期调用分拣控制子程序。分拣控制子程序是一个步进顺控程序，编程思路如下：

1）当检测到待分拣工件下料到进料口后，清零 HC0 当前值，以固定频率起动变频器驱动电动机运转。

2）当工件经过安装传感器支架上的光纤传感器和电感式传感器时，根据 2 个传感器动作与否，判别工件的属性，决定程序的流向。HC0 当前值与传感器位置值的比较可采用触点比较指令实现。

3）根据工件属性和分拣任务要求，在相应的推料气缸位置把工件推出。推料气缸返回后，用步进顺控子程序返回初始步。

3．参考程序

1）分拣单元 PLC 控制主程序如图 5-34 所示。

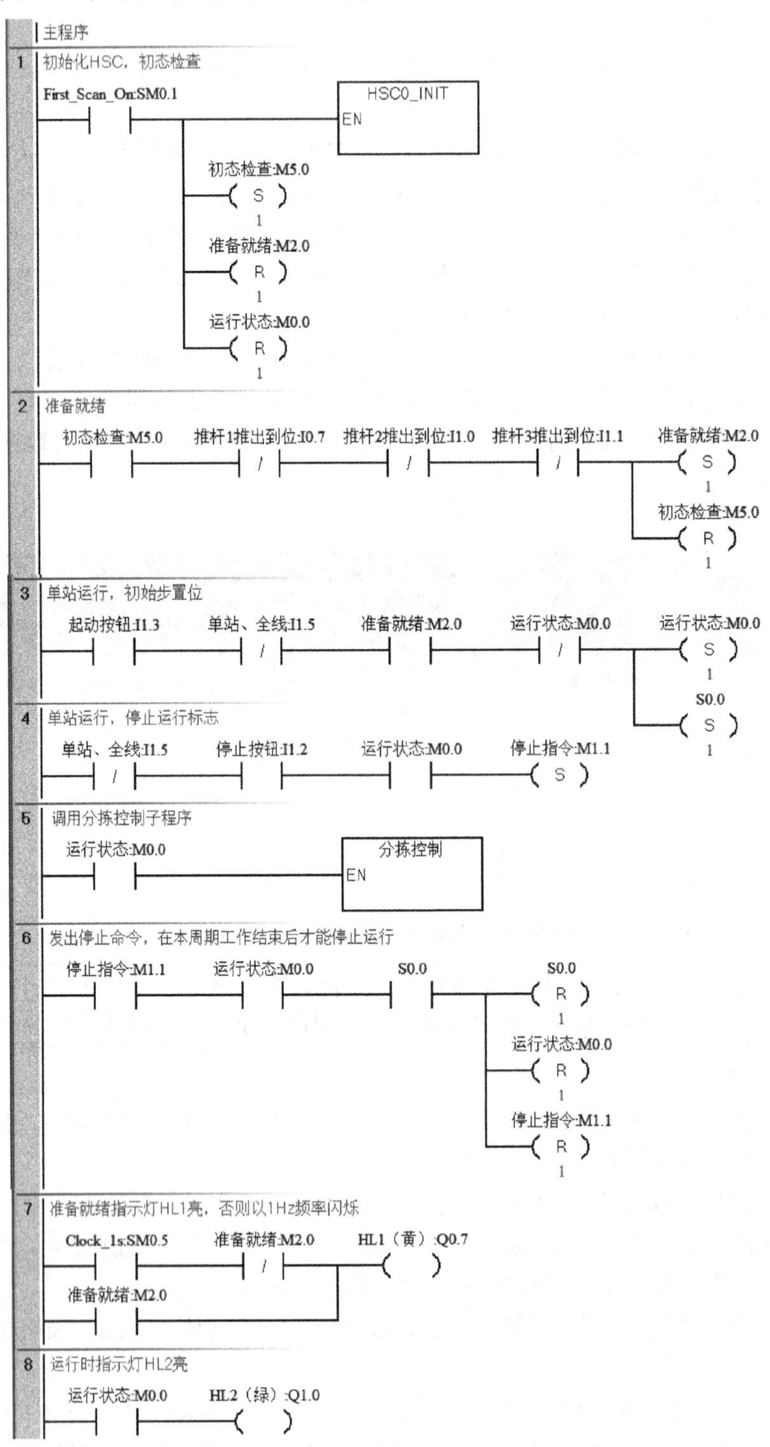

图 5-34　分拣单元 PLC 控制主程序

2）分拣单元 PLC 控制子程序如图 5-35 所示。

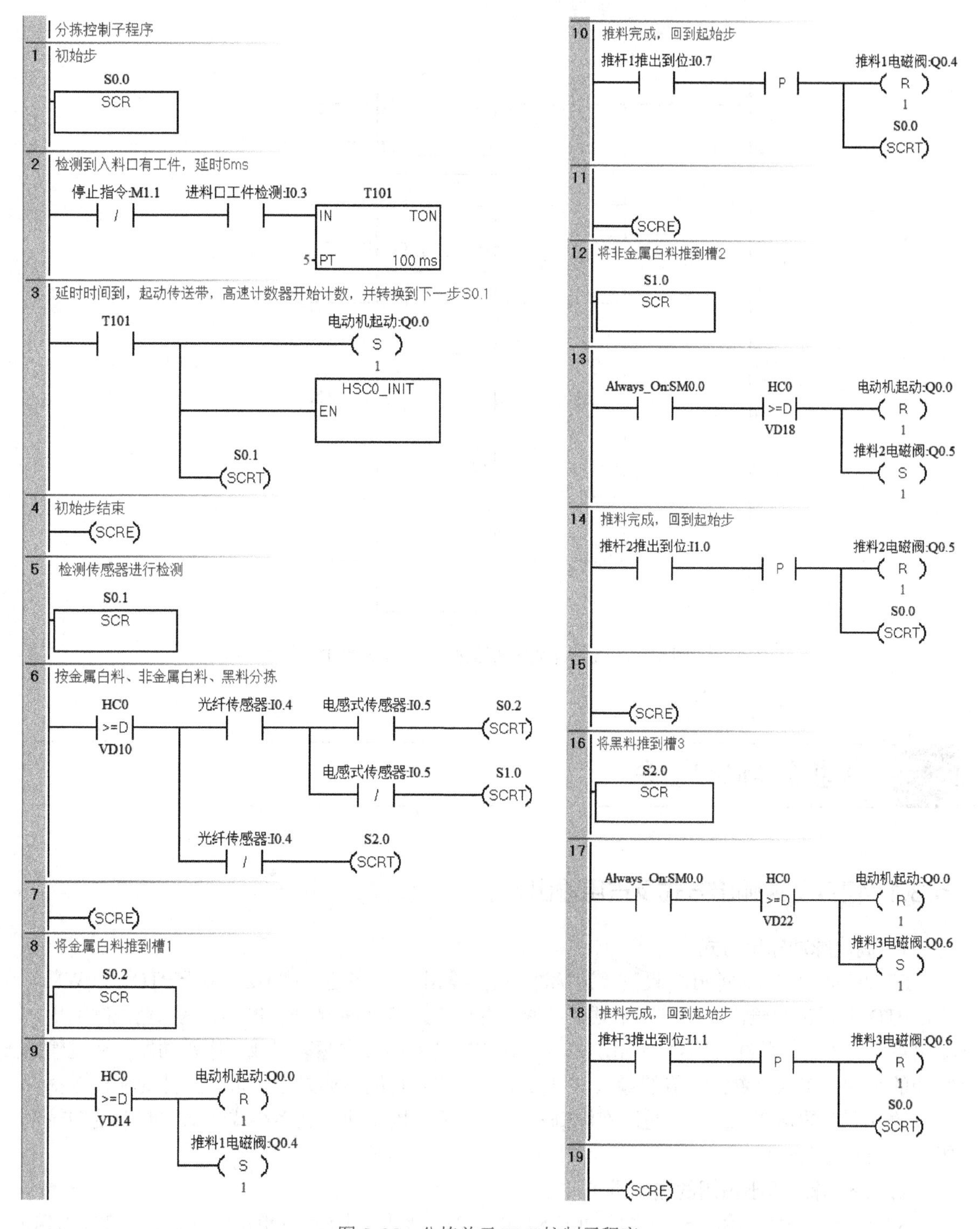

图 5-35　分拣单元 PLC 控制子程序

3）高速计数器初始化子程序 HSC0_INIT 如图 5-36 所示。

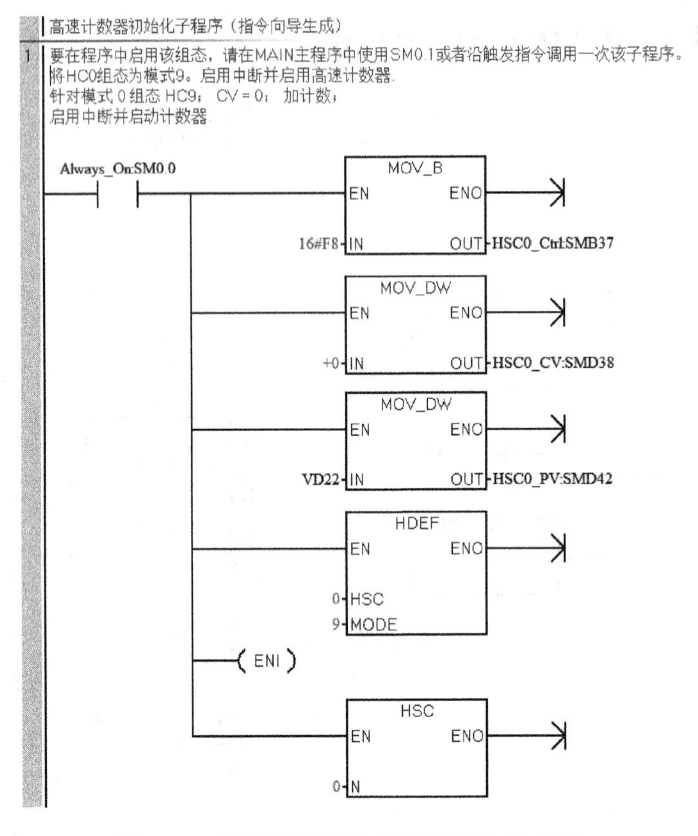

图 5-36　高速计数器初始化子程序 HSC0_INIT

5.3 高速脉冲输出指令

5.3.1 高速脉冲输出方式及占用输出端子

1. 高速脉冲输出方式

S7-200 SMART 系列 PLC 设有高速脉冲输出，输出频率可达 100kHz，用于 PTO 和 PWM。

PTO 是脉冲串输出，输出一个频率可调、占空比为 50%的脉冲。PWM 是脉宽调制输出，输出占空比可调的脉冲。PTO 多用于带有位置控制功能的步进驱动器或伺服驱动器，通过输出脉冲的个数，作为位置给定值的输入，以实现定位控制功能。通过改变定位脉冲的输出频率，可以改变运动的速度。PWM 是脉宽调制输出，用于直接驱动调速系统或运动控制系统的输出级，控制逆变主回路。

2. 高速脉冲输出占用的输出端子

S7-200 SMART 晶体管输出型的 PLC ST20 有 2 个脉冲输出通道 Q0.0 和 Q0.1，ST30、ST40 以及 ST60 有 3 个脉冲输出通道 Q0.0、Q0.1 和 Q0.3，可以提供 PTO 和 PWM 功能。

PTO/PWM 生成器和输出映像寄存器共用 Q0.0、Q0.1 和 Q0.3。在 Q0.0、Q0.1、Q0.3 使用 PTO 或 PWM 功能时，PTO/PWM 发生器控制输出，并禁止输出点的正常使用，输出波形不受输出映像寄存器状态、输出强制、执行立即输出指令的影响；在Q0.0 Q0.1或Q0.3位置没有使用PTO/PWM功能时，输出映像寄存器控制输出，所以输出映像寄存器决定输出波形的初始和结束状态，即决定脉冲输出波形从高电平或低电平开始和结束，使输出波形有短暂的不连续。为了减小这种不连续有害影响，可在起用PTO/PWM操作之前，将用于Q0.0、Q0.1或Q0.3的输出映像寄存器设为0。

5.3.2　高速脉冲输出指令介绍

1. 脉冲输出指令

PLS：脉冲输出指令，使能有效时，检查用于脉冲输出（Q0.0、Q0.1、Q0.3）的特殊存储器位（SM），然后执行特殊存储器位定义的脉冲输出的操作，指令格式及功能见表5-12。

表5-12　脉冲输出（PLS）指令格式及功能

LAD	STL	操作数及数据类型
PLS EN　ENO ????-N	PLS　N	N：常量0、1或2（0：Q0.0;1:Q0.1;2:Q0.3） 数据类型：字

2. 用于脉冲输出（Q0.0、Q0.1、Q0.3）的特殊存储器

（1）控制字节和参数的特殊存储器

每个PTO/PWM发生器都有一个控制字节（8位）、一个脉冲计数值（无符号的32位数值）和一个周期时间和脉宽值（无符号的16位数值）。这些值都放在特定的特殊存储区（SM），见表5-13。执行PLS指令时，S7-200SMART系列PLC读这些特殊存储器位（SM），然后执行特殊存储器位定义的脉冲操作，即对相应的PTO/PWM发生器进行编程。

表5-13　脉冲输出（Q0.0、Q0.1、Q0.3）的特殊存储器

Q0.0、Q0.1、Q0.3对PTO/PWM输出的控制字节			
Q0.0	Q0.1	Q0.3	说明
SM67.0	SM77.0	SMB567.0	PTO/PWM更新频率/周期值，0：不更新；1：更新
SM67.1	SM77.1	SMB567.1	PWM更新脉冲宽度值，0：不更新；1：更新
SM67.2	SM77.2	SMB567.2	PTO更新脉冲计数值，0：不更新；1：更新
SM67.3	SM77.3	SMB567.3	PWM时基选择，0：1μs；1：1ms
SM67.4	SM77.4	SMB567.4	保留
SM67.5	SM77.5	SMB567.5	PTO单/多段操作方式，0：单段操作；1：多段操作
SM67.6	SM77.6	SMB567.6	PTO/PWM模式选择，0：选择PWM；1：选择PTO
SM67.7	SM77.7	SMB567.7	PTO/PWM允许，0：禁止；1：允许
Q0.0、Q0.1、Q0.3对PTO/PWM输出的周期值			
Q0.0	Q0.1	Q0.3	说明
SMW68	SMW78	SMW568	PTO频率/ PWM 周期时间值，范围为1～65535Hz/2～65535ms
Q0.0、Q0.1、Q0.3对PTO/PWM输出的脉宽值			
Q0.0	Q0.1	Q0.3	说明
SMW70	SMW80	SMW570	PWM脉冲宽度值，范围为0～65535
Q0.0、Q0.1、Q0.3对PTO脉冲输出的计数值			
Q0.0	Q0.1	Q0.3	说明
SMD72	SMD82	SMD572	PTO脉冲计数值，范围为1～2147483647

（续）

Q0.0、Q0.1、Q0.3 对 PTO 脉冲输出的多段操作			
Q0.0	Q0.1	Q0.3	说明
SMB166	SMB176	SMB576	段号（仅用于多段 PTO 操作），多段管线 PTO 运行中的段的编号
SMW168	SMW178	SMW578	多段 PTO 操作包络表起始位置，放包络表的首地址
Q0.0、Q0.1、Q0.3 的状态位（用于 PTO 方式）			
Q0.0	Q0.1	Q0.3	说明
SM66.4	SM76.4	SM566.4	PTO 包络由于增量计算错误异常终止，0：无错；1：异常终止
SM66.5	SM76.5	SM566.5	PTO 包络由于用户命令异常终止，0：非手动禁用的包络；1：用户禁用的包络
SM66.6	SM76.6	SM566.6	PTO 管线溢出，0：无溢出；1：溢出
SM66.7	SM76.7	SM566.7	PTO 空闲（用来指示脉冲序列输出结束），0：运行中；1：PTO 空闲

通过修改脉冲输出（Q0.0 或 Q0.1）的特殊存储器 SM 区（包括控制字节），更改 PTO 或 PWM 的输出波形，然后再执行 PLS 指令。

注意：所有控制位、周期、脉冲宽度和脉冲计数值的默认值均为 0。向控制字节（SM67.7、SM77.7 和 SM567.7）的 PTO/PWM 允许位写入 0，然后执行 PLS 指令，将禁止 PTO 或 PWM 波形的生成。

（2）状态字节的特殊存储器

表 5-13 除了控制信息外，还有用于 PTO 功能的状态位，程序运行时，根据运行状态使某些位自动置位。可以通过程序来读取相关位的状态，以此状态作为判断条件，实现相应的操作。

3. PTO/PWM 控制字节参考

PTO/PWM 控制字节参考见表 5-14。

表 5-14 PTO/PWM 控制字节参考

PLS 指令的执行结果							
控制寄存器（十六进制值）	启用	选择模式	PTO 段操作	时基	脉冲计数	脉冲宽度	周期时间/频率
16#80	是	PWM		1μs/周期			
16#81	是	PWM		1μs/周期			更新周期时间
16#82	是	PWM		1μs/周期		更新	
16#83	是	PWM		1μs/周期		更新	更新周期时间
16#88	是	PWM		1ms/周期			
16#89	是	PWM		1ms/周期			更新周期时间
16#8A	是	PWM		1ms/周期		更新	
16#8B	是	PWM		1ms/周期		更新	更新周期时间
16#C0	是	PTO	单段				
16#C1	是	PTO	单段				更新频率
16#C4	是	PTO	单段		更新		
16#C5	是	PTO	单段		更新		更新频率
16#E0	是	PTO	多段				

4. PTO 的使用

PTO 以指定频率和指定脉冲数量提供占空比为 50%的方波输出（脉冲串）。状态字节中的最高位用来指示脉冲串输出是否完成。可在脉冲串完成时启动中断程序，若使用多段操作，则在包络表完成时启动中断程序。

（1）频率和脉冲数

频率：多段时范围为 1～100000Hz，单段时范围为 1～65535Hz，为 16 位无符号数。若频率<1Hz，则系统默认频率为 1Hz；若频率>1100000Hz，则系统默认频率为 100000Hz。

脉冲计数范围为 1～2147483647，为 32 位无符号数，如设置脉冲计数为 0，则系统默认脉冲计数值为 1，设置脉冲计数>2147483647，则系统默认脉冲计数值为 2147483647。

（2）PTO 的种类及特点

PTO 功能可输出多个脉冲串，现有脉冲串输出完成时，新的脉冲串输出立即开始。这样就保证了输出脉冲串的连续性。PTO 功能允许多个脉冲串排队，从而形成管线。管线分为两种：单段管线和多段管线。

1）单段管线。单段管线是指管线中每次只能存储一个脉冲串的控制参数，初始 PTO 段一旦起动，必须按照对第二个波形的要求立即更新 SM，并再次执行 PLS 指令，第一个脉冲串完成，第二个波形输出立即开始，重复此步骤可以实现多个脉冲串的输出。

若在管线填满时仍然试图装载新设置，将导致 PTO 溢出位（SM66.6、SM76.6 或 SM566.6）置位并且指令被忽略。在 PLS 指令捕获到新脉冲串设置之前完成当前有效的脉冲串，才能在脉冲串之间实现平滑转换，参数设置不当会造成脉冲串之间的不平滑转换。

2）多段管线。多段管线是指在变量存储区 V 建立一个包络表。包络表存放每个脉冲串的参数，执行 PLS 指令时，S7-200 SMART 系列 PLC 自动按包络表中的顺序及参数进行脉冲串输出。

包络表使用 SM 单元（SMW168、SMW178 或 SMW578）建立。包络表中每段脉冲串的参数占用 12 个字节，由 32 位起始频率、32 位结束频率和 32 位脉冲计数值组成。V 存储器中组态的包络表的格式见表 5-15。

表 5-15　多段 PTO 操作的包络表格式

字节偏移量	段	表格条目的描述
0		段数量：1～255
1	#1	起始频率：1～100000Hz
5		结束频率：1～100000Hz
9		脉冲计数：1～2147483647
13	#2	起始频率：1～100000Hz
17		结束频率：1～100000Hz
21		脉冲计数：1～2147483647
（依此类推）	#3	（依此类推）

PTO 生成器会自动将频率从起始频率线性提高或降低至结束频率。频率以恒定速率提高或降低一个恒定值。在脉冲数量达到指定的脉冲计数时，立即装载下一个 PTO 段。该操作将一直重复到包络结束。段持续时间应大于 500μs。如果持续时间太短，CPU 可能没有足够的时间计算下一个 PTO 段值。如果不能及时计算下一个 PTO 段值，则 PTO 管线下溢位（SM66.6、SM76.6 和 SM566.6）被置 1，且 PTO 操作终止。

在 PTO 包络作用期间，在 SMB166、SMB176 或 SMB576 中提供当前有效段的编号。

多段管线的特点是编程简单，能够通过指定脉冲的数量自动增高或降低频率。在多段管线执行时，包络表的各段参数不能改变。多段管线常用于步进电动机的控制。如可使用带有脉冲包络的 PTO 实现步进电动机的斜坡上升（加速）、运行（不加速）和斜坡下降（减速）顺序的控制。脉冲包络最多可由 255 段组成，每段对应一个斜坡上升、运行和斜坡下降操作。

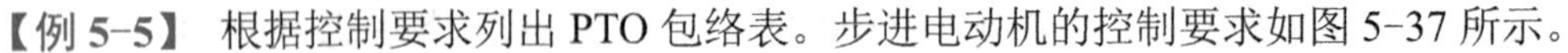

【例 5-5】 根据控制要求列出 PTO 包络表。步进电动机的控制要求如图 5-37 所示。

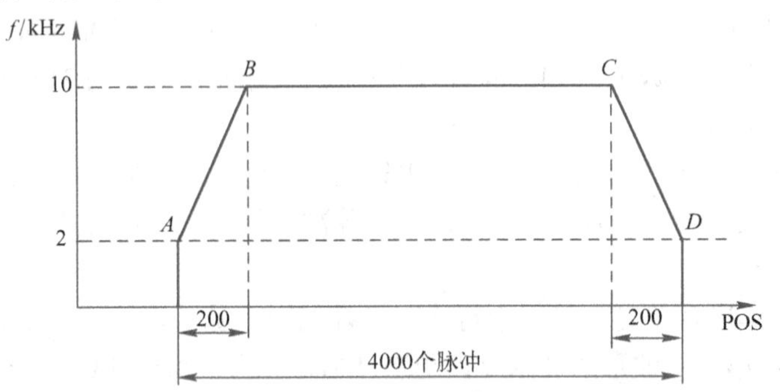

图 5-37 例 5-5 步进电动机的控制要求

从 A 点到 B 点为加速过程，从 B 点到 C 点为恒速运行，从 C 点到 D 点为减速过程。

本例中管线可以分为 3 段，需建立 3 段脉冲的包络表。起始和终止脉冲频率为 2kHz，最大脉冲频率为 10kHz。1 段：加速运行，应在约 200 个脉冲时达到最大脉冲频率；2 段：恒速运行，约 4000-200-200=3600 个脉冲；3 段：减速运行，应在约 200 个脉冲时完成。

假设包络表位于从 VB200 开始的 V 存储区中，见表 5-16。在程序中可以使用数据传送指令将这些值装载到 V 存储器中，也可在数据块中定义包络值。

表 5-16 例 5-5 包络表

地址	值	说明	
VB200	3	总段数	
VD201	2000	起始频率（Hz）	分段 1
VD205	10000	结束频率（Hz）	
VD209	200	脉冲数	
VD213	10000	起始频率（Hz）	分段 2
VD217	10000	结束频率（Hz）	
VD221	3600	脉冲数	
VD225	10000	起始频率（Hz）	分段 3
VD229	2000	结束频率（Hz）	
VD233	200	脉冲数	

（3）多段管线 PTO 初始化和操作步骤

1）首次扫描（SM0.1）时将输出 Q0.0、Q0.1 或 Q0.3 复位（置 0），并调用完成初始化操作的子程序。

2）在初始化子程序中，根据控制要求设置控制字节并写入 SMB67、SMB77 或 SMB567 特殊存储器。设置控制字节时可参考表 5-14。

3）将包络表的首地址（16 位）写入 SMW168（或 SMW178、SMW578）。

4）在变量存储器 V 中，写入包络表的各参数值。一定要在包络表的起始字节中写入段数。在变量存储器 V 中建立包络表的过程也可以在一个子程序中完成，在此只需调用设置包络表的子程序。

5）设置中断事件并全局开中断。如果要在 PTO 完成后，立即执行相关功能，则必须设置中断，将脉冲串完成事件（中断事件号 19、20 或 34）连接至中断程序。

6）执行 PLS 指令，使 S7-200 SMART CPU 为 PTO/PWM 发生器编程，高速脉冲串由 Q0.0、Q0.1 或 Q0.3 输出。

7）退出子程序。

【例 5-6】 PTO 指令应用示例。编程实现例 5-5 步进电动机的控制。

编程前首先选择高速脉冲发生器为 Q0.0，并确定 PTO 为 3 段管线。设置控制字节 SMB67 为 16#E0，表示允许 PTO 功能、选择 PTO 操作、选择多段操作，以及选择时基为μs、不允许更新周期和脉冲数。建立 3 段管线的包络表（见例 5-5），并将包络表的首地址装入 SMW168。PTO 完成调用中断程序，使 Q1.0 接通。PTO 完成的中断事件号为 19。用中断调用指令 ATCH 将中断事件 19 与中断程序 INT_0 连接，并全局开中断。执行 PLS 指令，退出子程序。本例中的主程序、初始化子程序和中断程序如图 5-38 所示。

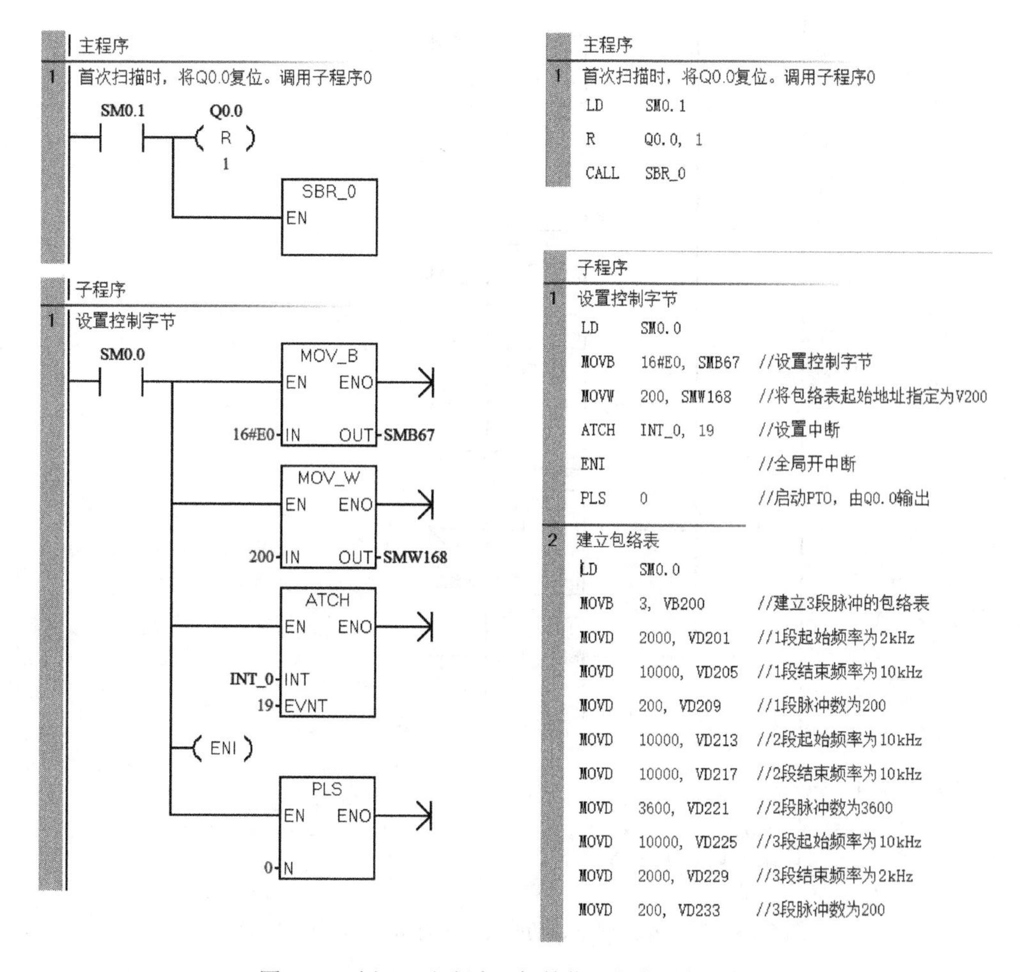

图 5-38　例 5-6 主程序、初始化子程序和中断程序

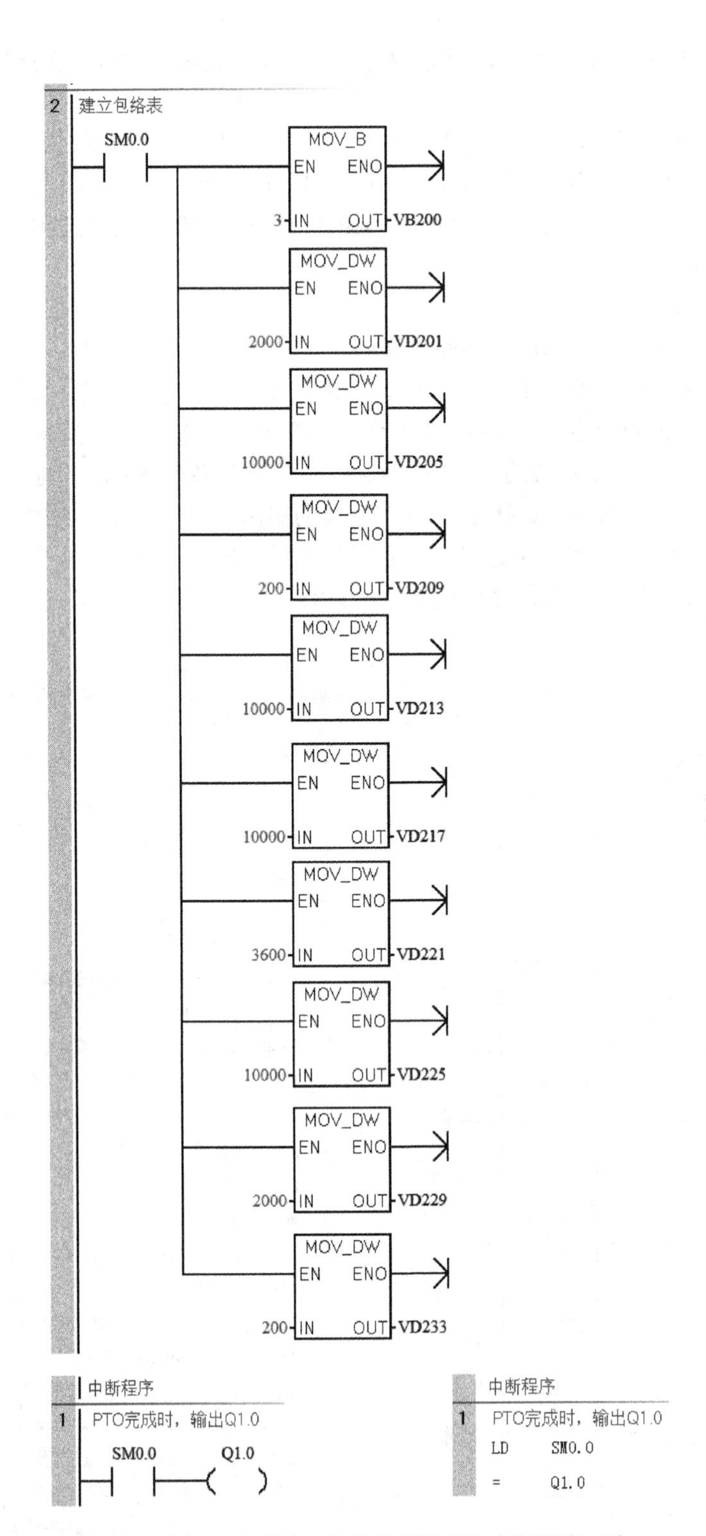

图 5-38 例 5-6 主程序、初始化子程序和中断程序（续）

5. PWM 的使用

PWM 是脉宽可调的高速脉冲输出，通过控制脉冲宽度（脉宽）和脉冲的周期，实现控制任务。

（1）周期和脉宽

周期和脉宽时基为μs 或 ms，均为 16 位无符号数。

周期的范围为 10～65535μs 或 2～65535ms。若周期小于 2 个时基，则系统默认为 2 个时基。

脉宽范围为 0～65535μs 或 0～65535ms。若脉宽大于或等于周期，占空比等于 100%，输出连续接通。若脉宽等于 0，占空比为 0%，则输出断开。

（2）更新方式

S7-200 SMART 系列 PLC 只能使用同步更新更改 PWM 波形的特性。执行同步更新时，不需要改变时基时，信号波形特性的更改发生在周期交界处，这样可实现平滑转换。

（3）PWM 初始化和操作步骤

1）用首次扫描位（SM0.1）使输出位复位为 0，并调用初始化子程序，这样可以减少扫描时间，程序结构更合理。

2）在初始化子程序中设置控制字节（见表 5-14）。如将 16#83（μs）或 16#8B（ms）写入 SMB67、SMB77 或 SMB567，控制功能为允许 PTO/PWM 功能、选择 PWM 操作、设置更新脉冲宽度和周期数值以及选择时基（μs 或 ms）。

3）在 SMW68、SMW78 或 SMW568 中写入一个字长的周期值。

4）在 SMW70、SMW80 或 SMW570 中写入一个字长的脉宽值。

5）执行 PLS 指令，启动 PWM 发生器，并由 Q0.0、Q0.1 或 Q0.3 输出。

6）可为下一输出脉冲预设控制字节。在 SMB67、SMB77 或 SMB567 中写入 16#82（μs）或 16#8A（ms）控制字节，将禁止改变周期值，允许改变脉宽。以后只要装入一个新的脉宽值，不用改变控制字节，直接执行 PLS 指令就可以改变脉宽值。

7）退出子程序。

【例 5-7】 PWM 应用示例。设计程序，从 PLC 的 Q0.0 输出高速脉冲。该串脉冲脉宽的初始值为 0.1s，周期固定为 1s，其脉宽每周期递增 0.1s，当脉宽达到设定的 0.9s 时，脉宽改为每周期递减 0.1s，直到脉宽减为 0。以上过程重复执行。

因为每个周期都有操作，所以必须把 Q0.0 接到 I0.0，采用输入中断的方法完成控制任务，并且编写两个中断程序，一个中断程序实现脉宽递增，一个中断程序实现脉宽递减，并设置标志位，在初始化操作时使其置位，执行脉宽递增中断程序，当脉宽达到 0.9s 时，使其复位，执行脉宽递减中断程序。在子程序中完成 PWM 的初始化操作，选用输出端为 Q0.0，控制字节为 SMB67，控制字节设置为 16#8A（允许 PWM 输出，Q0.0 为 PWM 方式，同步更新，时基为 ms，允许更新脉宽，不允许更新周期）。程序如图 5-39 所示。

5.3.3 运动控制向导的应用

高速脉冲输出程序可以用编程软件的运动控制向导生成。运动控制向导用于定义运动轴的参数，并能定义一组位置曲线。

5.3.3
运动控制向导
的应用

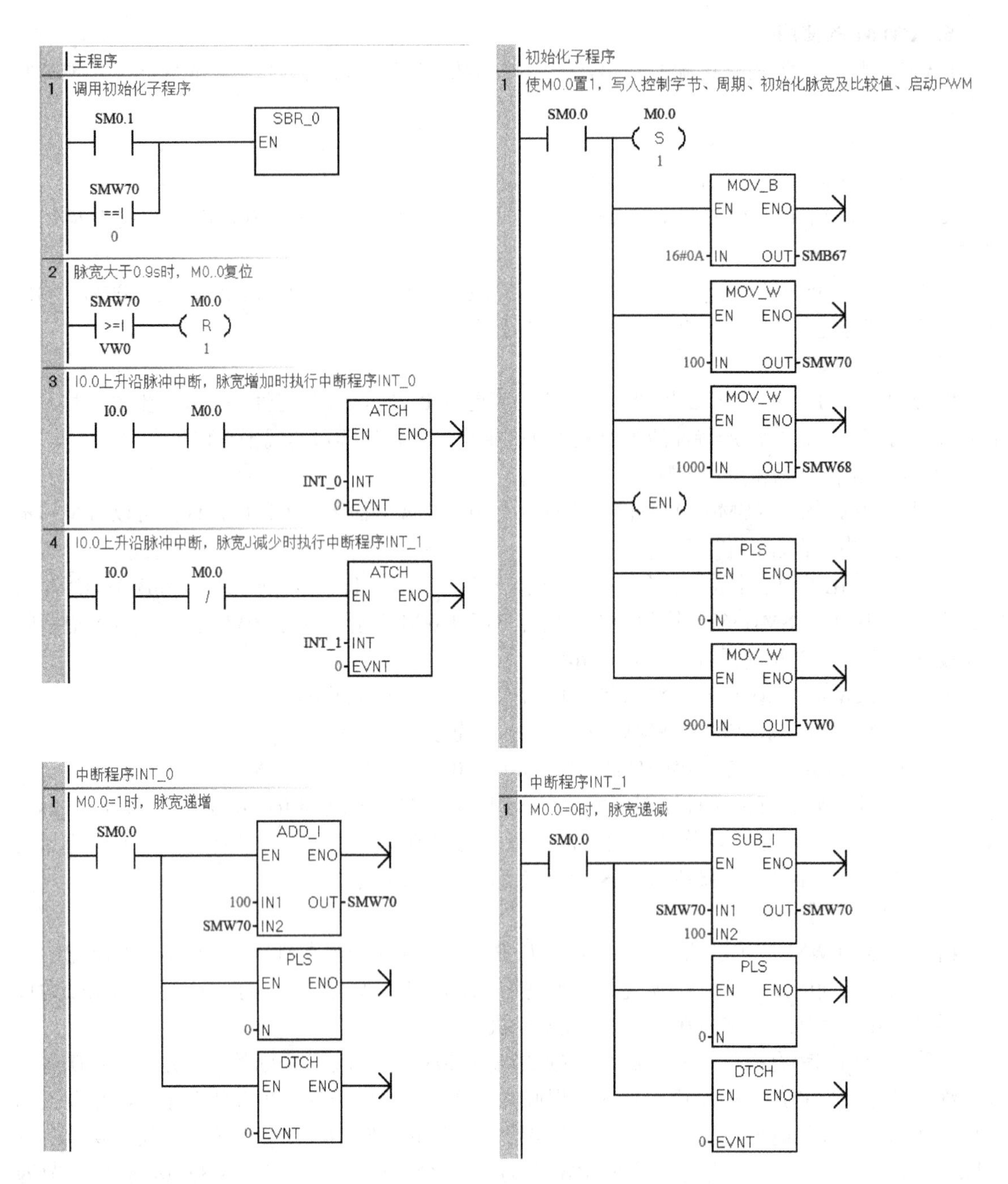

图 5-39 例 5-7 主程序、子程序及中断程序

例 5-5 中图 5-37 步进电动机实现的位置控制为多速定位，包络表的起始地址为 VB200，脉冲输出形式为 PTO，脉冲输出端为 Q0.0。首先打开 STEP7-Mirco/WIN SMART 的程序编辑界面，在项目树中选择“系统块”→“CPU ST40（DC/DC/DC）”，然后用运动控制向导编程，步骤如下：

1）在菜单栏选择“工具”，在“向导”区域单击“运动”按钮，或者在项目树中打开“向导”文件夹，然后双击“运动”按钮，如图 5-40 所示。

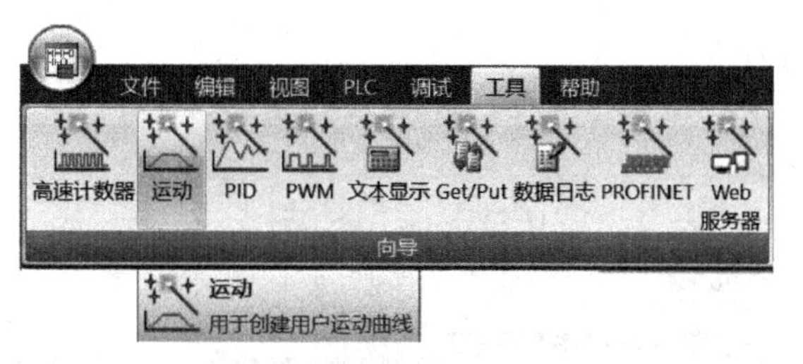

图 5-40　运动控制向导

2）在运动控制向导界面选择要组态的轴“轴 0”，并单击“下一个”按钮，如图 5-41a 所示。

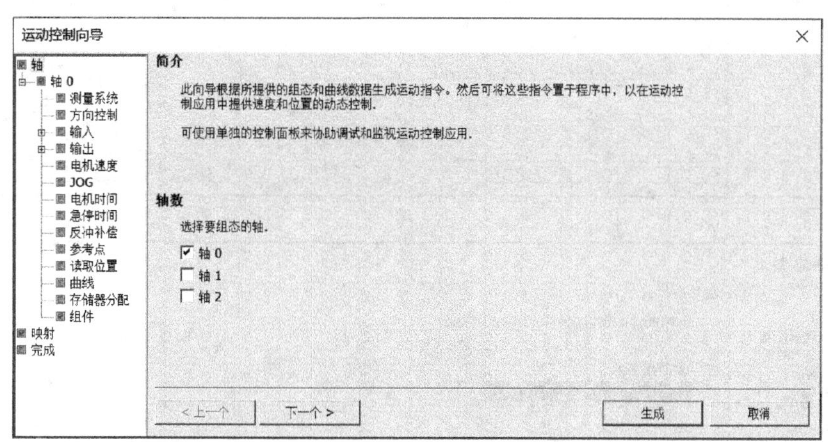

a)

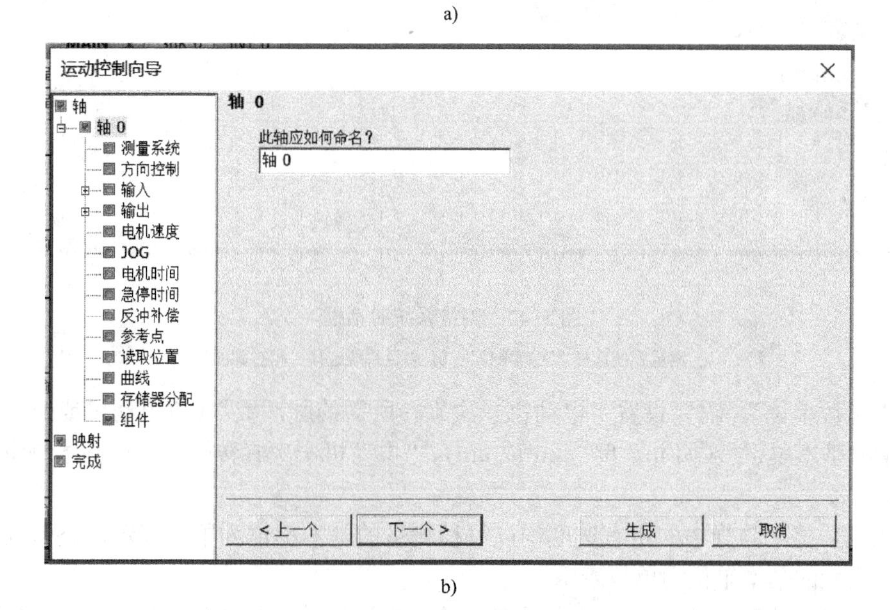

b)

图 5-41　轴对话框

a) 选择要组态的轴　b) 给选择的轴命名

3）给选择的轴命名，如图 5-41 所示。本例选择默认的“轴 0”，并单击“下一个”按钮。

4）选择测量系统。在运动控制向导的树视图中单击“轴 0”→“测量系统”，选择要在整个向导中用于控制轴运动的测量系统，可以选择“工程单位”或 “相对脉冲”，如图 5-42 所示。本例中选择“相对脉冲”。

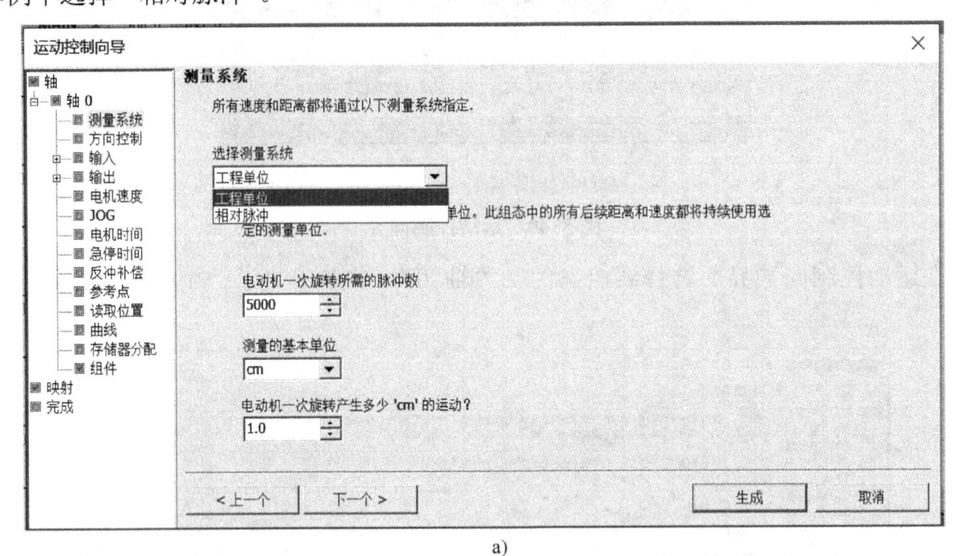

a)

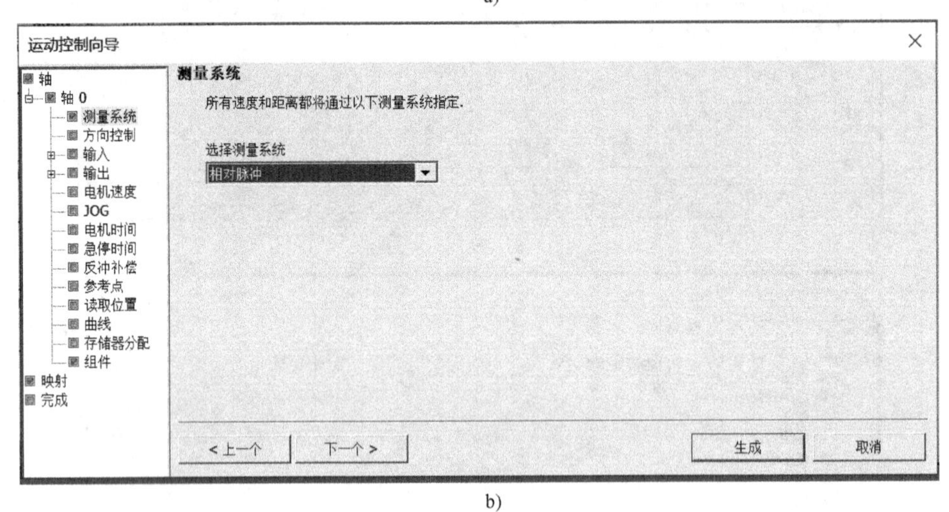

b)

图 5-42　测量系统对话框

a) 测量系统选择“工程单位”　b) 测量系统选择“相对脉冲”

选择“工程单位”，需要设置“电动机一次旋转所需的脉冲数”（查电动机或驱动器的数据表）、“测量的基本单位”（如 in、ft、mm 或 cm）、“电动机一次旋转产生多少基本测量单位（如 cm）的运动?”。

设置完成后整个向导中的所有速度均以每秒测量的基本单位为单位表示，整个向导中的所有距离均以测量的基本单位为单位表示。

选择“相对脉冲”，则运动控制向导中的速度均以脉冲数/s 为单位表示，距离均以脉冲数为单位表示。

若更改测量系统，则必须删除整个组态，包括向导生成的所有指令。然后重新输入与新测量系统一致的选项。

5）选择脉冲方向控制。在运动控制向导的树视图中单击“轴 0”→“方向控制”，可以设置步进电动机/伺服驱动器的脉冲和方向输出接口，有单相（2 个输出）、双相（2 个输出）、AB 正交相（2 个输出）及单相（1 个输出）4 个选项。本例选择“单相（1 个输出）”，如图 5-43 所示。

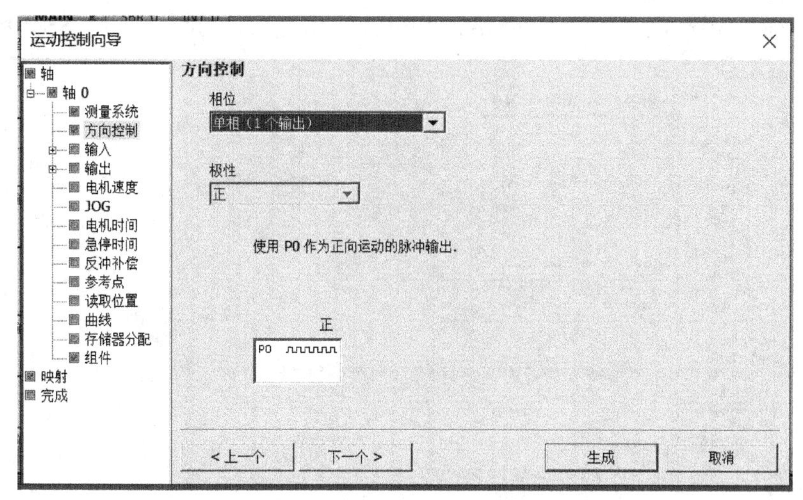

图 5-43　选择“单相（1 个输出）”脉冲方向控制

① 单相（2 个输出）：一个输出（P0）控制脉冲，一个输出（P1）控制方向。如果脉冲处于正向，则 P1 为高电平（激活）。如果脉冲处于负向，则 P1 为低电平（未激活）。

② 双相（2 个输出）：一个输出（P0）脉冲正向，另一个输出脉冲负向。

③ AB 正交相（2 个输出）：两个输出均以指定速度产生脉冲（1×），但相位相差 90°，P0 领先 P1 为正向，P1 领先 P0 为负向。

④ 单相（1 个输出）：输出（P0）控制脉冲。只有正向运动。

6）设置输入点。在运动控制向导的树视图中单击“轴 0”→“输入”，可选择输入点分配。“LMT+”为正限位输入，“LMT-”为负限位输入，“RPS”为参考点输入，“ZP”为零脉冲输入，“STP”为停止输入。本例中，在运动控制向导的树视图中单击“轴 0”→“STP”，显示如图 5-44 所示对话框。选择“已启用”，输入点设为“I0.6”，指定输入点的响应方式为“立即停止”，触发选择“Level”，电平触发，“上限”电平有效，并单击“下一个”按钮。

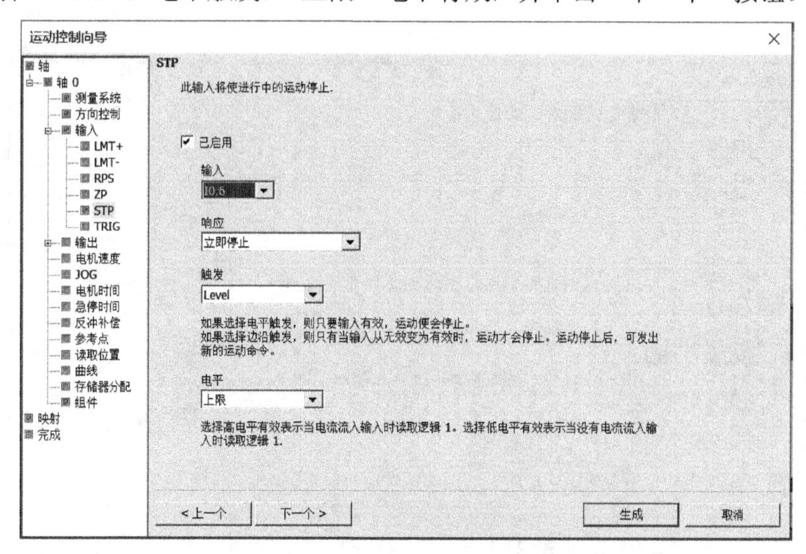

图 5-44　运动控制向导 STP 设置

7）指定电动机速度。在运动控制向导的树视图中单击“轴 0”→“电动机速度”，在图 5-45 中所示对话框中输入最高电动机速度（MAX_SPEED）和起动/停止的速度（SS_SPEED）。

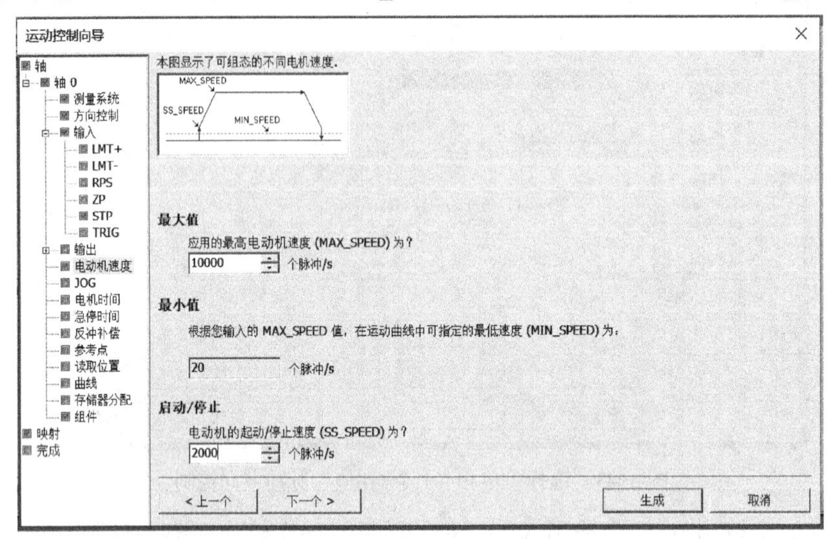

图 5-45　电动机最高速度和起动/停止的速度的设置

MAX_SPEED：在电动机转矩能力范围内的最高工作速度。驱动负载所需的转矩由摩擦力、惯性和加速 / 减速时间决定。

SS_SPEED：在电动机转矩能力范围内输入一个数值，以低速驱动负载。如果 SS_SPEED 数值过低，电动机和负载可能会在运动开始和结束时颤动或跳动。如果 SS_SPEED 数值过高，电动机可能在起动时丢失脉冲，并且在尝试停止时负载可能过度驱动电动机，使电动机超速。通常，SS_SPEED 值为 MAX_SPEED 值的 5%～15%。

MIN_SPEED 值由计算得出，用户不能输入。

8）设置电动机加减速时间。在运动控制向导的树视图中单击“轴 0”→“电动机时间”，在图 5-46 中以 ms 为单位设置电动机的加速、减速时间。加速时间和减速时间的默认设置均为 100ms。

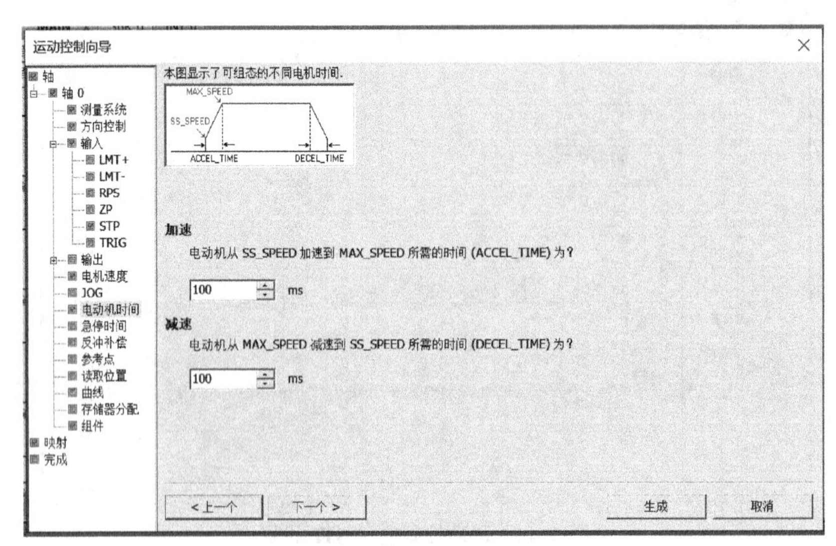

图 5-46　设置电动机加减速时间

① 加速时间（ACCEL_TIME）：电动机从 SS_SPEED 加速至 MAX_SPEED 所需的时间。

② 减速时间（DECEL_TIME）：电动机从 MAX_SPEED 减速至 SS_SPEED 所需的时间。

通常，电动机加速、减速所需时间小于 1000ms。电动机加速和减速时间由反复试验确定。试验在开始时输入一个较大的数值，逐渐减少时间值直至电动机开始失速。

9）创建运动曲线（即运动包络）。在运动控制向导的树视图中单击“轴 0”→“曲线”，显示如图 5-47 所示对话框。

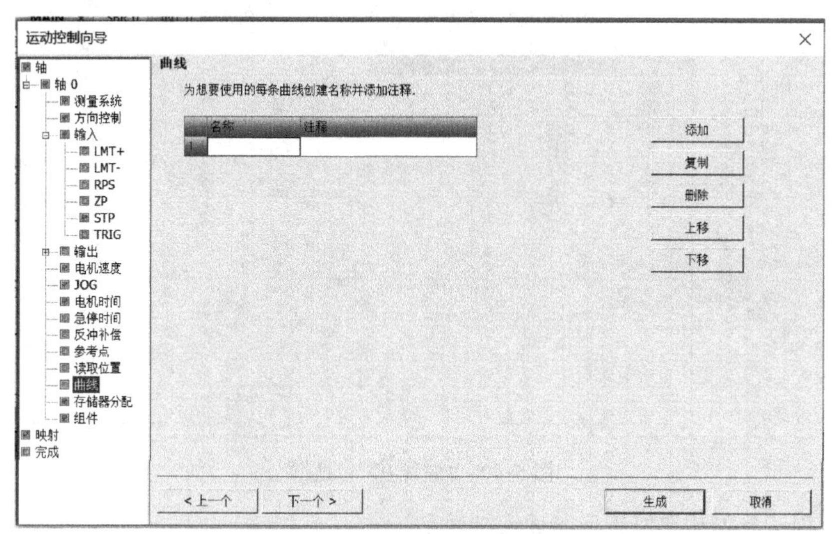

图 5-47　创建运动曲线对话框

在“曲线”对话框中，单击“添加”按钮，新曲线将显示在列表中，最多可以定义 32 条运动曲线（包络），每条运动曲线可包含一个或多个移动速度。每个包络会被指定一个符号名（如曲线 0），如图 5-48 所示。这个符号名即为输入AXISx_RUN子程序的参数。

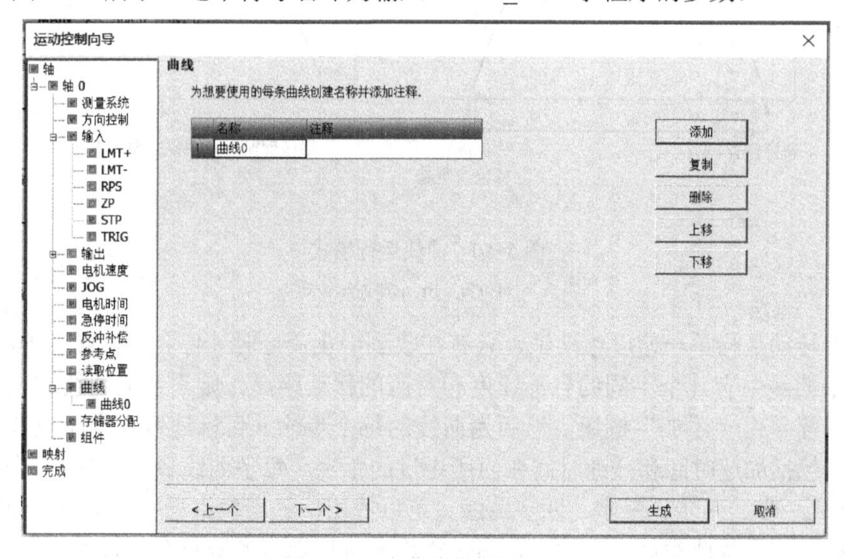

图 5-48　为曲线指定符号名

注意：运动控制向导提供一个指令子程序（AXISx_GOTO），用于运动轴以指定的速度移动到所需位置，所以简单的运动轴单速运动控制不需要定义曲线。

10）配置运动曲线。在运动控制向导的树视图中单击“轴 0”→“曲线”→“曲线 0”，显示如图 5-49 所示“曲线 0”对话框。该对话框需要选择曲线运行模式、步的目标速度、终止位置。本例中只有一条曲线 0，曲线 0 有 3 步。

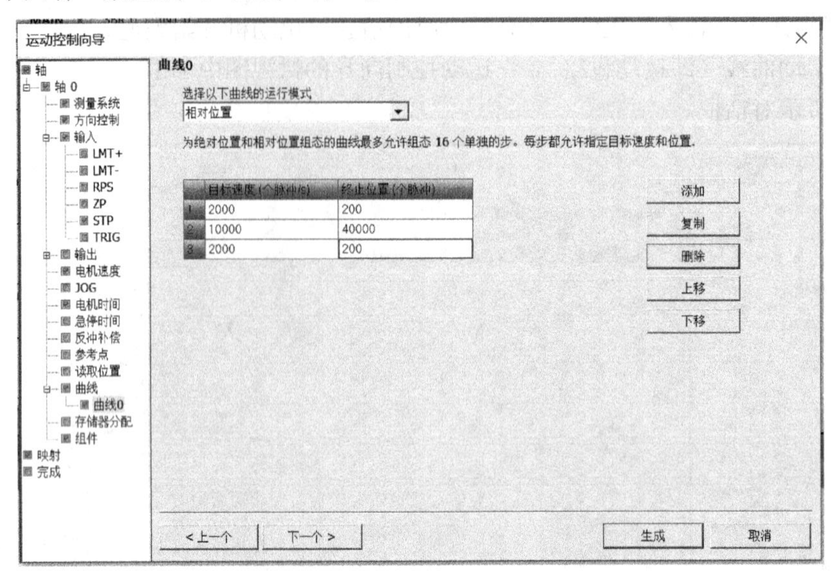

图 5-49 “曲线 0”对话框

曲线运行模式分为相对位置或单速连续转动。

相对位置模式指的是根据距离定位轴，按给定距离和速度移动轴，运动的终点位置是从起点侧开始计算脉冲数量，如图 5-50a 所示。

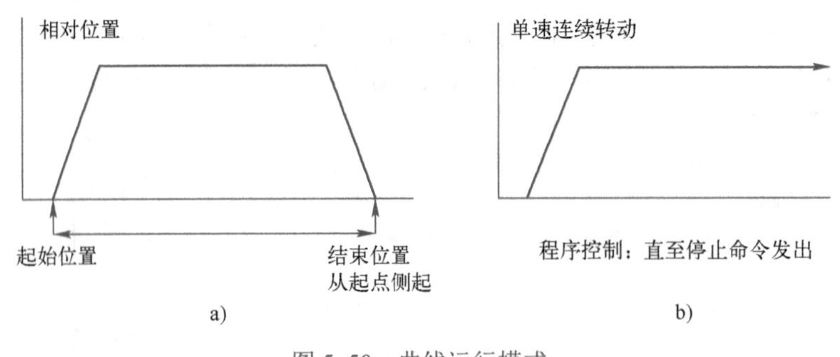

图 5-50 曲线运行模式

a) 相对位置 b) 单速连续转动

单速连续转动是指单一速度移动轴，只有在收到中止命令时才停止，如图 5-50b 所示。

如果一条曲线中有几个不同的目标速度和对应的移动距离，则需要为曲线定义步。如果有不止一个步，需单击“添加”按钮，然后为曲线的每个步输入目标速度和终止位置、每步移动的固定距离，包括加速时间和减速时间在内所走过的距离。每条曲线最多可有 16 个单独步。如图 5-51 所示为一步、两步、三步、四步曲线。可以看出，一步包络只有一个目标速度，两步包络有两个目标速度，依此类推，步的数目与包络中的目标速度的数目是一致的。

一条曲线设置完成后可以单击树视图中其他曲线名，根据位置控制的需要设置新的曲线。

11）为配置设置变量存储区。在运动控制向导的树视图中单击“轴 0”→“存储器分配”，将显示如图 5-52 所示对话框。本例中曲线表的起始地址为 VB200，编程软件可以自动计算出包络表的结束地址为 VB319。

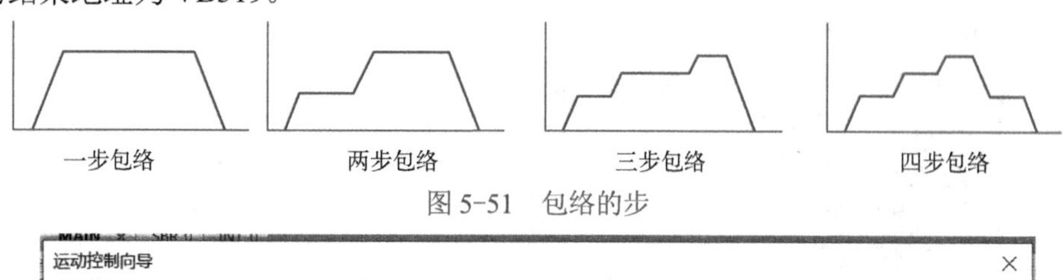

图 5-51　包络的步

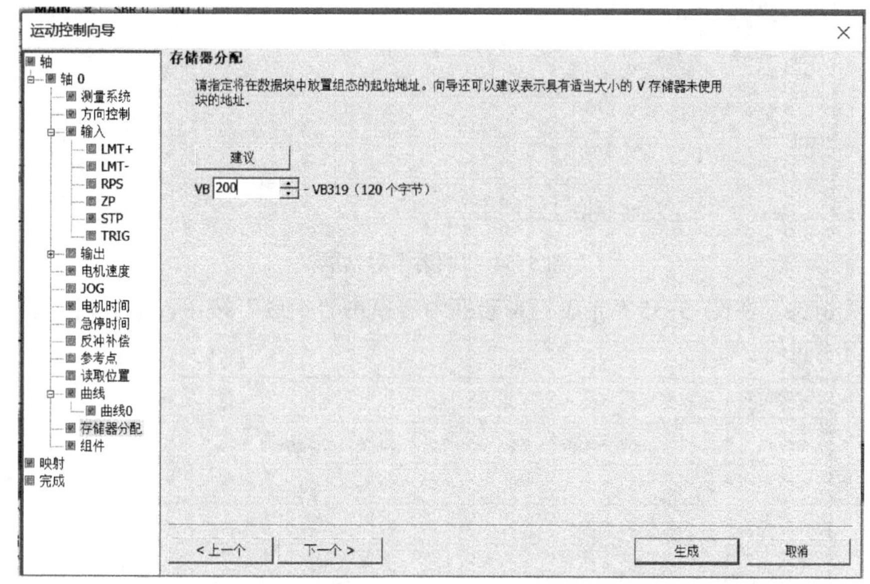

图 5-52　包络表变量存储器地址的设置

12）生成项目组件。在运动控制向导的树视图中单击“轴 0”→“组件”，显示如图 5-53 所示对话框，单击“下一个”按钮。

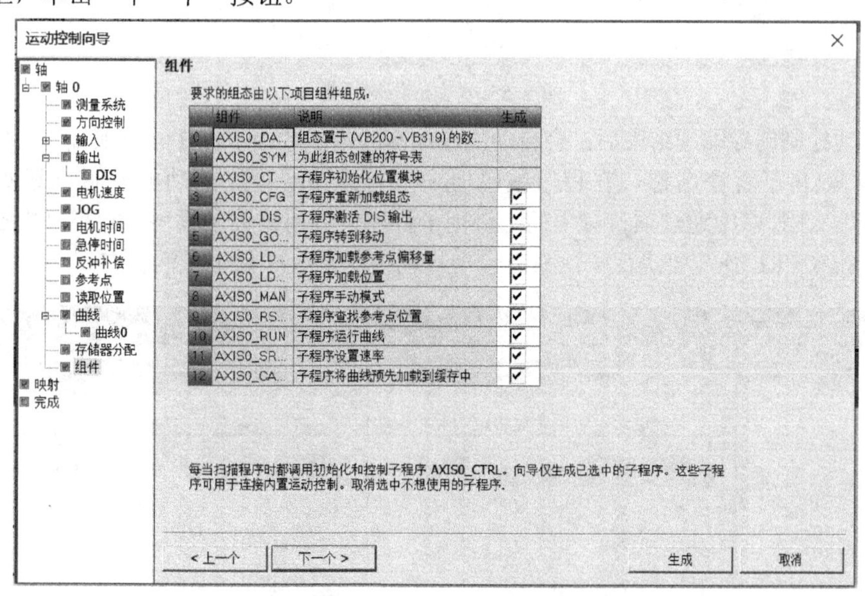

	组件	说明	生成
0	AXIS0_DA...	组态置于 (VB200-VB319) 的数...	
1	AXIS0_SYM	为此组态创建的符号表	
2	AXIS0_CT...	子程序初始化位置模块	
3	AXIS0_CFG	子程序重新加载组态	☑
4	AXIS0_DIS	子程序激活 DIS 输出	☑
5	AXIS0_GO...	子程序转到移动	☑
6	AXIS0_LD...	子程序加载参考点偏移量	☑
7	AXIS0_LD...	子程序加载位置	☑
8	AXIS0_MAN	子程序手动模式	☑
9	AXIS0_RS...	子程序查找参考点位置	☑
10	AXIS0_RUN	子程序运行曲线	☑
11	AXIS0_SR...	子程序设置速率	☑
12	AXIS0_CA...	子程序将曲线预先加载到缓存中	☑

图 5-53　“组件”对话框

13）映射。图 5-54“映射”对话框中，显示了运动轴使用的 I/O 映射。此对话框的内容取决于轴启用情况。单击“下一个”按钮。

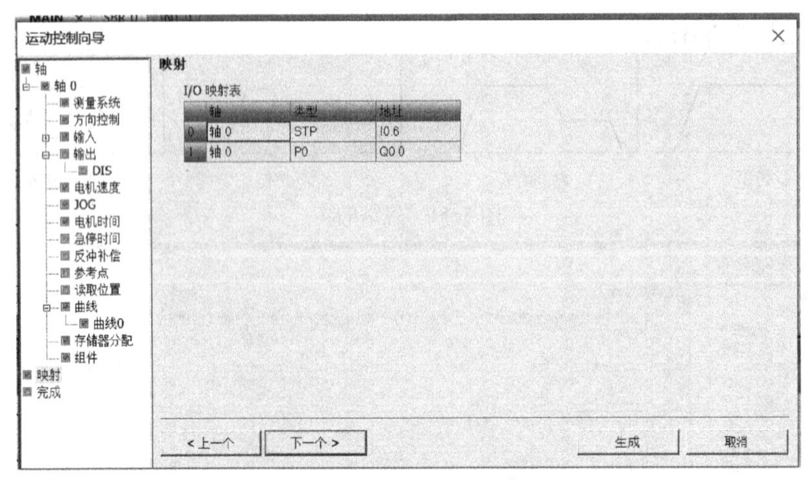

图 5-54 “映射”对话框

14）完成组态。在图 5-55“完成”对话框中，单击“生成”按钮，生成相应的子程序，完成运动控制组态过程。

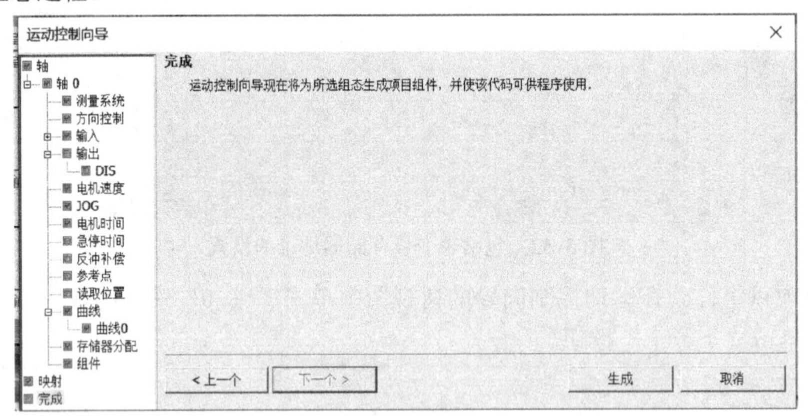

图 5-55 “完成”对话框

15）运动控制向导编程结束后，会自动生成加密的带参数的子程序。在项目树“程序块”→“向导”中，双击子程序名称，在程序编辑器窗口可见该子程序的功能说明及其变量表，如图 5-56 所示。在程序中通过项目树中的“调用子程序”调用相关子程序。除了每次扫描时都必须激活 AXISx_CTRL 外，要确保一次只有一个运动控制子程序处于激活状态。

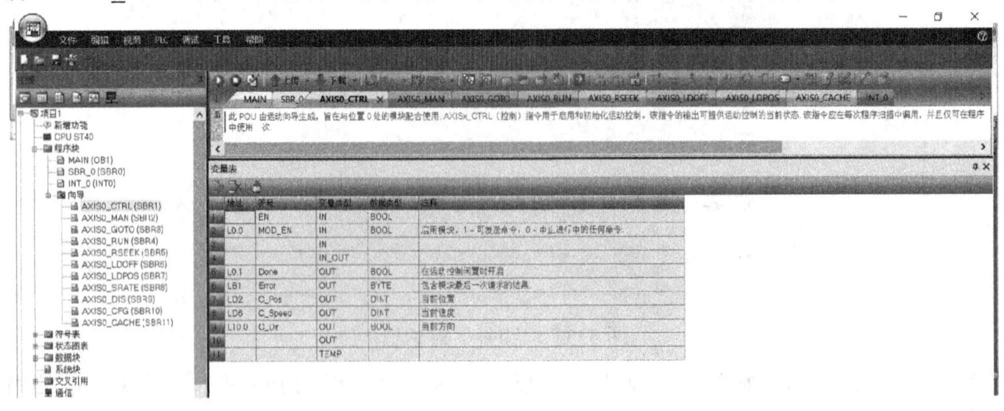

图 5-56 自动生成的加密的带参数的子程序功能说明及其变量表

16）子程序简介。

① AXISx_CTRL 子程序如图 5-57 所示，提供运动轴的初始化和启用控制。作为子程序调用，在程序中只使用一次。

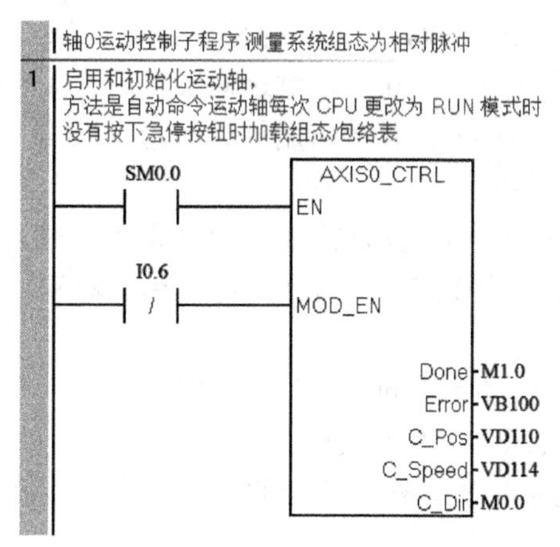

图 5-57　AXISx_CTRL 子程序

EN（使能位）：用 SM0.0（始终开启）作为 EN 的输入。布尔型数据。

MOD_EN：必须开启才能启用其他运动控制子程序向运动轴发送命令。如果 MOD_EN 关闭，则运动轴将中止进行中的任何指令并执行减速停止。布尔型数据。

Done（完成位）：当运动轴完成任何一个子程序时，Done 参数会开启。布尔型数据。

Error（错误）：出错时返回出错代码，字节型数据。

C_Pos：运动轴的当前位置。根据所选测量单位，该值是脉冲数（DINT）或工程单位数(REAL)。

C_Speed：运动轴的当前速度。根据所选测量单位，该值是脉冲数/s（DINT 数值），如果测量单位是工程单位，该值为单位数/s（REAL）。

② AXISx_MAN 子程序如图 5-58 所示，用于运动轴的手动模式操作，允许电动机按不同的速度运行，或沿正向或负向慢进。同一时间仅能启用 RUN、JOG_P 或 JOG_N 输入之一。

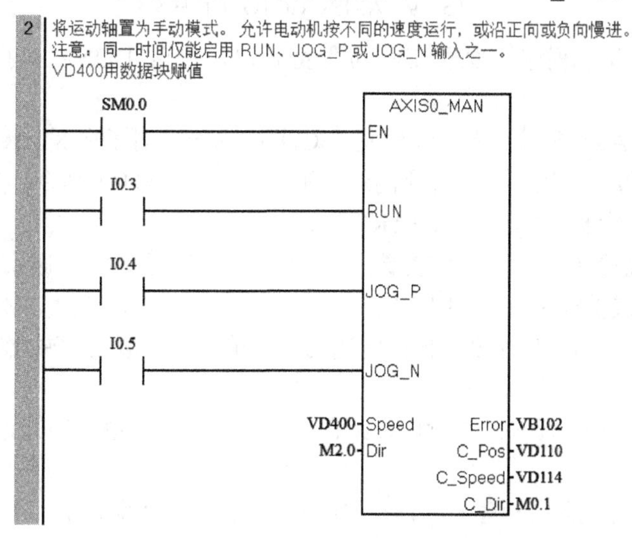

图 5-58　AXISx_MAN 子程序

RUN（运行/停止）：启用 RUN 会命令运动轴加速至指定的速度（Speed 参数）和方向（Dir 参数）。可以在电动机运行时更改 Speed 参数，但 Dir 参数必须保持为常数。禁用 RUN 参数会命令运动轴减速，直至电动机停止。布尔型数据。

JOG_P（点动正向旋转）或 JOG_N（点动反向旋转）：运动轴正向或反向点动。如果 JOG_P 或 JOG_N 保持启用的时间短于 0.5 s，则运动轴将通过脉冲指示移动 JOG_INCREMENT 中指定的距离。如果 JOG_P 或 JOG_N 保持启用的时间为 0.5 s 或更长，则运动轴将开始加速至指定的 JOG_SPEED。布尔型数据。

Speed：启用 RUN 时的速度。运动轴测量系统选用脉冲，则速度为 DINT 值（脉冲数/s）；运动轴测量系统选用工程单位，则速度为 REAL 值（单位数/s）。在电动机运行时可以更改该参数。

Dir：确定当 RUN 启用时移动的方向。布尔型数据。

Error：出错时返回出错代码。字节型数据。

C_Pos：包含运动轴的当前位置。根据所选的测量单位，该值为脉冲数（DINT）或工程单位数 (REAL)。

C_Speed：运动轴的当前速度。脉冲数/s (DINT)或工程单位数/s（REAL）。

C_Dir：电动机的当前方向，0 表示正向，1 表示反向。布尔型数据。

③ AXISx_GOTO 子程序如图 5-59，命令轴转到指定位置。

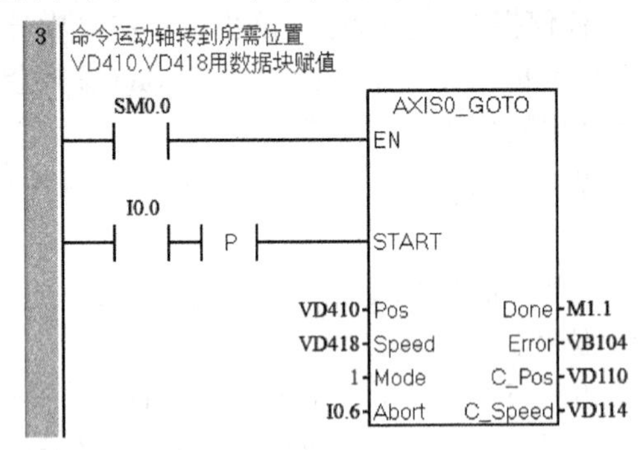

图 5-59　AXISx_GOTO 子程序

EN：使能，启用此子程序。要求 EN 位保持开启，直至 DONE 位指示子程序执行已经完成。

START：开启 START 参数会向运动轴发出 GOTO 命令。对于在 START 参数开启且运动轴当前不繁忙时执行的每次扫描，该子程序向运动轴发送一个 GOTO 命令。为了确保仅发送了一个 GOTO 命令，应使用脉冲方式开启 START 参数。

Pos：要移动的位置（绝对移动）或要移动的距离（相对移动）。根据所选的测量单位，该值是脉冲数 (DINT) 或工程单位数 (REAL)。

Speed：确定该移动的最高速度。根据所选的测量单位，该值是脉冲数/s（DINT）或工程单位数/s (REAL)。

Mode：选择移动的类型。0：绝对位置；1：相对位置；2：单速连续正向旋转；3：单速连续反向旋转。

Done：当运动轴完成此子程序时，Done 参数会开启（由 0 变为 1）。

Abort：命令运动轴停止执行该子程序并减速，直至电动机停止。布尔型数据。

Error：出错时返回出错代码。字节型数据。

C_Pos：运动轴的当前位置。根据测量单位，该值是脉冲数 (DINT) 或工程单位数 (REAL)。

C_Speed：运动轴的当前速度。根据所选的测量单位，该值是脉冲数/s (DINT) 或工程单位数/s (REAL)。

④ AXISx_RUN 子程序图 5-60，命令运动轴执行已组态的运动曲线（包络）。当定义了一个或多个运动曲线后，该子程序用于执行指定的运动曲线。

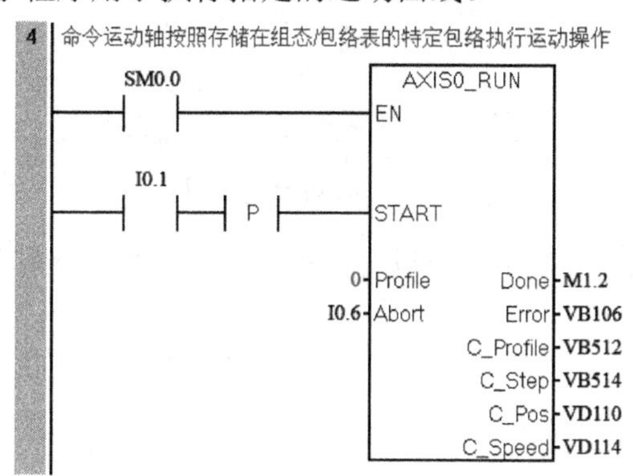

图 5-60　AXISx_RUN 子程序

EN：使能位。确保 EN 位保持开启，直至 Done 位指示子程序执行已经完成。可用 SM0.0 作为 EN 的输入。

START：向运动轴发出 RUN 命令。为了确保仅发送了一条命令，使用边沿触发指令以脉冲方式开启 START 参数。

Profile：字节型数据，输入需要执行的运动曲线（包络）号。曲线号为 0～31。

Abort：开关量输入，高电平有效。当该位为 1 时，取消运动曲线运行命令，并减速至电动机停止。

Done：开关量输出。当本子程序执行时，被复位为 0，当本子程序执行完成时被置位为 1。

Error：字节型数据，输出本子程序执行结果的错误信息，无错误时输出 0。

C_Profile：字节型数据，输出当前执行的曲线号。

C_Step：字节型数据，输出目前执行的运动曲线的步号。

C_Pos：双字型数据，运动轴的当前位置。根据测量单位，该值是脉冲数（DINT）或工程单位数（REAL）。

C_Speed：运动轴的当前速度。根据所选的测量单位，该值是脉冲数/s（DINT）或工程单位数/s (REAL)。

5.3.4　PWM 向导的应用

5.3.4
PWM 向导的应用

可以用 PWM 指令向导设置 PWM 发生器的参数，生成 PWM 子程序。

首先打开 STEP7-Mirco/WIN SMART 的程序编辑界面，在项目树中选择“系统块”→“CPU ST40（DC/DC/DC）”然后用 PWM 向导编程，步骤如下：

1）在菜单栏选择“工具”，在“向导”区域单击“PWM”按钮，或者在项目树中打开“向导”文件夹，然后双击“PWM”。出现 PWM 简介对话框，选择“PWM0”作为 Q0.0 高速输出点，如图 5-61 所示。单击“下一个”按钮。

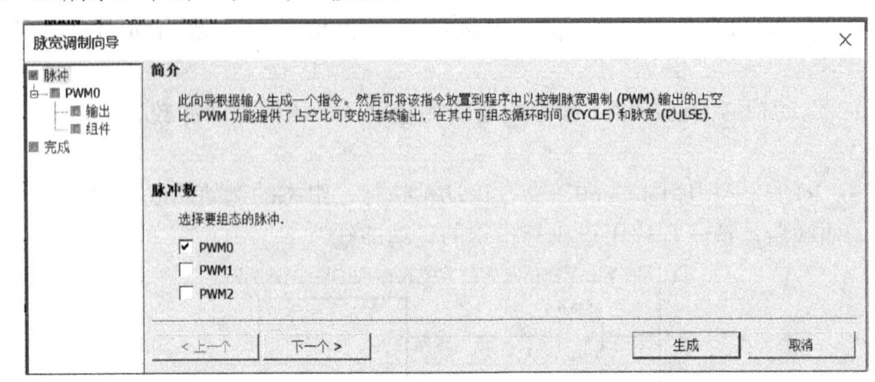

图 5-61　PWM 简介对话框

2）子程序命名。在图 5-62 中，可以对子程序命名，默认名称为“PWM0”。单击“下一个”按钮。

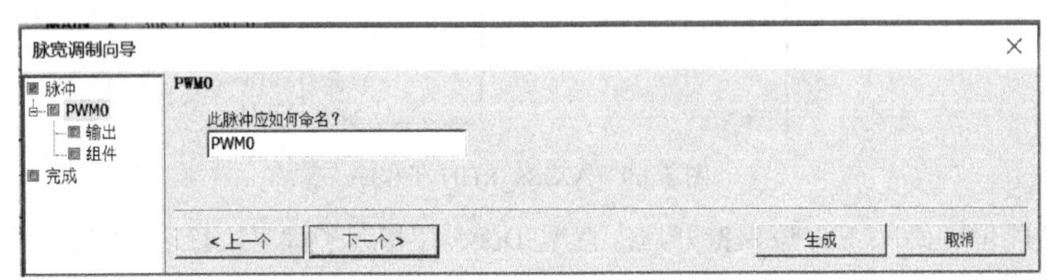

图 5-62　子程序命名对话框

3）设置 PWM 周期时间的时基。如图 5-63 所示，PWM 的周期时间的时基有毫秒和微秒，默认为“毫秒”。单击“下一个”按钮。

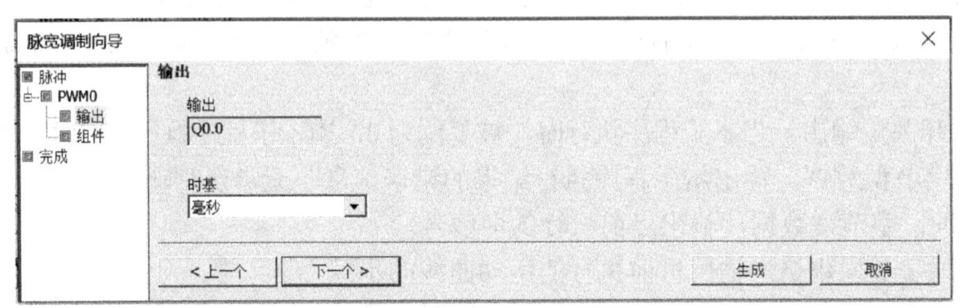

图 5-63　设置 PWM 周期时间的时基

4）组件。“组件”对话框如图 5-64 所示，为执行 PWM 操作而创建子程序 PWMx_RUN，其中“x”将替换为脉冲通道编号。单击“生成”按钮，完成向导，生成子程序。

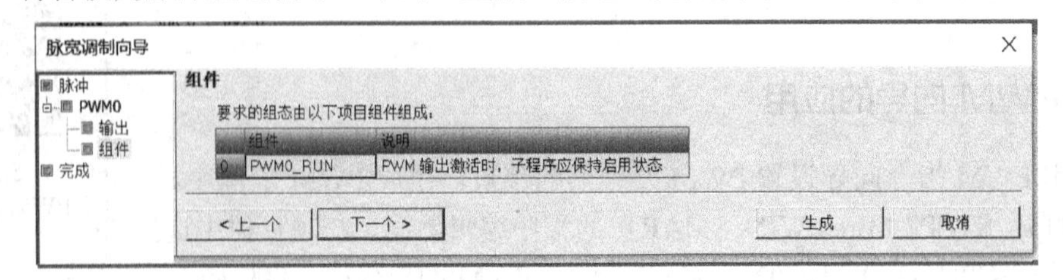

图 5-64　“组件”对话框

5）子程序介绍。在编程软件项目树中选择“程序块”→“向导”，找到子程序“PWM0_

RUN”，双击程序名，在程序编辑器窗口显示为一个加密的子程序，变量表中可以显示变量。在编程软件项目树中选择“调用子例程”，双击子程序文件名，可以调用该子程序，如图 5-65 所示。PWMx_RUN 子程序用于在程序控制下执行 PWM，可以通过改变脉冲宽度来控制输出占空比。

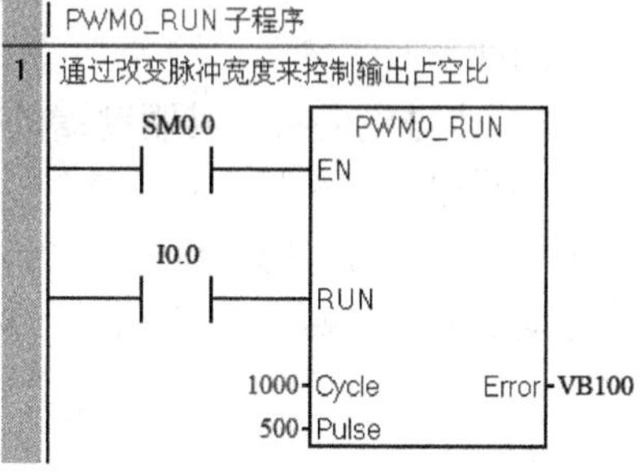

图 5-65　调用 PWM0_RUN 子程序

Cycle：定义脉宽调制（PWM）输出的周期，字型数据。时基为 ms 时，允许的取值范围为 2～65535；时基为μs 时，允许的取值范围为 10～65535。

Pulse：PWM 输出的脉宽，字型数据。允许的取值范围为 0～65535 个时基单元（μs 或 ms）。

Error：字型数据，输出本子程序执行结果的错误信息。

EN：使能位。确保 EN 位保持开启，直至 Done 位指示子程序执行已经完成。可用 SM0.0 作为 EN 的输入。

RUN：运行/停止控制。

5.3.5　PLC 对步进电动机的控制实训

1．实训目的

1）学习使用 PLC 的脉冲输出指令实现步进电动机的控制。

2）学会步进电动机控制系统的接线。

2．实训内容

现有两相混合式步进电动机 1 台，步进电动机驱动器 1 台，要求 PLC 对步进电动机进行手动正/反转控制，从而实现高空搬运组件的滑块沿着丝杠做左/右直线运动。高空搬运组件如图 5-66 所示。

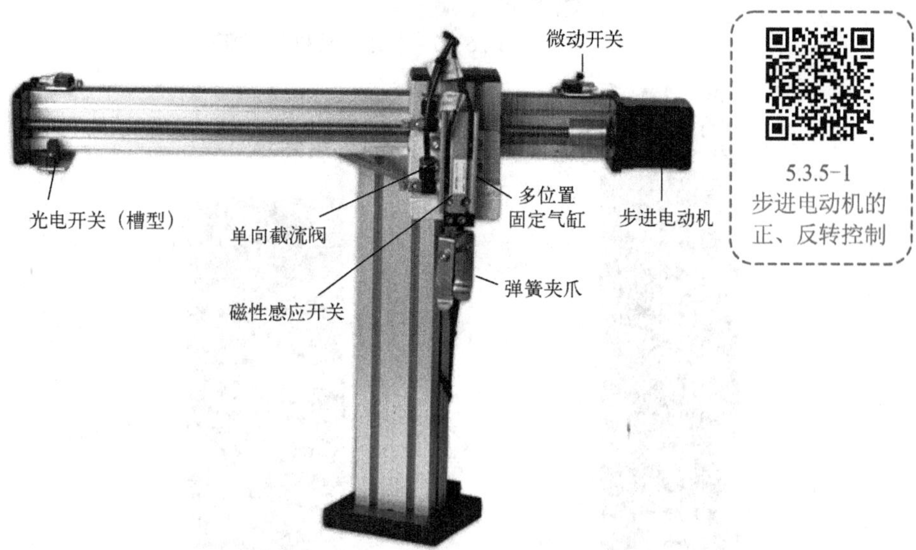

图 5-66　高空搬运组件

步进电动机驱动器根据程序指令来驱动步进电动机运动。步进电动机与滚珠丝杠相连接，带动滑块在丝杠上往复运动，由微动开关作为行走时超程保护，采用槽型光电开关采集原点位置信号。滑块通过多位置固定气缸带动弹簧夹爪从副滑道组件上对工件进行抓取和提升，并将工件送至主滑道。多位置固定气缸附带两个磁性感应开关、两个单向截流阀。多位置固定气缸的主要作用是将工件升降 30mm 行程。磁性感应开关用于对其位置状态做出检测。单向截流阀可调节用气量的大小。

高空搬运有效行程 300mm，丝杠导程 8mm，滑轨与滚珠丝杠结构。

控制设备选用西门子 S7-200 SMART CPU ST40 DC/DC/DC，供电采用 DC 24V 电压，输出电压同样为 DC 24V，I/O 点数为 24 点输入/16 点输出。

3．步进电动机及其驱动器的接线方法

步进电动机是将电脉冲信号转换为相应的角位移或直线位移的一种特殊执行电动机。每输入一个电脉冲信号，电动机就转动一个角度，它的运动形式是步进式的，所以称为步进电动机。步进电动机驱动器如图 5-67 所示。MOONS' SR2-PLUS 步进驱动器接口示意图如图 5-68 所示。

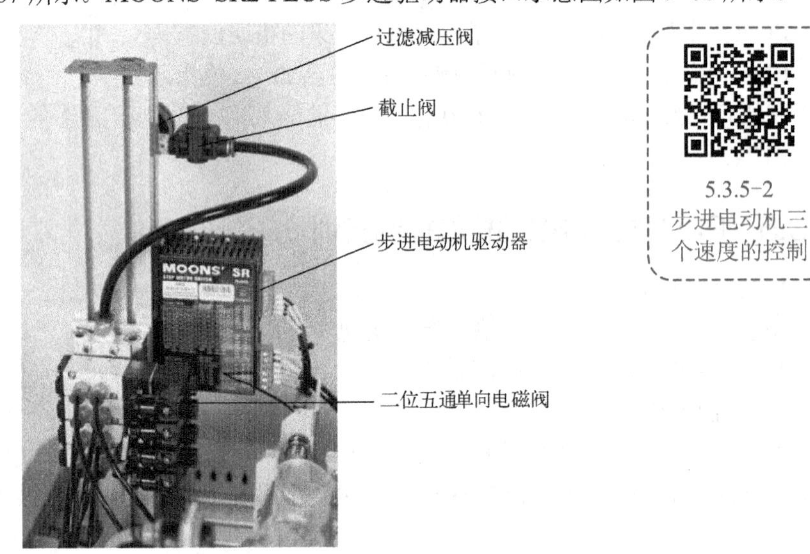

5.3.5-2
步进电动机三个速度的控制

图 5-67　步进电动机驱动器

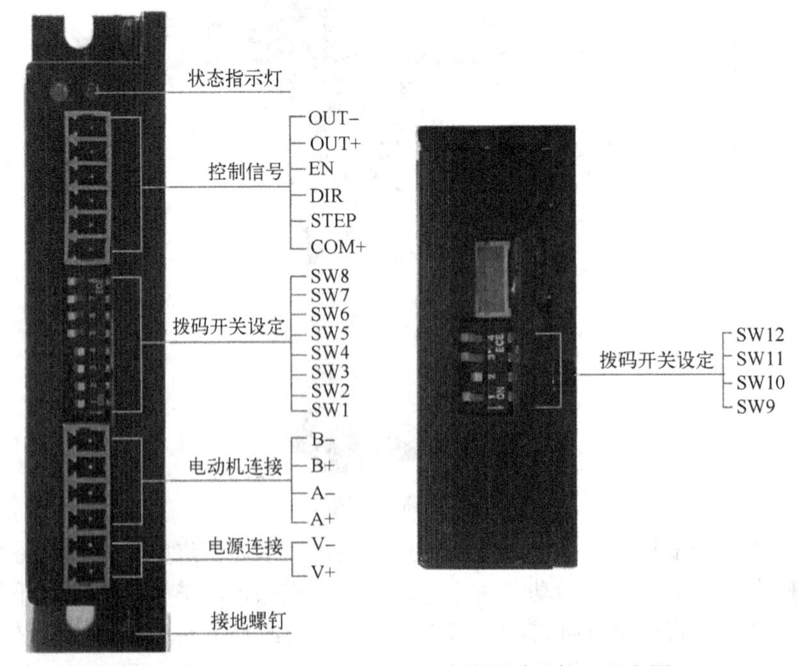

图 5-68　MOONS' SR2-PLUS 步进驱动器接口示意图

（1）电源与驱动器连接

如果电源输出端没有熔丝或别的限制短路电流的装置，可在电源和驱动器之间放置一个适当规格的快速熔断熔丝（规格不得超过 3A）以保护驱动器和电源，将熔丝串联于电源的正极和驱动器的 V+之间。将电源的正极连接至驱动器的 V+，将电源的负极连接到驱动器的 V−，如图 5−69 所示。

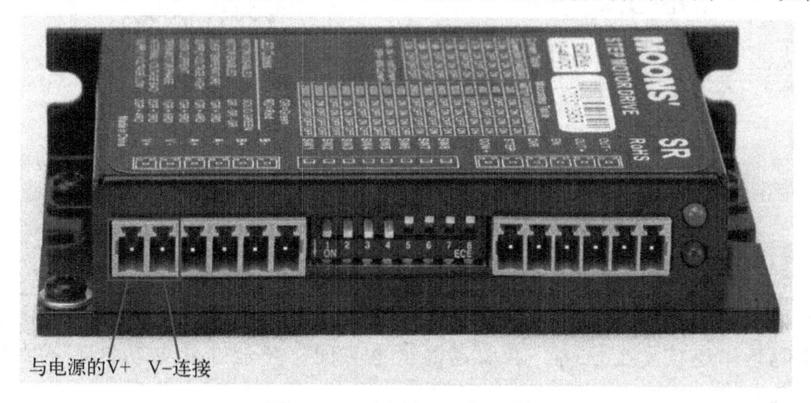

图 5−69　电源与驱动器连接

（2）电动机与驱动器连接

电动机与驱动器连接如图 5−70a 所示。4 线步进电动机只有一种双极性串联连接方式，如图 5−70b 所示。6 线步进电动机可以用串联和中心抽头两种方式连接，如图 5−70c、d 所示。在串联模式下，电动机低速运转时具有更大的转矩，但是不能像接在中心抽头那样快速地运转。串联运转时，电动机需要以低于中心抽头方式电流的 30%运行以避免过热。8 线步进电动机可以用并联和串联两种方式连接，如图 5−70e、f 所示。串联方式在低速时具有更大的转矩，而在高速时转矩较小。串联运转时，电动机需要以并联方式电流的 50%运行以避免过热。

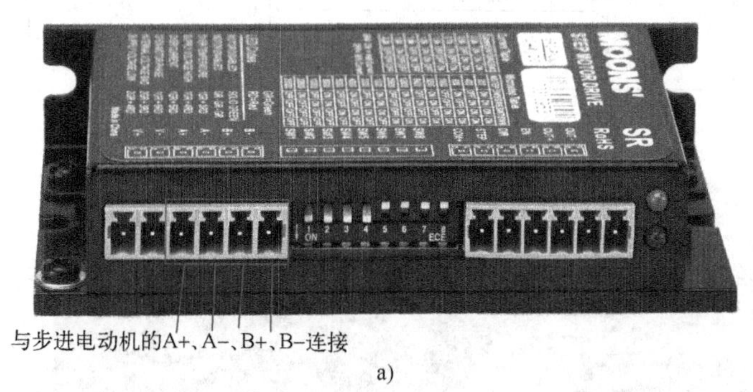

a)

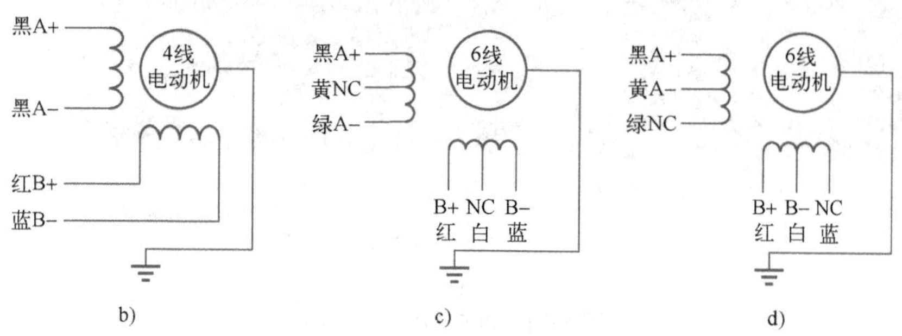

图 5−70　电动机与驱动器连接

a) 与步进电动机的 A+、A−、B+、B−连接　b) 4 线双极性串联连接　c) 6 线串联连接　d) 6 线中心抽头连接

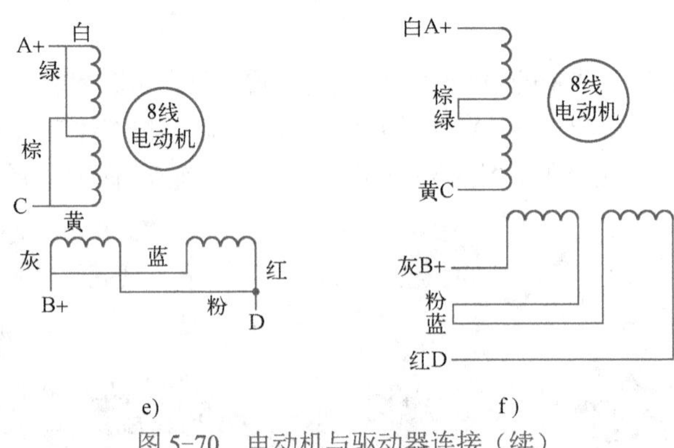

e)　　f)

图 5-70　电动机与驱动器连接（续）

e) 8 线双极性并联　f) 8 线双极性串联

注意：当将电动机连接至驱动器时，应先确认电动机电源已关闭，确认未使用的电动机引线未与其他物体连接发生短路。在驱动器通电期间，不能断开电动机，不要将电动机引线接到地上或电源上。

（3）PLC 与驱动器连接

PLC 与驱动器连接如图 5-71 所示。

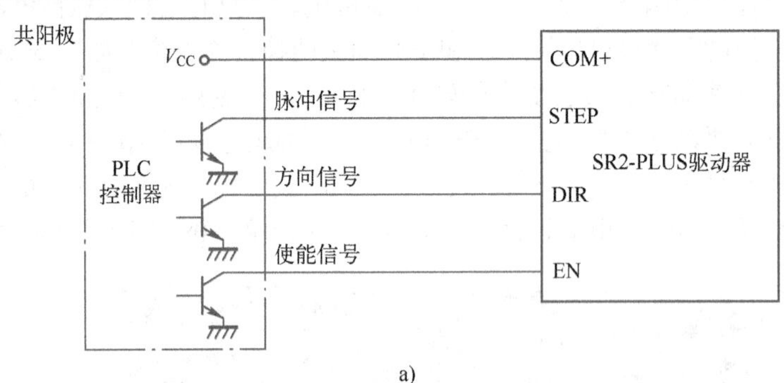

a)

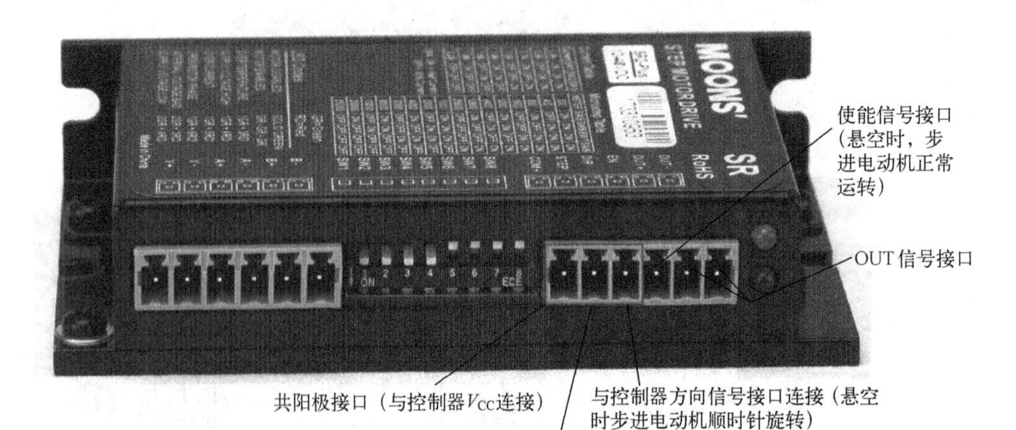

b)

图 5-71　PLC 与驱动器连接

a) PLC 与驱动器接线　b) 驱动器上与 PLC 连接的接口

1）脉冲及方向信号。SR2-PLUS 驱动器有 2 个高速输入口 STEP 和 DIR，光电隔离，可以接收 DC 5～24V 单端信号（共阳接法），最高电压可达 28V。信号输入口有高速数字滤波器，滤波频率为 2MHz。脉冲信号为下降沿有效。电动机运转方向取决于 DIR 电平信号，当 DIR 悬空或为低电平时，电动机顺时针运转；DIR 信号为高电平时，电动机逆时针运转。

2）使能信号。EN 输入使能或关断驱动器的功率部分，信号输入为光电隔离，可以接收 DC 5～24V 单端信号（共阳接法），最高电压可达 28V。EN 信号悬空或低电平时（光耦不导通），驱动器为使能状态，电动机正常运转；EN 信号为高电平时（光耦导通），驱动器功率部分关断，电动机无励磁。当电动机处于报错状态时，EN 输入可用于重启驱动器。首先从应用系统中排除存在的故障，然后输入一个下降沿信号至 EN 端，驱动器可重新启动功率部分，电动机励磁运转。

3）OUT 信号。OUT 口为光电隔离 OC 输出（集电极开路输出），最高承受电压 DC 30V，最大饱和电流 100mA。驱动器正常工作时，输出光电耦合器不导通。

（4）驱动器运行参数设置

驱动器运行参数设置如图 5-72 所示。

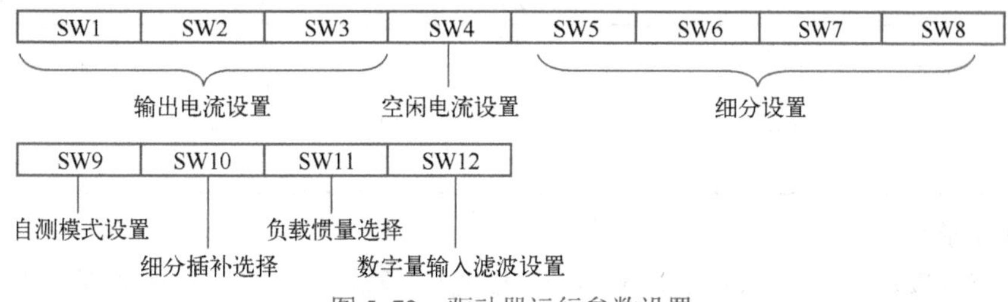

图 5-72　驱动器运行参数设置

1）电流设置。表 5-17 中，SR2-PLUS 驱动器通过 SW1、SW2、SW3 拨码开关设置输出电流峰值，通常情况下，电流设置为电动机的额定电流。如果系统对发热的要求很高，可以适当减小电流以降低电动机的发热，但是电动机的输出转矩会同时降低。如果不是要求电动机连续运行，可适当增大运行电流以获得更大转矩，但是注意最大不要超过电动机额定电流的 1.5 倍。驱动器的运行电流在电动机停转时可自动减小，SW4 设置空闲电流为运行电流的百分比关系。当需要输出一个高的转矩时，90%的设置是最有效的。为减少电动机和驱动器的热量，推荐在允许的情况下将空闲电流尽可能降低。

表 5-17　电流设置

运行电流（峰值）/A	SW1	SW2	SW3
0.3	ON	ON	ON
0.5	OFF	ON	ON
0.7	ON	OFF	ON
1.0	OFF	OFF	ON
1.3	ON	ON	OFF
1.6	OFF	ON	OFF
1.9	ON	OFF	OFF
2.2	OFF	OFF	OFF

2）细分设置。表 5-18 中，R2-PLUS 驱动器通过 SW5、SW6、SW7 和 SW8 拨码开关设置细分值，有 16 种选择。细分步数均相对整步而言，如驱动整步为 1.8° 的电动机，设置整步运行时，一个脉冲使电动机转动 1.8°；半步时，一个脉冲使电动机转动 0.9°；4 细分时，一个脉

冲使电动机转动 0.45° 等，依此类推。

表 5-18　细分设置

细分/（步/转）	SW5	SW6	SW7	SW8
200	ON	ON	ON	ON
400	OFF	ON	ON	ON
800	ON	OFF	ON	ON
1600	OFF	OFF	ON	ON
3200	ON	ON	OFF	ON
6400	OFF	ON	OFF	ON
12800	ON	OFF	OFF	ON
25600	OFF	OFF	OFF	ON
1000	ON	ON	ON	OFF
2000	OFF	ON	ON	OFF
4000	ON	OFF	ON	OFF
5000	OFF	OFF	ON	OFF
8000	ON	ON	OFF	OFF
10000	OFF	ON	OFF	OFF
20000	ON	OFF	OFF	OFF
25000	OFF	OFF	OFF	OFF

4．控制要求

1）按下前进按钮，步进电动机以 30r/min 的速度正转，步进电动机驱动器接收脉冲信号和方向信号，步进电动机带动工件进行平移。已知该步进电动机的步距角为 1.8°，如使电动机运行在半步模式下，此时一个脉冲使电动机转动 0.9°。步进电动机的转速为 30r/min，则 PLC 输出控制脉冲的频率为

$$\frac{30\text{r/min}\times 360^\circ}{60\text{s}\times 0.9^\circ}=200\text{Hz}$$

2）根据移动距离（300mm）设置发出脉冲个数，当脉冲发送完毕后，步进电动机停转。

3）当发出复位信号 1s 后，步进电动机驱动器接收脉冲信号，步进电动机带动弹簧夹爪回位后系统回复初始状态。

5．训练步骤

1）练习步进电动机控制系统的接线。步进电动机驱动器与步进电动机的接线如图 5-73 所示。

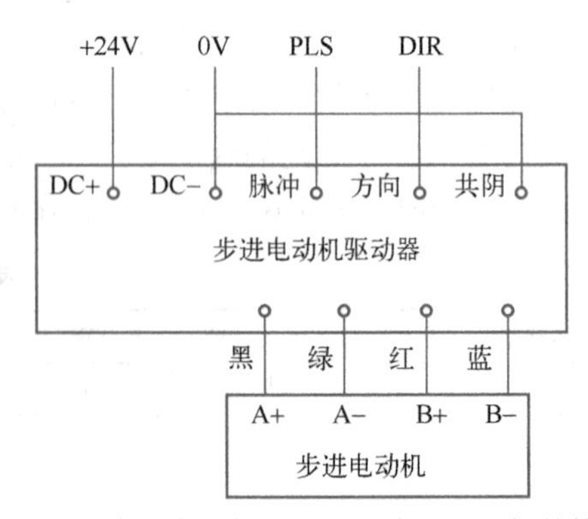

图 5-73　步进电动机驱动器与步进电动机的接线

2）根据图 5-73 写出 I/O 地址分配，见表 5-19。

表 5-19　I/O 地址分配

输入			输出		
输入地址	输入元件	作用	输出地址	输出元件	作用
I0.0	光电开关	原点			
I0.1	SB1	天车前进（左行）按钮	Q0.0	PLS	步进电动机脉冲
I0.2	SB2	天车后退（右行）按钮	Q0.3	DIR	步进电动机方向

（续）

输入			输出		
输入地址	输入元件	作用	输出地址	输出元件	作用
I0.3	SB3	急停按钮			
I1.2	SQ3	高空步进电动机限位（右）			
I1.3	SQ4	高空步进电动机限位（左）			

3）设计 PLC 程序，参考程序如图 5-74 所示。

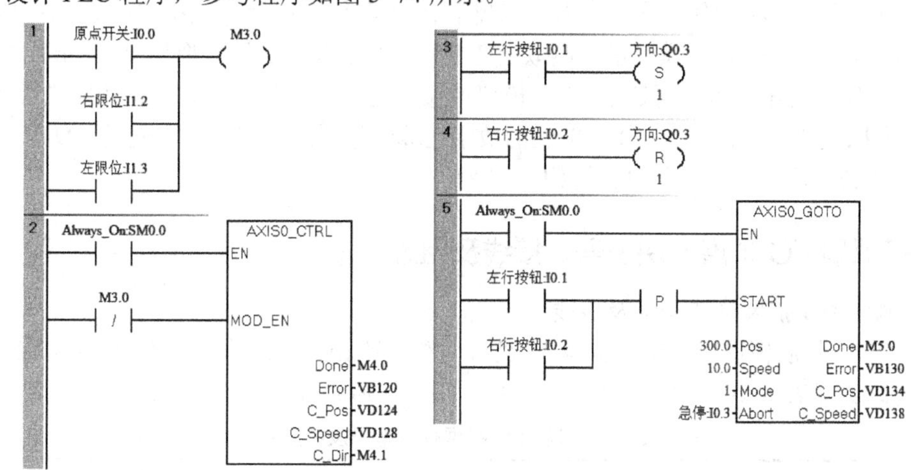

图 5-74　PLC 对步进电动机的控制

使用运动控制向导，Q0.0 作为运动轴 0 输出。运动控制向导操作步骤如下：

① 在“运动控制向导”对话框中选择“轴 0”。

② 在“测量系统”对话框中，测量系统选择“工程单位”；电动机一次旋转所需脉冲为“10000”（与步进电动机驱动器的细分设置对应）；测量基本单位选择“mm”；电动机一次旋转产生多少 mm 的运动设为“20”（参数和实际的机械结构有关）。

③ 在“方向控制”对话框，相位选择“单相（1 个输出）”。

④ 进行输入点分配。本次实训启用的输入点分配如下：

LMT+（正方向运动行程最大限值）启用，输入设为“I1.2”，响应选择“立即停止”，有效电平选择“上限”。

LMT-（负方向运动行程最大限值）启用，输入设为“I1.3”，响应选择“立即停止”，有效电平选择“上限”。

STP（使进行中的运动停止）启用，输入设为“I0.3”，响应选择“减速停止”，触发选择“Level”，电平选择“上限”。

⑤ 指定步进电动机的速度。

MAX_SPEED 设为 10mm/s；SS_SPEED 设为 1.0mm/s。该数值应满足电动机在低速时驱动该负载的能力，如果 SS_SPEED 的数值过低，电动机和负载在运动开始和结束时可能会摇摆或颤动。如果 SS_SPEED 的数值过高，电动机会在起动时丢失脉冲，并且负载在停止时会使电动机超速。

⑥ 设置电动机的加减速时间。电动机主要在匀速运行，加减速时间越短越有利于起停，但是时间太短会影响步进电动机的使用寿命。本例中加速时间/减速时间设为 1000ms，为默认时间。

⑦ 电动机的急停时间设为 0，为默认时间。

⑧ 如果程序要使用曲线控制（在程序中调用 AXIS0_RUN），还需要设置曲线 0（本例不

用)。曲线的运行模式选择相对位置，目标速度设为 10mm/s，终止位置设为 300mm。

⑨ 存储器分配采用建议值。

⑩ 生成组件完成组态。

5.4 模拟量处理及 PID 控制

在工业控制中，某些输入量如压力、温度、流量等是模拟量，某些执行机构如电动调节阀、变频器等要求 PLC 输出模拟量。模拟量通常由传感器和变送器转换为 4～20mA 的电流、1～5V 或 0～10V 的电压等，再通过 PLC 模拟量输入通道（A/D 转换）将其转换成数字量，送入 PLC 的模拟量映像寄存器（AI）。PLC 的数字运算结果通过模拟量输出通道（D/A 转换）转换为模拟电压或电流，再去控制执行机构。

5.4.1 模拟量 I/O 扩展模块型号、接线及组态

1. 模拟量 I/O 扩展模块型号及接线

模拟量 I/O 扩展模块包括模拟量输入模块、模拟量输出模块、模拟量输入/输出混合模块，型号及扩展路数见表 5-20。EM AM06 模块接线如图 5-75 所示。

表 5-20 模拟量 I/O 扩展模块型号及扩展路数

类型	模拟量输入模块		模拟量输出模块		模拟量输入/输出混合模块	
型号	EM AE04	EM AE08	EM AQ02	EM AQ04	EM AM03	EM AM06
路数	4 路输入	8 路输入	2 路输出	4 路输出	2 路输入/1 路输出	4 路输入/2 路输出

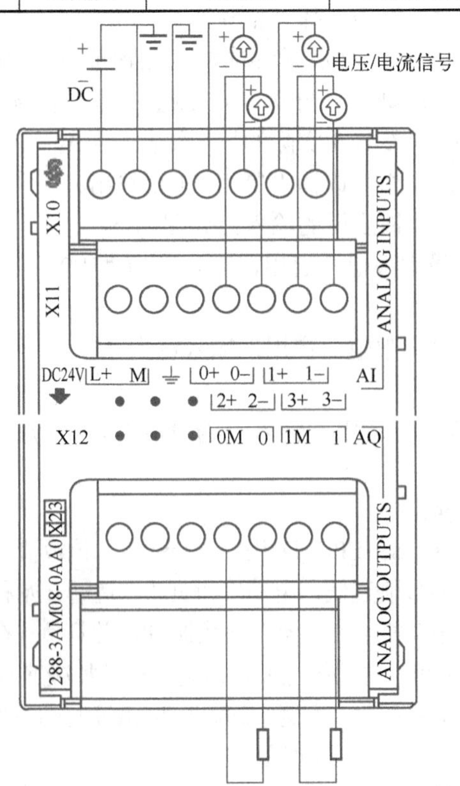

图 5-75 EM AM06 模块接线图

2．模拟量模块的组态

1）模拟量的地址分配。模拟量模块的地址是在用系统块组态硬件时，由编程软件根据模块被插入的物理槽位置自动分配，如图 5-76 所示，系统给 EM AM06 模块分配的输入/输出起始地址为 AIW16/AQW16。

系统块

	模块	版本	输入	输出	订货号
CPU	CPU SR40 (AC/DC/R...	V02.06.00_00....	I0.0	Q0.0	6ES7 288-1SR40-0AA1
SB					
EM	EM AM06 (4AI / 2AQ)		AIW16	AQW16	6ES7 288-3AM06-0AA0
EM					
EM...					
EM					

图 5-76　编程软件根据模块被插入的物理槽位置自动分配地址

2）模拟量输入、输出通道组态。从图 5-77 模拟量输入通道组态界面可以看出，EM AM06 模块有 4 个模拟量输入通道、2 个模拟量输出通道。

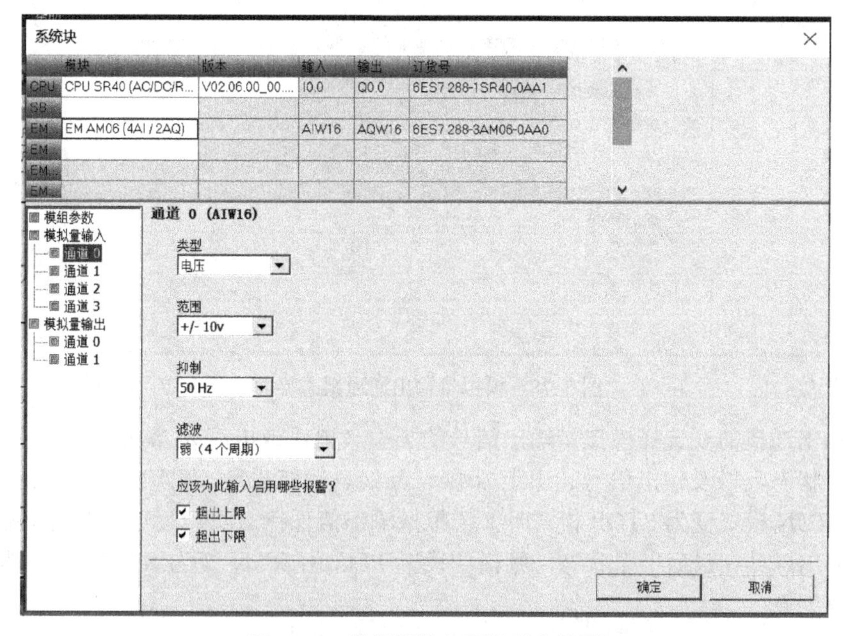

图 5-77　模拟量输入通道组态界面

模拟量输入通道分别为通道 0、通道 1、通道 2、通道 3，输出通道分别为通道 0、通道 1。

输入通道既可以测直流电流信号（范围为 0～20 mA），也可以测直流电压信号（±10V，±5V，±2.5V），需要在图 5-77 界面中选择。直流电流信号满量程范围（数据字）为 0～27648；直流电压信号满量程范围（数据字）为-27648～27648。如选用某通道测量 0～20mA 的电流信号，当检测到的值为 10mA 时，读入 PLC 模拟量输入映像寄存器 AI 的值为 13824。在程序中可以直接使用数据传送指令读取输入通道的值，如：MOVW　AIW16，VW0。

对模拟量输入通道组态，需要选择模拟量信号的类型（电压或电流）、测量范围、干扰抑制频率、滤波、输入信号超出上/下限报警。干扰抑制频率主要是工频交流信号对输入信号的干扰，一般选择 50Hz。滤波有无、弱、中、强四种选择，滤波效果强则响应速度慢，滤波效果弱则响应速度快。

模拟量输出通道分别为通道 0、通道 1。输出通道既可以输出直流电流信号（范围为 0～20mA），也可以输出直流电压信号（±10V），需要在图 5-78 模拟量输出通道组态界面中选择。直流电流信号满量程范围（数据字）为 0～27648；直流电压信号满量程范围（数据字）为 -27648～27648。若需要输出 5V 的电压信号，则需要将输出映像寄存器 AQ 的值设为+13824。在程序中可以直接使用数据传送指令将值写到相应的输出通道，如：MOVW VW2，AQW16。

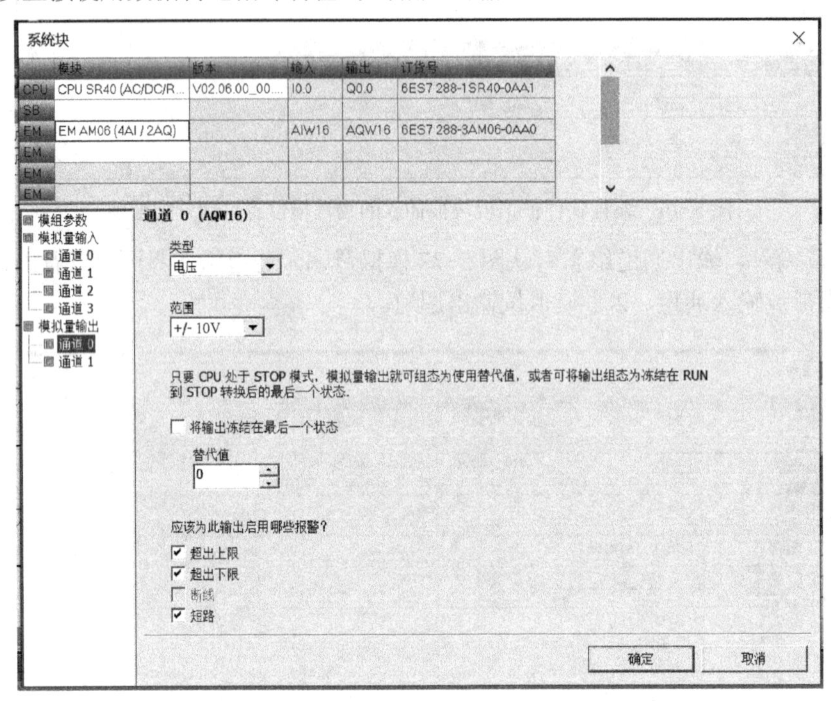

图 5-78　模拟量输出通道组态界面

模拟量输出通道需要选择模拟量输出信号的类型（电压或电流）、测量范围、是否将输出冻结在最后一个状态，以及输出信号超出上/下限、断线、短路报警。将输出冻结在最后一个状态是指 PLC 由 RUN 模式变为 STOP 模式时，模拟量输出值保持 RUN 模式下最后的输出值。如果没有选择将输出冻结在最后一个状态，则需要设置 PLC 由 RUN 变为 STOP 后模拟量输出的替代值，默认值为 0。

5.4.2 PID 控制及 PID 指令

1. PID 控制

在工业生产过程控制中，常常用闭环控制方式实现温度、压力、流量等连续变化的模拟量的控制。过程控制系统在对模拟量进行采样的基础上，进行 PID（比例-积分-微分）运算，并根据运算结果，形成对模拟量的控制作用。PID 控制的结构如图 5-79 所示。

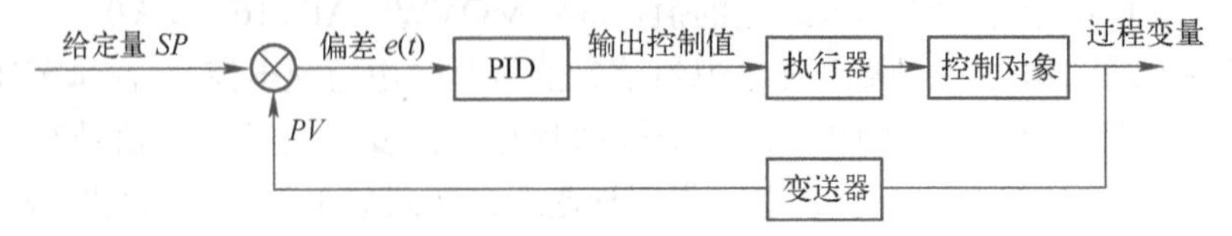

图 5-79　PID 控制的结构

PID 运算中的比例作用可对系统偏差做出及时响应；积分作用可以消除系统的静态误差，提高对系统参数变化的适应能力；微分作用可以克服惯性滞后，提高抗干扰能力和系统的稳定性，改变系统动态响应速度。因此，对于速度、位置、温度等模拟量的过程控制，PID 都具有良好的实际效果。若能将三种作用的强度进行适当的配合，则可以使 PID 回路快速、平稳、准确地运行，从而获得满意的控制效果。

PID 的三种作用相互独立、互不影响。改变一个参数，仅影响一种调节作用，而不影响其他调节作用。

2. PID 指令

运行 PID 控制指令，S7-200 SMART 系列 PLC 将根据参数表中的输入测量值、控制设置值及 PID 参数进行 PID 运算，求得输出控制值。参数表有 80 个字节，9 个参数，全部为 32 位的实数，共占用 36 个字节，36～79 字节保留给自整定变量。PID 控制回路的参数表见表 5-21。

表 5-21　PID 控制回路的参数表

地址偏移量	参数	数据格式	参数类型	说明
0	过程变量当前值 PV_n	双字，实数	输入	必须在 0.0～1.0 范围内
4	给定值 SP_n	双字，实数	输入	必须在 0.0～1.0 范围内
8	输出值 M_n	双字，实数	输入/输出	在 0.0～1.0 范围内
12	增益 K_c	双字，实数	输入	比例常量，可为正数或负数
16	采样时间 T_s	双字，实数	输入	以 s 为单位，必须为正数
20	积分时间 T_i	双字，实数	输入	以分钟为单位，必须为正数
24	微分时间 T_d	双字，实数	输入	以分钟为单位，必须为正数
28	上一次的积分值 M_x	双字，实数	输入/输出	0.0～1.0 之间（根据 PID 运算结果更新）
32	上一次过程变量 PV_{n-1}	双字，实数	输入/输出	最近一次 PID 运算值

典型的 PID 算法包括 3 项：比例项、积分项和微分项，即输出=比例项+积分项+微分项。计算机在周期性地采样并离散化后进行 PID 运算，算法为

$$M_n = K_c(SP_n - PV_n) + K_c(T_s / T_i)(SP_n - PV_n) + M_x + K_c(T_d / T_s)(PV_{n-1} - PV_n)$$

其中各参数的含义见表 5-21。

1）比例项 $K_c(SP_n-PV_n)$：能及时地产生与偏差(SP_n-PV_n)成正比的调节作用，比例系数 K_c 越大，比例调节作用越强，系统的稳态精度越高，但 K_c 过大会使系统的输出量振荡加剧，稳定性降低。

2）积分项 $K_c(T_s/T_i)(SP_n-PV_n)+M_x$：与偏差有关，只要偏差不为 0，PID 控制的输出就会因积分作用而不断变化，直到偏差消失，系统处于稳定状态，所以积分的作用是消除稳态误差，提高控制精度，但积分的动作缓慢，给系统的动态稳定带来了不良影响，很少单独使用。可以看出，积分时间常数增大，积分作用减弱，消除稳态误差的速度减慢。

3）微分项 $K_c(T_d/T_s)(PV_{n-1}-PV_n)$：根据误差变化的速度（即误差的微分）进行调节，具有超前和预测的特点。微分时间常数 T_d 增大时，超调量减少，动态性能得到改善，如 T_d 过大，系统输出量在接近稳态时可能上升缓慢。

3. PID 控制回路选项

在很多控制系统中，有时只采用一种或两种控制回路。如可能只要求比例控制回路或比例和积分控制回路。通过设置常量参数值选择所需的控制回路。

1）如果不需要积分回路（即在 PID 计算中无 I），则应将积分时间 T_i 设为无限大。由于积分项 M_x 的初始值，虽然没有积分运算，积分项的数值也可能不为零。

2）如果不需要微分运算（即在 PID 计算中无 D），则应将微分时间 T_d 设定为 0.0。

3）如果不需要比例运算（即在 PID 计算中无 P），但需要 I 或 ID 控制，则应将增益值 K_c 指定为 0.0。因为 K_c 是计算积分和微分项公式中的系数，将循环增益设为 0.0 会导致在积分和微分项计算中使用的循环增益值为 1.0。

4. 回路输入量的转换和标准化

每个回路的给定值和过程变量都是实际数值，其大小、范围和工程单位可能不同。在 PLC 进行 PID 控制之前，必须将其转换成标准化浮点表示法。步骤如下：

1）将实际数值从 16 位整数转换成 32 位浮点数或实数。指令如下：

```
XORD AC0, AC0          //将 AC0 清 0
ITD AIW0, AC0          //将输入数值转换成双字
DTR AC0, AC0           //将 32 位整数转换成实数
```

2）将实数转换成 0.0～1.0 之间的标准化数值。计算公式为

实际数值的标准化数值=实际数值的非标准化数值或原始实数/取值范围+偏移量

式中，取值范围=最大可能数值-最小可能数值=27648（单极数值）或 55296（双极数值），单极数值的范围为 0～27648，双极数值的范围为-27648～+27648；偏移量对单极数值取 0.0，对双极数值取 0.5。

如将上述 AC0 中的双极数值（间距为 55296）标准化，指令如下：

```
/R  55296.0, AC0       //使累加器中的数值标准化
+R  0.5, AC0           //加偏移量 0.5
MOVR    AC0, VD100     //将标准化数值写入 PID 回路参数表中
```

5. PID 回路输出转换为成比例整数

程序执行后，PID 回路输出 0.0～1.0 之间的标准化实数值，必须将其转换成 16 位成比例实数值，才能驱动模拟输出。计算公式为

PID 回路输出成比例实数值=（PID 回路输出标准化实数值-偏移量）×取值范围

程序如下：

```
MOVR    VD108, AC0     //将 PID 回路输出送入 AC0
-R  0.5, AC0           //双极数值减偏移量 0.5
*R  55296.0, AC0       //AC0 的值×取值范围，变为成比例实数值
ROUND   AC0, AC0       //将实数四舍五入取整，变为 32 位整数
DTI   AC0, AC0         //32 位整数转换成 16 位整数
MOVW    AC0, AQW0      //16 位整数写入 AQW0
```

6. PID 指令

PID 指令：使能有效时，根据回路参数表（TBL）中的输入测量值、控制设置值及 PID 参数进行 PID 计算，格式及功能见表 5-22。

表 5-22 PID 指令格式及功能

LAD	STL	功能
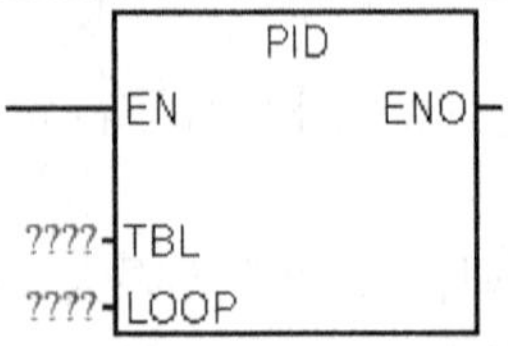	PID TBL，LOOP	TBL：参数表起始地址 VB，字节数据 LOOP：回路号，常量（0～7），字节数据

注意：

1）程序中可使用 8 条 PID 指令，分别编号 0～7，不能重复使用。

2）PID 指令不对参数表输入值进行范围检查，必须保证过程变量和给定值积分项当前值和过程变量当前值在 0.0～1.0 之间。

5.4.3 PID 控制功能的应用

1. 控制任务

一恒压供水水箱，通过变频器驱动的水泵供水，维持水位在满水位的 70%。过程变量 PV_n 为水箱的水位（由水位检测计提供），设置值为 70%，PID 输出控制变频器，即控制水箱注水调速电动机的转速。要求开机后，先手动控制电动机，水位上升到 70%时，转换到 PID 自动调节。

2. PID 控制回路参数表

恒压供水 PID 控制回路参数表见表 5-23。

表 5-23 恒压供水 PID 控制回路参数表

地址	参数	数值
VB100	过程变量当前值 PV_n	水位检测计提供的模拟量经 A/D 转换后的标准化数值
VB104	给定值 SP_n	0.7
VB108	输出值 M_n	PID 控制回路的输出值（标准化数值）
VB112	增益 K_c	0.3
VB116	采样时间 T_s	0.1
VB120	积分时间 T_i	30
VB124	微分时间 T_d	0（关闭微分作用）
VB128	上一次积分值 M_x	根据 PID 运算结果更新
VB132	上一次过程变量 PV_{n-1}	最近一次 PID 的变量值

3. 程序分析

1）I/O 地址分配见表 5-24。

表 5-24 I/O 地址分配

输入				输出	
手动/自动切换开关	I0.0	模拟量输入	AIW16	模拟量输出	AQW16

2）程序结构。恒压供水 PID 控制程序由主程序、子程序、中断程序构成。主程序用来调用初始化子程序，子程序用来建立 PID 控制回路初始参数表和设置中断，由于定时采样，所以采用定时中断（中断事件号为 10），设置周期时间和采样时间相同（0.1s），并写入 SMB34。中断程序用于执行 PID 运算，I0.0=1 时，执行 PID 运算。本例标准化时采用单极性（取值范围为 0～27468）。

4. 梯形图和语句表程序

恒压供水 PID 控制程序如图 5-80 所示。

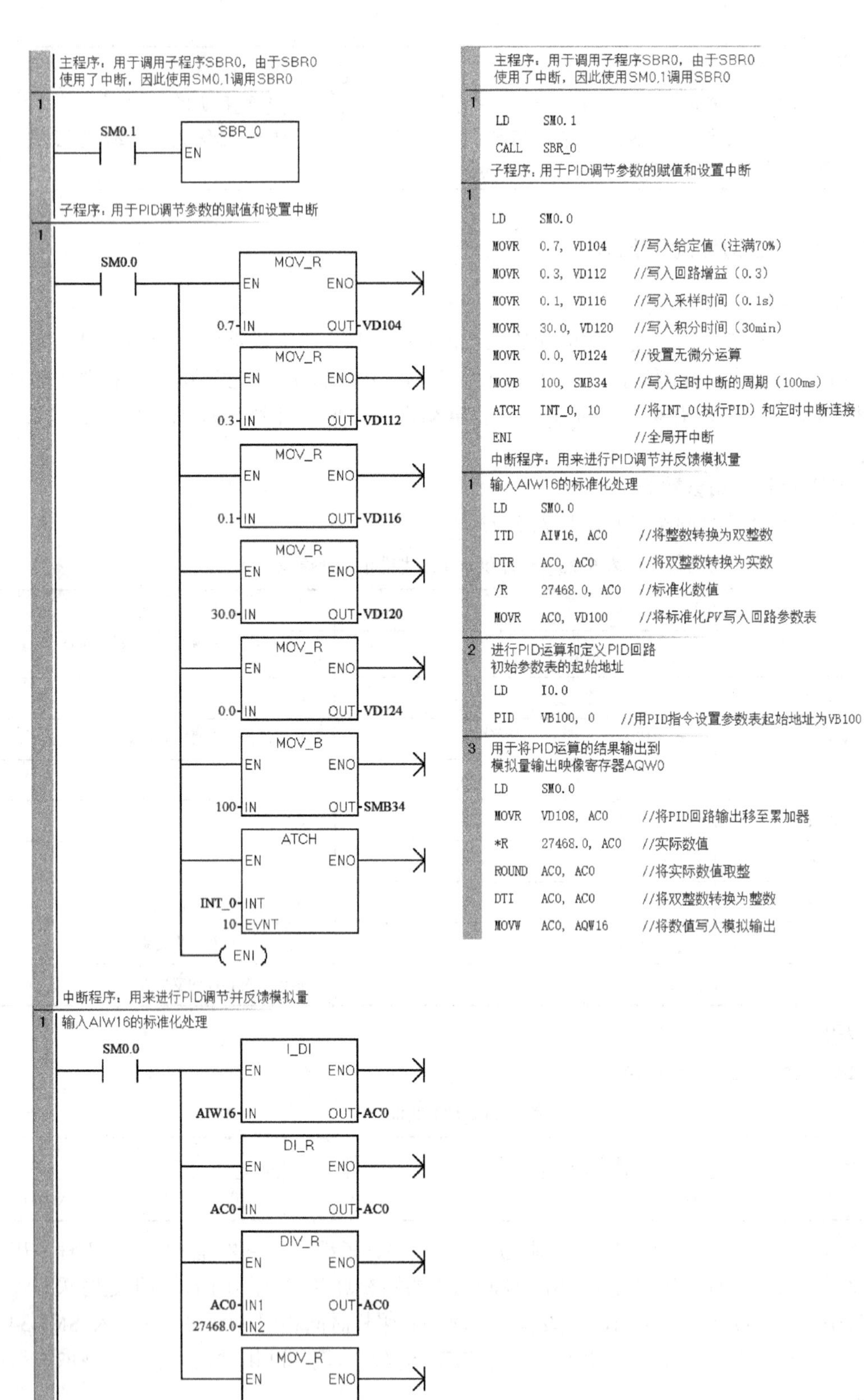

图 5-80 恒压供水 PID 控制程序

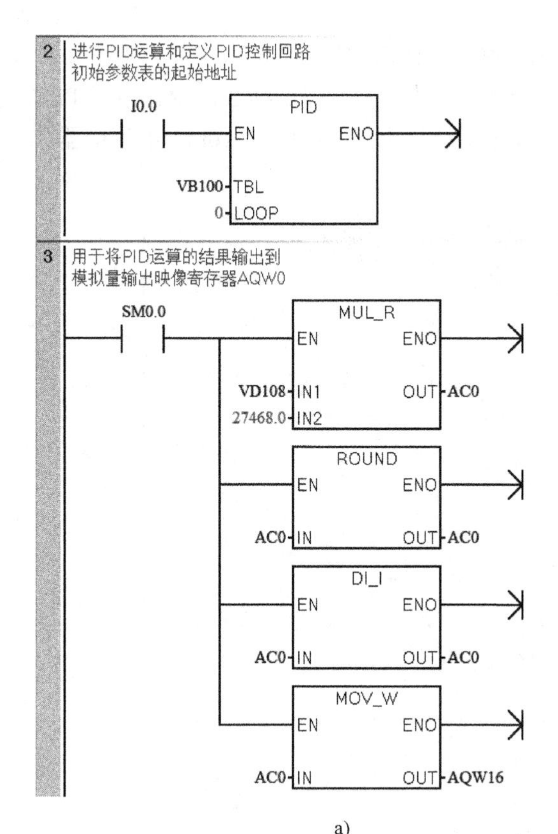

a)　　　　　　　　　　b)

图 5-80　恒压供水 PID 控制程序（续）

a) 梯形图　b) 语句表

5.4.4　PID 指令向导的应用

S7-200 SMART 系列 PLC 的 PID 控制程序可以通过指令向导自动生成。操作步骤如下：

5.4.4 PID 指令向导的应用

1）创建 PID 控制的项目。在系统块中设置 CPU 的型号为“SR40”，0 号扩展模块为 EM AM06(4AI/2AQ)，模拟量输入、输出的起始地址分别为 AIW16 和 AQW16。

2）打开 PID 指令向导。

① 在菜单栏选择“工具”，在“向导”区域单击“PID”按钮。

② 在项目树中打开“向导”文件夹，然后双击“PID”。

3）选择要组态的回路，如图 5-81 所示。最多可以组态 8 个回路，本项目选用回路 0，选择“Loop 0”，单击“下一个”按钮。

4）给选用的回路 0 命名，默认名称为“Loop 0”，单击“下一个”按钮。

5）设置 PID 调节的基本参数，如图 5-82 所示，包括比例增益 K_c、采样时间 T_s、积分时间 T_i、微分时间 T_d。设置完成单击“下一个”按钮。

6）设置 PID 调节的输入参数即过程变量 PV 的标定方式，如图 5-83 所示，主要设置过程变量 PV 的类型、过程变量和回路设置值的上、下限。在回路输入参数类型选项区，输入信号 A/D 转换数据的极性，根据变送器量程范围可以选择单极性（单极性数值在 0～27648 之间）、双极性

（双极性数值在-27648～27648 之间）、单极性 20%偏移（默认范围为 5530～27648，不可修改）、温度×10℃和温度×10°F（默认的上、下限均为 0～1000，可修改）。S7-200 SMART 系列 PLC 的模拟量输入模块只有 0～20mA 的量程，单极性 20%偏移量适用于输出为 4～20mA 的变送器。

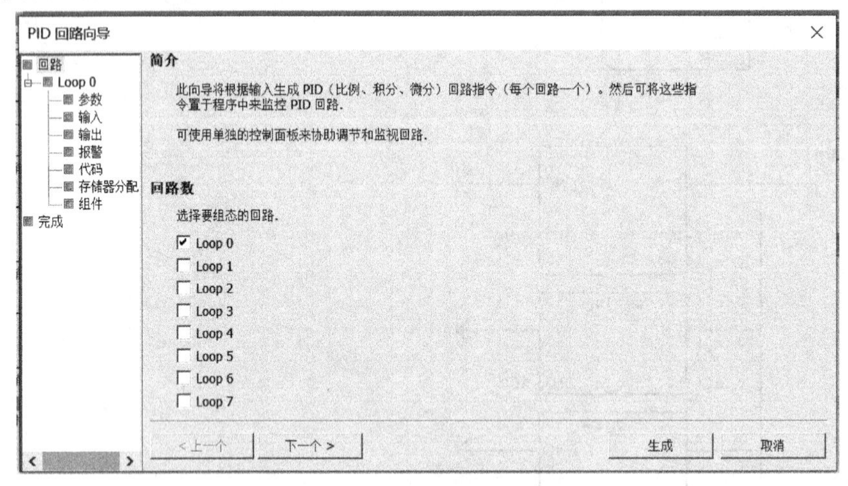

图 5-81　选择要组态的回路

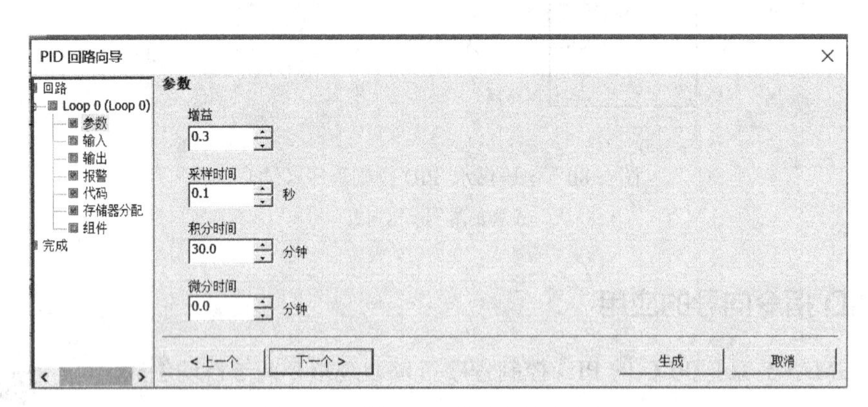

图 5-82　设置 PID 调节的基本参数

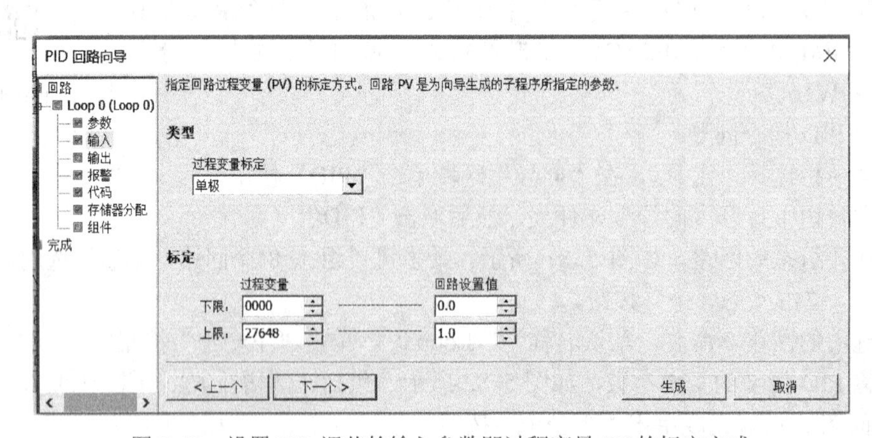

图 5-83　设置 PID 调节的输入参数即过程变量 *PV* 的标定方式

7）输出参数的标定方式的设置如图 5-84 所示。在输出选项区选择输出信号的类型，可以选择模拟量输出或数字量输出，输出信号的极性可选择单极性、双极性和单极性 20%的偏移量。如果选择回路输出量的类型为数字量，需要设置以 0.1s 为单位的循环时间，即输出脉冲的周期。

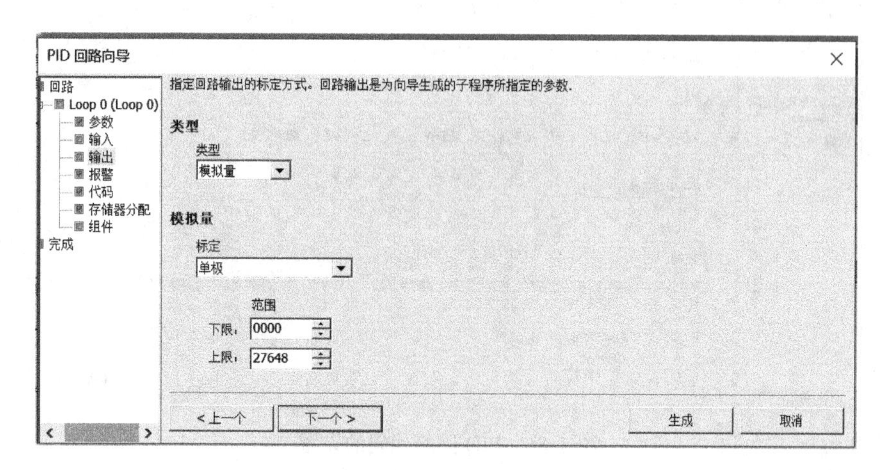

图 5-84　输出参数的标定方式的设置

选择 D/A 转换数据的下限（可以输入 D/A 转换数据的最小值）和上限（可以输入 D/A 转换数据的最大值）。设置完成单击“下一个”按钮。

8）PID 报警参数的设置如图 5-85 所示。选择是否使用输出下限报警，使用时应指定下限报警值；选择是否使用输出上限报警，使用时应指定上限报警值；选择是否使用模拟量输入模块错误报警，使用时应指定模块位置。设置完成单击“下一个”按钮。

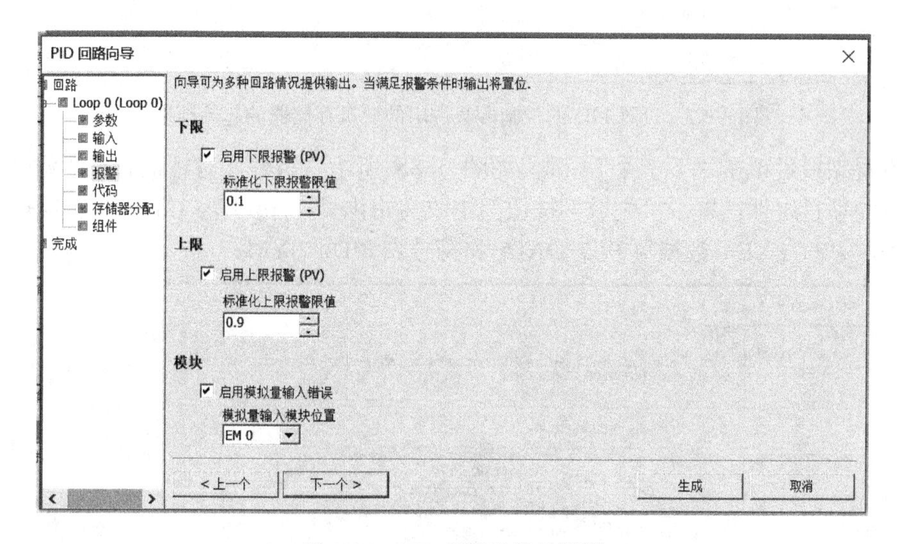

图 5-85　PID 报警参数的设置

9）PID 回路代码的设置如图 5-86 所示。设置 PID 控制子程序和中断程序的名称并选择是否增加 PID 的手动控制。选择手动控制后，给定值将不再经过 PID 控制运算而直接进行输出，当 PID 位于手动模式时，输出应当通过向 Manual Output（手动输出）参数写入一个标准化数值（0.00～1.00）的方法控制输出，而不是用直接改变输出的方法控制输出。这样会在 PID 返回自动模式时提供无扰动转换。设置完成，单击“下一个”按钮。

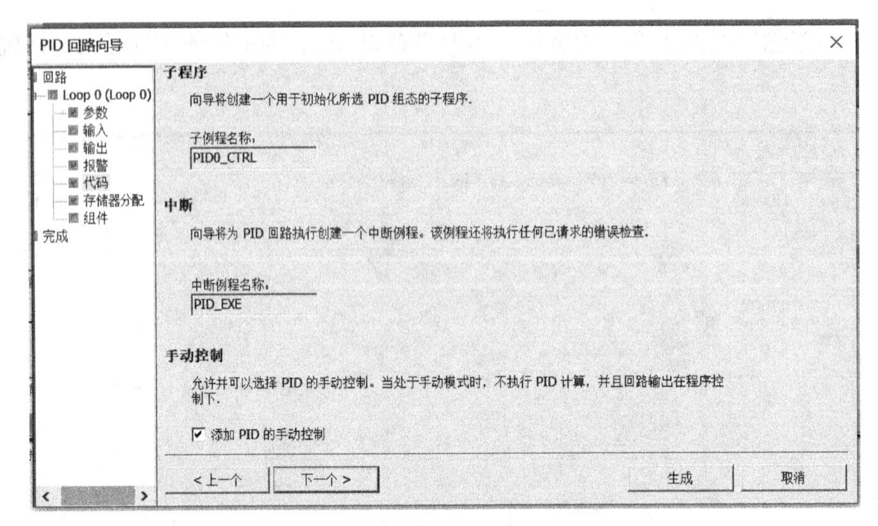

图 5-86　PID 回路代码的设置

10）设置 PID 的控制参数占用的变量存储器的起始地址，如图 5-87 所示。

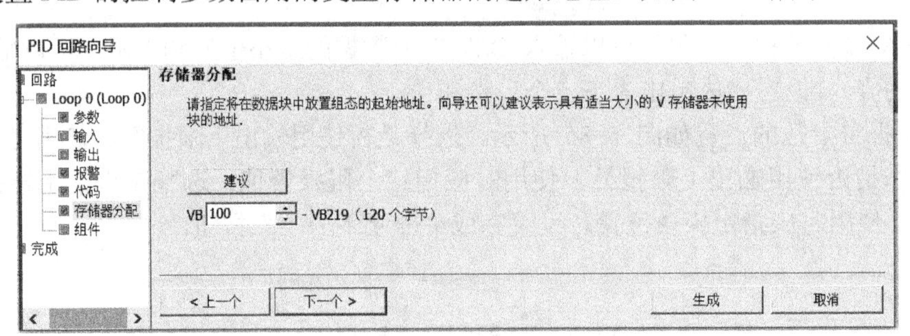

图 5-87　设置 PID 的控制参数占用的变量存储器的起始地址

11）设置完成后单击“下一个”，弹出如图 5-88 所示“组件”对话框。在“组件”对话框中显示生成的项目组件。单击“生成”按钮，生成初始化子程序 PIDx_CTRL、循环执行 PID 功能的中断程序 PID_EXE、数据页 PID_DATA 和符号表 PIDx_SYM。

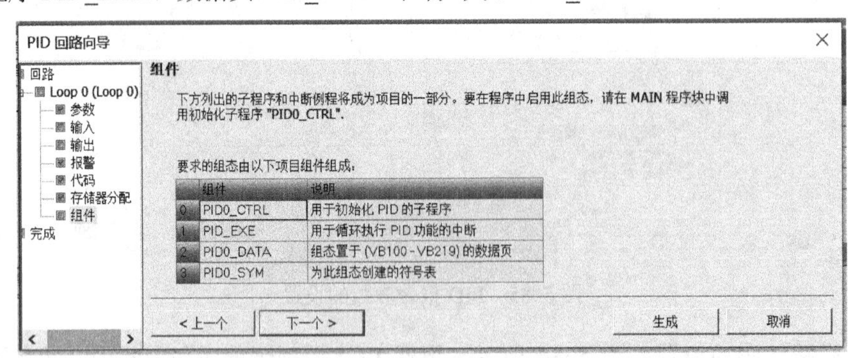

图 5-88　“组件”对话框

PID 回路向导生成的子程序和中断程序是加密的程序，子程序中全部使用局部变量，其中输入和输出变量需要在调用程序中按照数据类型的要求对其进行赋值，如图 5-89 所示。中断程序直接通过子程序启用，不需要控制信号和变量。

变量表

	地址	符号	变量类型	数据类型	注释
1		EN	IN	BOOL	
2	LW0	PV_I	IN	INT	过程变量输入：范围 0 到 27648
3	LD2	Setpoint_R	IN	REAL	设定值输入：范围 0.0 到 1.0
4	L6.0	Auto_Manual	IN	BOOL	自动或手动模式（0 = 手动模式，1 = 自动模式）
5	LD7	ManualOutput	IN	REAL	手动模式下所需的回路输出：范围 0.0 到 1.0
6			IN		
7			IN_OUT		
8	LW11	Output	OUT	INT	PID 输出：范围 0 到 27648
9	L13.0	HighAlarm	OUT	BOOL	过程变量 (PV) 大于上限报警限值 (0.90)
10	L13.1	LowAlarm	OUT	BOOL	过程变量 (PV) 小于下限报警限值 (0.10)
11	L13.2	ModuleErr	OUT	BOOL	位置 0 处的模拟量模块出错
12			OUT		
13	LD14	Tmp_DI	TEMP	DWORD	
14	LD18	Tmp_R	TEMP	REAL	
15	LD22	Tmp_Timer	TEMP	DWORD	
16			TEMP		

图 5-89 PID 运算子程序的局部变量表

① 输入变量。

EN：子程序使能控制端，通常使用 SM0.0 对子程序进行调用。

PV_I：模拟量输入地址，输入为 16 位整数，取值范围为 0～27648。

Setpoint_R：给定值的输入，以小数表示，取值范围为 0.0～1.0；以百分数表示，取值范围为 0.0～100.0。

Auto_Manual：自动与手动转换信号，布尔型数据，0 为手动，1 为自动。

Manual Output：手动模式时回路输出的期望值，数据类型为实数，数据范围为 0.0～1.0。

② 输出变量。

Output：PID 运算后输出的模拟量，数据类型为 16 位整数，数据范围为 0～27648，此处应指定输出映像寄存器的地址，放置该输出模拟量。

HighAlarm：输出上限报警信号，布尔型数据。

LowAlarm：输出下限报警信号，布尔型数据。

ModuleErr：模块出错的报警信号，布尔型数据。

12）在 PLC 程序中调用 PID 运算子程序 PID0_CTRL(SBR1)，实现 PID 控制，如图 5-90 所示。PID 回路向导配置完成后，在项目树“程序块”→“向导”文件夹中生成 PID 运算子程序 PID0_CTRL(SBR1)和中断程序 PID_EXE(INT1)。打开项目树“调用子例程”文件夹，调用子程序 PID0_CTRL(SBR1)。

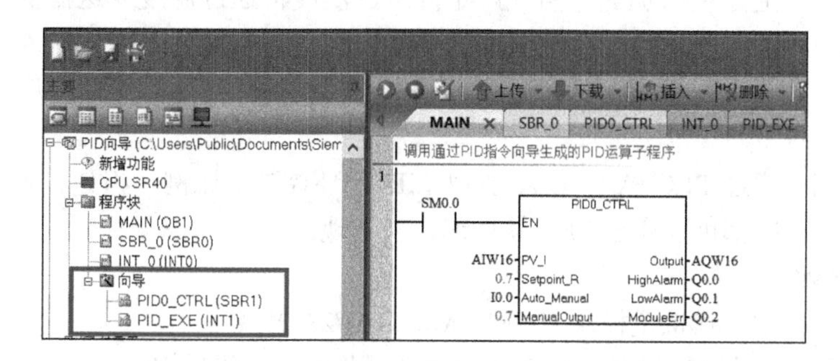

图 5-90 在 PLC 程序中调用 PID 运算子程序

5.4.5 温度检测的 PID 控制实训

1. 实训目的

1）学会使用 PLC 的模拟量模块进行模拟量控制，掌握模拟量模块的输入、输出接线。

2）学会使用 PID 回路向导编制程序。

3）学会 PID 参数的调整方法。

2. 实训内容

用 PLC 构成温度检测和控制系统，接线图及 PID 控制示意图如图 5-91、图 5-92 所示。温度变送器将 0～100℃的温度转换为直流 0～10V 的电压，送入 CPU SR40（AC/DC/Relay）+EM AM06(4AI/2AQ)的模拟量输入通道 0（对应的模拟量输入映像寄存器 AIW16），并将其转换为 0～27648 的数字量。加热电阻丝，用输出通道 0（对应的模拟量输出映像寄存器 AQW16）输出 0～10V 电压。

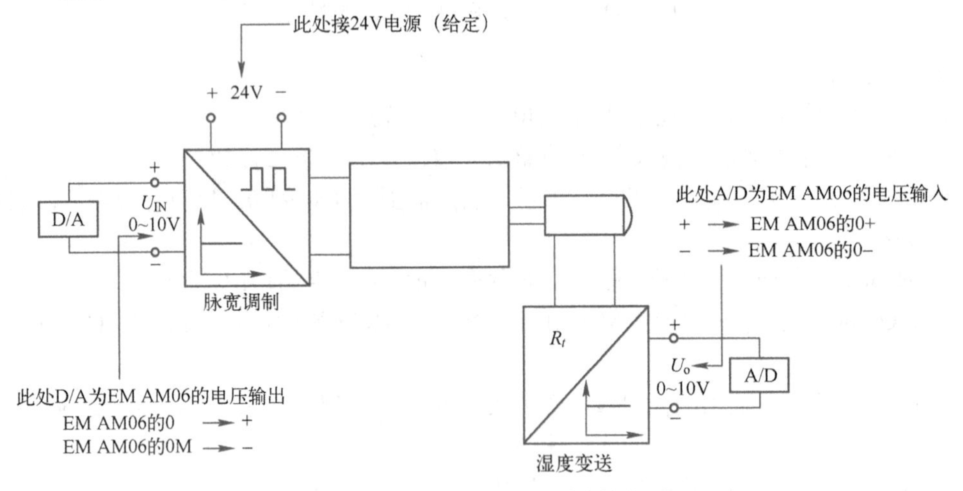

图 5-91 温度检测与控制系统接线图

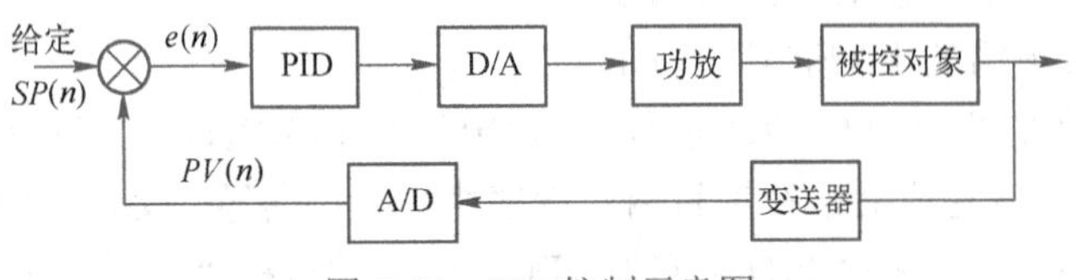

图 5-92 PID 控制示意图

温度控制原理：通过电压加热电阻丝产生温度，温度再通过温度变送器变送为电压。加热电阻丝时根据加热时间的长短可产生不一样的热能，这就需要用到脉冲。输入电压不同就能产生不一样的脉宽，输入电压越大，脉宽越宽，通电时间越长，热能越大，温度越高，输出电压就越高。

PID 闭环控制：通过 PLC+A/D+D/A 实现 PID 闭环控制。比例、积分、微分系数取值合适系统就容易稳定，这些都可以通过 PLC 软件编程来实现。

3. 方法与步骤

1）按图 5-91 接线。模拟量模块用 EM AM06(4AI/2AQ)。

2）用 PID 回路向导编制程序。在 PID 回路向导界面中，设置 PID 回路 0，增益为 1.0，采样周期为 0.1s，积分时间为 1.0min，微分时间为 0min（关闭微分作用）。设置 PID 的输入量为单极性，过程变量为 0000～27648，回路设置值为 0.0～100.0（百分值）。输出类型为模拟量，单极性，范围为 0000～27648，回路使用报警功能，报警下限为 0.1，报警上限为 0.9，启用模拟量输入错误报警，模块位置为 EM0，增加手动控制功能，占用 VB0～VB119。

3）完成 PID 回路向导的设置后，将会自动生成子程序 PID0_CTRL(SBR1)和中断程序 PID_EXE(INT1)。编程时，在主程序中调用子程序 PID0_CTRL(SBR1)，如图 5-93 所示，设置 PID0_CTRL(SBR1)的输入过程变量 PV_I 的地址为 AIW16，实数设定值 Setpoint_R 为 30.0（百分数），Auto_Manual 端接 I0.0 为自动与手动转换信号，0 为手动，1 为自动，手动模式时回路输出的 Manual Output 值为 0.3，数据类型为实数（等于设置值）。PID 控制器的输出变量 Output 的地址为 AQW16，报警上限 HighAlarm 为 Q0.0，报警下限 LowAlarm 为 Q0.1，模块出错报警 ModuleErr 为 Q0.2。

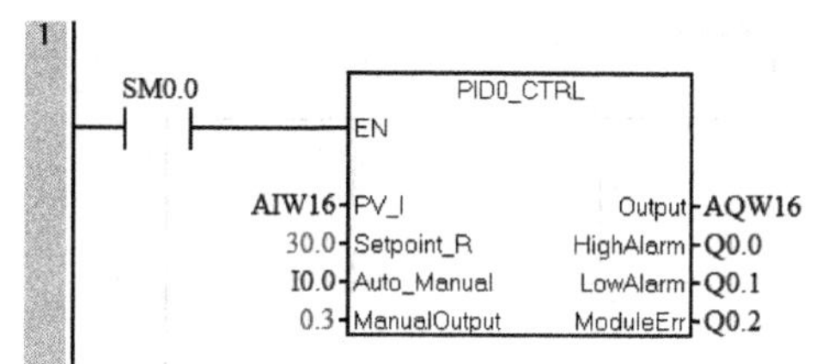

图 5-93 主程序梯形图

主程序中使用的 V 区地址不能与 PID 回路 0 占用的 VB0～VB119 冲突。用一直闭合的 SM0.0 的常开触点作为它的使能输入端（EN）。

将程序块和数据块下载到 PLC 后，将 PLC 切换到 RUN 模式，执行菜单命令“工具”→“PID 调节控制面板”，用 PID 调节控制面板监视 PID 控制回路的运行情况。

5.5 习题

1. 编写程序完成数据采集任务，要求每 100ms 采集一个数。

2. 利用上升沿和下降沿中断，编制如图 5-94 所示对 90° 相位差的脉冲输入进行二分频处理的控制程序。出现 I0.0 上升沿或下降沿时 Q0.0 置位，出现 I0.1 上升沿或下降沿时 Q0.0 复位。

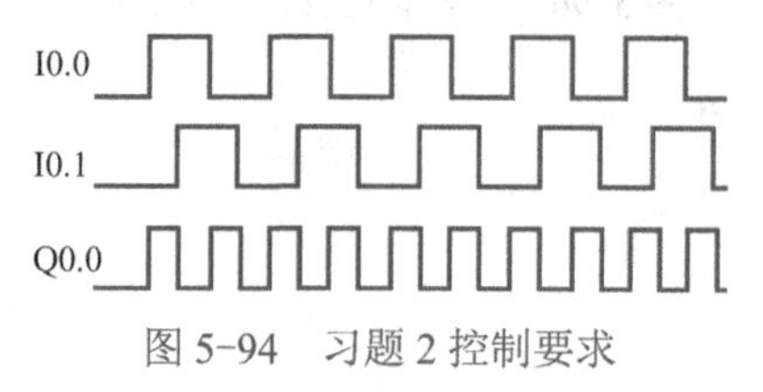

图 5-94 习题 2 控制要求

3. 编写一个输入/输出中断程序，要求实现：

1）0～255 的计数。

2）当输入端 I0.0 为上升沿时，执行中断程序 0，程序采用加计数。

3）当输入端 I0.0 为下降沿时，执行中断程序 1，程序采用减计数。

4）计数脉冲为 SM0.5。

4．编写实现 PWM 的程序。要求从 PLC 的 Q0.1 输出高速脉冲，脉宽的初始值为 0.5s，周期固定为 5s，其脉宽每周期递增 0.5s，当脉宽达到设置的 4.5s 时，脉宽改为每周期递减 0.5s，直到脉宽减为 0，以上过程重复执行。

5．编写一个高速计数器程序，要求：

1）首次扫描时调用一个子程序，完成初始化操作。

2）用高速计数器 HSC1 实现加计数，当计数值=200 时，将当前值清 0。

6．要求将高速计数器设置为单路加计数，内部方向控制，复位使能。现有一脉冲从 I0.0 端输入，试编写程序，使脉冲数为 2000 时，Q0.3 亮；脉冲数为 3000 时，Q0.3 灭，Q0.4 亮；脉冲数为 4000 时，停止计数。

7．利用 PLC 脉冲输出功能编写程序，实现如图 5-95 所示时序图的脉冲输出控制。

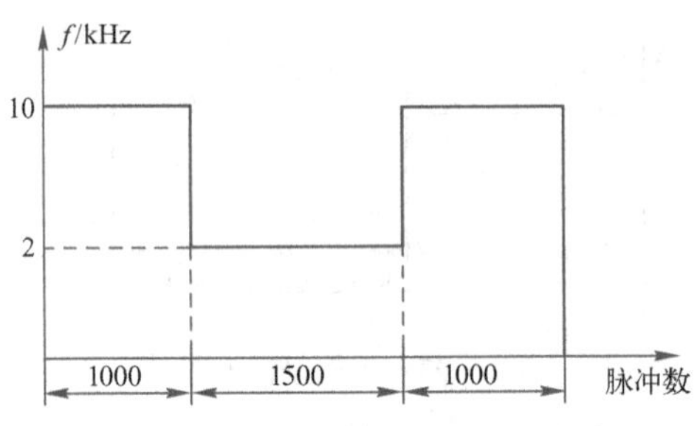

图 5-95　习题 7 脉冲输出控制的时序图

8．上机利用指令向导编程实现如图 5-96 所示位置控制，要求：

1）按下起动按钮，工作台先以 500Hz 的低速返回原点，停 2s。然后，工作台从原点运行到 A 点停下。在工作台向 A 点运行的过程中，要求最初和最后的 2000 个脉冲的路程以 500Hz 的低速运行，其余路程以 2000Hz 的速度运行（设 A 点距离原点 30000 个脉冲，上限距离原点 35000 个脉冲）。

2）只有在停车时，按起动按钮才有效。

3）当工作台越限或按停止按钮，应立即停车。

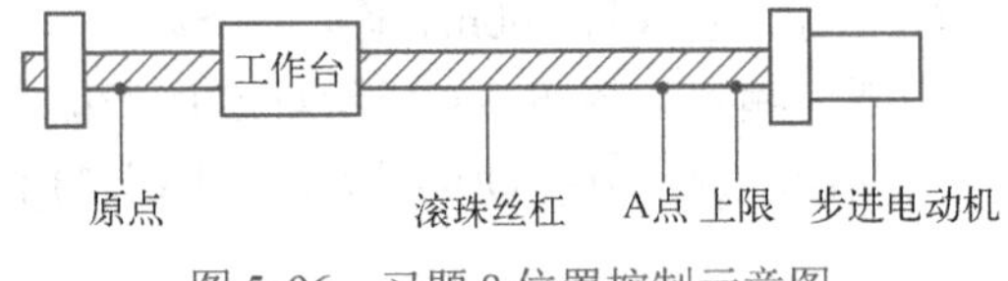

图 5-96　习题 8 位置控制示意图

第6章 PLC应用系统设计及综合实训

本章要点

1）PLC应用系统设计的步骤及常用的设计方法。

2）应用示例及大赛实例。

6.1 PLC程序设计常用设计法及示例

在了解了PLC的基本工作原理和指令系统之后，可以结合实际进行PLC的设计。PLC的设计包括硬件设计和软件设计两部分。PLC设计的基本原则如下：

1）充分发挥PLC的控制功能，最大限度地满足被控制的生产机械或生产过程的控制要求。

2）在满足控制要求的前提下，力求使控制系统经济、简单、维修方便。

3）保证控制系统安全可靠。

4）考虑到生产发展和工艺的改进，选用PLC时，应在I/O点数和内存容量上适当留有余地。

5）软件设计主要是指编写程序，要求程序结构清楚，可读性强，程序简短，占用内存少，扫描周期短。

6.1.1-1
单流程功能
流程图

6.1.1 顺序控制设计法

顺序控制设计法是根据功能流程图，以步为核心，从起始步开始一步一步地设计直至完成。顺序控制设计法的关键是画出功能流程图。首先将被控制对象的工作过程按输出状态的变化分为若干步，并指出步之间的转换条件和每个步的控制对象。这种工艺流程图集中了工作的全部信息。在进行程序设计时，可以用中间继电器来记忆步，一步一步地顺序进行，也可以用顺序控制指令来实现。下面将详细介绍功能流程图的种类及编程方法。

（1）单流程及其编程方法

功能流程图的单流程结构形式简单，如图6-1所示，其特点是每一步后面只有一个转换，每个转换后面只有一步。各个步按顺序执行，上一步执行结束，转换条件成立，立即开通下一步，同时关断上一步。在前面的章节已经介绍过用顺序控制指令来实现功能流程图的编程方法，这里将重点介绍用中间继电器M来记忆步的编程方法。

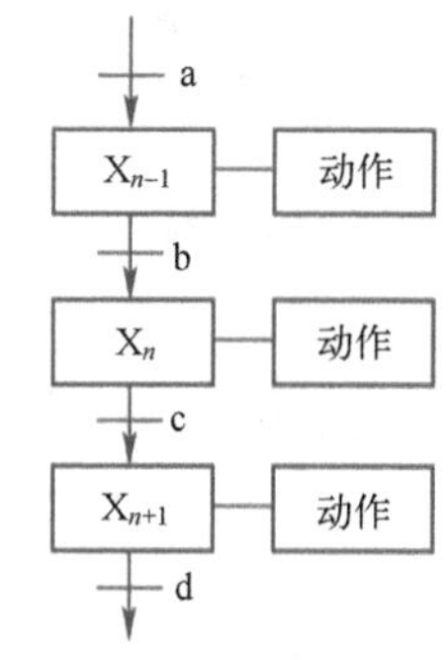

图6-1 单流程结构

当 n-1 步为活动步时，转换条件b成立，则转换实现，n 步变为活动步，同时 n-1 步关断。由此可见，第 n 步成为活动步的条件是 $X_{n-1}=1$，b=1；第 n 步关断的条件只有一个，即 $X_{n+1}=1$。用逻辑表达式表示功能流程图的第 n 步开通和关断的条件为

$$X_n=(X_{n-1}b+X_n)\overline{X_{n+1}}$$

其中，等号左边的 X_n 为第 n 步的状态，等号右边的 X_{n+1} 为关断第 n 步的条件，X_n 为自保持信号，b 表示转换条件。

【例 6-1】 根据如图 6-2 所示的功能流程图设计梯形图程序。下面将结合本例介绍常用的编程方法。

1）使用起保停电路模式的编程方法。在梯形图中，为了实现当前级步为活动步且转换条件成立时才能进行步的转换，总是将代表前级步的内部标志位的常开触点与转换条件对应的触点串联，作为后续步的标志位得电的条件。当后续步被激活，应将前级步关断，所以用代表后续步的标志位常闭触点串联在前级步的电路中。

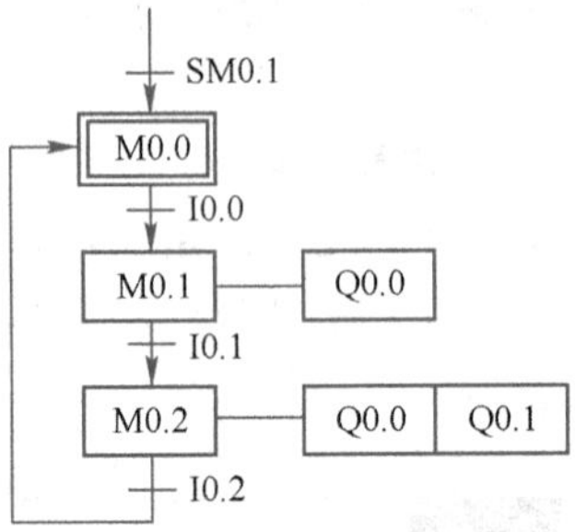

图 6-2　例 6-1 功能流程图

如图 6-2 所示的功能流程图，对应的状态逻辑关系为

$$M0.0=(SM0.1+M0.2I0.2+M0.0)\overline{M0.1}$$
$$M0.1=(M0.0I0.0+M0.1)\overline{M0.2}$$
$$M0.2=(M0.1I0.1+M0.2)\overline{M0.0}$$
$$Q0.0=M0.1+M0.2$$
$$Q0.1=M0.2$$

对于输出电路的处理应注意：Q0.0 输出在 M0.1、M0.2 步中都被接通，应将 M0.1 和 M0.2 的常开触点并联去驱动 Q0.0；Q0.1 输出只在 M0.2 步为活动步时才接通，所以用 M0.2 的常开触点驱动 Q0.1。

使用起保停电路模式编制的梯形图程序如图 6-3 所示。

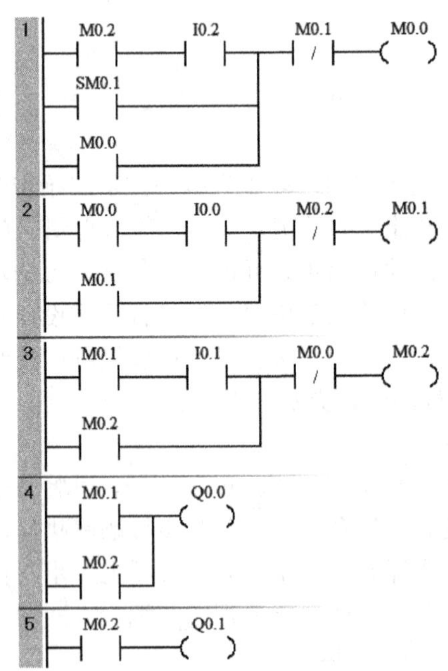

图 6-3　使用起保停电路模式编制的梯形图程序

6.1.1-2
使用起保停电路模式的编程方法

2）使用置位、复位指令的编程方法。S7-200 SMART 系列 PLC 有置位和复位指令，且对同一个线圈置位和复位指令可分开编程，所以可以实现以转换条件为中心的编程。

当前步为活动步且转换条件成立时，用 S 指令将代表后续步的内部标志位置位（激活），同时用 R 指令将本步复位（关断）。

如图 6-2 所示功能流程图中，如用 M0.0 的常开触点和转换条件 I0.0 的常开触点串联作为 M0.1 置位的条件，同时作为 M0.0 复位的条件。这种编程方法很有规律，每一个转换都对应一个 S/R 的电路块，有多少个转换就有多少个这样的电路块。用置位、复位指令编制的梯形图程序如图 6-4 所示。

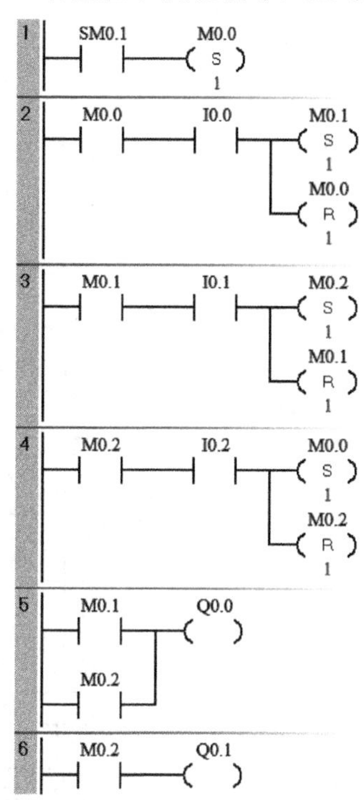

图 6-4　使用置位、复位指令编制的梯形图程序

3）使用移位寄存器指令的编程方法。

单流程的功能流程图各步总是顺序通断，并且同时只有一步接通，因此采用移位寄存器指令很容易实现这种控制。对于如图 6-2 所示的功能流程图，可以指定一个 2 位的移位寄存器，用 M0.1、M0.2 代表有输出的两步，移位脉冲由代表步状态的标志位 M 的常开触点和对应的转换条件组成的串联支路并联提供，数据输入端（DATA）的数据由初始步提供。对应的梯形图程序如图 6-5 所示。在梯形图中将对应步的标志位的常闭触点串联连接，可以禁止流程执行的过程中移位寄存器 DATA 端置 1，以免产生误操作信号，从而保证了流程的顺利执行。

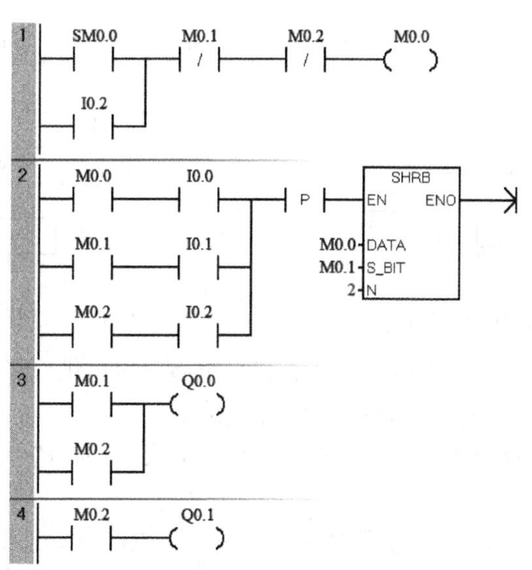

图 6-5　使用移位寄存器指令编制的梯形图程序

4）使用顺序控制指令的编程方法。

使用顺序控制指令编程，必须使用 S 状态元件代表各步，如图 6-6 所示。其对应的梯形图程序如图 6-7 所示。

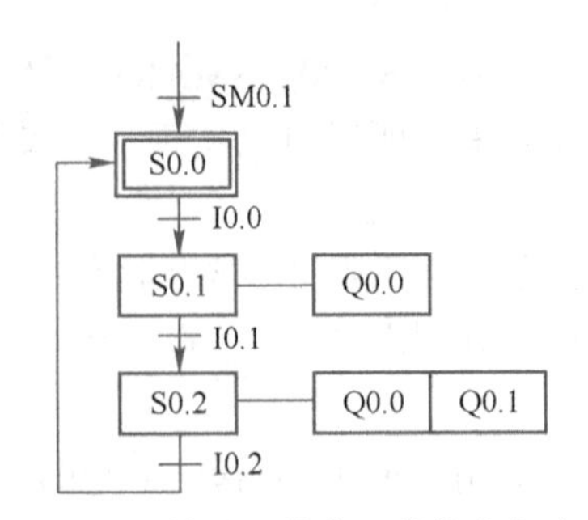

图 6-6　使用 S 状态元件代表各步

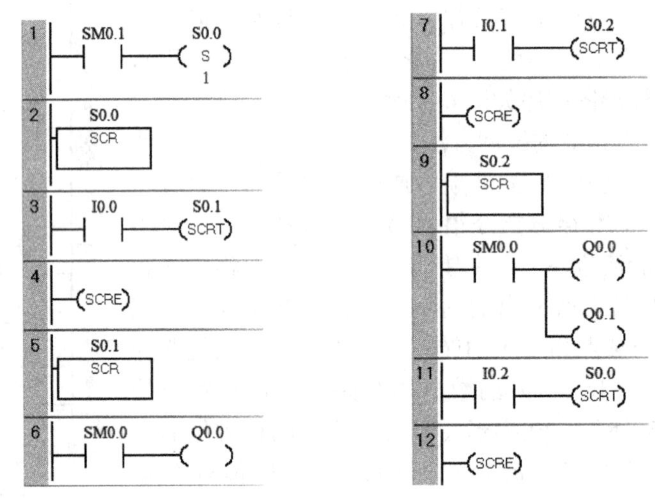

图 6-7　使用顺序控制指令编制的梯形图程序

（2）选择分支及编程方法

选择分支分为两种，如图 6-8 所示为选择分支开始，图 6-9 为选择分支结束。

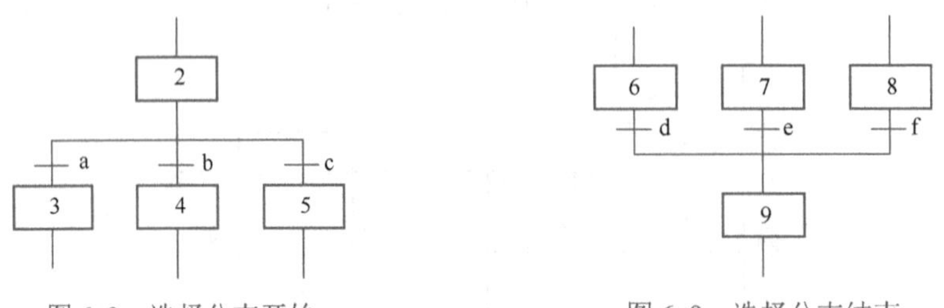

图 6-8　选择分支开始　　　　图 6-9　选择分支结束

选择分支开始是指一个前级步后面紧接着若干个后续步可供选择，各分支都有各自的转换条件，图中表示为在各自分支中代表转换条件的短划线。

选择分支结束又称选择分支合并，是指几个选择分支在各自的转换条件成立时转换到一个公共步上。

图 6-8 中，假设 2 为活动步，若转换条件 a=1，则执行步 3；若转换条件 b=1，则执行步 4；若转换条件 c=1，则执行步 5。即哪个条件满足，则选择相应的分支，同时关断上一步 2。一般只允许选择其中一个分支。在编程时，若图 6-8 中的工步 2、3、4、5 分别用 M0.0、M0.1、M0.2、M0.3 表示，则当 M0.1、M0.2、M0.3 之一为活动步时，都将导致 M0.0=0，所以在梯形图中应将 M0.1、M0.2 和 M0.3 的常闭触点与 M0.0 的线圈串联，作为关断 M0.0 步的条件。

图 6-9 中，如果步 6 为活动步，转换条件 d=1，则步 6 向步 9 转换；如果步 7 为活动步，转换条件 e=1，则步 7 向步 9 转换；如果步 8 为活动步，转换条件 f=1，则步 8 向步 9 转换。若图 6-9 中的步 6、7、8、9 分别用 M0.4、M0.5、M0.6、M0.7 表示，则 M0.7（步 9）的启动条件为：M0.4d+ M0.5e+ M0.6f。在梯形图中，则为 M0.4 的常开触点串联与 d 转换条件对应的触点、M0.5 的常开触点串联与 e 转换条件对应的触点、M0.6 的常开触点串联与 f 转换条件对应的触点，3 条支路并联后作为 M0.7 线圈的启动条件。

【例 6-2】 根据如图 6-10 所示的功能流程图设计梯形图程序。

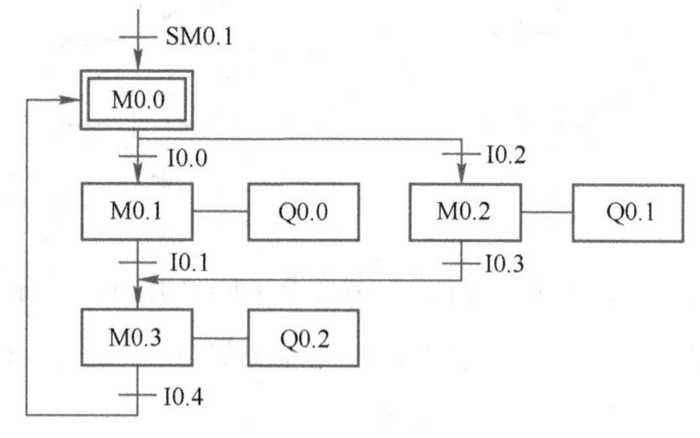

图 6-10 例 6-2 功能流程图

1）使用起保停电路模式的编程。对应的状态逻辑关系为

$$M0.0=(SM0.1+M0.3I0.4+M0.0)\overline{M0.1}\,\overline{M0.2}$$

$$M0.1=(M0.0I0.0+M0.1)\overline{M0.3}$$

$$M0.2=(M0.0I0.2+M0.2)\overline{M0.3}$$

$$M0.3=(M0.1I0.1+M0.2I0.3+M0.3)\overline{M0.0}$$

$$Q0.0=M0.1$$

$$Q0.1=M0.2$$

$$Q0.2=M0.3$$

对应的梯形图程序如图 6-11 所示。

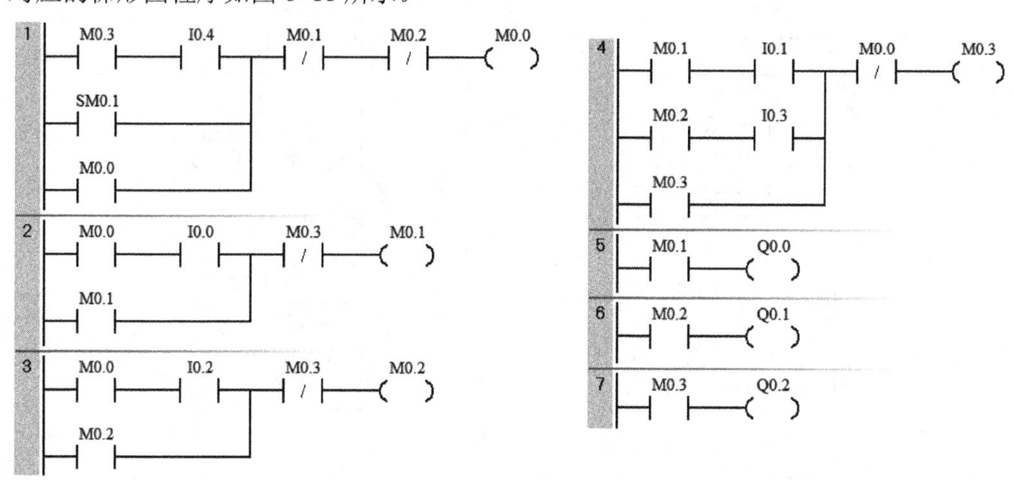

图 6-11 例 6-2 用起保停电路模式编程的梯形图程序

2）使用置位、复位指令的编程。对应的梯形图程序如图 6-12 所示。

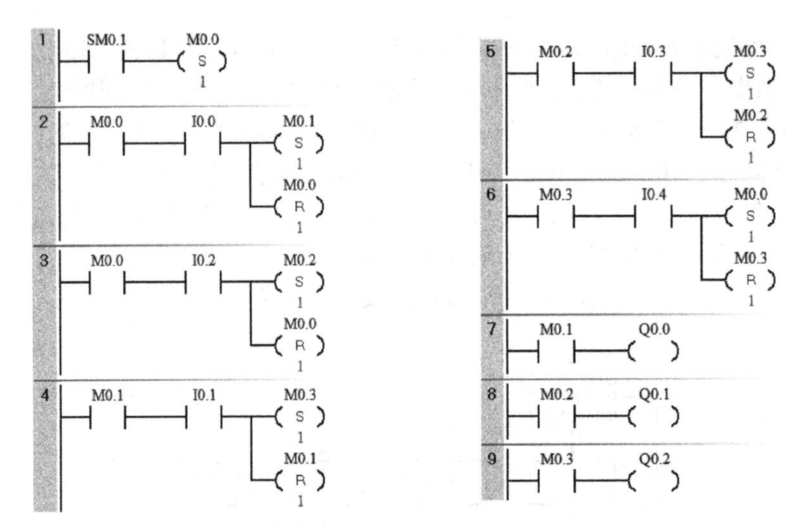

图 6-12　例 6-2 用置位、复位指令编程的梯形图程序

3）使用顺序控制指令的编程。对应的功能流程图如图 6-13 所示。对应的梯形图程序如图 6-14 所示。

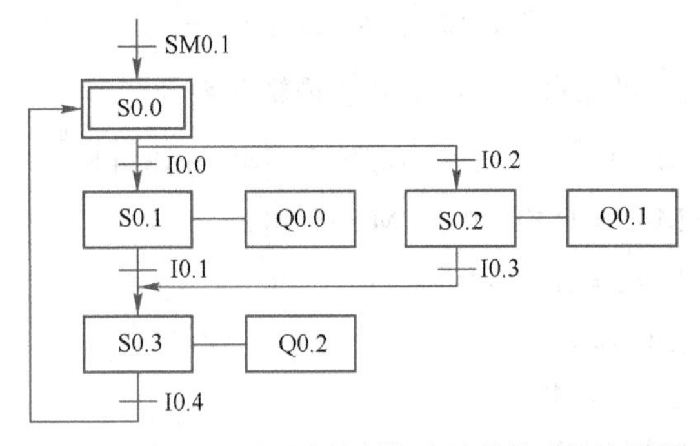

图 6-13　例 6-2 用顺序控制指令编程的功能流程图

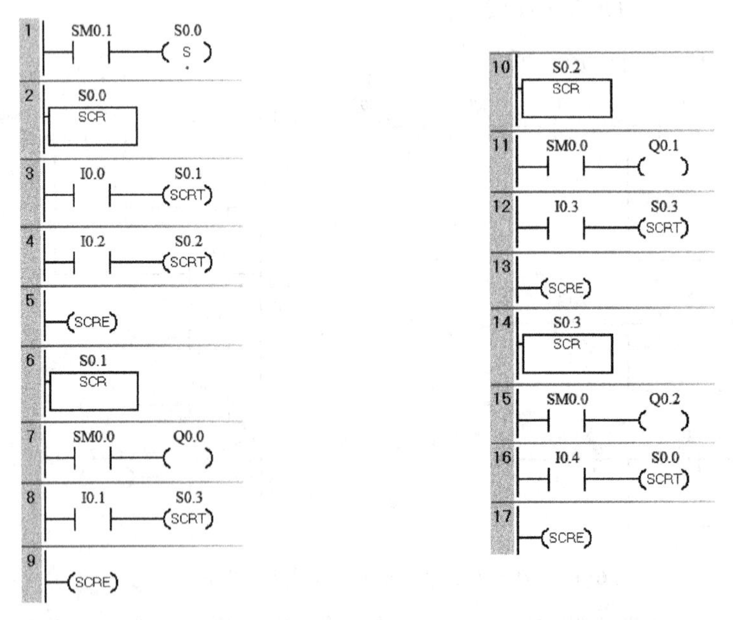

图 6-14　例 6-2 用顺序控制指令编程的梯形图程序

（3）并行分支及编程方法

并行分支也分两种，图 6-15a 为并行分支的开始，图 6-15b 为并行分支的结束，也称为合并。并行分支的开始是指当转换条件实现后，同时使多个后续步激活。为了强调转换的同步实现，水平连线用双线表示。图 6-15a 中，当步 2 处于激活状态，若转换条件 e=1，则步 3、4、5 同时起动，步 2 必须在步 3、4、5 都开启后，才能关断。并行分支的合并是指当前级步 6、7、8 都为活动步，且转换条件 f 成立时，开通步 9，同时关断步 6、7、8。

【例 6-3】 根据如图 6-16 所示功能流程图设计梯形图程序。

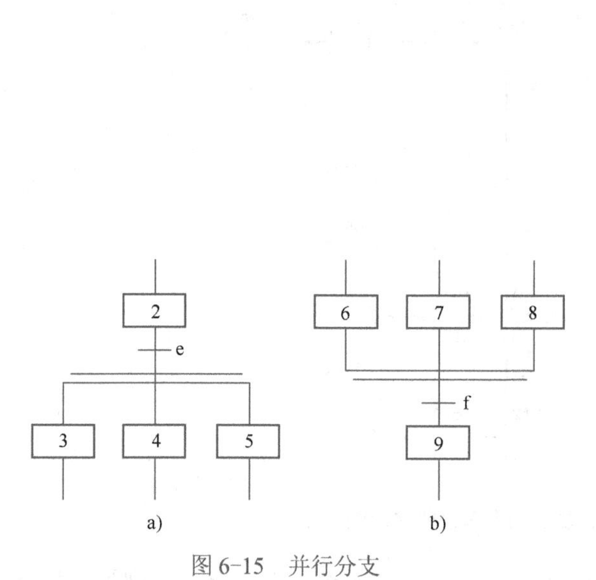

图 6-15　并行分支

a) 并行分支开始　b) 并行分支结束

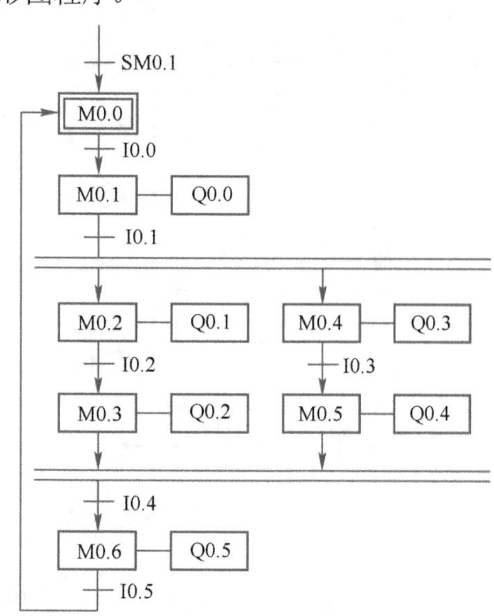

图 6-16　例 6-3 功能流程图

1）使用起保停电路模式的编程，对应的梯形图程序如图 6-17 所示。

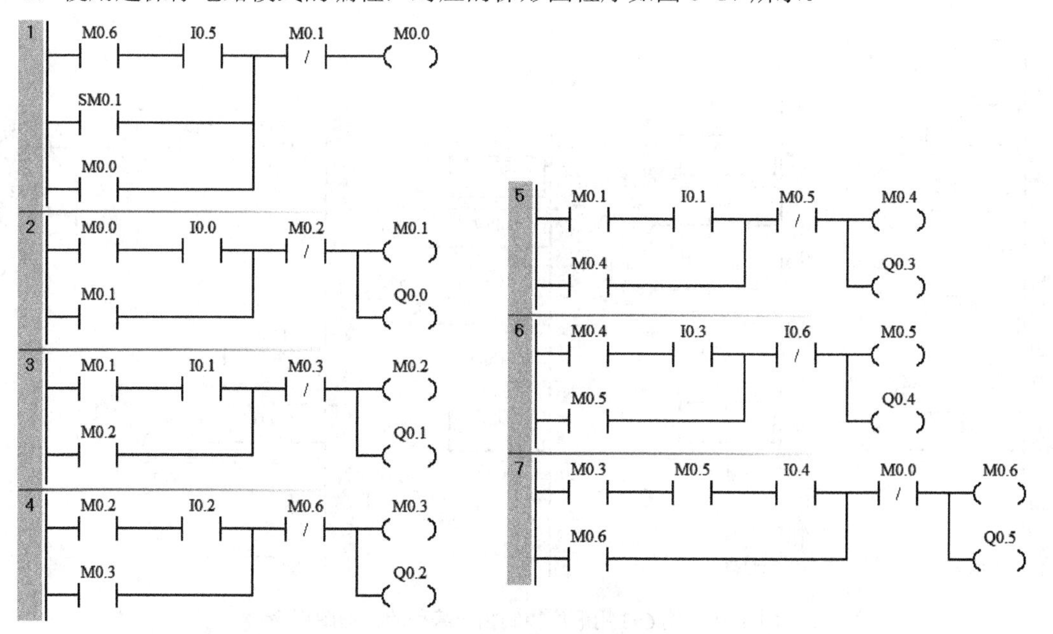

图 6-17　例 6-3 用起保停电路模式编程的梯形图程序

2）使用置位、复位指令的编程，对应的梯形图程序如图 6-18 所示。

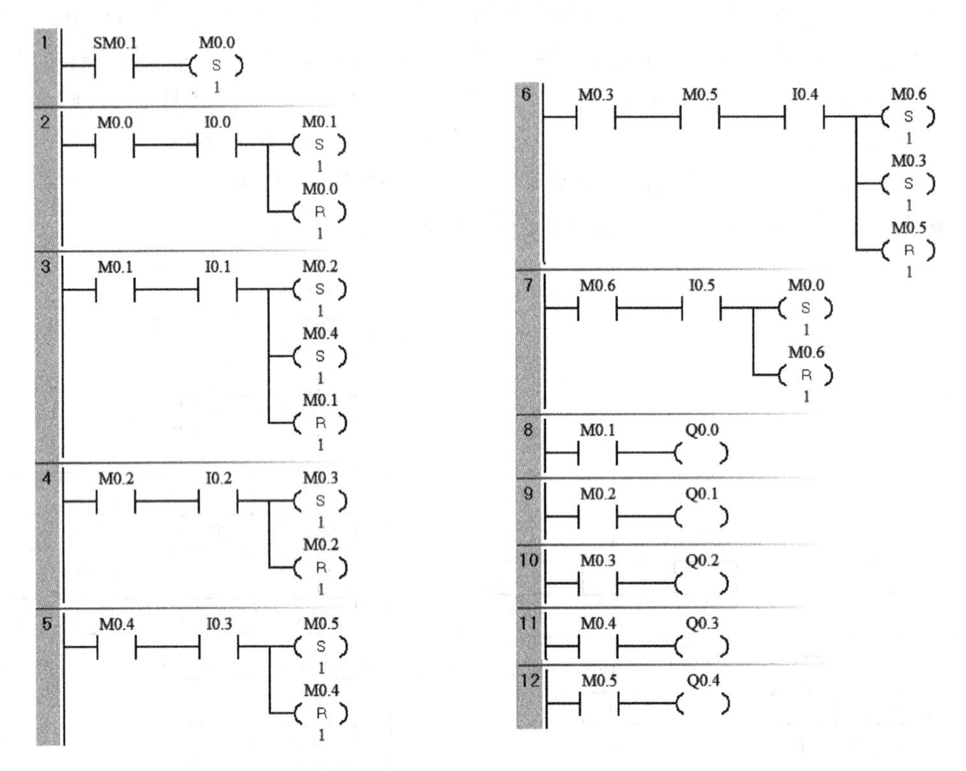

图 6-18　例 6-3 用置位、复位指令编程的梯形图程序

3）使用顺序控制指令的编程，需要用顺序控制继电器 S 来表示步。对应的梯形图程序如图 6-19 所示。

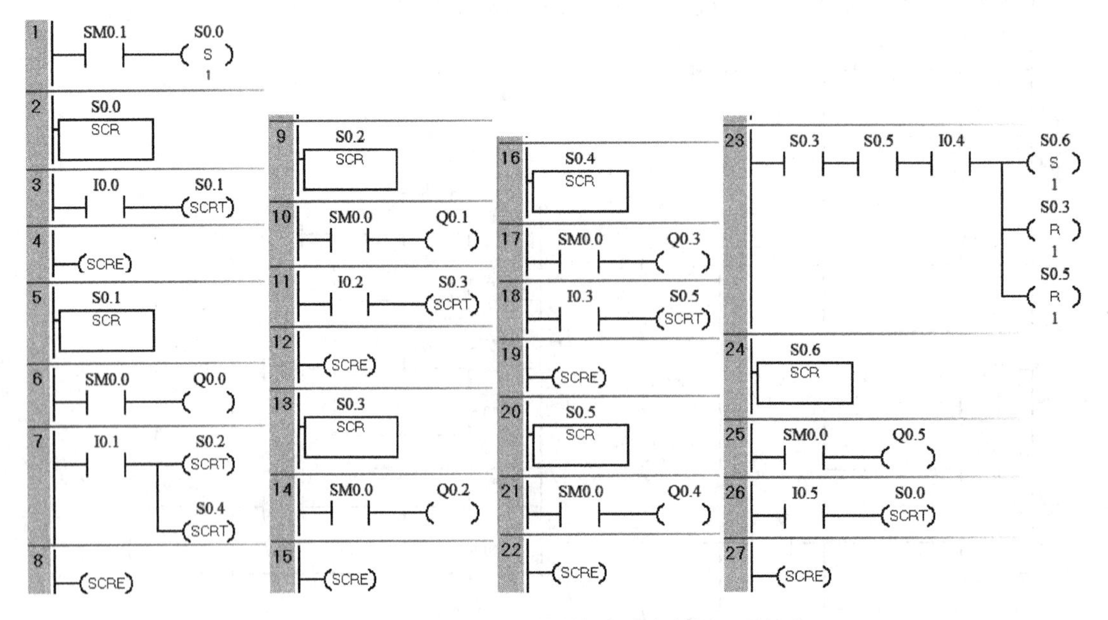

图 6-19　例 6-3 用顺序控制指令编程的梯形图程序

（4）循环、跳转流程及编程方法

在实际的生产工艺流程中，若要求在某些条件下执行预定的动作，则可用跳转程序。若需要重复执行某一过程，则可用循环程序，如图 6-20 所示。

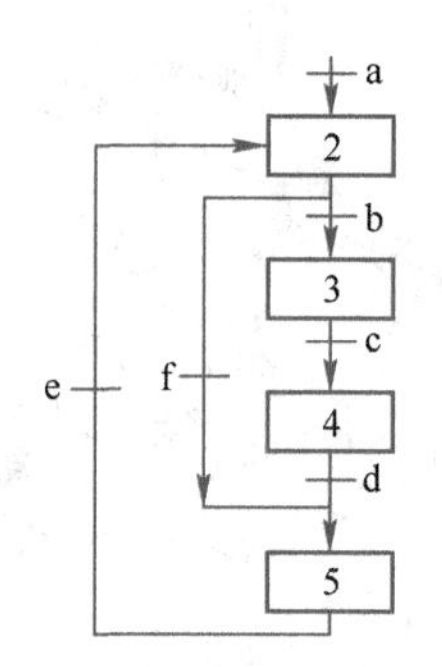

图 6-20　循环、跳转流程

1）跳转流程：当步 2 为活动步时，若条件 f=1，则跳过步 3 和步 4，直接激活步 5。

2）循环流程：当步 5 为活动步时，若条件 e=1，则激活步 2，循环执行。

编程方法和选择流程类似，不再详细介绍。

注意：

1）转换是有方向的，若转换的顺序是从上到下，则为正常顺序，可以省略箭头。若转换的顺序是从下到上，则箭头不能省略。

2）只有两步的闭环的处理。在顺序功能图中只有两步组成的小闭环如图 6-21a 所示，因为 M0.3 既是 M0.4 的前级步，又是它的后续步，所以对应的用起保停电路模式设计的梯形图程序如图 6-21b 所示。可以看出，M0.4 线圈根本无法通电。解决的办法是在小闭环中增设一步，这一步只起短延时（≤0.1s）作用，由于延时很短，对系统的运行不会有影响，如图 6-21c 所示。

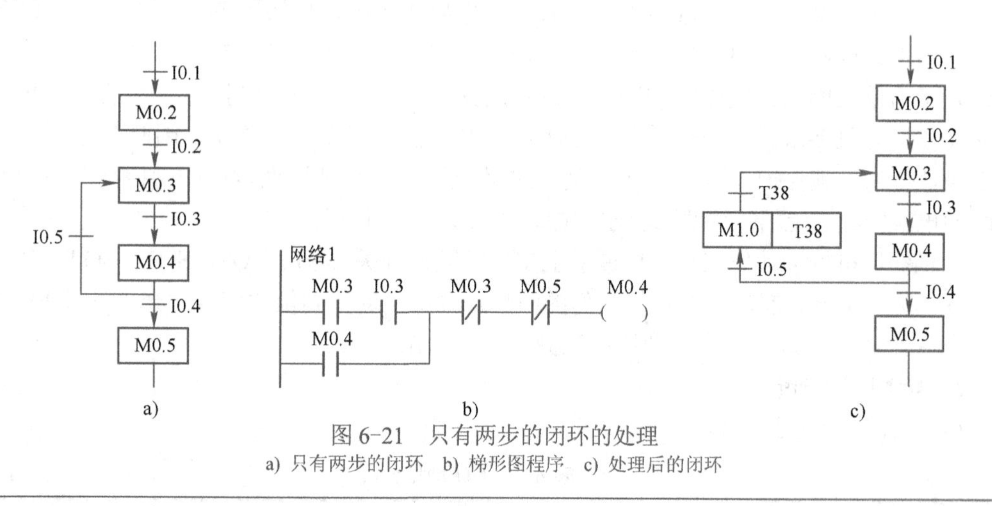

图 6-21　只有两步的闭环的处理
a) 只有两步的闭环　b) 梯形图程序　c) 处理后的闭环

6.1.2　机械手的模拟控制

图 6-22 为传送工件的某机械手的工作示意图，其任务是将工件从传送带 A 搬运到传送带 B。

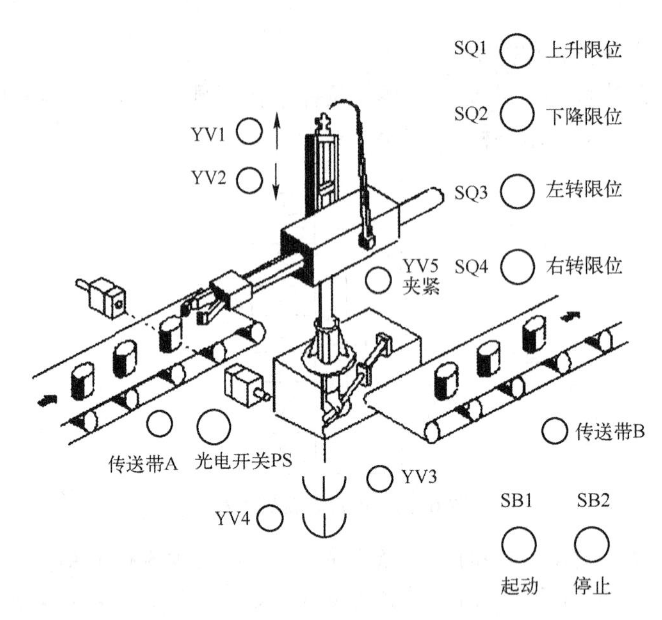

图 6-22　机械手控制的工作示意图

1. 控制要求

按起动按钮后，传送带 A 运行直到光电开关 PS 检测到工件才停止，同时机械手下降。下降到位后机械手夹紧工件，2s 后开始上升，而机械手保持夹紧。上升到位左转（此处以机械手为主体定左右），左转到位下降，下降到位机械手松开，2s 后机械手上升。上升到位后，传送带 B 开始运行，同时机械手右转，右转到位，传送带 B 停止，此时传送带 A 运行直到光电开关 PS 再次检测到工件才停止，…，如此循环。

机械手的上升、下降和左转、右转的执行，分别由双线圈两位电磁阀控制汽缸的运动控制。当下降电磁阀通电，机械手下降，若下降电磁阀断电，机械手停止下降，保持现有的动作状态。当上升电磁阀通电，机械手上升。同样，左转、右转也是由对应的电磁阀控制。夹紧、放松则是由单线圈两位电磁阀控制汽缸的运动来实现，线圈通电时执行夹紧动作，断电时执行放松动作，并且要求只有当机械手处于上限位时才能进行左、右移动，因此在左、右转动时用上限条件作为联锁保护。由于上/下运动、左/右转动采用双线圈两位电磁阀控制，两个线圈不能同时通电，因此在上/下、左/右运动的电路中应设置互锁环节。

为了保证机械手动作准确，机械手上安装了限位开关 SQ1、SQ2、SQ3、SQ4，分别对机械手进行下降、上升、左转、右转等动作的限位，并给出动作到位的信号。光电开关 PS 负责检测传送带 A 上的工件是否到位，到位后机械手开始动作。

2. I/O 地址分配

I/O 地址分配见表 6-1。

表 6-1　I/O 地址分配

输入		输出	
输入元件	输入地址	输出元件	输出地址
起动按钮	I0.0	上升电磁阀 YV1	Q0.1
停止按钮	I0.5	下降电磁阀 YV2	Q0.2
上升限位开关 SQ1	I0.1	左转电磁阀 YV3	Q0.3
下降限位开关 SQ2	I0.2	右转电磁阀 YV4	Q0.4

（续）

输入		输出	
输入元件	输入地址	输出元件	输出地址
左转限位开关 SQ3	I0.3	夹紧电磁阀 YV5	Q0.5
右转限位开关 SQ4	I0.4	传送带 A	Q0.6
光电开关 PS	I0.6	传送带 B	Q0.7

3. 控制程序设计

根据控制要求先设计功能流程图，如图 6-23 所示。根据功能流程图再设计梯形图程序，如图 6-24 所示。功能流程图是一个按顺序动作的步进控制系统，在本例中采用移位寄存器编程方法。用移位寄存器 M10.1～M11.1 位表示流程图的各步，两步之间的转换条件满足时，进入下一步。移位寄存器的数据输入端 DATA（M10.0）由 M10.1～M11.1 各位的常闭触点、上升限位的标志位 M1.1、右转限位的标志位 M1.4 及传送带 A 检测到工件的标志位 M1.6 串联组成，即当机械手处于原位，各工步未起动时，若光电开关 PS 检测到工件，则 M10.0 置 1，作为输入的数据，同时作为第一个移位脉冲信号。后续的移位脉冲信号由代表步位状态标志位的常开触点和代表处于该步位的转换条件触点串联支路依次并联组成。在 M10.0 线圈回路中，串联 M10.1～M11.1 各位的常闭触点是为了防止机械手在还没有回到原位的运行过程中移位寄存器的数据输入端再次置 1，因为移位寄存器中的 1 信号在 M10.1～M11.1 之间依次移动时，各步状态位对应的常闭触点总有一个处于断开状态。当“1”信号移到 M11.2 时，机械手回到原位，此时移位寄存器的数据输入端重新置 1，若起动电路保持接通（M0.0=1），机械手将重复工作。

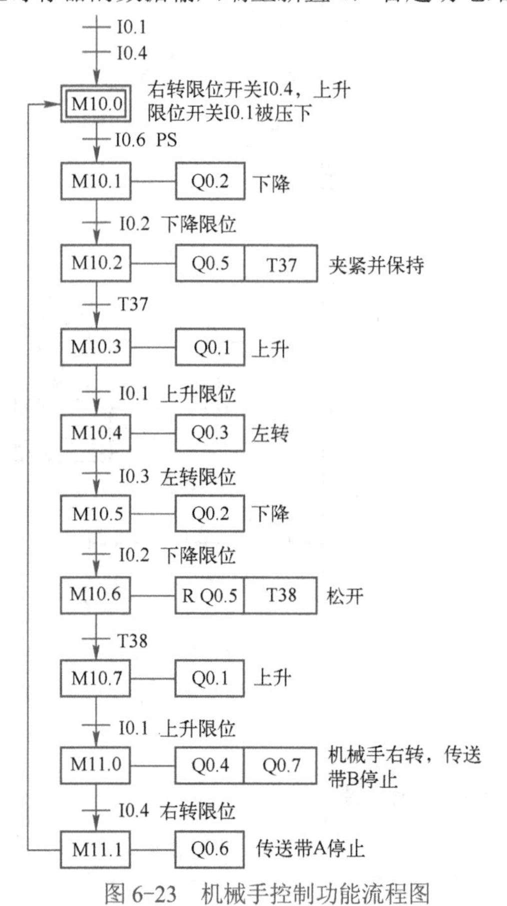

图 6-23　机械手控制功能流程图

图 6-24　机械手控制梯形图程序

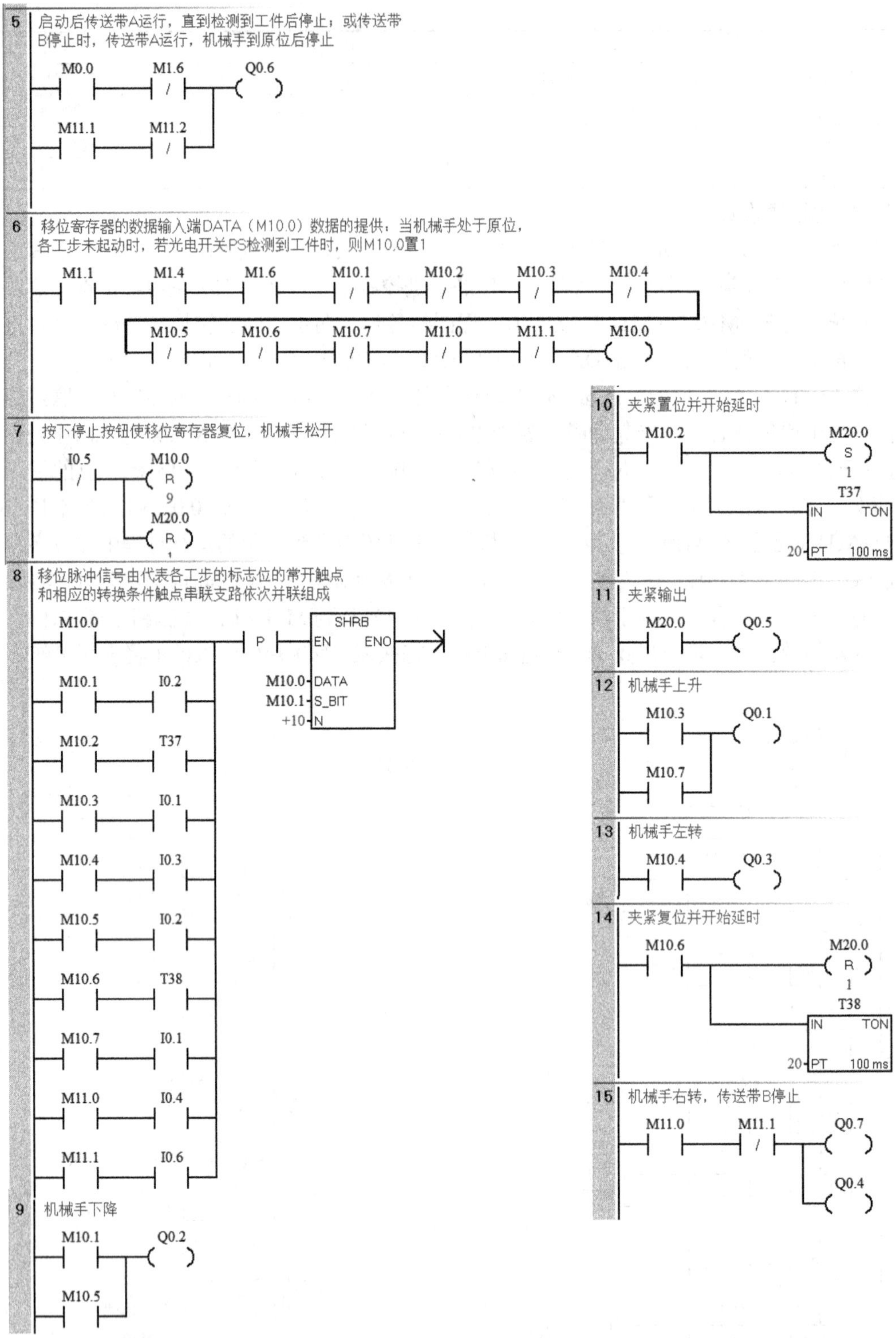

5 启动后传送带A运行，直到检测到工件后停止；或传送带B停止时，传送带A运行，机械手到原位后停止

M0.0 M1.6 Q0.6
M11.1 M11.2

6 移位寄存器的数据输入端DATA（M10.0）数据的提供：当机械手处于原位，各工步未起动时，若光电开关PS检测到工件时，则M10.0置1

M1.1 M1.4 M1.6 M10.1 M10.2 M10.3 M10.4
M10.5 M10.6 M10.7 M11.0 M11.1 M10.0

7 按下停止按钮使移位寄存器复位，机械手松开

I0.5 M10.0 R 9
M20.0 R 1

8 移位脉冲信号由代表各工步的标志位的常开触点和相应的转换条件触点串联支路依次并联组成

M10.0 P SHRB EN ENO
M10.1 I0.2 M10.0-DATA
M10.1-S_BIT
+10-N
M10.2 T37
M10.3 I0.1
M10.4 I0.3
M10.5 I0.2
M10.6 T38
M10.7 I0.1
M11.0 I0.4
M11.1 I0.6

9 机械手下降

M10.1 Q0.2
M10.5

10 夹紧置位并开始延时

M10.2 M20.0 S 1
T37 IN TON
20-PT 100 ms

11 夹紧输出

M20.0 Q0.5

12 机械手上升

M10.3 Q0.1
M10.7

13 机械手左转

M10.4 Q0.3

14 夹紧复位并开始延时

M10.6 M20.0 R 1
T38 IN TON
20-PT 100 ms

15 机械手右转，传送带B停止

M11.0 M11.1 Q0.7
Q0.4

图 6-24 机械手控制梯形图程序（续）

4. 输入程序，调试并运行程序

1）输入程序，编译无误后，运行程序。依次按表6-2中的顺序按下各按钮，记录观察到的现象，观察是否与控制要求相符。

表6-2 机械手模拟控制调试记录表

输入	输出现象	移位寄存器的状态位=1	输入	输出现象	移位寄存器的状态位=1
按下起动按钮（I0.0）			按下上升限位开关 SQ1（I0.1）		
按下光电检测开关 PS（I0.6）			按下右转限位开关 SQ4（I0.4）		
按下下降限位开关 SQ2（I0.2）			按下光电开关PS（I0.6）		
按下上升限位开关 SQ1（I0.1）			重复上步骤观察		
按下左转限位开关 SQ3（I0.3）			按下停止按钮（I0.5）		
按下下降限位开关 SQ2（I0.2）					

2）建立状态图表，再重复上述操作，观察移位寄存器状态位的变化，并记录。

当按下停止按钮时，移位寄存器复位，机械手立即停止工作。若按下停止按钮后机械手的动作仍然继续，直到完成一周期的动作后，回到原位时才停止工作，则需要修改程序。

6.1.3 除尘室PLC控制

在制药、水厂等一些对除尘要求比较严格的车间，人、物进入这些车间首先需要进行除尘处理。为了保证除尘操作的严格进行，避免人为因素影响除尘效果，可以用PLC对除尘室的门进行有效控制。下面介绍某无尘车间进门时对人或物进行除尘的过程。

1. 控制要求

人或物进入无污染、无尘车间前，首先在除尘室严格进行指定时间的除尘才能进入车间，否则门打不开，进入不了车间。除尘室的结构如图6-25所示。第一道门处设有两个传感器：开门传感器和关门传感器；除尘室内有两台风机，用来除尘；第二道门上装有电磁锁和开门传感器，电磁锁在系统控制下自动锁上或打开。进入室内需要除尘，出来时不需要除尘。

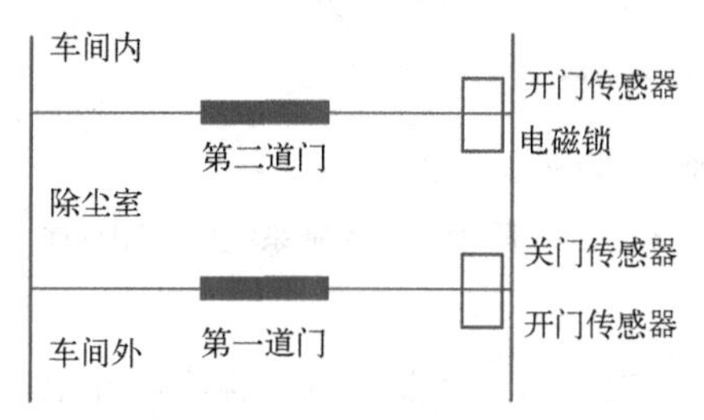

图6-25 除尘室的结构

具体控制要求如下：进入车间时必须先打开第一道门进入除尘室，进行除尘。当第一道门打开时，开门传感器动作。第一道门关上时关门传感器动作，第一道门关上后，风机开始吹风，电磁锁把第二道门锁上并延时20s后，风机自动停止，电磁锁自动打开，此时可打开第二道门进入室内。第二道门打开时相应的开门传感器动作。人从室内出来时，第二道门的开门传感器先动作，第一道门的开门传感器才动作，关门传感器与进入时动作相同，出来时不需要除尘，所以风机、电磁锁均不动作。

2．I/O 地址分配

I/O 地址分配见表 6-3。

表 6-3　I/O 地址分配

输入		输出	
输入元件	输入地址	输出元件	输出地址
第一道门的开门传感器	I0.0	风机 1	Q0.0
第一道门的关门传感器	I0.1	风机 2	Q0.1
第二道门的开门传感器	I0.2	电磁锁	Q0.2

3．程序设计

除尘室的控制系统梯形图程序如图 6-26 所示。

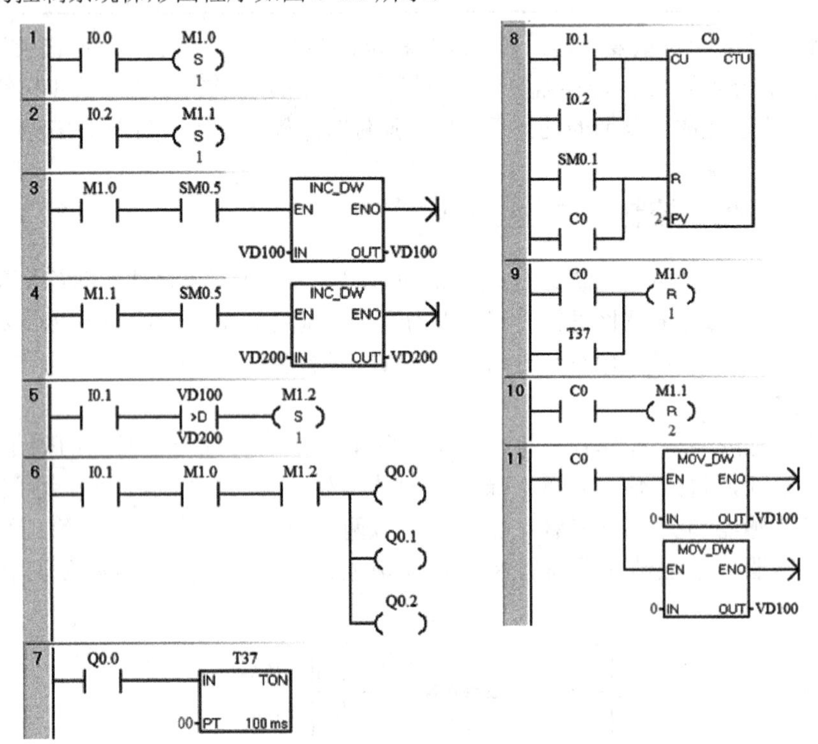

图 6-26　除尘室的控制系统梯形图程序

4．程序的调试和运行

输入程序编译无误后，按除尘室的工艺要求调试程序，并记录结果。

6.1.4　水塔水位的模拟控制实训

用 PLC 构成水塔水位控制系统，如图 6-27 所示。在模拟控制中，用按钮 SB 来模拟液位传感器，用 HL1、HL2 指示灯来模拟抽水电动机。

1．控制要求

按下 SB4，水池需要进水，灯 HL2 亮；直到按下 SB3，水池水位到位，灯 HL2 灭；按 SB2，表示水塔水位低需进水，灯 HL1 亮，进行抽水；直到按下 SB1，水塔水位到位，灯 HL1 灭，过 2s 后，水塔放完水后重复上述过程即可。

2．I/O 地址分配

I/O 地址分配见表 6-4。

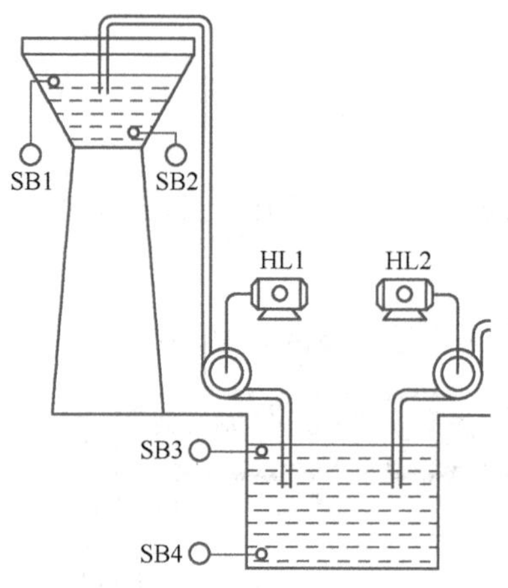

图 6-27 水塔水位控制示意图

表 6-4 I/O 地址分配

输入		输出	
输入元件	输入地址	输出元件	输出地址
SB1	I0.1	HL1	Q0.0
SB2	I0.2	HL2	Q0.1
SB3	I0.3		Q0.2
SB4	I0.4		

3．程序设计

水塔水位控制功能流程图如图 6-28 所示，梯形图参考程序如图 6-29 所示。

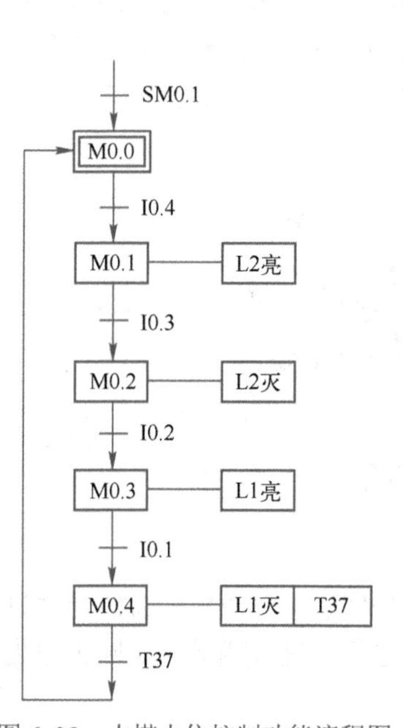

图 6-28 水塔水位控制功能流程图

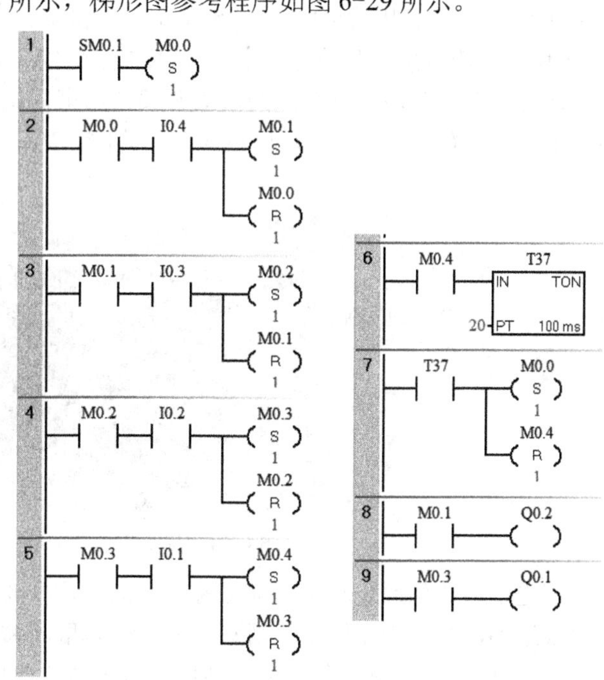

图 6-29 水塔水位控制梯形图参考程序

4．程序的调试和运行

输入梯形图程序并按控制要求调试程序。试用其他方法编制程序。

6.2 PLC 对伺服电动机的控制实训

1. 实训目的

1）学会伺服电动机控制系统的接线。

2）练习伺服电动机的正、反转控制。

3）学会用运动控制向导编写伺服电动机的控制程序。

2. 实训内容

直线运动传动组件用以拖动抓取机械手装置做往复直线运动，完成精确定位的功能。已经安装好的直线运动传动组件如图 6-30 所示。

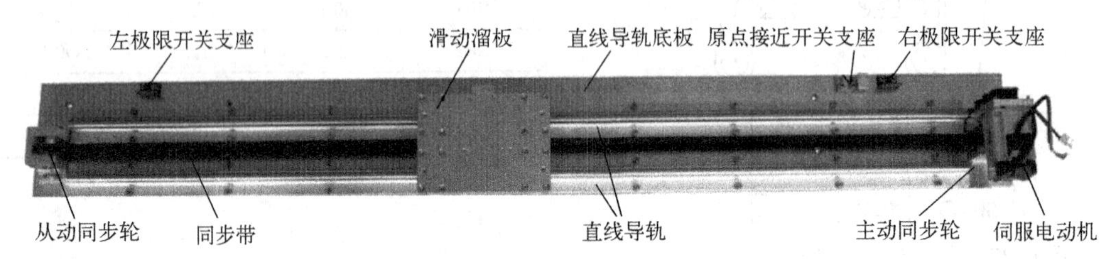

图 6-30 直线运动传动组件

传动组件由直线导轨底板、伺服电动机、同步轮、同步带、直线导轨、滑动溜板、原点接近开关和左、右极限开关组成。原点接近开关和左、右极限开关安装在直线导轨底板上，如图 6-31 所示。原点接近开关是一个无触点的电感式接近传感器，用来提供直线运动的起始点信号。左、右极限开关均是有触点的微动开关，用来提供越程故障时的保护信号。当滑动溜板在运动中越过左或右极限位置时，极限开关会动作，从而向系统发出越程故障信号。

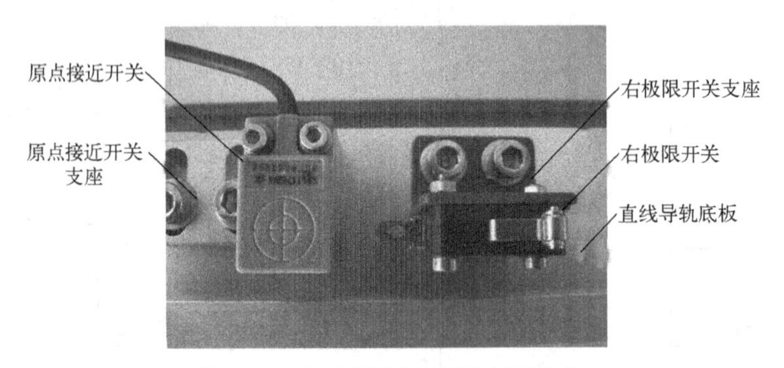

图 6-31 原点接近开关和右极限开关

伺服电动机由伺服电动机驱动器驱动，通过同步轮和同步带拖动滑动溜板沿直线导轨进行往复直线运动，从而带动固定在滑动溜板上的抓取机械手装置进行往复直线运动。同步轮齿距为 5mm，共 12 个齿，即旋转一周时抓取机械手装置位移 60mm。

3. 认识伺服电动机及伺服放大器

现代高性能的伺服系统大多数采用永磁交流伺服系统，其中包括永磁同步交流伺服电动机和全数字交流永磁同步伺服驱动器两部分。

（1）交流伺服电动机的工作原理

伺服电动机内部的转子是永磁铁，驱动器控制的 U、V、W 三相电形成电磁场，转子在此磁场的作用下转动，同时电动机自带的编码器反馈信号给驱动器，驱动器根据反馈值与目标值进行比较，调整转子转动的角度。伺服电动机的精度决定于编码器的精度（线数）。

交流永磁同步伺服驱动器主要有伺服控制单元、功率驱动单元、通信接口单元、伺服电动机及相应的反馈检测器件组成。其中伺服控制单元包括位置控制器、速度控制器、转矩和电流控制器等。交流伺服系统控制结构如图 6-32 所示。

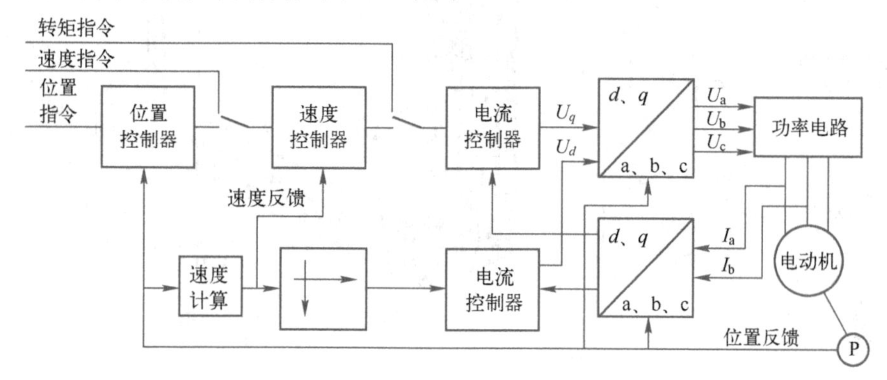

图 6-32　交流伺服系统控制结构

（2）交流伺服系统的位置控制模式

交流伺服系统用作定位控制时，位置指令输入位置控制器，速度控制器输入端前面的电子开关切换到位置控制器输出端，同样电流控制器输入端前面的电子开关切换到速度控制器输出端。因此，位置控制模式下的伺服系统是一个三闭环控制系统，两个内环分别是电流环和速度环。

（3）松下 MINAS A4 系列交流伺服电动机及驱动器

选用松下 MHMD022P1U 型永磁同步交流伺服电动机及 MADDT1207003 型全数字交流永磁同步伺服驱动器作为运输机械手的运动控制装置。伺服电动机结构简图和实物如图 6-33 所示。

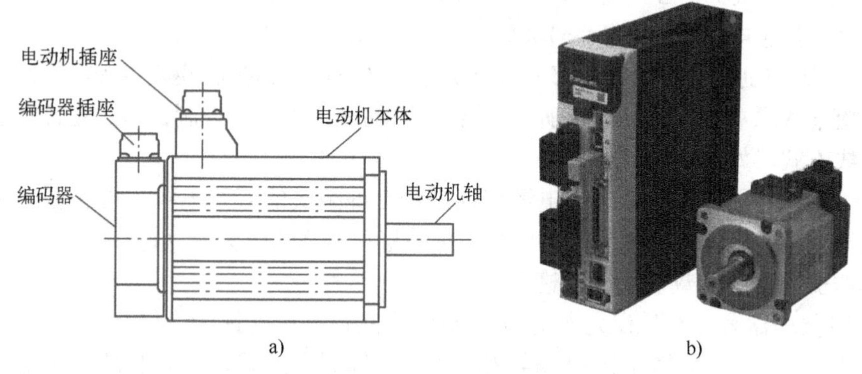

图 6-33　伺服电动机结构简图和实物

a) 伺服电动机结构简图　b) 实物

（4）伺服电动机及驱动器的接线

伺服驱动器的面板如图 6-34 所示，其中用到的接线端口说明如下：

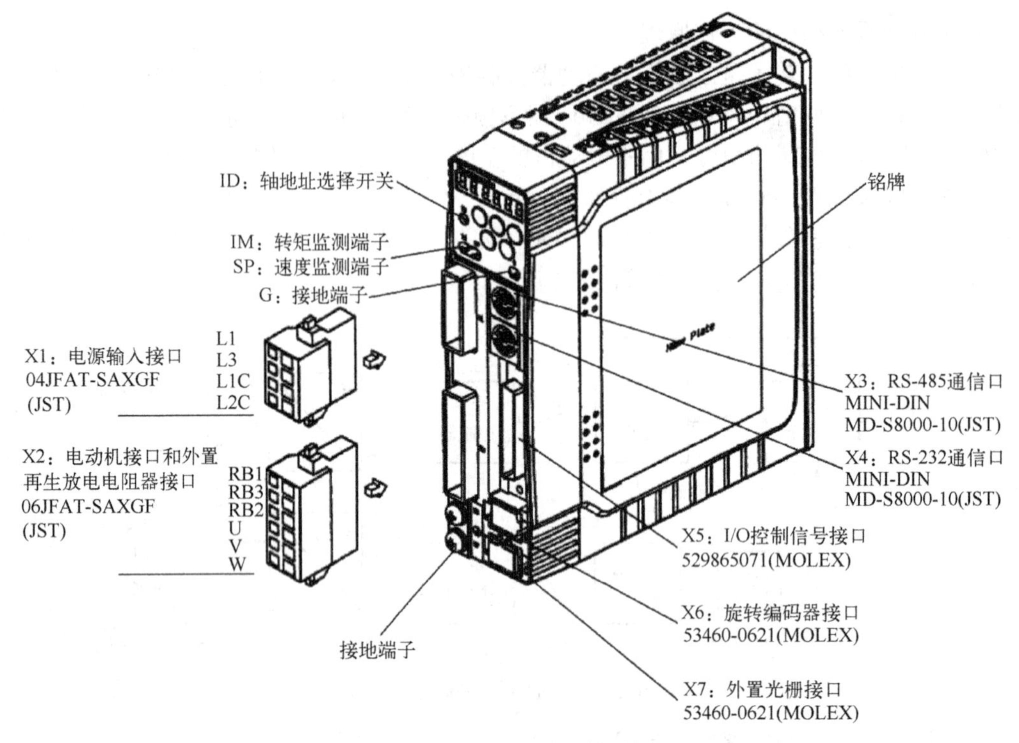

图 6-34 伺服驱动器的面板

1）X1：电源输入接口，AC 220V 电源连接 L1、L3 主电源端子，同时连接控制电源端子 L1C、L2C。

2）X2：电动机接口和外置再生放电电阻器接口。U、V、W 端子用于连接电动机。必须注意，电源电压务必按照驱动器铭牌上的指示配置，电动机接线端子（U、V、W）不可以接地或短路，交流伺服电动机的旋转方向不像感应电动机可以通过交换三相相序来改变，必须保证驱动器上的 U、V、W 接线端子与电动机主回路接线端子按规定的次序对应连接，否则可能造成驱动器损坏。电动机的接地端子和驱动器的接地端子以及滤波器的接地端子必须保证可靠连接到同一个接地点上。机身也必须接地。RB1、RB2、RB3 端子是外接放电电阻，MADDT1207003 型永磁同步交流伺服电动机的规格为 100Ω/10W（可选）。

3）X5：I/O 控制信号接口，其部分引脚信号定义与选择的控制模式有关，不同模式下的接线可参考《松下 A 系列伺服电动机手册》。若伺服电动机用于定位控制，可选用位置控制模式，采用简化接线方式，如图 6-35 所示。

4）X6：旋转编码器接口，连接电缆应选用带有屏蔽层的双绞电缆，屏蔽层应接到电动机侧的接地端子上，并且应确保将编码器电缆的屏蔽层连接插头的外壳（FG）。

（5）伺服驱动器的参数设置与调整

松下伺服驱动器有七种控制运行方式，即位置控制、速度控制、转矩控制、位置/速度控制、位置/转矩控制、速度/转矩控制、全闭环控制。位置方式就是输入脉冲串使电动机定位运行，电动机转速与脉冲串频率相关，电动机转动的角度与脉冲个数相关；速度方式有两种，一是通过输入直流-10V～+10V 电压调速，二是选用驱动器内设置的内部速度来调速；转矩方式是通过输入直流-10V～+10V 电压调节电动机的输出转矩，在这种方式下运行必须进行速度限制，有设置驱动器内部参数限制和输入模拟量电压限速两种方法。

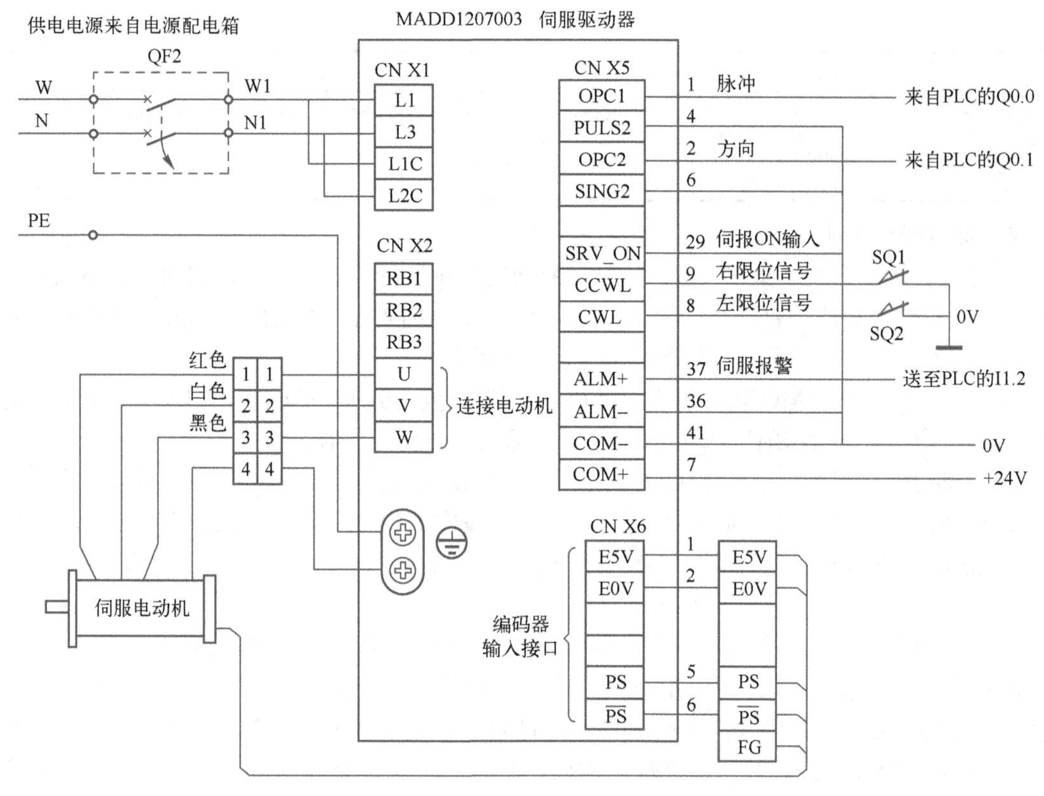

图6-35 伺服驱动器电气接线图

MADDT1207003型伺服驱动器的参数共有128个（Pr00～Pr7F），可以通过与PC连接后在专门的调试软件上进行设置，也可以在驱动器的面板上进行设置。

修改少量参数时，可通过驱动器操作面板来完成。操作面板如图6-36所示。各按键的说明见表6-5。

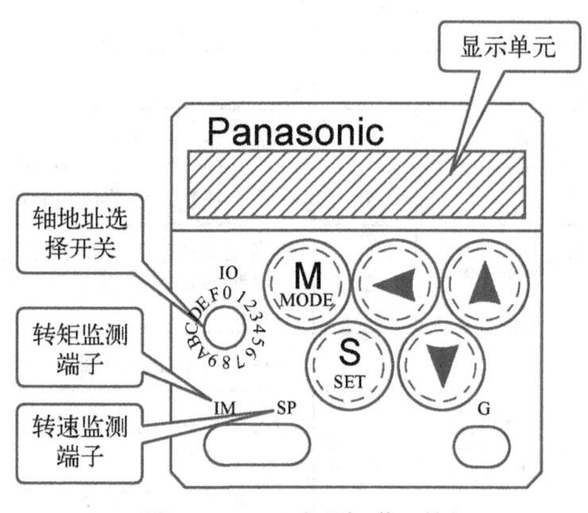

图6-36 驱动器操作面板

表6-5 伺服驱动器操作面板按键说明

按键	激活条件	功能
MODE	在模式显示时有效	在以下五种模式之间切换：监视器模式、参数设置模式、EEPROM写入模式、自动调整模式、辅助功能模式
SET	一直有效	用来在模式显示和执行显示之间切换

（续）

按键	激活条件	功能
▲ ▼	仅对小数点闪烁的那一位数据位有效	改变各模式下的显示内容、更改参数、选择参数、执行选中的操作
◀		把移动的小数点移动到更高位数

操作面板操作说明：

1）参数设置。先按“SET”键，再按“MODE”键选择“Pr00”后，按向上、下或向左的方向键选择通用参数的项目，按“SET”键进入。然后按向上、下或向左的方向键调整参数，调整完后，按“SET”键返回。选择其他项再进行调整。

2）参数保存。按“MODE”键选择“EE-SET”后按“SET”键确认，出现“EEP -”，然后按向上键 3s，出现“FINISH”或“reset”，然后重新上电即可保存。

3）手动 JOG 运行，按“MODE”键选择“AF-ACL”，然后按向上、下键选择“AF-JOG”，按“SET”键一次，显示“JOG -”，然后按向上键 3s 显示“ready”，再按向左键 3s 出现“sur-on”锁紧轴，按向上、下键，选择旋转方向。注意：先将伺服使能端 S-ON 断开。

本例中伺服驱动装置工作于位置控制模式，S7-200 SMART CPU ST40（DC/DC/DC）的 Q0.0 输出脉冲作为伺服驱动器的脉冲指令，脉冲的数量决定伺服电动机的旋转位移，即机械手的直线位移，脉冲的频率决定伺服电动机的旋转速度，即机械手的运动速度，S7-200 SMART CPU ST40 的输出 Q0.4 作为伺服驱动器的方向指令。对于较为简单的控制要求，伺服驱动器可采用自动增益调整模式。根据上述要求，伺服驱动器参数设置见表 6-6。

表 6-6　伺服驱动器参数设置

序号	参数			设置数值	功能和含义
	参数编号		参数名称		
	A4	A5	电动机型号		
1	Pr01	Pr5.28	LED 初始状态	1	显示电动机转速
2	Pr02	Pr0.01	控制模式	0	位置控制（相关代码 P）
3	Pr04	Pr5.04	行程限位禁止输入无效设置	2	当左或右限位动作，则会发生 Err38 行程限位禁止输入信号出错报警。必须在控制电源断电重启之后才能修改、写入设置此参数值
4	Pr20	Pr0.04	惯量比	1678	该值自动调整得到
5	Pr21	Pr0.02	实时自动增益设置	1	实时自动调整为常规模式，运行时负载惯量的变化情况很小
6	Pr22	Pr0.03	实时自动增益的机械刚性选择	1	此参数值设得越大，响应越快
7	Pr41	Pr0.06	指令脉冲旋转方向设置	1	指令脉冲 + 指令方向。必须在控制电源断电重启之后才能修改、写入设置此参数值
8	Pr42	Pr0.07	指令脉冲输入方式	3	指令脉冲 + 指令方向：PULS；SIGN：L低电平、H高电平

（续）

<table>
<tr><th rowspan="2">序号</th><th colspan="3">参数</th><th rowspan="2">设置数值</th><th rowspan="2">功能和含义</th></tr>
<tr><th colspan="2">参数编号</th><th>参数名称</th></tr>
<tr><td>9</td><td>Pr48</td><td>Pr0.08</td><td>Pr48：指令脉冲分倍频第 1 分子
Pr0.08：电动机每旋转一次的脉冲数，数值越大，速度越小</td><td>10000</td><td rowspan="4">$每转所需指令脉冲数=编码器分辨率\times\frac{Pr4B}{Pr48\times2^{Pr4A}}$
现编码器分辨率为 10000（2500p/r × 4），则
$每转所需指令脉冲数=10000\times\frac{Pr4B}{Pr48\times2^{Pr4A}}$
$=10000\times\frac{6000}{10000\times2^{0}}=6000$</td></tr>
<tr><td>10</td><td>Pr49</td><td></td><td>指令脉冲分倍频第 2 分子</td><td>0</td></tr>
<tr><td>11</td><td>Pr4A</td><td></td><td>指令脉冲分倍频分子倍率</td><td>0</td></tr>
<tr><td>12</td><td>Pr4B</td><td></td><td>指令脉冲分倍频分母</td><td>6000</td></tr>
</table>

注：其他参数的说明及设置可参见松下 MINAS A4/A5 系列伺服电动机、驱动器使用说明书。

松下 MINAS A5 系列交流伺服电动机和驱动器在原来的 A4 系列基础上进行了飞跃性的性能升级，设定和调整极其简单；所配套的电动机采用 20 位增量式编码器，且实现了低齿槽转矩化；提高了在低刚性机器上的稳定性，以及可在高刚性机器上进行高速、高精度运转，可应对各种机器的使用。松下 MINAS A5 系列与 MINAS A4 系列驱动器控制接线完全相同。

4．控制要求

使用运动控制向导编程实现机械手的运动控制要求。机械手的运动包络见表 6-7。为便于计算，同步轮齿数=12，齿距=5mm，每转 60mm。

表 6-7　机械手的运动包络

运动包络	站点	移动距离/mm	移动速度/（mm/s）	移动方向
0	低速回零	单速连续运转	10	DIR
1	供料站→加工站	480	20	
2	加工站→装配站	280	20	
3	装配站→分拣站	240	20	
4	分拣站→低速回零前	920	30	DIR

使用运动控制向导编程的步骤如下：

1）为 S7-200 SMART CPU ST40 选择内置运动轴操作。在 STEP7 SMART V2.6 软件菜单栏中选择“工具”→“运动控制向导”，并选择配置“轴 0”操作。

2）设置测量系统。测量系统选择“工程单位”；电机一次旋转所需脉冲数设置为“10000”；测量基本单位设置为“mm”；电机一次旋转产生多少‘mm’的运动设置为 60mm。

3）设置方向控制。相位选择“单相一个输出”。

4）设置输入点。启用 LMT+（正方向行程最大限值），输入为“I0.1”；响应为“立即停止”；有效电平为“上限”。启用 LMT-（负方向行程最大限值），输入为“I0.2”，响应为“立即停止”，有效电平为“上限”。启用 RPS（原点位置），输入为“I0.0”，有效电平为“上限”。启用 STP（停止），输入为“I0.5”，响应为“减速停止”，有效电平为“上限”。

5）设置输出。启用 DIS，输出为“Q0.4”（系统指定）。

6）设置电动机速度。MAX_SPEED 为 90mm/s，SS_SPEED 为 0.12mm/s。

7）设置电动机时间。加、减速时间都选用默认值“1000ms”。

8）配置曲线。单击“曲线”对话框的“添加”按钮，添加 5 条运动曲线，分别命名为 0～4 与表 6-7 中的运动包络对应。“曲线”对话框如图 6-37 所示。

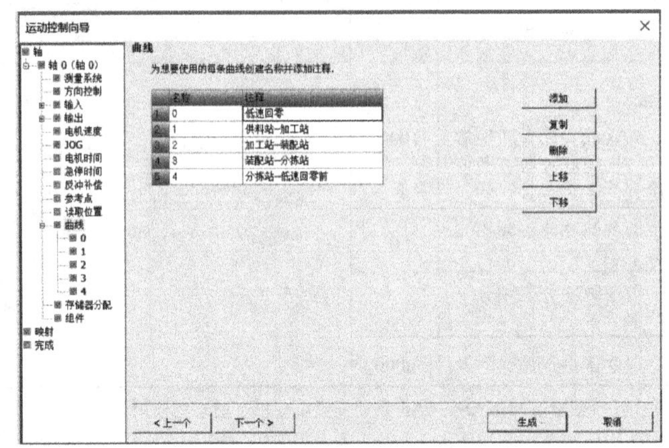

图 6-37 “曲线”对话框

9）配置曲线。单击向导树中曲线“0”，弹出曲线“0”配置对话框，如图 6-38 所示。曲线运行模式选择“单速连续旋转”，目标速度设置为“10.0”，勾选“使用 RPS 输入发出停止信号”。单击向导树中曲线“1”，弹出曲线“1”配置对话框，如图 6-39 所示，选择“相对位置”，目标速度和终止位置按表 6-7 运动包络给出的值设置。用同样的方法设置曲线 2～4。

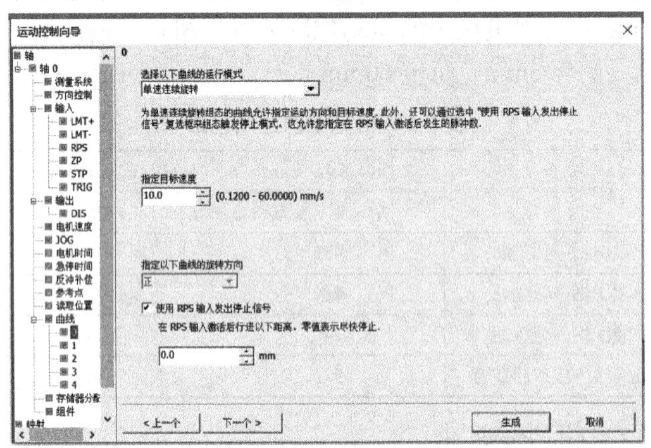

图 6-38 曲线“0”配置对话框

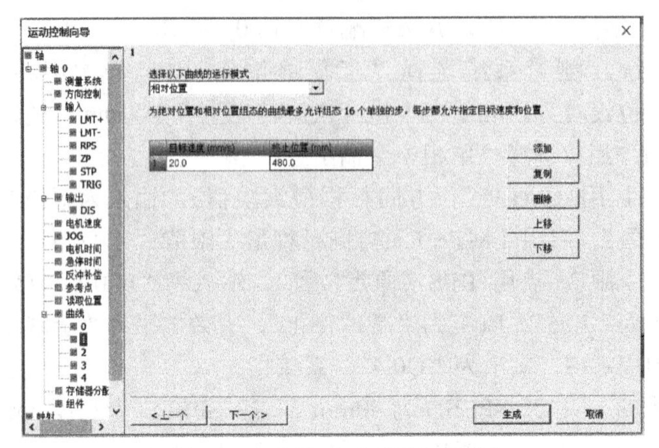

图 6-39 曲线“1”配置对话框

10）为轴0的运动控制分配存储器地址。采用建议地址VB100～VB247。

11）选择程序中用到的组件，如图6-40所示。本例只选择AXIS0_RUN子程序。

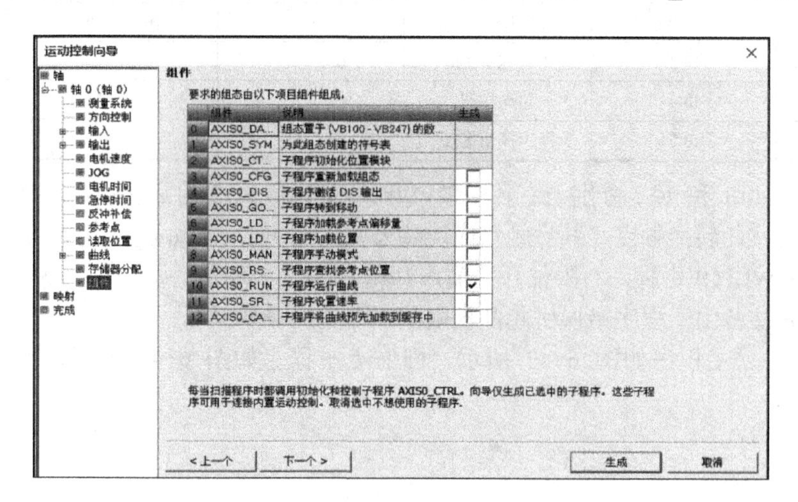

图6-40　选择程序中用到的组件

12）查看I/O映射，如图6-41所示。最后单击“生成”按钮完成运动控制向导的设置。

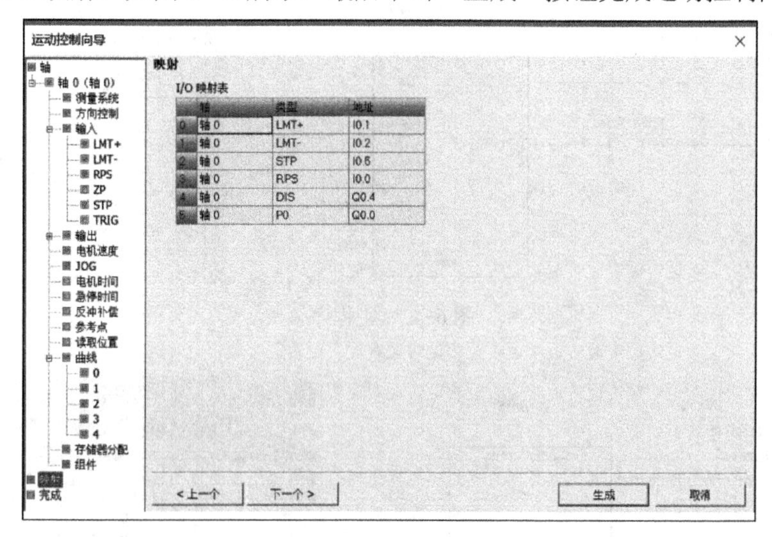

图6-41　I/O映射

13）运动包络编写完成，单击“确认”按钮，向导会要求为运动包络指定V存储区地址，建议地址为VB75～VB300，接受这一建议，单击“下一步”按钮，单击“完成”按钮。

5. 运动控制程序

1）I/O地址分配见表6-8。

表6-8　I/O地址分配

输入			输出		
序号	输入地址	作用	序号	输出地址	作用
1	I0.0	原点检测RPS	1	Q0.0	脉冲
2	I0.1	右限位保护LMT+	2	Q0.1	方向

（续）

输入			输出		
序号	输入地址	作用	序号	输出地址	作用
3	I0.2	左限位保护 LMT-			
4	I0.4	起动按钮			
5	I0.5	停止按钮 STP			

PLC 输入点 I0.1 和 I0.2 分别与右、左限位开关 SQ1 和 SQ2 的常开触点连接，并且 SQ1 和 SQ2 均提供一对常闭转换触点，其静触点应连接公共端 COM，而动触点连接伺服驱动器的控制端 CNX5 的 CCWL（9 引脚，右限位开关输入）和 CWL（8 引脚，左限位开关输入）作为硬联锁保护，目的是防范由于程序错误引起冲极限故障而造成设备损坏。

2）参考程序。主程序如图 6-42 所示，回原点子程序如图 6-43 所示，运动控制子程序如图 6-44 所示。

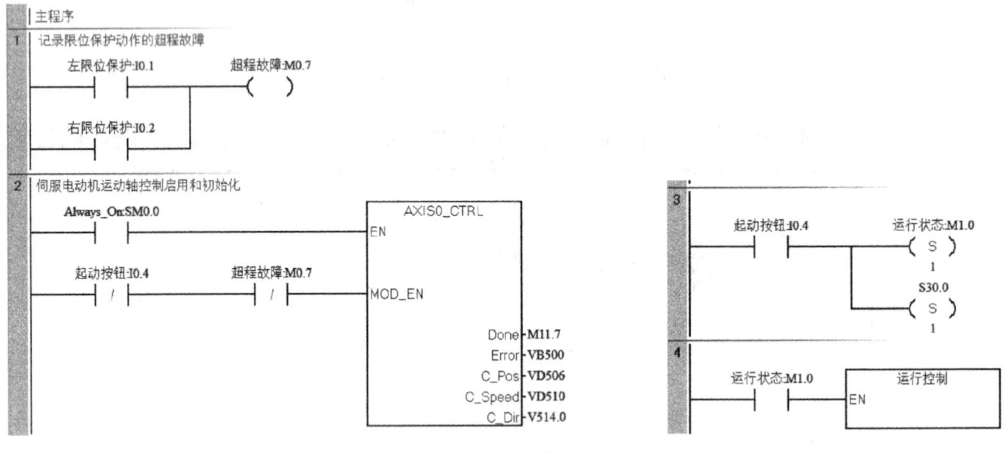

图 6-42　主程序

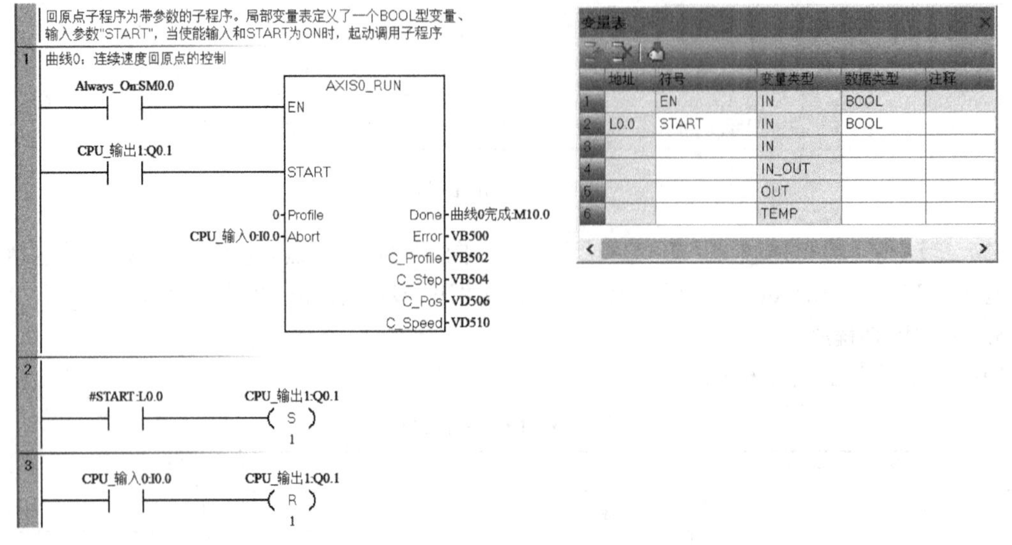

图 6-43　回原点子程序

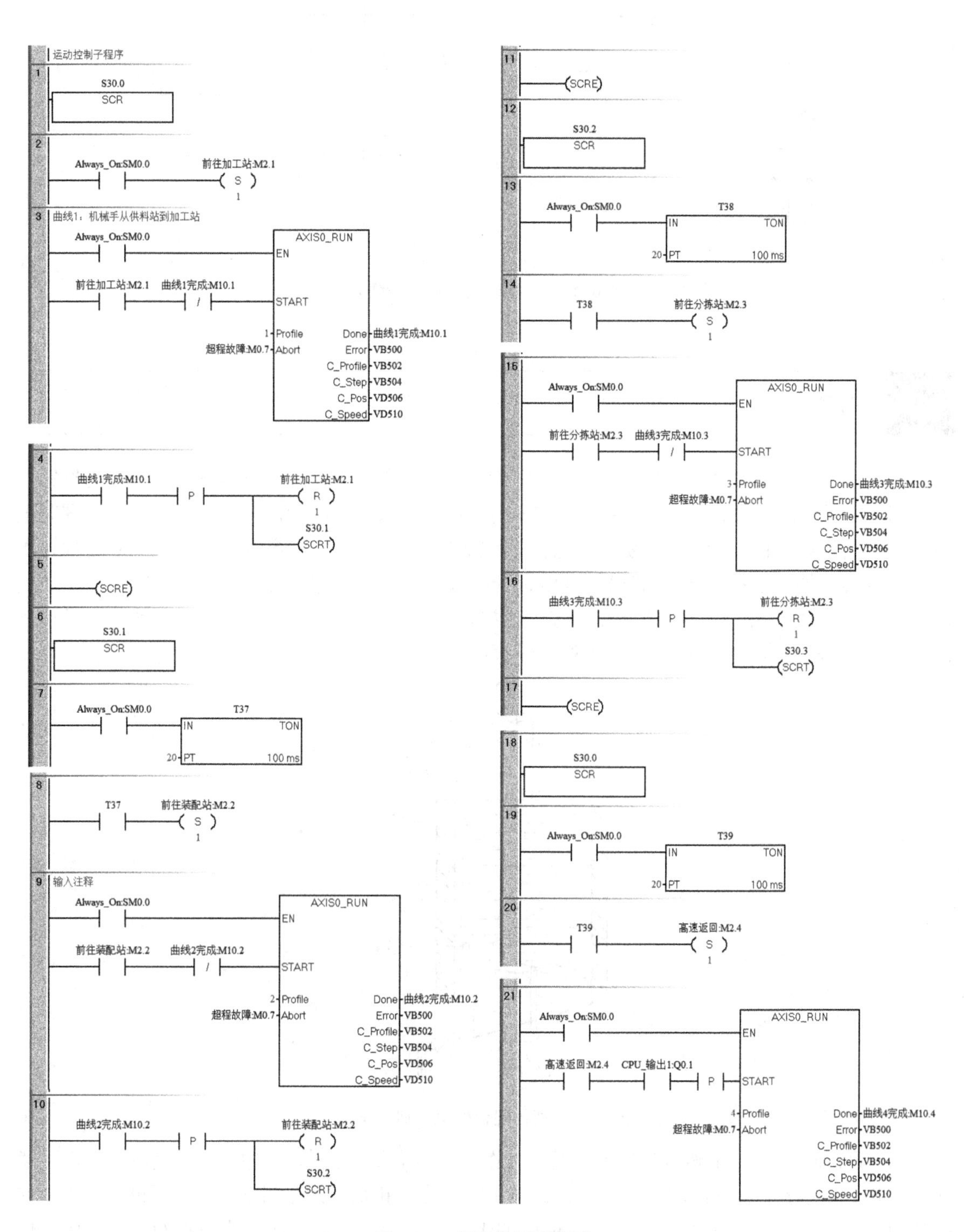

图 6-44　运动控制子程序

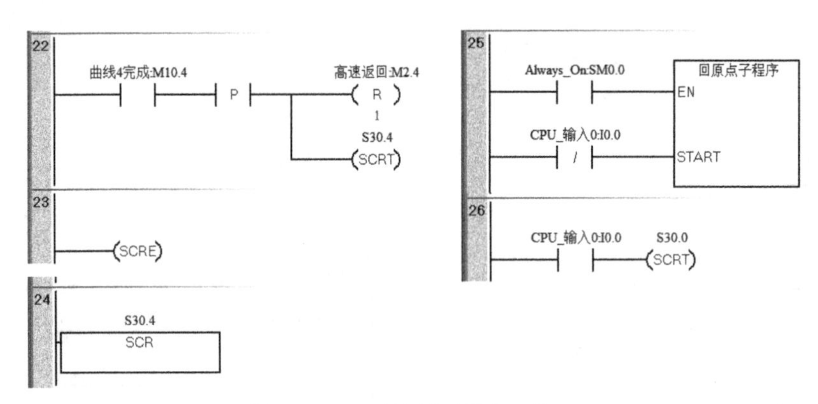

图 6-44　运动控制子程序（续）

6.3 习题

1．用 PLC 构成液体混合模拟控制系统，如图 6-45 所示。控制要求如下：按下起动按钮，电磁阀 YV1 闭合，开始注入液体 A，按 L2 表示液体到了 L2 的高度，停止注入液体 A。同时电磁阀 YV2 闭合，注入液体 B，按 L1 表示液体到了 L1 的高度，停止注入液体 B，起动搅拌机 M，搅拌 4s，停止搅拌。同时 YV3 为 ON，开始放出液体至液体高度为 L3，再经 2s 停止放出液体。同时液体 A 注入。开始循环。按停止按钮，所有操作都停止，须重新启动。要求列出 I/O 地址分配表，编写梯形图程序并上机调试程序。

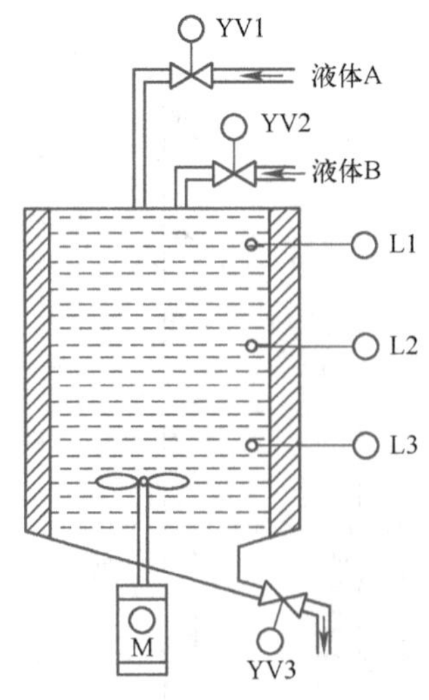

图 6-45　液体混合模拟控制系统图

2．用 PLC 构成 4 节传送带控制系统，如图 6-46 所示。控制要求如下：起动时，先起动最末的带机 M4，1s 后再依次起动其他带机；停止时，先停止最初的带机 M1，1s 后再依次停止其他带机；当某带机发生故障时，该机及前面的带机应立即停止，后面的带机按每隔 1s 顺序停止；当某带机有重物时，该带机前面的带机应立即停止，该带机运行 1s 后停止，再隔 1s 后接下去的带机停止，依此类推。要求列出 I/O 地址分配表，编写 4 节传送带故障设置控制梯形图程序和载重设置控制梯形图程序，并上机调试程序。

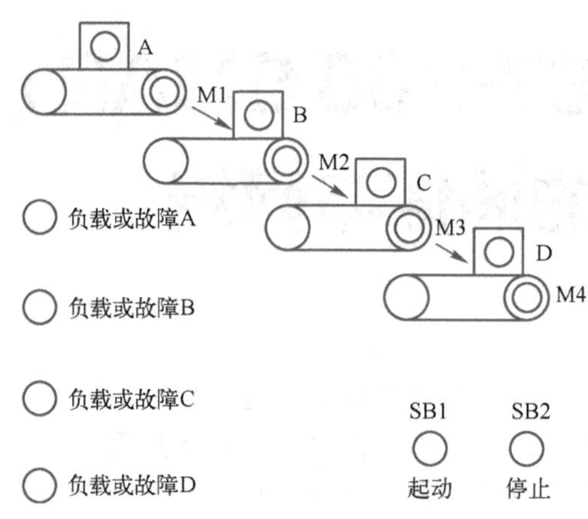

图 6-46　4 节传送带控制示意图

3. 用数据移位指令实现机械手动作的模拟，编程后上机运行并调试程序。机械手动作模拟图如图 6-47 所示。一个将工件由 A 处传送到 B 处的机械手，上升/下降和左移/右移的执行用双线圈二位电磁阀推动气缸完成。当某个电磁阀线圈通电，就一直保持现有的机械动作，如一旦下降的电磁阀线圈通电，机械手下降，即使线圈再断电，仍保持现有的下降动作状态，直到相反方向的线圈通电为止。另外，夹紧/放松由单线圈二位电磁阀推动气缸完成，线圈通电时执行夹紧动作，线圈断电时执行放松动作。设备装有上、下限位开关和左、右限位开关，其工作过程如图 6-47a 所示，有 8 个动作，如图 6-47b 所示。I/O 地址分配见表 6-9。

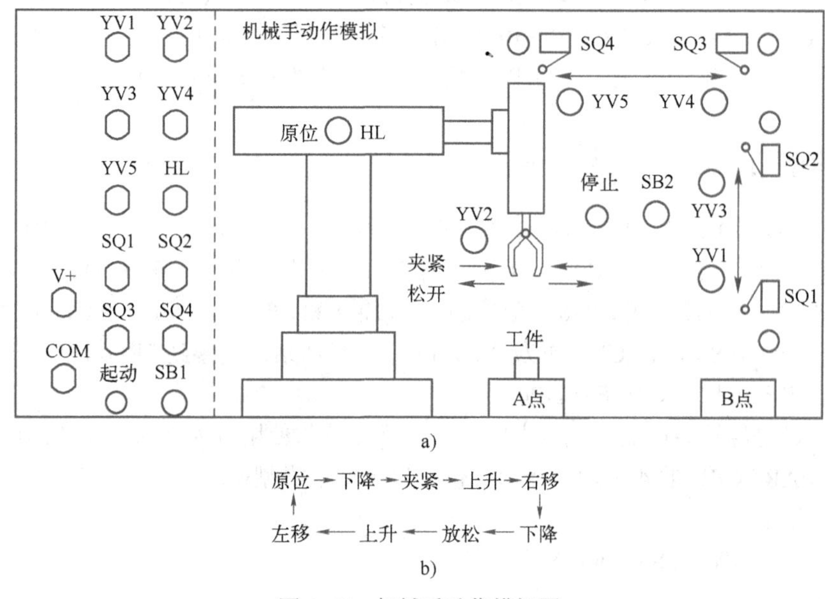

a)

原位 → 下降 → 夹紧 → 上升 → 右移
左移 ← 上升 ← 放松 ← 下降

b)

图 6-47　机械手动作模拟图

表 6-9　I/O 地址分配

输入	输入元件	SB1	SB2	SQ1	SQ2	SQ3	SQ4
	输入地址	I0.0	I0.5	I0.1	I0.2	I0.3	I0.4
输出	输出元件	YV1	YV2	YV3	YV4	YV5	HL
	输出地址	Q0.0	Q0.1	Q0.2	Q0.3	Q0.4	Q0.5

第 7 章 S7-200 SMART 系列 PLC 的通信与网络

本章要点

1）S7-200 SMART 系列 PLC 的通信接口与通信协议。

2）S7-200 SMART 系列 PLC 以太网端口的通信及应用。

3）S7-200 SMART 系列 PLC 和触摸屏的通信。

7.1 通信概述

PLC 通信是指 PLC 与计算机、PLC 与 PLC、PLC 与人机界面（触摸屏）、PLC 与变频器、PLC 与其他智能设备之间的数据传递。

西门子 S7-200 SMART 系列 PLC 支持多种通信协议，基于 RS485 串口的协议有 Modbus RTU、USS，PPI、自由口等，基于以太网接口的协议有 S7 协议、开放以太网通信（TCP/IP，ISO-on-TCP，UDP）、Modbus TCP 和 PROFINET 等。根据使用需求，首先考虑选用标配的通信接口完成通信，若标配的通信接口不足以满足需求，才考虑扩展其他通信接口。

7.1.1 通信接口

标准型 S7-200 SMART CPU（SR/ST 型）都可以提供一个以太网接口和一个 RS485 接口（端口 0）。如果标准型 CPU 支持 SB CM01 信号板（端口 1），信号板可通过 STEP7-Micro/WIN SMART 软件组态为 RS232 通信接口或 RS485 通信接口。如果 CPU 模块支持 PROFIBUS DP 扩展模块 EM DP01，则 S7-200 SMART CPU 作为 PROFIBUS DP 从站，连接到 PROFIBUS 通信网络，每个标准型 CPU 最多可扩展两块 EM DP01。

紧凑型 CPU 是经济型产品，无以太网接口，不支持与使用以太网通信相关的所有功能。

S7-200 SMART CPU 的 4 个通信接口提供了以下通信类型：

（1）以太网接口

1）STEP7-Micro/WIN SMART 编程。

2）GET/PUT 通信。

3）HMI（人机界面）：以太网类型。

4）基于 UDP、TCP 或 ISO-on-TCP 的开放式用户通信（OUC）。

5）PROFINET 通信。

（2）RS485 接口（端口 0）

1）使用 USB-PPI 电缆进行 STEP7-Micro/WIN SMART 编程。

2）TD/HMI：RS485 类型。

3）自由口（XMT/RCV 通信）：包括西门子提供的 USS Modbus RTU 库。

（3）PROFIBUS 接口

如果 CPU 模块支持扩展模块，则 S7-200 SMART CPU 可支持两个 EM DP01 模块进行 PROFIBUS DP 与 HMI 通信。

（4）RS485/RS232 信号板（端口 1）

1）TD/HMI：RS485 或 RS232 类型。

2）自由口（XMT/RCV）：包括西门子提供的 USS（仅 RS485）和 Modbus RTU（RS485 或 RS432）库。

要实现通信必须有通信接口，S7-200 SMART 系列 PLC 标配有 RS485 接口和以太网接口。

触摸屏、变频器、传感器、温控仪等设备所配的通信接口通常为 RS485 接口，所以与这些设备通信时，首先应考虑用 RS485 接口进行通信。如果设备标配有以太网接口，由于以太网接口通信速度快，所以会优先考虑选用以太网通信。选择好接口后，接下来选择通信协议。

通信协议是机器通信的语言，即使硬件接口一致，没有共同的通信协议也无法实现通信。选择通信协议，首先需要了解通信协议。

7.1.2 通信协议

（1）Modbus RTU 协议

Modbus RTU 是一种串行通信协议，是莫迪康（Modicon）公司（现施耐德电气）于 1979 年为使用 PLC 通信而发布的。Modbus RTU 已经成为工业领域通信协议的标准，并且目前是工业电子设备之间常用的连接方式。如 PLC、变频器、自动化仪表、人机界面、DCS（集散控制系统）等设备都支持 Modbus RTU 协议，优点是通用性好，缺点是主-从协议通信效率比较低，对于数据量不是很大、速度要求不高的场合适合选用 Modbus RTU 通信协议。

（2）PPI 协议

PPI 协议（点对点通信协议）是西门子专为 S7-200 系列 PLC 开发的通信协议，S7-200 SMART 系列 PLC 保留并支持 PPI 协议。PPI 协议是异步、基于字符的协议，传输的数据带有起始位、8 位数据、奇校验和一个停止位。PPI 协议是一种主-从协议，主站设备发送要求到从站设备，从站设备响应，从站不能主动发出信息。PPI 协议只能用于 RS485 接口，通过屏蔽双绞线就可以实现 PPI 通信，波特率为 9.6kbit/s、19.2kbit/s 和 187.5kbit/s。PPI 协议网络中，可能只有 1 个主站，也可以有多个主站，主站不能超过 32 个。编程计算机、HMI 和 PLC 默认地址分别为 0、1 和 2，协议支持一个网络中 127 个（0～126）站。

S7-200 SMART 系列 PLC 支持 PPI 协议和 PPI 高级协议。PPI 高级协议允许网络设备之间建立逻辑连接（不是物理连接）。

（3）自由口通信协议

自由口通信协议是指通信双方不支持共同的标准协议，用户自定义与其他设备的通信协议，理论上可以解决所有设备的通信问题。自由口通信协议可以用于 RS485、RS232 端口。自由口通信协议为串行通信口的设备（如打印机、条形码阅读器、调制解调器、变频器和上位 PC 等）与 S7-200 SMART 系列 PLC 之间的通信提供灵活方便的方法。当连接的设备有 RS485 接口时，可以通过双绞线进行连接，如果连接的设备有 RS232 接口时，可以通过 PC/PPI 电缆进行连接。

以上三种协议都是基于 RS485 接口的串行通信接口协议。下面几种是以太网接口的通信协议。

（4）S7 协议以太网通信

S7 协议是西门子 S7 系列 PLC 内部集成的一种通信协议，所以只能与西门子内部设备进行通信，如 S7-200 SMART、S7-300/400/1200 系列 PLC 等。进行通信之前，通信伙伴之间必须先建立逻辑连接，面向连接的通信具有较高的安全性。以太网通信技术（包括工业以太网和实时以太网）是现代自动化应用技术领域的一个标志性的技术。

（5）开放以太网协议

开放以太网协议包括 TCP/IP、ISO-on-TCP 和 UDP，以 TCP/IP 为代表，能够在多个不同网络间实现信息传输的协议簇，很多带有以太网接口的设备都支持此类协议，可以实现多个不同品牌组网通信。

（6）Modbus TCP

Modbus 是 Modbus 协议的以太网形式，继承了 Modbus 协议的通用性，并发挥了以太网传输速度快的优点，当设备支持此协议时可优先选择。

（7）PROFINET 协议

PROFINET 协议由 PROFIBUS 国际组织推出，是新一代基于工业以太网技术的自动化总线标准。

PROFINET 为自动化通信领域提供了一个完整的网络解决方案，包括诸如实时以太网、运动控制、分布式自动化、故障安全以及网络安全等当前自动化领域的热点话题，并且可以完全兼容工业以太网和现有的现场总线（如 PROFIBUS）技术，适用于对数据实时性要求很高的通信场合，目前支持的品牌不是很多，但是未来必将成为以太网通信的发展趋势。

7.2 以太网端口的通信

7.2.1 以太网简介

以太网是一种差分（多点）网络，最多可有 32 个网段、1024 个节点。以太网可实现高速（高达 100Mbit/s）长距离（铜缆：最远约为 1.5km；光纤：最远约为 4.3km）数据传输。

以太网连接包括针对以下设备的连接：编程设备、CPU 间的 GET/PUT 通信、HMI 显示器、开放式用户通信（OUC）、PROFINET 通信和 Web 服务器（HTTPS）。

S7-200 SMART CPU 的以太网端口有两种网络连接方法：直接连接和网络连接。

（1）直接连接

当一个 S7-200 SMART CPU 与一个编程设备、HMI 或者另外一个 S7-200 SMART CPU 通信时，实现的是直接连接。直接连接不需要使用交换机，使用网线直接连接两个设备即可，如图 7-1 所示。

（2）网络连接

当两个以上的通信设备进行通信时，需要使用交换机来实现网络连接。可以使用导轨安装的交换机（如西门子 CSM1277 4 端口交换机）连接多个 CPU 和 HMI 设备，如图 7-2 所示。

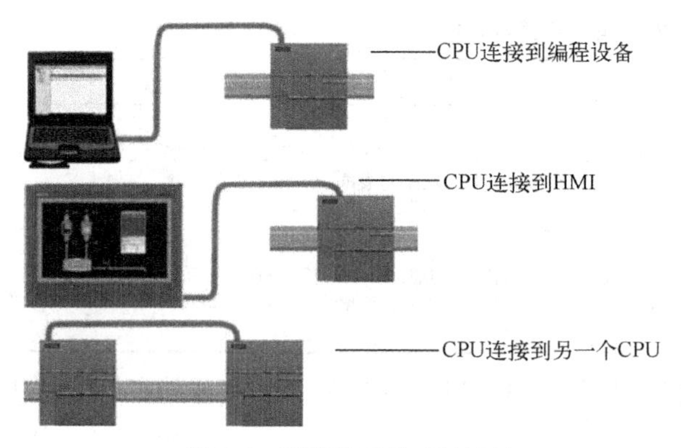

图 7-1　通信设备的直接连接

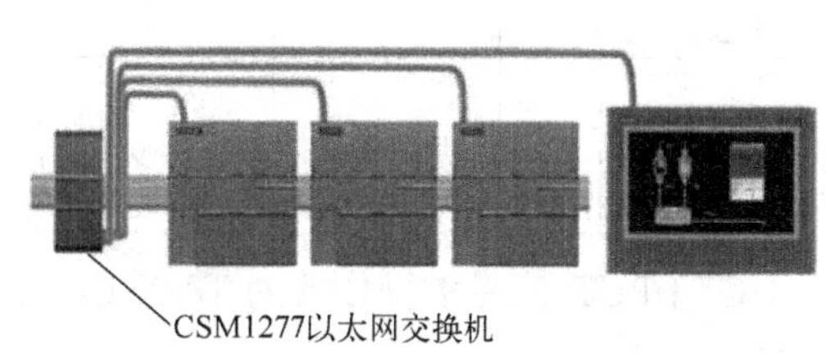

图 7-2　多个通信设备的网络连接

7.2.2　基于以太网 S7 协议建立连接

S7 协议是面向连接的协议，是专门为西门子优化产品控制而设计的通信协议。在进行数据交换前，必须先建立连接。

连接是指为了建立通信，两个通信伙伴定义的逻辑分配是需要组态的静态连接（不是指物理媒介的连接）。静态连接需要占用 CPU 连接资源。定义连接包括涉及的通信伙伴（一个主动，一个被动）、连接类型（编程设备、HMI、CPU 或其他设备）和连接路径（网络、IP 地址、子网掩码、网关）。

通信伙伴设置和建立通信连接。主动设备建立连接，被动设备则接受或拒绝来自主动设备的连接请求。建立连接后，可通过主动设备对该连接进行自动维护，并通过主动和被动设备对其进行监视。

如果连接终止（如因断线或其中一个伙伴断开连接），主动伙伴将尝试重新建立连接。被动设备也将注意到连接出现终止并采取行动（如撤销新断开连接的主动伙伴的密码权限）。

基于连接的通信分为单向连接和双向连接，S7-200 SMART 系列 PLC 只有 S7 单向连接功能。单向连接中的客户端（Client）是向服务器（Server）请求服务的设备，客户端用 GET/PUT 指令读取/写入服务器的数据。服务器是通信中的被动方，用户不用编写服务器的 S7 通信程序，S7 通信是由服务器的操作系统完成的。

S7-200 SMART 系列 PLC 的以太网端口有很强的通信功能。1 个用于编程设备（PG）连接（1 个 PG，一次只能监视 1 个 CPU）；8 个专用 HMI/OPC 服务器连接；8 个主动（客户端）GET/PUT 连接和 8 个被动（服务器）GET/PUT 连接。上述 25 个连接可以同时使用。

GET/PUT 连接可以用于 S7-200 SMART 系列 PLC 之间的以太网通信，也可以用于 S7-200 SMART 系列 PLC 和 S7-300/400/1200/1500 系列 PLC 之间的以太网通信。

7.2.3　基于以太网的网络读/写指令

GET/PUT 指令：网络读/写指令，使用该指令在通过以太网连接的 S7-200 SMART CPU 之间进行通信，指令格式及功能见表 7-1。

表 7-1　GET/PUT 指令格式及功能

梯形图	语句表	功能
GET EN　ENO ????-TABLE	GET table	GET（网络读）指令：启动以太网端口上的通信操作。按 TABLE 表的定义从远程设备读取数据。GET 指令可从远程站最多读取 222B 的数据
PUT EN　ENO ????-TABLE	PUT table	PUT（网络写）指令：启动以太网端口上的通信操作。按 TABLE 表的定义将数据写入远程设备。PUT 指令可向远程站最多写入 212B 的数据

GET/PUT 指令的操作数为 TABLE，数据类型为 BYTE。TABLE 定义了 16B 的表格，格式见表 7-2。

表 7-2　TABLE 参数定义的数据表的格式

字节偏移量	名称	位 7	位 6	位 5	位 4	位 3	位 2	位 1	位 0
0	状态字节	D	A	E	0	错误代码			
1	远程站 IP 地址	将要访问的远程站 CPU 所处的 IP 地址，如 192.168.50.2							
2									
3									
4									
5	保留=0	必须设置为 0							
6	保留=0	必须设置为 0							
7	远程站（此 CPU）中数据区的指针	指向远程站中将要访问的数据的间接地址指针（I、Q、M、V 或 DB1），如&VB200							
8									
9									
10									
11	数据长度	远程站中将要访问的数据的字节数（PUT 为 1～212 B，GET 为 1～222B）							
12	本地站（此 CPU）中数据区的指针	指向本地站（此 CPU）中将要访问的数据的间接地址指针（I、Q、M、V 或 DB1），如&VB200							
13									
14									
15									

数据表的起始字节为状态字节，状态字节各个位的意义如下：

D：完成，0 表示未完成，1 表示完成。

A：激活（函数已排队），0 表示无效，1 表示有效。

E：错误（函数返回错误），0 表示无错误，1 表示有错误。

4 位错误代码（对应 0～F，其中 6～F 未用）的说明：

0：无错误。

1：PUT/GET 表中存在非法参数。包括以下几种情况：

① 本地区域不包括 I、Q、M 或 V。

② 本地区域的大小不足以提供请求的数据长度。

③ 对于 GET，数据长度为 0 或大于 222 字节；对于 PUT，数据长度大于 212 字节。

④ 远程区域不包括 I、Q、M 或 V。

⑤ 远程 IP 地址是非法的（0.0.0.0）。

⑥ 远程 IP 地址为广播地址或组播地址。

⑦ 远程 IP 地址与本地 IP 地址相同。

⑧ 远程 IP 地址位于不同的子网。

2：当前处于活动状态的 PUT/GET 指令过多（仅允许 16 个）。

3：无可用连接。当前所有连接都在处理未完成的请求。

4：从远程 CPU 返回错误。包括以下几种情况：

① 请求或发送的数据过多。

② STOP 模式下不允许对 Q 存储器执行写入操作。

③ 存储区处于写保护状态。

5：与远程 CPU 之间无可用连接。包括以下几种情况：

① 远程 CPU 无可用的服务器连接。

② 与远程 CPU 之间的连接丢失（CPU 断电、物理断开）。

程序中可以有任意数量的 GET/PUT 指令，但在同一时间一共最多只能激活 16 个 GET/PUT 指令。如在给定的 CPU 中可以同时激活 8 个 GET 和 8 个 PUT 指令，或 6 个 GET 和 10 个 PUT 指令。

当执行 GET/PUT 指令时，CPU 与 GET/PUT 表中的远程 IP 地址建立以太网连接。该 CPU 可同时保持最多 8 个连接。连接建立后，该连接将一直保持到 CPU 进入 STOP 模式为止。

针对所有与同一 IP 地址直接相连的 GET/PUT 指令，CPU 采用单一连接。如远程 IP 地址为 192.168.2.10，如果同时启用 3 个 GET 指令，则会在一个 IP 地址为 192.168.2.10 的以太网连接上按顺序执行这些 GET 指令。

如果尝试创建第 9 个连接（第 9 个 IP 地址），CPU 将在所有连接中搜索，查找处于未激活状态时间最长的一个连接。CPU 将断开该连接，然后再与新的 IP 地址创建连接。

GET/PUT 指令处于处理中/激活/繁忙状态或仅保持与其他设备的连接时，需要额外的后台通信时间。所需的后台通信时间量取决于处于激活/繁忙状态的 GET/PUT 指令的数量、GET/PUT 指令的执行频率以及当前打开的连接数量。如果通信性能不佳，则应当将后台通信时间调整为更高的值。

7.2.4 应用示例

如图 7-3 所示，一条生产线正在灌装黄油桶，然后传送到 4 台打包机中的一台。打包机将 8 个黄油桶装入一个纸板箱中。用分流机控制黄油桶流向各个打包机。4 个 CPU 控制打包机，具有 TD400 操作员界面的 CPU 控制分流机。分流机需要实时读取各台打包机的工作状态，所以分流 CPU 使用 GET 指令连续读取来自每台打包机的控制和状态信息。每当打包机装完 100 箱时，分流机都会注意到并通过 PUT 指令发送相应消息清除状态字。

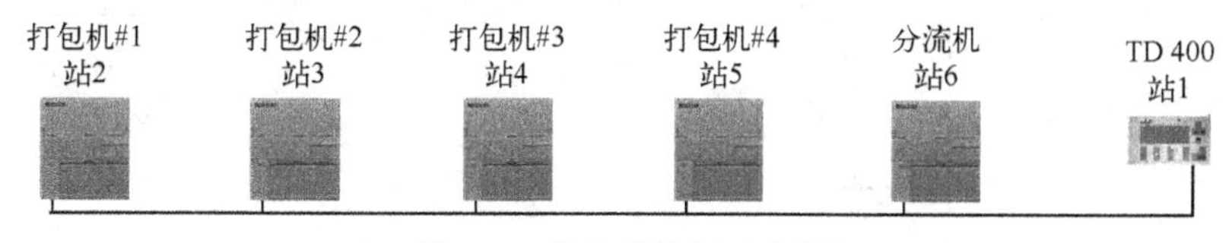

图 7-3 生产线控制示意图

4 台打包机的站地址分别为 196.168.50.2、196.168.50.3、196.168.50.4 和 196.168.50.5，分流机的站地址为 196.168.50.6，TD400 的站地址为 196.168.50.1，在系统块中设置各个 CPU 的站地址，随程序一起下载到 PLC 中。

本例中 TD400 和分流机站 6 为主动端，其他 PLC 为被动端。站 6 分流机的程序包括控制程序、与 TD400 的通信程序以及和其他站的通信程序，其他站只有控制程序。下面给出站 6 PLC 的通信程序。

分流机 CPU 使用 GET 指令连续读取来自每台打包机的控制和状态信息。每当打包机装完 100 箱时，分流机都会注意到并通过 PUT 指令发送相应消息清除状态字。

分流机站 6 对各台打包机接收和发送的数据区的起始地址分别为 VB200、VB220、VB240、VB260 和 VB300、VB320、VB340、VB360。

分流机读/写打包机#1 站 2 的工作状态和完成打包数量的程序如图 7-4 所示。对其他站的读/写操作程序只需将站号和缓冲区指针做相应的改变即可。

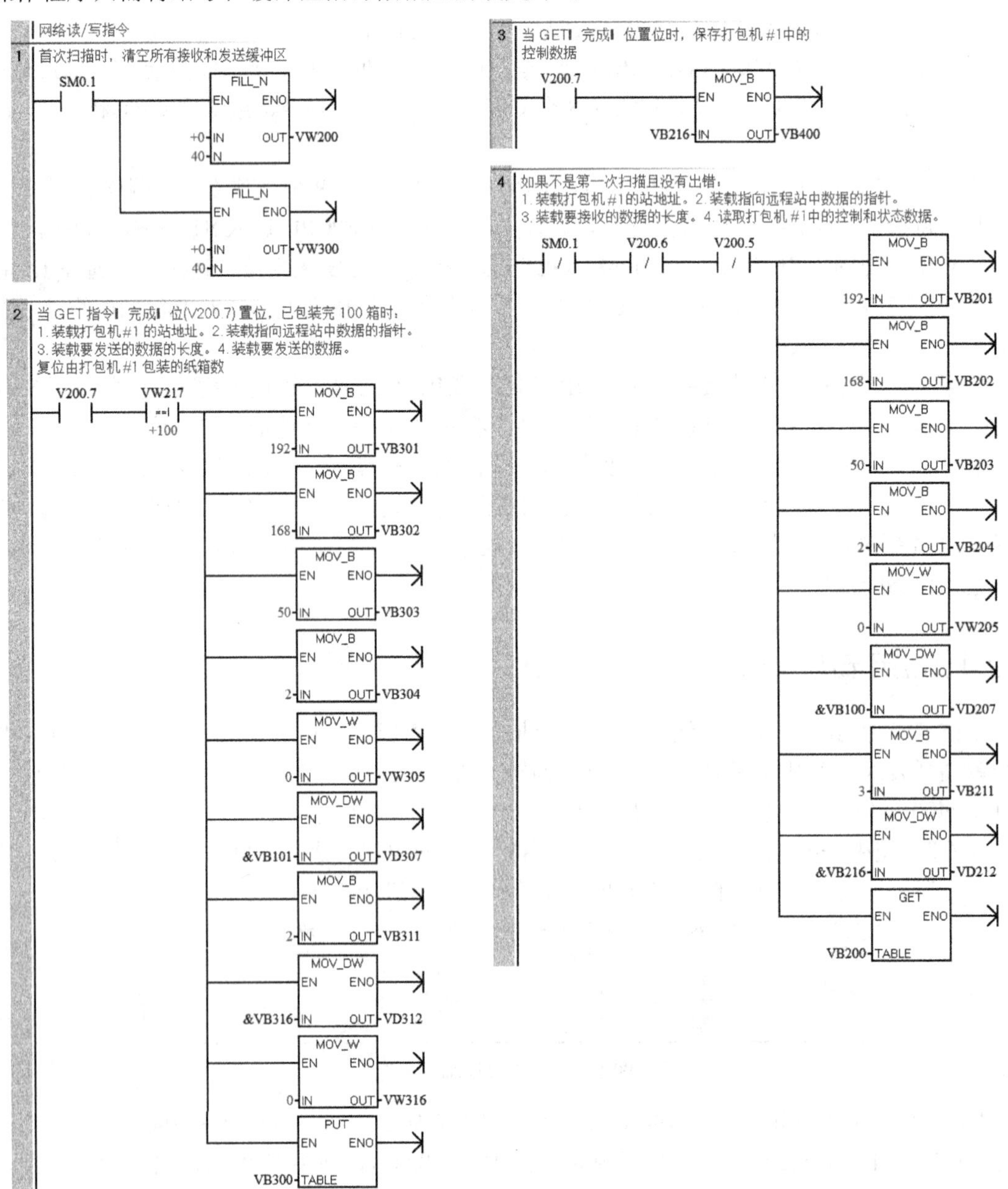

图 7-4 分流机读/写打包机#1 站 2 的工作状态和完成打包数量的程序

7.2.5　GET/PUT 指令向导的使用

7.2.5
GET 和 PUT 指令向导的使用

可以使用 GET/PUT 指令向导通过以太网在 S7-200 SMART CPU 之间进行通信。

使用 GET/PUT 向导前，必须编译程序并使其处于符号寻址模式。如果尚未对程序进行编译，向导将在 GET/PUT 组态过程开始时提示编译。

使用 GET/PUT 向导简化以太网网络操作的组态。可通过向导最多组态 24 个独立的网络操作，并生成用于协调这些操作的代码。网络操作最多可用于 24 个不同的 CPU，也可以为单 CPU 组态多个操作。

用 GET/PUT 向导建立的连接为主动连接，CPU 是 S7 通信的客户端。通信伙伴作为 S7 通信的客户端时，S7-200 SMART 系列 PLC 是通信的服务器，不需要用 GET/PUT 指令向导组态，建立的连接是被动连接。

1）启动 GET/PUT 向导。菜单栏选择“工具”→“向导”，单击“Get/Put”按钮或者在项目树中打开“向导”文件夹，然后双击“Get/Put”。出现“GET/PUT 向导”对话框，如图 7-5 所示。单击“添加”按钮，可以添加操作，在“GET/PUT 向导”对话框中设置操作的名称、添加注释。可通过向导最多组态 24 个独立的网络操作。可以组态与具有不同 IP 地址的多个通信伙伴的读/写操作。操作完成，单击“下一个”按钮。

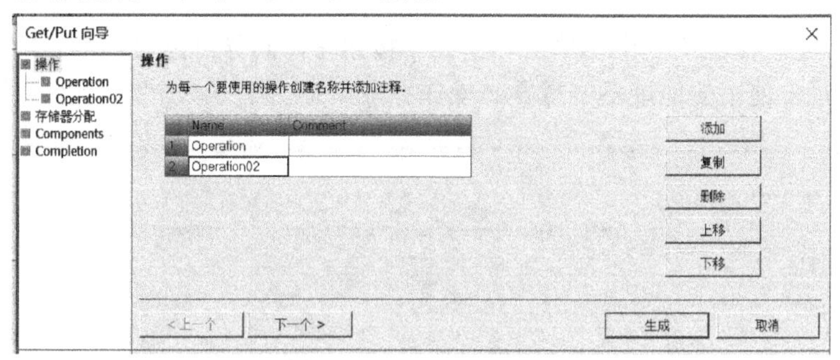

图 7-5　“GET/PUT 向导”对话框

2）组态 GET（读）操作。在图 7-6 中选择操作的类型为“Get”，设置传送字节的大小（最多 200 字节）、远程 CPU 的 IP 地址、本地 CPU 保存数据的起始地址（有效操作数为 VB、IB、QB、MB）及从远程 CPU 读取数据的起始地址（有效操作数为 VB、IB、QB、MB）。操作完成，单击“下一个”按钮。

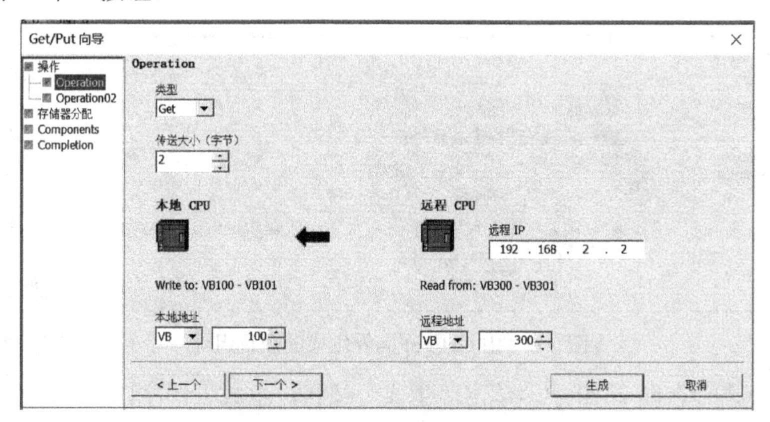

图 7-6　组态 GET 操作

3）组态 PUT（写）操作。在图 7-7 中选择操作的类型为“Put”，设置传送字节的大小（最多 200 字节）、远程 CPU 的 IP 地址、本地 CPU 保存数据的起始地址（有效操作数为 VB、IB、QB、MB）、向远程 CPU 写入数据的起始地址（有效操作数为 VB、IB、QB、MB）。操作完成单击“下一个”按钮。

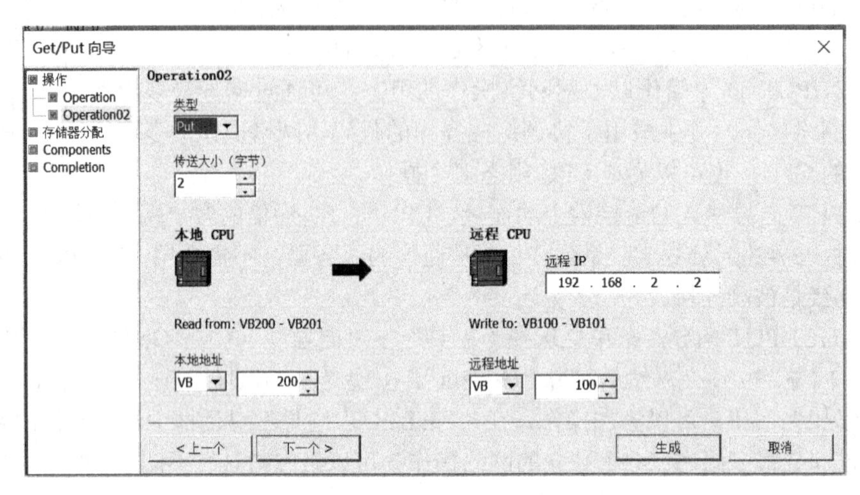

图 7-7　组态 PUT 操作

4）存储器分配。在图 7-8 中，单击“建议”按钮时，向导可建议一个起始地址，也可手动输入。需注意的是，使用的地址不要重叠。操作完成，单击“下一个”按钮。

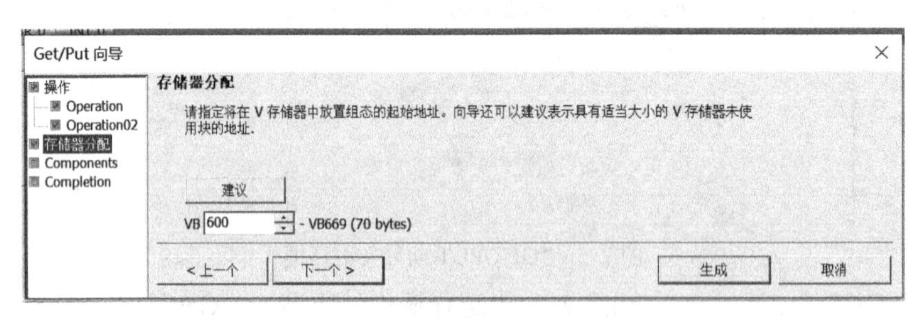

图 7-8　存储器分配

5）组件。根据向导组态条目，由 Get/Put 向导生成如图 7-9 所示项目组件。操作完成，单击“下一个”按钮。

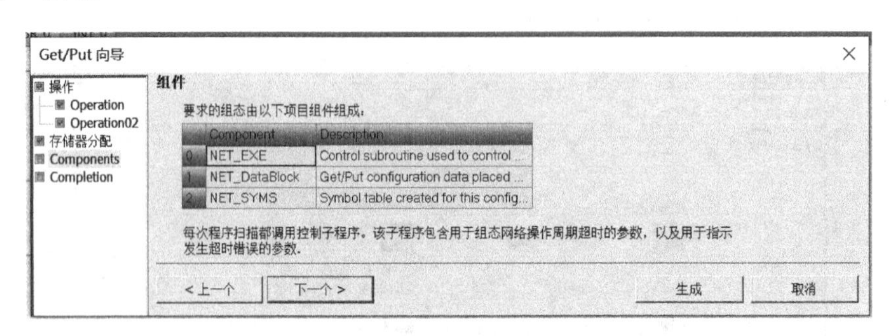

图 7-9　由 Get/Put 向导生成的项目组件

6）生成子程序。在图 7-10 中，单击“生成”按钮，生成子程序。

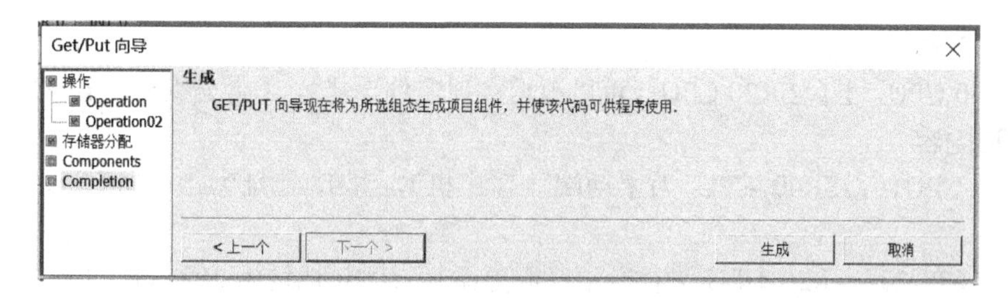

图 7-10　由 Get/Put 向导生成子程序

7）在程序中使用子程序 NET_EXE。向导完成后，双击项目树“程序块”→“向导”→“NET_EXE（SBR1）”子程序，可以显示 Get/Put 通信组态的相关信息，如图 7-11 所示。

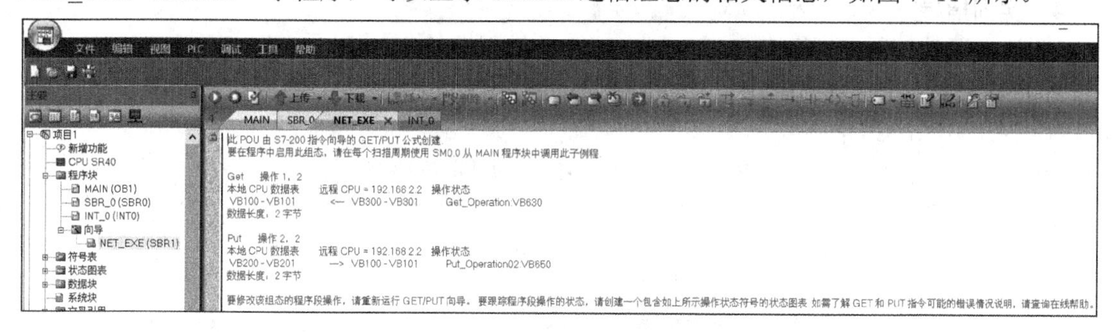

图 7-11　Get/Put 通信组态的相关信息

要在程序中使能网络通信，可在主程序中用 SM0.0 调用子程序 NET_EXE，如图 7-12 所示。

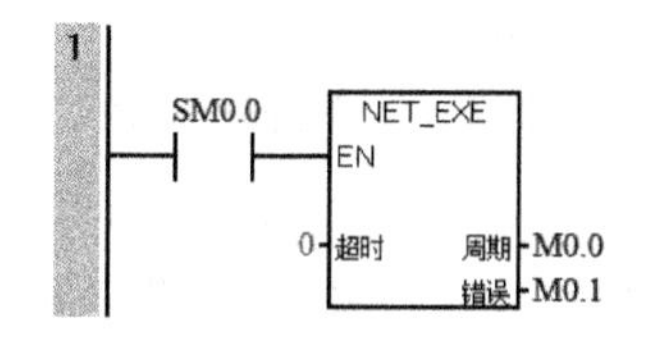

图 7-12　调用子程序 NET_EXE

NET_EXE 子程序依次执行用 GET/PUT 向导生成的以太网网络读/写操作。在 S7-200 SMART CPU V2.1 及更高版本中，NET_EXE 子程序代码不使用超时输入，设置超时输入为 0。每次所有网络读/写操作全部完成后都会切换 BOOL 变量周期的输出值。周期输出是一个周期为 0，下一周期为 1，接下来的第 3 个周期为 0。错误输出是 NET_EXE 子程序返回的 BOOL，用于指示执行结果，0 表示没有错误，1 表示有错误。错误代码参见 GET/PUT 指令定义的 TABLE 数据表格式状态字中的错误代码。

7.2.6　两台 S7-200 SMART 系列 PLC 之间基于以太网 S7 通信实训

1．实训目的

1）掌握 S7-200 SMART 系列 PLC 之间以太网 S7 通信的方法。

2）学会 GET/PUT 指令向导的使用及通信组态。

3）学会通信调试。

2. 准备工作

1 台 SR40 CPU，1 台 SR20 CPU（可以根据实训条件选择），1 台交换机，若干网线。

3. 实训内容

1 号机（CPU1）：SR40 CPU 为主动端（客户机），其 IP 地址为 192.168.2.1，调用 GET/PUT 指令。

2 号机（CPU2）：SR20 CPU 为被动端（服务器），其 IP 地址为 192.168.2.1.2，不需要调用 GET/PUT 指令。

通信任务是要求两台 PLC 之间要基于以太网使用 S7 通信协议实现通信。用 1 号机的 IB0 控制 2 号机的 QB0，用 2 号机的 IB0 控制 1 号机的 QB0。

4. 实训指导

1）连接硬件。用交换机连接 CPU1、CPU2 及编程设备。

2）用 GET/PUT 向导对客户机（CPU1）通信组态，步骤如下：

① 打开 GET/PUT 向导。

② 添加两个操作，一个是 PUT，一个是 GET，如图 7-13 所示。

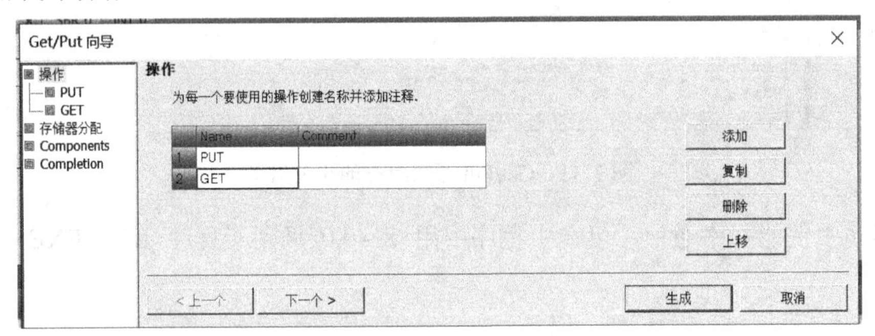

图 7-13 添加两个操作

③ 组态 PUT 操作，如图 7-14 所示。类型选择“Put”，传送大小（字节）选择“1”，远程 CPU IP 地址为“192.168.2.2”，本地地址为“IB0”，远程地址为“QB0”。

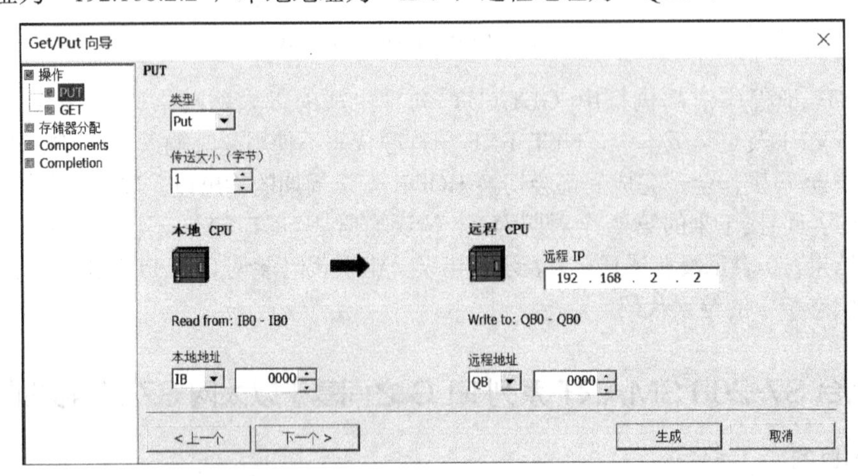

图 7-14 组态 PUT 操作

④ 组态 GET 操作，如图 7-15 所示。类型选择“Get”，传送大小（字节）选择“1”，远程 CPU IP 地址为“192.168.2.2”，本地地址为“QB0”，远程地址为“IB0”。

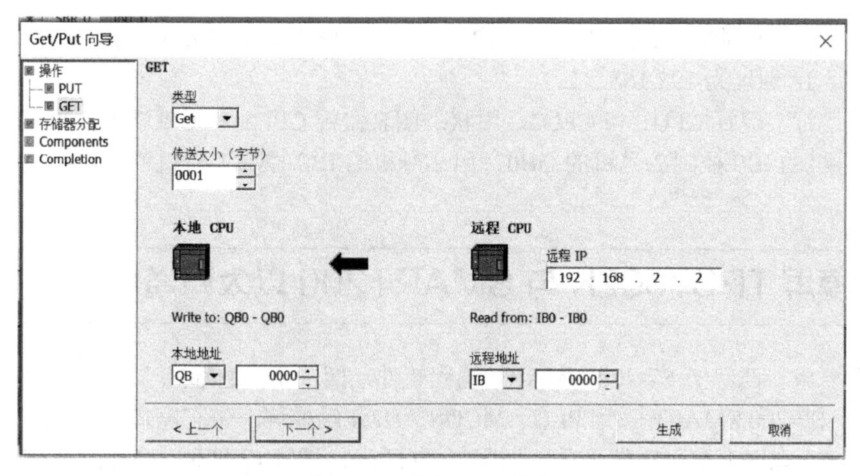

图 7-15　组态 GET 操作

⑤ 存储器分配，如图 7-16 所示。单击“建议”使用建议地址。

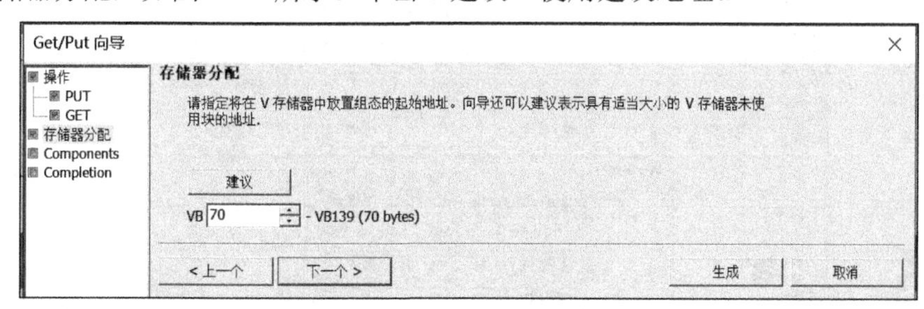

图 7-16　存储器分配

⑥ 生成子程序 NET_EXT，保存组态数据的数据页 NET_DataBlock 和符号表 NET_SYMS。

⑦ 双击项目树“程序块”→“向导”→“NET_EXE（SBR1）”，查看 GET/PUT 通信组态信息，如图 7-17 所示。

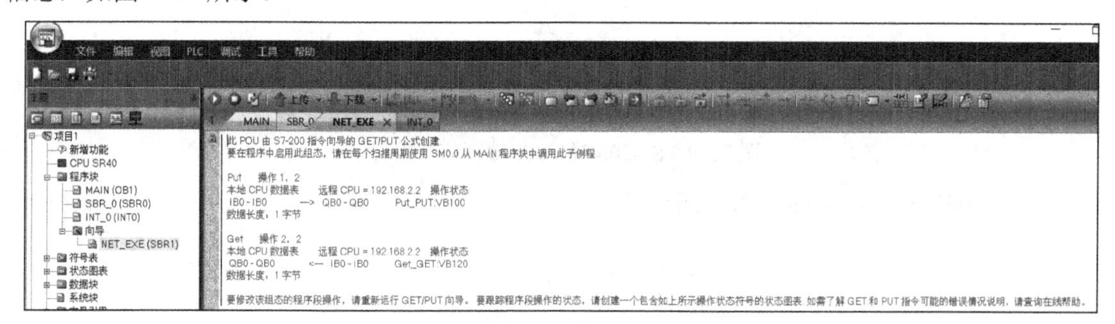

图 7-17　GET/PUT 通信组态信息

⑧ 在客户机 CPU1 的主程序（OB1）中调用 NET_EXE 子程序，如图 7-18 所示。

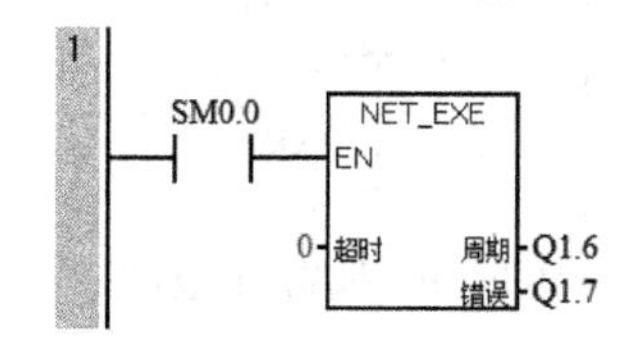

图 7-18　调用 NET_EXE 子程序

3）下载。将程序块和系统块下载到客户机 CPU1，IP 地址为 192.168.2.1。将系统块下载到服务器 CPU2，IP 地址为 192.168.2.2。

4）监视运行。运行 CPU1 和 CPU2，用状态图表监视 CPU1 和 CPU2 的 IB0 和 QB0，并观察能否用 1 号机的 IB0 控制 2 号机的 QB0、用 2 号机的 IB0 控制 1 号机的 QB0。

7.3 触摸屏 TPC7062K 与 SMART200 以太网通信

1）配置要求。西门子 S7-200 SMART 编程软件，西门子昆仑通态 MCGS 嵌入版 7.7 版本软件，西门子 S7-200 SMART 系列 PLC、MCGS、HMI 触摸屏（带有网口），网线。

2）S7-200 SMART 编程软件设置。如图 7-19 所示，设置 IP 地址为 192.168.1.191。

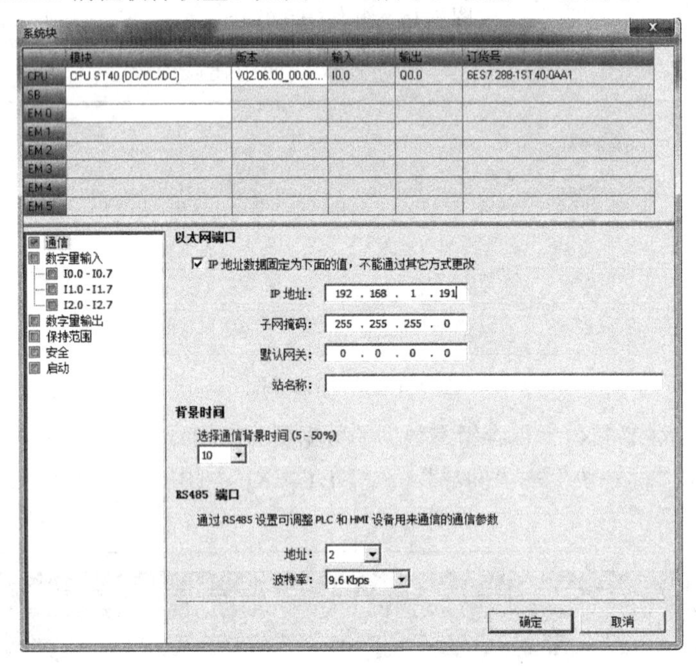

图 7-19 S7-200 SMART 编程软件设置

3）编辑测试程序，如图 7-20 所示。

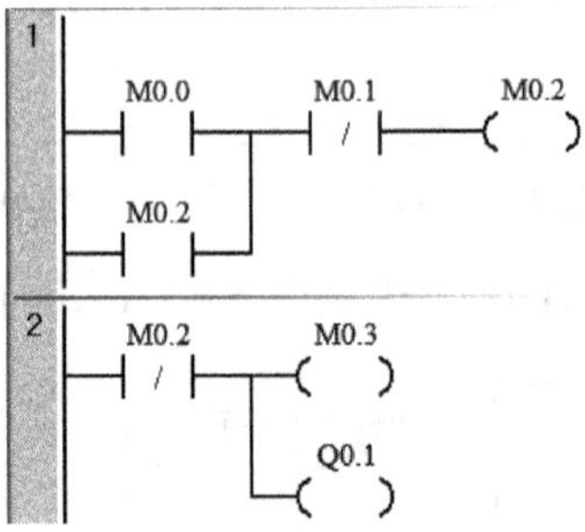

1
M0.0 M0.1 M0.2
M0.2
2
M0.2 M0.3
Q0.1

图 7-20 编辑测试程序

4）MCGS 设置。

① 选择类型，如图 7-21 所示。

图 7-21　选择类型

② 设置完成后，双击“设备窗口”，如图 7-22 所示。

图 7-22　设备窗口

③ 右击窗口选择“设备工具箱”，如图 7-23 所示。

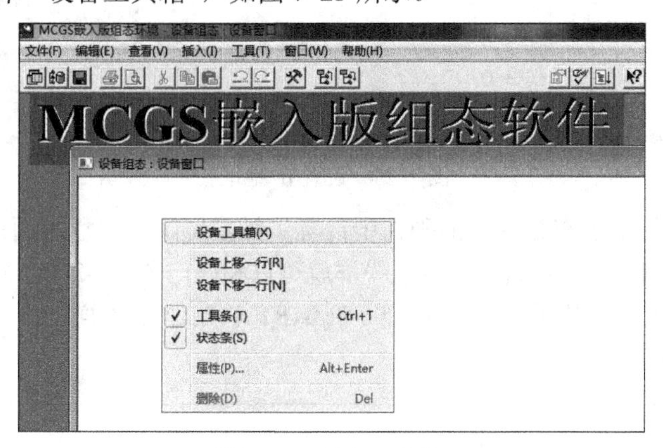

图 7-23　设备工具箱

④ 选择设备工具箱中的“设备管理”，如图 7-24 所示。选择“通用 TCP/IP 父设备”→“西门子_Smart200”驱动。

图 7-24　设备管理

⑤ 双击“设备 0”设置 IP 地址，如图 7-25 所示。本地 IP 地址设置为触摸屏的地址，这里设置为“192.168.1.190”。远端 IP 地址设置为 PLC 地址“192.168.1.191”，设置完成。

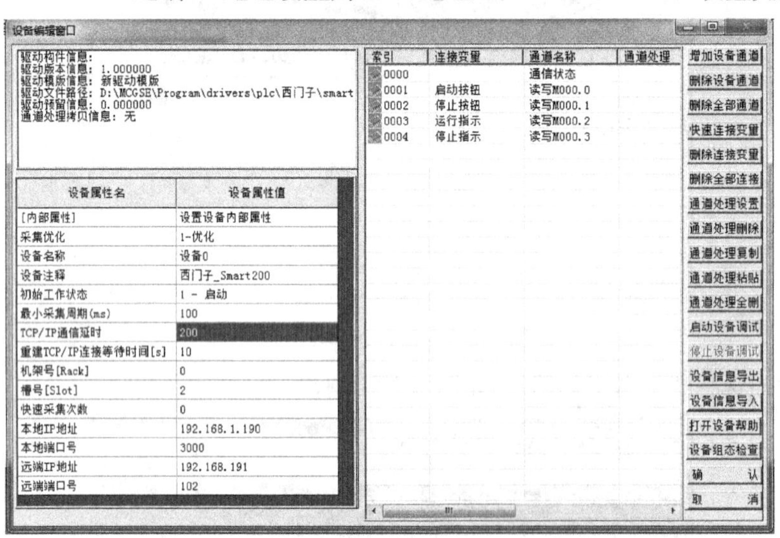

图 7-25　设置 IP 地址

触摸屏的 IP 地址需要在触摸屏的硬件中设置。触摸屏进入工程界面前，单击触摸屏，进入其系统设置，选择 IP 地址设置。此时触摸屏就可以和西门子 S7-200 SMART 通信了。使用 S7-200 SMART RS485 口与其通信。同 S7-200 SMART 与 MCGS 一样，选择 S7-200 PPI 协议。

7.4 习题

1. PPI 协议是一种协议，主站设备发送要求到从站设备，从站设备响应，从站不能主动发出信息。PPI 协议只能用于________接口，通过________线就可以实现 PPI 通信，波特率为

________kbit/s。PPI 协议网络中，可能只有一个主站，也可以有多个主站，主站不能超过________个。

2．S7-200 SMART CPU 的 4 个通信接口，提供了哪几种类型的通信？

3．标准型 S7-200 SMART CPU 标配提供________和________两种接口。

4．PLC 可与哪些设备进行通信？

5．________是西门子 S7 系列 PLC 内部集成的一种通信协议，所以只能与________设备进行通信。进行通信之前，通信伙伴之间必须先建立________，面向连接的通信具有较高的安全性。

6．S7-200 SMART CPU 的以太网端口有________________两种网络连接方法。

7．S7-200 SMART 只有 S7________连接功能。客户端是向________请求服务的设备，客户端用________指令读取/写入________的数据。________是通信中的被动方，用户不用编写服务器的 S7 通信程序。

8．用 GET/PUT 指令向导完成如图 7-26 所示通信控制。客户机输送站（1 号站）和供料站（2 号站）、加工站（3 号站）、装配站（4 号站）和分拣站（5 号站）之间的通信要求各站 PLC 之间要使用 S7 协议实现通信。要求编写客户机和服务器之间以太网网络读/写程序段，确定通信数据传输是否成功。给客户机的 VB100 通过数据块赋初值，并将该值通过以太网通信送到服务器各站。给服务器各站的 VB200 赋初值，通过 S7 协议通信写入主站指定的存储区。

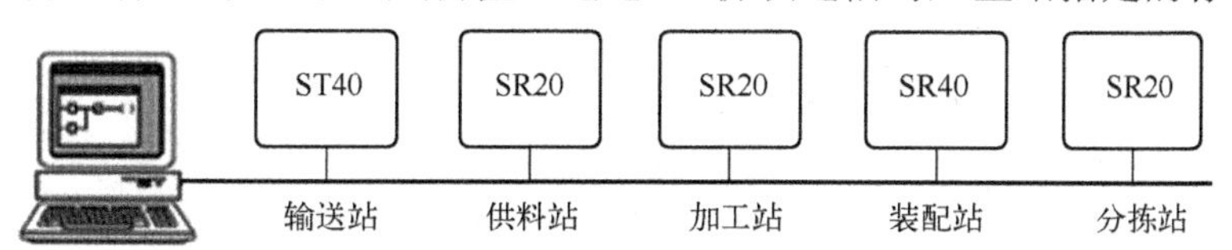

图 7-26　5 个 PLC 实现 GET/PUT 通信

参 考 文 献

[1] 廖常初. S7-200 SMART PLC 应用教程[M]. 2 版. 北京：机械工业出版社，2020.
[2] 徐沛. 自动生产线应用技术[M]. 北京：北京邮电大学出版社，2015.
[3] 田淑珍. S7-200 PLC 原理及应用[M]. 3 版. 北京：机械工业出版社，2021.
[4] 西门子（中国）自动化与驱动集团. S7-200_SMART_system_manual_zh-CHS[Z]. 2021.
[5] 西门子（中国）自动化与驱动集团. SIMATIC S7-200 可编程控制器系统手册[Z]. 2000.
[6] 李天真，姚晴洲，等. PLC 与控制技术[M]. 北京：科学出版社，2009.
[7] 西门子（中国）自动化与驱动集团. S7-200 SMART 可编程控制器样本[Z]. 2012.